浙江省"十一五"重点教材

冲压工艺及模具设计

Sheet Metal Stamping Technology and Die Design

施于庆　主　编

ZHEJIANG UNIVERSITY PRESS
浙江大学出版社

图书在版编目（CIP）数据

冲压工艺及模具设计／施于庆主编．—杭州：浙江大学出版社，2012.4(2013.4 重印)

ISBN 978-7-308-09843-4

Ⅰ．①冲… Ⅱ．①施… Ⅲ．①冲压—工艺—高等学校—教材②冲模—设计—高等学校—教材 Ⅳ．①TG38

中国版本图书馆 CIP 数据核字（2012）第 066020 号

内容简介

本书是浙江省“十一五”重点教材。是编者在多年的教学和工程实践经验的基础上，对冲压工艺及模具设计的基本原理和设计方法作了系统的论述。全书共九章，第一章冲压加工概述，第二章冲压变形基础，第三章网格技术和成形极限图，第四章冲裁工艺及冲裁模设计，第五章弯曲工艺及弯曲模设计，第六章拉深工艺及拉深模设计，第七章其他板料成形工艺及模具设计，第八章冲压工艺规程的制定，第九章板料成形 CAE 分析。每章附有思考与练习题。本书的第九章是以有限元分析软件 ANSYS/LS-DYNA 为平台并结合拉深成形等，对 ANSYS/LS-DYNA 软件的模型建立、网格划分、前处理、计算求解及后处理等都作了详尽的介绍。以引导读者快速地掌握应用 CAE 软件并提高解决工程实际问题的能力。

本书适用于高校机械类各相关专业教材，也可供相关工程技术人员参考使用。

冲压工艺及模具设计

施于庆　主　编

责任编辑　杜希武
封面设计　刘依群
出版发行　浙江大学出版社
（杭州市天目山路 148 号　邮政编码 310007）
（网址：http://www.zjupress.com）
排　　版　杭州好友排版工作室
印　　刷　杭州半山印刷有限公司
开　　本　787mm×1092mm　1/16
印　　张　18
字　　数　438 千
版 印 次　2012 年 4 月第 1 版　2013 年 4 月第 2 次印刷
书　　号　ISBN 978-7-308-09843-4
定　　价　39.00 元

前 言

冲压加工作为一种少无切削的板料零件生产方法，被广泛地应用于汽车、航空航天、机电、军工等工业生产领域，而模具是实现冲压工艺不可缺少的工艺装备。本书是在编者多年的教学和工程实践经验的基础上，对冲压工艺及模具设计的基本原理和设计方法作了系统的论述。全书共九章，第一章 冲压加工概述，第二章 冲压变形基础，第三章 网格技术和成形极限图，第四章 冲裁工艺及冲裁模设计，第五章 弯曲工艺及弯曲模设计，第六章 拉深工艺及拉深模设计，第七章 其他板料成形工艺及模具设计，第八章 冲压工艺规程的制定，第九章 板料成形 CAE 分析。每章附有思考与练习题。

本书通过论述了冲裁、弯曲和拉深等主要冲压工艺的基本理论、特点及工艺计算等内容，力求说明采用这些工艺的相互间的内在联系及在模具结构和模具零件设计中带有共性的问题。在编写中尽力汲取国内外同类教材的长处，努力使课程内容的科学性、先进性、系统性与应用性相结合，注重学生学习能力、实践能力和创新能力的培养。

为了拓展学生的知识面并应对未来模具设计的要求，本书尽可能多的介绍冲压技术发展的先进技术，详细介绍了板料成形有限元分析（如拉深等）前处理、求解和后处理；前处理设置单元属性、构建模型、划分网格、定义接触、初始条件、载荷及约束、求解时间和输出文件等过程。通过板料减薄或增厚以及应力应变变化等。使学生能够准确地预测板料成形过程中的破裂、起皱，评估板料的极限成形性能，为板料成形工艺分析及模具设计提供参考依据，减少模具设计时间及试模周期，并优化模具结构。

本书适用于高校机械类各相关专业教材，也可供相关工程技术人员参考使用。

本书由浙江科技学院施于庆教授主编，在编写过程中得到了祝邦文教授和王瑞金教授的悉心指导，并提出了许多建设性意见，在此表示衷心的感谢。另外，借此机会对为本书编写完稿做了大量工作的管爱枝、丁明明、郑军、何平、王依红等以及所参考文献的作者表示深深的谢意。

由于编者理论水平和经验有限，书中难免有不当和错误之处，恳请读者批评指正。

编 者

2011 年 12 月

前言

目 录

第一章 冲压加工概述 …… 1

第一节 冲压加工的特点及其应用 …… 1

第二节 冲压加工基本工序 …… 3

第三节 冲压件所用的材料 …… 6

第四节 冲压常用设备 …… 8

思考与练习题 …… 14

第二章 冲压变形基础 …… 15

第一节 冲压变形的基本原理概述 …… 15

第二节 板料冲压成形性能及材料试验方法 …… 27

思考与练习题 …… 36

第三章 网格技术和成形极限图 …… 37

第一节 概 述 …… 37

第二节 网格技术与成形极限图 …… 38

第三节 网格应变分析法和成形极限图的应用 …… 41

思考与练习题 …… 49

第四章 冲裁工艺及冲裁模设计 …… 50

第一节 冲裁工艺分析 …… 52

第二节 冲裁间隙 …… 57

第三节 冲裁模刃口尺寸的计算 …… 62

第四节 冲裁力和冲裁功 …… 68

第五节 排样与材料的经济利用 …… 75

第六节 冲裁模的基本型式与构造 …… 82

第七节 冲裁模主要部件与零件的构造 …… 89

第八节 冲裁模设计要点 …… 106

第九节 冲裁模安全设计 …… 113

思考与练习题 …… 116

第五章 弯曲工艺及弯曲模设计 …… 118

第一节 弯曲变形过程及变形特点 …… 118

第二节 最小弯曲半径 …… 125

第三节 弯曲卸载后的回弹 …… 129

第四节　弯曲件毛坯尺寸计算……134
第五节　弯曲力计算……136
第六节　弯曲件的工艺性……138
第七节　弯曲件的工序安排……140
第八节　弯曲模设计……141
思考与练习题……145

第六章　拉深工艺及拉深模设计……147
第一节　拉深的变形过程……147
第二节　拉深过程的力学分析……151
第三节　圆筒形件的拉深系数和拉深系数的确定……155
第四节　圆筒形件的拉深工艺计算……163
第五节　其他形状零件的拉深……173
第六节　典型拉深模结构……183
第七节　拉深新工艺……187
思考与练习题……196

第七章　其他板料成形工艺及模具设计……198
第一节　胀　形……198
第二节　翻　边……202
第三节　缩　口……208
思考与练习题……210

第八章　冲压工艺规程的制定……212
第一节　制定工艺规程的步骤和内容……212
第二节　制定工艺方案的原则……213
第三节　冲压工艺设计实例……216
思考与练习题……218

第九章　板料成形 CAE 分析……219
第一节　板料分析有限元基本思想……219
第二节　基于 LS－DYNA3D 的板料分析方法……221
第三节　圆筒形件拉深有限元模拟分析……225
第四节　圆筒形件缩口有限元模拟分析……261
思考与练习题……278

参考文献……279

教学的目的和要求

冲压工艺及模具设计涉及冲压工序、冲压模具、冲压设备、冲压件材料、模具制造材料等。本章对冲压加工的特点和应用及各种冲压工序等内容作一般性介绍，这是学习后面各章的共同基础。通过本章内容的学习，要求学生掌握冲裁、弯曲、拉深、胀形和翻边等冲压工序的概念，掌握冲压模具在冲床中的安装要求，了解机械压力机和液压压力机的原理、使用特点、技术性能和工作参数，了解冲压件材料的选择与冲压零件的质量关系，为学习后面各章节内容奠定基础。

第一章 冲压加工概述

第一节 冲压加工的特点及其应用

一、冲压加工的概念

冲压是金属塑性成形的基本方法之一，是利用安装在压力机上的模具对板料施加压力，使其产生分离或塑性变形，从而获得所需的一定形状、尺寸和性能的零件的一种压力加工方法。如图 1-1 所示，要将图 1-1(a)所示矩形板坯压制成图 1-1(b)所示的 U 形件，可将矩形板坯放置于安装在液压压力机上的模具的下模上(图 1-1(c))，通过压力机和模具的共同作用完成 U 形成形过程(图 1-1(d))。然后压力机和模具退回成形件取出和板坯放入状态(图 1-1(e))，就可进行再次压制。

冲压加工主要用于板料零件并通常在常温下进行，所以也称为板料冲压或冷冲压。冲压不但可以加工金属材料，而且还可以加工非金属材料。冲压加工被广泛应用于汽车、航空航天、军工、电机、仪表、家用电器等工业生产部门。冲压生产中所使用的模具称为冲压模具或简称冲模，是把板料加工成需要的冲压零件的一种工艺装备，冲模设计制造的水平直接影响到冲压件生产的质量。

二、冲压加工的特点及其应用

冲压加工与机械加工等其他加工方法相比较，在技术与经济方面，有着如下特点：

(1)冲压生产能获得重量轻、强度高、表面成形质量好的优点。特别是经过塑性成形产生大变形后的形状复杂的大型薄板件，可以大幅度提高刚度，以满足飞机、汽车及工程机械等外覆盖件的使用要求。如汽车外覆盖件的车门和顶盖及前围等。同时，冲压生产可加工各种类型的板料冲压件，尺寸从小到钟表零件的秒针，大到汽车纵梁等。

(2)冲压加工生产零件或产品的操作过程并不复杂，但由于冲压件的形状、尺寸精度依

(a) 矩形板坯　　(b) U形件

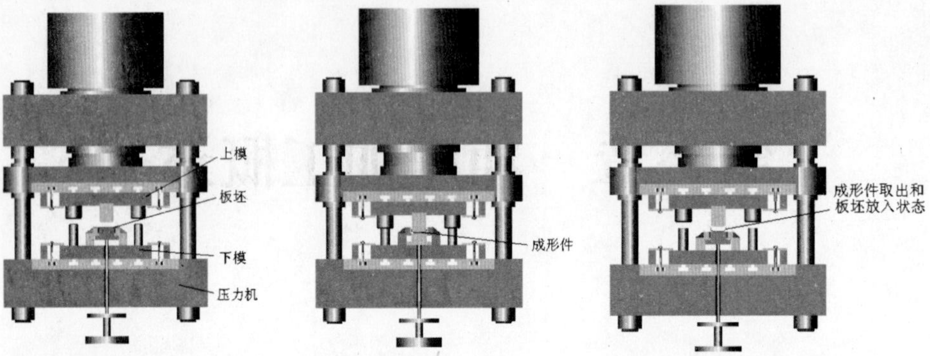

(c) 压制前　　(d) 压制后　　(e) 成形件取出和板坯放入状态

图 1-1　U 形件压制

赖于模具设计制造和加工精度保证，可排除操作者技术水平和工作状态对冲压件质量的影响。因此，冲压零件质量稳定，互换性好。对于一般冲压件的精度可达 IT10～IT11 级，精冲可达 IT6～IT9 级，一般弯曲、拉深件可达 IT13～IT14 级。

(3)冲压加工和机械加工零件产生金属粉末不同，其分离工序一般是对金属板料进行裁剪，因此是少屑甚至是无屑加工，材料利用率高，一般无需再加工，通常材料利用率可达 70%～80%，可节约大量的金属材料，如果采用计算机优化排样技术可获得更高的材料利用率，从而大大降低了冲压件的生产成本。

(4)生产效率高，一般的压力机每分钟可生产几件到几十件冲压件，高速压力机每分钟可生产几百到上千件冲压件。因此，冲压加工便于组织生产和管理，也容易实现操作的机械化与自动化。

(5)冲压加工的缺点是：①冲压模具对应相应的冲压工序，专用性很强，冲模设计制造的周期相对较长，有时生产一个复杂的冲压件（如汽车的车门等）需要数套模具，制造成本和技术要求高，结构比较复杂，不适合小批量多品种冲压件产品生产，适合大批量生产，才能并获得较高的经济效益；②冲压件精度取决于模具的结构设计和模具零件制造及安装水平，如果冲压件精度过高，冲压加工就难以实现。

③冲压加工虽然对操作者技术要求不高，操作时动作相对简单。但冲压设备如机械式压力机工作时，设备发生振动并且噪声大，手工操作时，尤其是计件操作，压力机滑块与安装在压力机滑块上的模具（上模总成）重复着上下往复运动，对操作者显得十分单调，且劳动强度大。

第二节　冲压加工基本工序

冲压件形状、尺寸、精度要求及生产批量等各不相同，因此生产中所采用的冲压工艺方法也是多种多样的，概括起来可分为两大类，即分离工序和成形工序。分离工序是指板料按一定的轮廓线分开，即坯料变形部分的应力达到强度极限以后，坯料发生了断裂而产生了分离，从而获得一定形状、尺寸和切断面质量的冲压件的工序。成形工序是指板料在不破裂的情况下，坯料变形部分的应力达到了屈服极限，但没有达到强度极限，仅使坯料产生塑性变形，并通过塑性变形获得一定形状、尺寸的冲压件的工序。生产中常用分离工序见表 1-1 和成形工序见表 1-2。

表 1-1　分离工序

工序名称	工序简图	特点及应用范围
落料	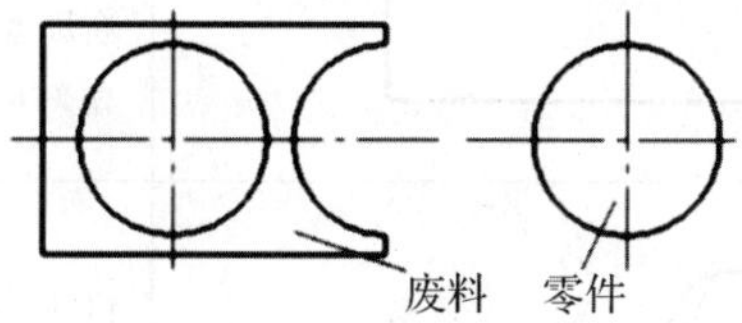	将材料沿封闭轮廓分离，被分离下来的部分大多是平板的零件或工件
冲孔	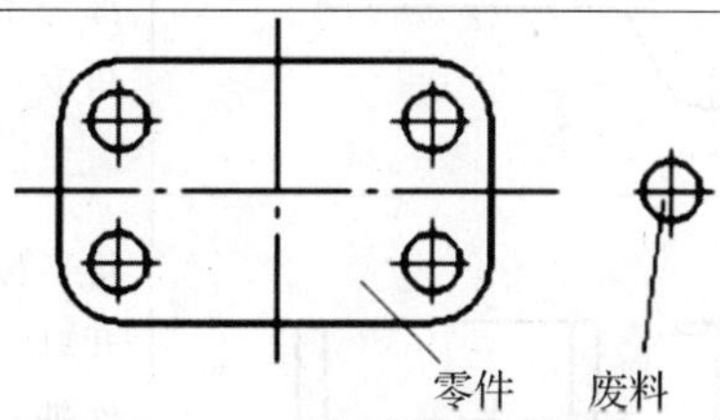	将废料沿封闭轮廓从材料或工件上分离下来，从而在材料或工序件上获得所需要的孔
切舌	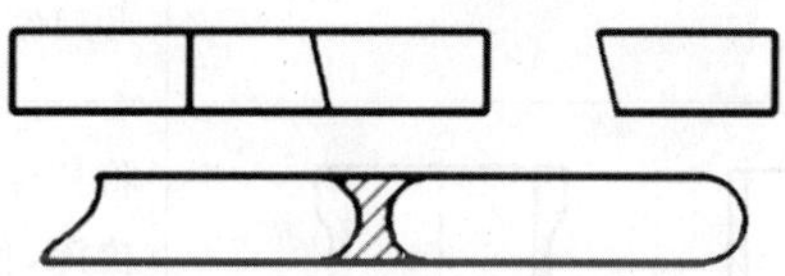	将材料沿敞开轮廓分离，被分离的材料成为零件或工序件
切边	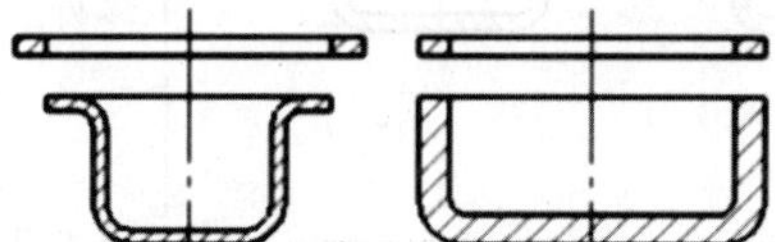	利用冲模修切成形工序件的边缘，使之具有一定的形状和尺寸
剖切	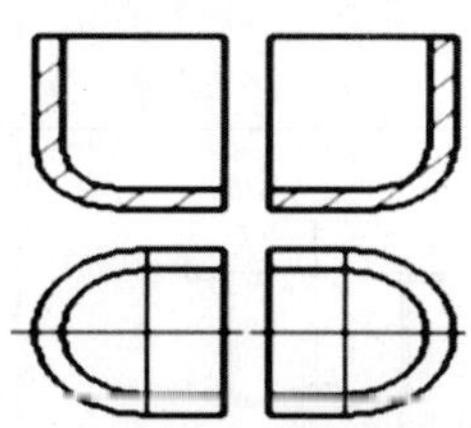	用剖切模将成形工序件一分为二，主要用于不对称零件的成双或成组冲压成形之后的分离

表 1-2 成形工序

工序名称	工序简图	特点及应用范围
弯曲	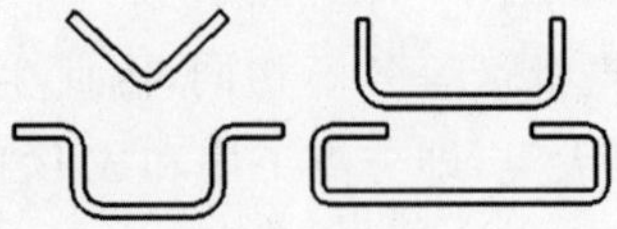	用弯曲模使材料产生塑性变形，从而弯成一定曲率，一定角度的零件。它可以加工各种复杂的弯曲件
卷边	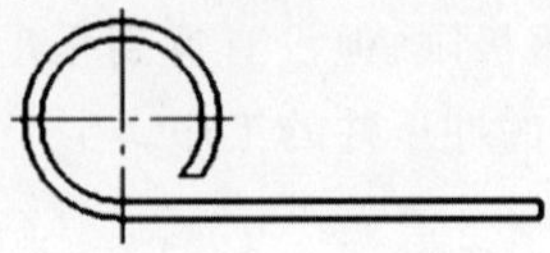	将工件边缘卷成接近封闭圆形，用于加工类似铰链的零件
拉弯	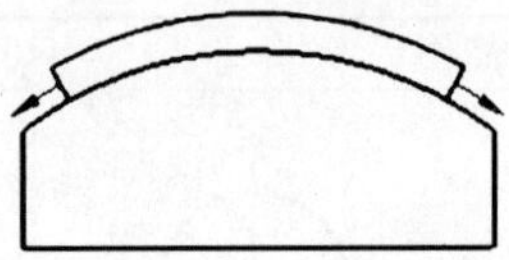	在拉力与弯矩共同作用下实现弯曲变形，使坯料的整个弯曲横断面全部受拉应力作用，从而提高弯曲件的精度
扭弯	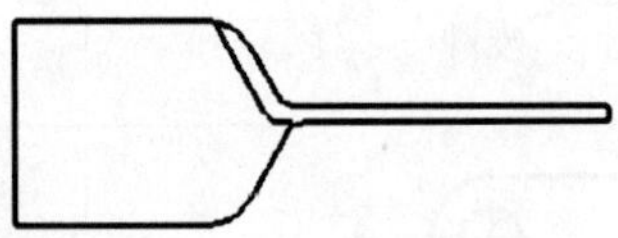	将平直或局部平直工序件的一部分相对另一部分扭转一定角度
拉深	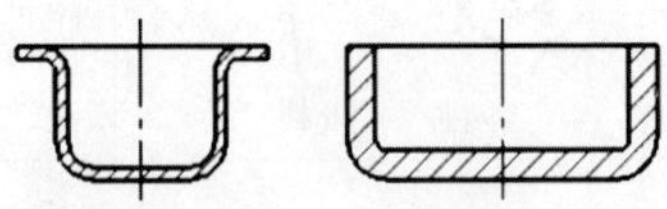	将平板形的坯料或工序件变为开口空心件，或把开口空心工序件进一步改变形状或尺寸成为开口空心件
变薄拉深	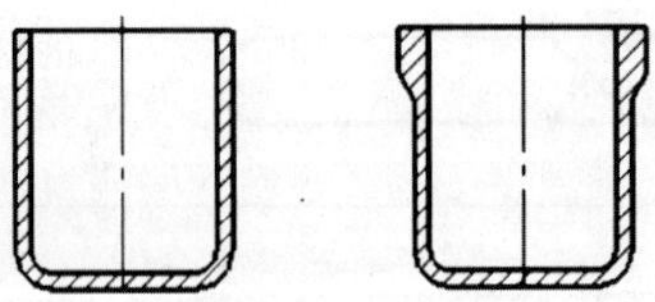	将拉深后的空心工序件进一步拉深，使其侧壁减薄，高度增大，以获得底部厚度大于侧壁的零件
翻孔	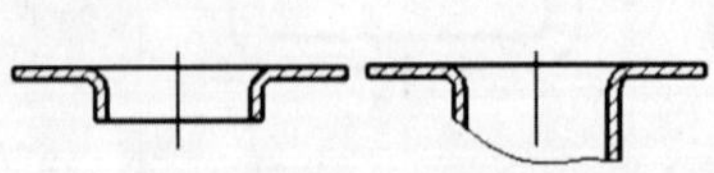	沿内孔周围将材料翻成竖边，其直径比原内孔大
起伏	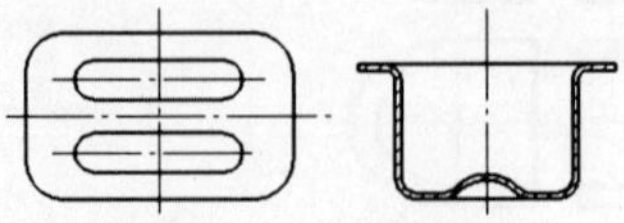	依靠材料的伸长变形使工序件形成局部凹陷或凸起

续表

工序名称	工序简图	特点及应用范围
胀形	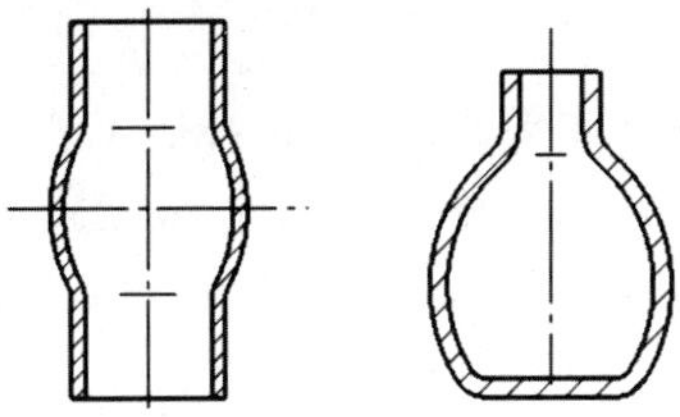	在双向拉应力作用下，将空心工序件或管状件沿径向往外扩张，形成局部直径较大的零件
扩口	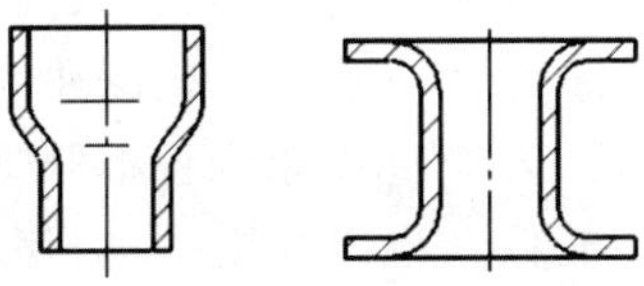	将空心工序件或管状件口部向外扩张，形成口部直径较大的零件
缩口缩径	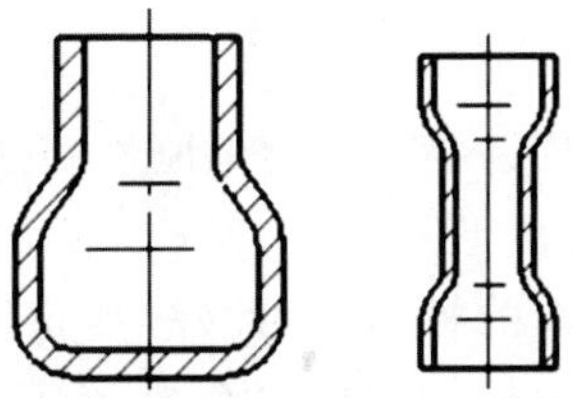	在空心工序件或管状件的某个部位上使其径向尺寸减小
校平整形	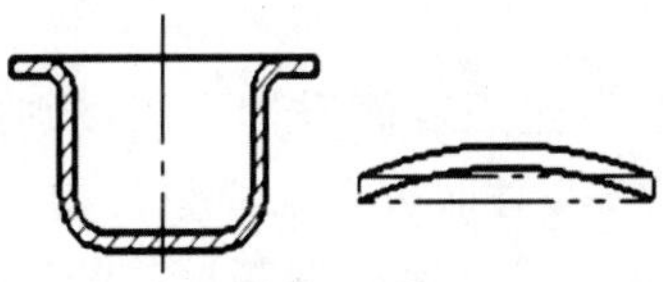	校平是将有拱弯或翘曲的平板形零件压平以提高其平直度；整形是依靠材料的局部变形，少量改变工序件形状和尺寸，以保证工件的精度
翻边	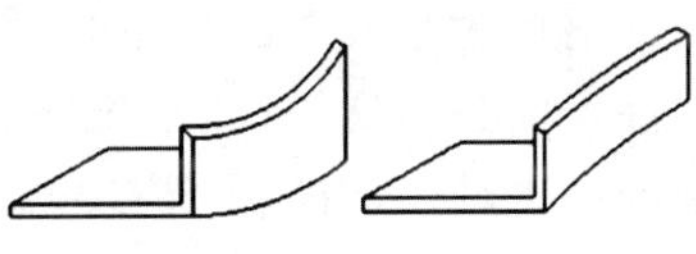	沿外形曲线周围翻成侧立短边
旋压	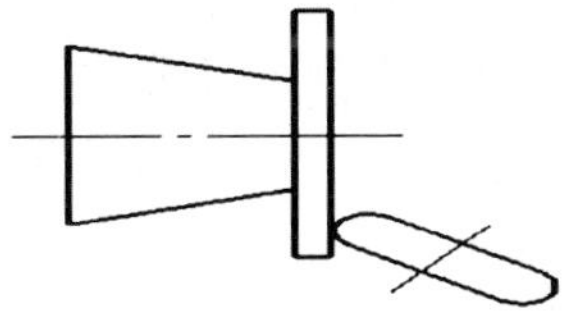	用旋轮使旋转状态下的坯料逐步成形为各种旋转体空心件

第三节 冲压件所用的材料

冲压件所用的材料是冲压生产的基本要素之一，在冲压工艺及模具设计时，要了解材料的冲压性能，合理地选择材料，才能生产出合格的冲压件，满足产品如强度、刚度等力学性能的使用要求。

一、冲压件所用材料的要求

冲压件一般可分为两类，一类是形状复杂但受力不大，如汽车覆盖件和一些机械的外壳，只要求钢板有良好的冲压性能和表面质量，多采用冷轧深冲低碳钢板（如 08,08Al）。另一类零件形状比较复杂且受力较大，如汽车车架，要求钢板不但要有良好的冲压性能同时又有一定的强度，多选用冲压性能好的热轧低合金钢厚板（如 16MnL）。冲压所用的材料，不仅要满足工件的技术要求，也必须满足冲压工艺的要求。冲压工艺要求主要是在以下几个方面：

(1)冲压结构件的要求

对于冲压结构件，应具有良好的塑性并满足一定的刚性和强度要求。在分离工序中，良好的塑性能获得理想的断面质量。而在成形工序中，伸长率 δ 大，屈强比 σ_s/σ_b 小、弹性模数 E 大、硬化指数 n 高和厚向异性系数 r 大的材料，塑性好，其允许的变形程度大。譬如弯曲件可获得较小的弯曲半径，拉深件可获得较小的拉深系数，由此可减少拉深次数，降低模具制造和拉深件的生产成本。

(2)冲压件的用途

根据零件用途及装配部位的不同，可选用表面质量不同级别的钢板，如电镀零件，对表面质量要求最高，装在外表面的油漆零件，对钢板表面质量的要求也比较高，不暴露在外表面的零件，对钢板的表面质量要求较低。采用冷轧薄板时，表面质量分为三级，I 级表面质量最好，II 级表面质量次之，III 级表面质量较差。

(3)材料的厚度公差

材料的厚度公差应符合国家标准。钢板的厚度超出公差时，影响冲压性能和零件的几何形状，造成装配困难。钢板过薄，零件表面会出现皱纹，影响外观及密封质量，钢板过厚，如果凸、凹模的间隙过小，会阻碍正常的冲压过程，引起零件拉裂，还可能产生废品和损坏模具，厚度公差分 A、B 和 C 三种，分别为高级、较高级和普通级。

二、冲压件材料的种类

冲压生产中常用的材料是金属材料，有时也用一部分非金属材料。金属材料分黑色金属和有色金属两种。

1. 黑色金属板料

(1)普通碳素钢板

这类钢板有：Q195、Q215A、Q215B、Q235A 等牌号。

(2)碳素结构钢钢板

这类钢板主要用于复杂变形的弯曲件和拉深件，有 08、08F、08Al 等牌号。其中 08 用量是比较大的。对冲压性能要求特别高的冷轧薄板分 ZF(最复杂)、HF(很复杂)及 F(复杂)三个冲压级别。冲压级别越高,钢板的价格越贵。选择冲压板材时,先根据冲压要求并结合以往的生产经验,选择一种认为较合适的钢板,若冲压后废品率很高,说明被选钢板级别过低,再用高一级的钢板试冲,如果冲压没有废品,说明选用的钢板级别过高,那样冲压件生产成本就会提高,因此应要选用再低一级的钢板,一般认为,冲压后废品率为 1%~2%,冲压钢板选择最合适,成本最低。此外,对碳素结构钢薄板,按其冲压性能分成,Z—最深拉深;S—深拉深;P—普通拉深三个级别。

2. 有色金属板料

冲压常用的有色金属主要有铝及铝合金、铜及铜合金等。由于它们具有特定的冲压性能,因而广泛应用于冲压件生产。

(1)黄铜板(带)

其特点是有很好的塑性和较高的强度及抗腐蚀性,焊接性能优良。常用的有 H68、H62,前者用于深拉深,后者用于冲裁、弯曲和浅拉深。

(2)铝板(带)

其特点是塑性很好,比重小,导电、导热性良好。主要用于制造仪表的面板及各种罩壳、支架等零件。常用的有 L2、L3、L5、L7 等。

3. 非金属材料

非金属材料中有一部分如塑料、橡胶、木材、石棉、云母、纺织纤维制品、纸制品及皮革制品等可用于冲压加工,而且主要是冲压加工的分离工序。

三、冲压材料的规格

冲压用的原材料大部分是以板料及带料(卷料)形式供货的,对于板料,可按冲压件尺寸大小和模具的工作方式,通过剪裁设备如剪床或模具如落料模制成所需形状,如条料和块料。一般较薄的板料,可称卷料,有各种不同的宽度和长度,比较适用于大批量生产的自动送料。

四、新型冲压板材

随着汽车等工业的迅速发展,出于安全性、经济性和环保考虑,冲压件轻量化逐渐成为工业产品生产发展的趋势之一,对金属薄板生产及成形技术提出了更高的要求,出现了很多新型的冲压板材。如低合金高强度薄钢板,是用普通钢板通过添加合金成分和热处理工艺来控制板材性质,加以强化处理而得到的钢板,使得高强度钢板的抗拉强度远大于普通冷轧软钢板的抗拉强度,汽车制造中大量采用轻量化材料使汽车(一辆汽车中约有 2 万多个零件,其中 80%的是冲压件)总重下降,从而降低了燃油的消耗,汽车的废气排放量减少,污染程度相应下降。汽车车身零件板厚由原来的 1.0~1.2mm 减薄到 0.7~0.8mm 甚至更薄,车身重量减轻 20%~40%。但是低合金高强度薄钢板成形性能远不如普通的拉延薄钢板,在汽车冲压件生产中产生的起皱和破裂程度远远大于普通的拉延薄钢板,因此对冲压工艺和模具设计提出了更高的要求。其他如铝合金薄钢板、复合钢板及涂层钢板等都是根据冲压件特定的要求可供选择的。

第四节 冲压常用设备

冲压工作是在冲压设备上进行的，目前在材料成形（塑性成形）中广泛使用的设备主要有以曲柄压力机为主的机械压力机和以四柱万能为主的液压压力机。机械压力机的冲压速度较高，机床滑块每分钟上下来回一个行程 300 次及以上，多用于进行分离工序，也可进行浅拉深等成形工序，而液压压力机的冲压速度较慢，机床滑块工作速度约在 V＝2mm/s～9mm/s 范围内，一般用于弯曲、拉深、胀形、缩口等成形工序。

一、曲柄压力机

1. 曲柄压力机的工作原理

曲柄压力机通过曲柄连杆机构将电动机的旋转运动转换为往复直线运动。压力机的规格用公称工作力（千牛）表示，它是以滑块运动到距行程的下止点约 10～15 毫米处（或从下止点算起曲柄转角 α 约为 15°～30°时）为计算基点设计的最大工作力。图 1-2 为其工作原理图，工作原理如下：电动机 1 通过 V 带把运动从小带轮 2 传给大带轮 3，再经过小齿轮 4、大齿轮 5 传给曲柄 7，通过连杆 9 转换为滑块 10 的往复直线运动，若在滑块和工作台 14 上分别安装上模 11 和下模 12，并安放板材便可完成相应的冲压工作。

多级的减速一方面可降低滑块的运行频率（滑块行程次数），另一方面亦增加了滑块工作力。离合器 6 可使机器在开动后间歇性工作，制动器 8 可在离合器分开后对从动部分进行刹车以及对滑块进行制动，此外由于曲柄压力机的负荷特性是在一个工作周期中短时负荷，故常动部分（主要是大齿轮 5）又起飞轮的作用，以达到有效利用能量的目的。

2. 曲柄压力机的组成

根据压力机各部分零件的功能，可分为如下几个组成部分：

（1）工作机构

设备的工作执行机构，由曲柄、连杆、滑块组成，将旋转运动转换成往复直线运动。

由于工作机构是一刚性曲柄连杆机构，故压力机工作时有固定的上下极限位置（上、下死点），可以精确控制成形件的尺寸。

（2）传动系统

由带传动和齿轮传动组成，将电动机能量传输至工作机构，在传输过程中，转速逐渐降低，转矩逐渐增加。

（3）操作机构

主要由离合器、制动器以及相应电子元气器件组成，在电动机启动后，控制工作机构的运行状态，使其能间歇或连续工作。

（4）能源部分

由电动机和飞轮组成，机器运行的能源由电动机提供，开机后电动机对飞轮进行加速，压力机短时工作能量则由飞轮提供，飞轮起着储存和释放能量的作用。

（5）支承部分

由机身、工作台和紧固件等组成。它把压力机所有零部件连成一个整体。

(6)辅助系统

包括气路系统、润滑系统、过载保护装置、气垫、快换模、打料装置、监控装置等。它提高压力机的安全性和操作方便性。对新型压力机,此系统成本所占比例有提升趋势。

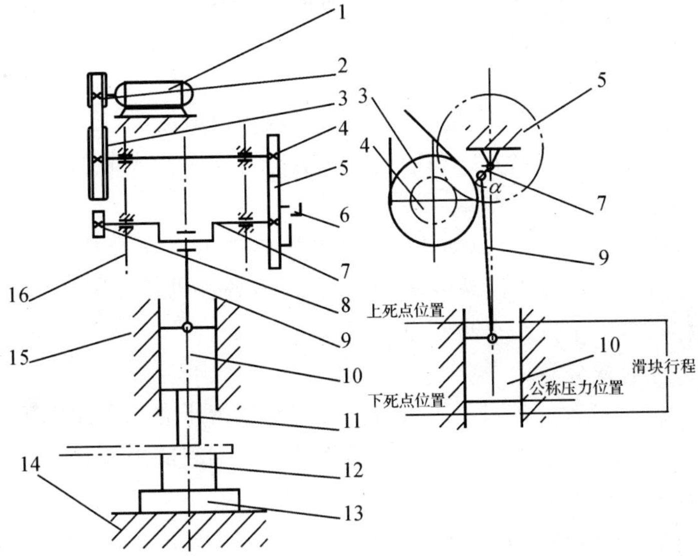

1.电动机　2.小带轮　3.大带轮　4.小齿轮　5.大齿轮　6.离合器　7.曲柄　8.制动器　9.连杆　10.滑块　11.上模　12.下模　13.垫板　14.工作台　15.导轨　16.机身

图 1-2　曲柄压力机工作原理

3. 曲柄压力机的分类

目前曲柄压力机主要依据床身结构来进行分类,分为开式和闭式曲柄压力机。

(1)开式压力机

如图 1-3,开式压力机的床身呈"C"形,机身的前面和左、右三面敞开,便于模具安装调整和冲压操作,特别适用于大张板料边缘的冲压加工,但机身刚度(特别是角刚度)较差,因而所能承受的载荷较小,受力变形后影响制件精度和降低模具寿命,一般适用于小型压力机,常用在 1000kN 以下。

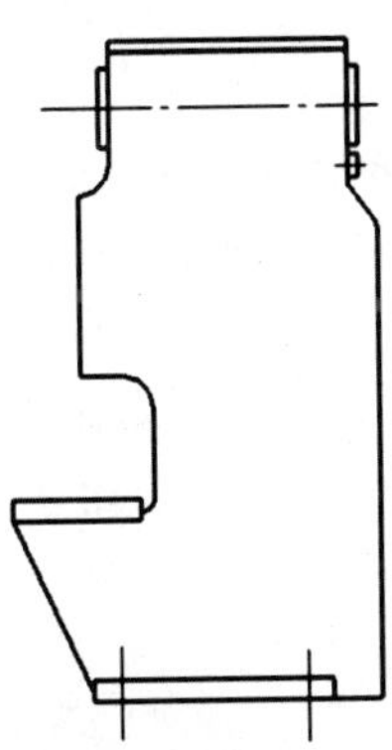

图 1-3　开式压力机示意图

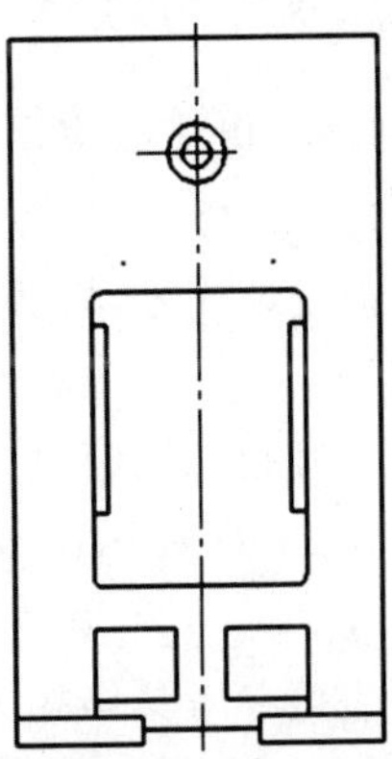

图 1-4　闭式压力机示意图

(2)闭式压力机

如图 1-4,闭式压力机机身为框架结构,机身前后敞开,两侧封闭,在前后两面进行模具安装和成形操作,机身受力变形后产生的直变形可以用模具闭合高度调节量消除。对制件精度和模具运行精度不产生影响,适用于中大型曲柄压力机。

此外还有一些辅助分类方式:

(1)按工艺用途分类

有通用曲柄压力机、拉深压力机、板冲调速压力机、热模锻压机、冷挤压机等。这些压力机对曲柄滑块机构作了改进,使其力能和运动曲线更符合相应的成形工艺要求。

(2)按滑块数量分类

有单动压力机和双动压力机。单动是指在工作机构中有一个滑块,双动是指在工作机构中有两个滑块,分内、外滑块,内滑块安装在外滑块内,各种机构分别驱动。双动压力机适合于大型制件的拉深,多用于汽车车身制造。

(3)按压力机连杆数量分类

有单点压力机、双点压力机和四点压力机。"点"数量指压力机工作机构中连杆的数目,对较大台面的通用压力机,为了提高滑块运动平稳性和抗偏载能力设置了多个连杆。

(4)按传动系统所在位置分类

有上传动压力机和下传动压力机。下传动压力机可使设备重心降低,提高设备运行平稳性,如高速压力机、长行程拉深压力机均采用下传动方式。

4. 曲柄压力机型号表示

根据 JB/T9965—1999 的规定,曲柄压力机型号由汉语拼音、英文字母和数字表示,表示方法如下:

J　　(□)□ □ —□(□)

①　　②　③ ④⑤ ⑥⑦

①位为类代号,以汉语拼音首起字母代替,如 J 表示机械压力机、Y 表示液压机。

②位为变形设计代号,以英文字母表示次要参数在基本型号上所作的改进,依次以 A、B、C 表示。

③位为压力机组别,以数字表示,如 2 组为开式曲柄压力机,3 组为闭式曲柄压力机。

④位为压力机型别,以数字表示,如 1 型为固定台式曲柄压力机,2 型为活动台式曲柄压力机。

⑤位为分隔符,以横线表示。

⑥位为设备工作能力,以数字表示,如 160 表示压力机标称压力为 1600kN。

⑦位为改进设计代号,以英文字母表示,对设备的结构和性能所作的改进,依次以 A、B、C 表示。

若是标准型号则(2)、(7)位无内容,例如,J31-315 表示闭式单点机械压力标准型,标称压力 3150kN;JB23-63 表示次要参数作了第二次改进的开式双柱曲柄压力机,标称压力为 630kN。

压力机型表可参考具体相关压力机或模具设计手册。

5. 曲柄压力机的主要技术参数

曲柄压力机的主要技术参数是反映一台压力机的工作能力、所能加工零件尺寸范围以及有关生产率等的指标，也是模具设计中选择压力机并确定模具结构重要依据。

(1)公称压力

曲柄压力机公称压力是指滑块运动到距行程的下止点约 10～15 毫米处(或从下止点算起曲柄转角 α 约为 15°～30°时)，滑块上所能容许承受的最大工作压力(用千牛表示)。它是表示压力机规格的主要技术参数。冲压生产中，公称压力必须大于冲压工艺所需的冲压力。

(2)滑块行程

滑块行程是指滑块从上死点到下死点所经过的距离，曲柄压力机的滑块行程是曲柄半径的两倍。

(3)滑块每分钟行程次数

滑块每分钟行程次数是指滑块每分钟往复次数。即滑块每分钟从上死点到下死点，再从下死点到上死点所往复的次数。关系到生产效率的问题。一般压力机的滑块每分钟行程次数是固定的。

(4)压力机的闭合高度

压力机的闭合高度是指滑块在下死点位置时，滑块下平面到工作台垫板(厚度 H_T)上平面的距离。由于一般可调节压力机连杆的长度 l，所以可以调节闭合高度的大小，因此压力机闭合高度有最大闭合高度 H_{max} 和最小闭合高度 H_{min}，模具的闭合高度 H 是指冲模在最低工作位置时，上模座上平面至下模座下平面之间的距离(这个尺寸必须要在模具装配图中标出)。模具闭合高度与压力机装模高度的关系，如图 1-5 所示，模具的闭合高度应在压力机的最大与最小闭合高度之间。理论上为：$H_{min}-H_T \leqslant H \leqslant H_{max}-H_T$ 或可写成：$H_{max}-l-H_T \leqslant H \leqslant H_{max}-H_T$

实际应用：

$$H_{min}-H_T+10\text{mm} \leqslant H \leqslant H_{max}-H_T-5\text{mm}$$

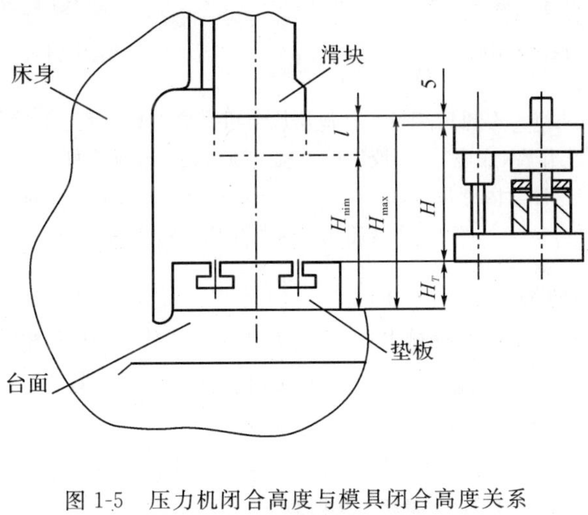

图 1-5　压力机闭合高度与模具闭合高度关系

(5)压力机工作台面尺寸

压力机工作台面尺寸应大于模具的最大平面尺寸，一般工作台面尺寸每边应大于模具下模座尺寸 50mm～100mm，以便于给安装固定模具时，留出足够的螺钉和压板的空间位置。

选择压力机工作台面尺寸还要考虑到模具(下模座)吊装钩,吊装凸台或冲压毛坯伸出压力机工作台面等情况,以免发生干涉。

除了上述的主要参数外,还有漏料孔尺寸、模柄孔尺寸及电动机功率等都是要考虑到的问题。详细见有关模具设计手册。

二、液压压力机

1. 液压压力机的工作原理

如图 1-6 所示是四柱万能液压压力机的工作原理示意图,液压压力机滑块 3 运动至上死点时,被加工的板坯 4 放入模具的下模 9 中,然后滑块带动模具的上模 10 下行,进行压制工作,压制工作完成后,滑块带动模具的上模上行,液压压力机下顶出缸 7 上的活塞(与顶板连在一起的)往上顶顶出杆 8,顶出杆通过往上顶下模中的凹模垫块,将成形后工件顶起,就可方便取件。一般顶出杆、压板 12、垫块 13、紧固螺母 11 及 T 形紧固螺钉 14 作为机床的附件。

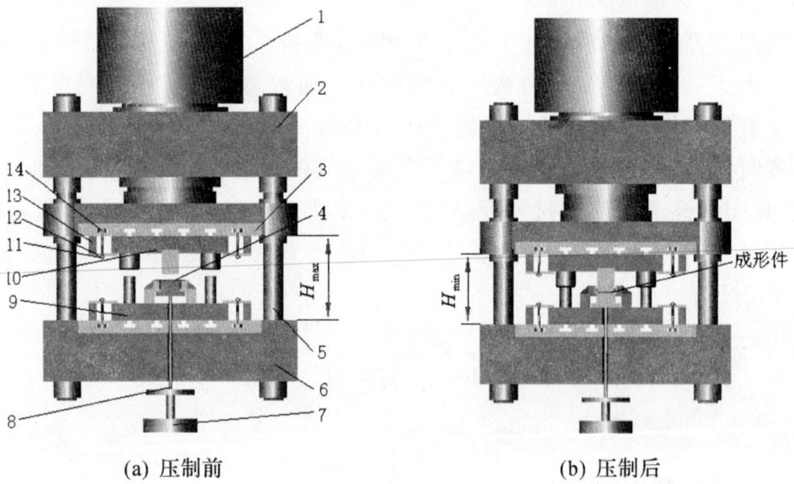

1. 液压压力机主缸　2. 机床床身　3. 液压压力机滑块　4. 板坯　5. 液压压力机导柱
6. 液压压力机工作台(底座)　7. 液压压力机下顶出缸　8. 顶出杆　9. 下模　10. 上模
11. 紧固螺母　12. 压板　13. 垫块　14. T 形紧固螺钉

图 1-6　液压压力机工作原理示意图

2. 液压压力机的型号分类

液压机归为锻压机械,锻压机械共分为八大类,类别代号用汉语拼音字母表示,液压机的类别代号为大写“Y”。按有途不同,液压机又可分为十个组别:

(1)手动液压机　　用于压制压装等一般工艺。

(2)锻造液压机　　用于自由锻造等及有色金属模锻。

(3)冲压液压机　　用于各种薄板、厚板材冲压。

(4)一般用途液压机　　各种万能式通用液压机。

(5)校正压装液压机　　用于零件校形及装配。

(6)层压液压机　　用于纤维板等压制。

(7)挤压液压机　　用于挤压有色金属和黑色金属线材、管材、块状等压制或挤压零件生产。

(8)压制液压机　　用于各种粉末制品的压制成型。

(9)压块液压机　　用于将金属切屑及废料压块及打包。

⑩其他液压机　　包括轮轴压装、电缆包覆、模具研配等各种其他用途的液压机。

3. 液压压力机型号表示

液压机型号表示方法如下：

Y　△□　△－□△

①　②③　④　⑤⑥

①类代号(液压机)

②同一型号产品的变型顺序号

③组型(系列)代号

④通用特性代号

⑤主参数

⑥产品的重大改进顺序号

表 1-3 是液压机通用特性代号。

表 1-3　液压机通用特性代号

通用特性	自动	半自动	数控	液压	缠绕结构	高速	精密	长行程或长杆	冷挤压	温热挤压
字母代号	Z	B	K	Y	R	G	M	C	L	W

例如，YA32-315 型号的含义是

Y——液压机

A——第一种变型

32——一般用途四柱式液压机

315——标称压力 3150KN

4. 液压机的特点

根据液压机的工作原理，液压机具有如下特点：

(1) 总压力及工作空间

液压机易于得到较大的总压力及较大的工作空间。这是液压机最突出的优点。基于液压传动的原理，液压机的执行元件结构简单，且动力设备可以分别布置，可以多缸工作，液体压力及活塞(或柱塞)工作面积可以在较大范围内变动。又由于液压机是静压设备，需很大的地基，因此可以造到很大的吨位。目前各类成形设备中，凡需较大压制吨位的多采用液压机，十万千牛级以上的几乎是液压机。

(2) 工作行程

易于得到较大的工作行程，便于压制大尺寸工件，并可在行程的任何位置上产生额定的最大压力，可以进行时间保压。液压机的这一特性对于一些加工工艺是十分必要的，如深拉深、挤压等。

(3)工作条件

工作平稳、冲击和振动很小，因此噪声小，这对冲压操作者健康、厂房地基、周围环境及设备本身都是比较有利的。

(4) 调压与调速

调压、调速方便。液压机利用工作液体的压力传递能量,可以利用调节各种压力控制阀的方法进行调节和限压,并可以可靠地防止过载,有利于保护模具和设备。活动横梁运动速度的调节范围很大,可以适应不同的工艺过程对工作速度的不同要求。

(5)本体结构

本体结构比较简单,操作方便,容易制造。标准化、系列化、通用化程度较高。

但与起他锻压设备相比也存在如下缺点:液压机在快速性方面不如机械压力机,机械效率不够高;不太适合冲裁、剪切等切断类工艺;液压机的调整、维修较机械压力机困难;另外由于采用液体作为介质,容量产生泄漏。

思考与练习题

1. 什么是冲压?冲压加工与其他加工方法有什么区别?

2. 冲压基本工序分成几类?各有什么变形特点?

3. 冲压件所用材料有哪些?各有什么要求?

4. 冲压所用压力机一般有哪些?选用原则是什么?

5. 机械式压力机主要技术参数有哪些?

6. 什么是压力机的闭合高度?什么是压力机最大和最小闭合高度?

7. 压力机的闭合高度与模具的安装关系如何?

8. 叙述液压压力机的工作原理与工作特点,与机械压力机相比较,对冲压加工有什么不同?

9. 单动压力机和双动压力机各有什么特点,使用场合有什么不同?

10. 说明型号 JA31-400A、JB31-250、YB32-100B 的含义。

教学的目的和要求

板料成形虽然方法各不相同，具有各自的特点，但其有着共同的基础和规律性，本章的任务要求是科学地、系统地阐明这些基础和规律性，为合理地设计冲压工艺奠定理论基础。

通过本章的学习，掌握板料金属塑性变形的物理学基础，了解金属塑性变形行为及其变形条件对其塑性和变形抗力的影响，掌握金属塑性变形的力学基础，即掌握金属塑性变形的应力应变，应力和应变相互关系及屈服准则等塑性理论基础知识，能够对板料变形进行应力应变分析，并寻求板料塑性变形的应力应变分布规律。能够运用应力应变分析的理论知识，分析和解决板料成形中的如拉裂和起皱等质量问题。

第二章　冲压变形基础

第一节　冲压变形的基本原理概述

塑性是指金属在外力的作用下，能稳定地发生永久变形而不破坏的能力。金属的塑性的变形性质表现为屈服和应变强化及破坏三个方面，影响金属塑性不外乎机械因素或变形方式、物理因素或变形条件，前者是金属塑性变形的应力与应变状态，后者是指如金属塑性变形的变形温度和变形速度等状态。

一、影响金属塑性及变形抗力的主要因素

1. 变形方式对金属塑性变形的影响

金属塑性成形时的受力和变形情况是很复杂的，但不外乎是在拉和压的综合作用下，产生了一定拉应变与压应变，以达到成形的目的。在一定的加载条件和一定的变形温度及应变速度条件下，引起塑性变形的单位变形力称之为变形抗力。一般来说，变形方式对金属的屈服与应变强化或变形抗力影响不大，而对金属的破坏则有比较显著的影响。影响金属塑性变形主要依靠是晶内的滑移作用，而滑移阻力主要取决于金属的性质与晶格的构造，取决于金属原子间的物理化学力。金属塑性的破坏是由于晶内滑移面上的裂纹扩展以及晶间变位时结合面的破坏造成的。压应力有利于封闭裂纹，阻止其继续扩展，有利于增加晶间结合力，因此，金属塑性成形时，压力的成分愈多，金属愈不容易破坏，金属塑性的性能就提高，而拉应力的成分愈多，愈不利于金属可塑性的发挥。

2. 金属成分和组织对金属塑性变形的影响

金属成分和组织对金属塑性变形影响很大，如碳钢中的碳超过铁的溶碳能力，多余的碳

便于铁形成硬而脆渗碳体，从而使碳钢的塑性降低，变形抗力提高。合金元数加入钢中的碳形成硬而脆的碳化物，使钢的强度提高，塑性降低。

组成固态金属组织的晶体结构常见的有面心立方结构和体心立方结构及密排六方结构(图 2-1)。单晶体的塑性变形主要通过滑移和孪生两种方法进行，滑移是指晶体一部分沿一定的晶面(晶体中由原子组成的平面)和晶向(晶体中由原子组成的直线)相对于另一部分产滑移。孪生是晶体一部分相对于另一部分，对应于一定的晶面沿一定方向发生转动。金属获得较大塑性变形的主要形式是滑移。在其他条件相同的情况下，晶体的滑移系多，金属的塑性好，而面心立方结构(滑移面数 6、滑移方向数 2、滑移系总数 12)和体心立方结构(滑移面数 4、滑移方向数 3、滑移系总数 12)的滑移系比密排六方结构(滑移面数 1、滑移方向数 3、滑移系总数 3)的金属滑移系多，金属的塑性好。组成金属的化学成分越复杂，金属的塑性越差，变形抗力也越大。金属的组织和性能是随着塑性变形过程变化的，随着塑性变形程度的增加，变形阻力增加，强度和硬度升高，而塑性和韧性下降，这就是被称之为所谓的加工硬化，对金属塑性变形起着重要的影响。

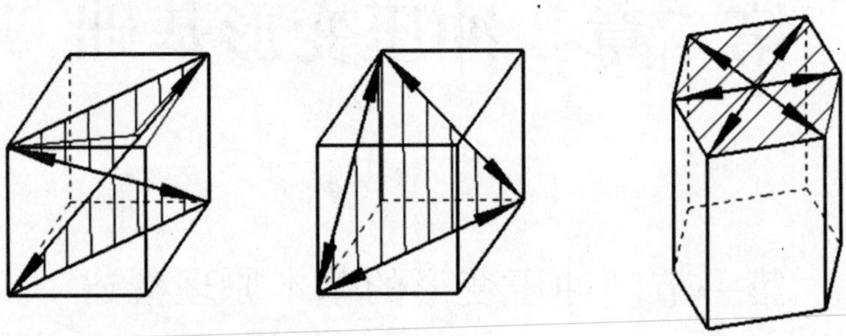

(a) 体心立方结构　(b) 面心立方结构　(c) 密排六方晶格

图 2-1　常见晶体结构

图中说明：影线表示晶面，箭头表示结晶方向

3. 变形温度

变形温度对金属的塑性有很大的影响。在板料冲压成形时，有时采用加热成形的方式。加热的目的是：(1)增加板料在成形中所能达到的变形程度；(2)降低板料的变形抗力；(3)提高工件的成形准确度，一般来说，对于大多数金属，总的影响趋势是：随着温度的升高，金属软化，塑性增加，变抗力下降。

温度的升高变化包括：(1)回复与再结晶，即使变形得到了一定程度的软化，回复的结果导致金属内部各种物理——化学状态的变化，使得金属的塑性和变形抗力发生改变，再结晶则完全消除了加工硬化的效应；(2)原子间的距离的改变和原子动能的增加；(3)晶间滑移系的增多。

由于金属和合金的种类繁多，温度变化引起的物理——化学状态的变化各不相同，所以温度对各种金属和合金塑性及变形抗力的影响规律也各不相同。金属加热软化的趋势并不是绝对的。在加热过程的某些温度区间，往往由于过剩相析出或相变等原因出现的脆性区，反而使金属的塑性降低而变形抗力增加。图 2-2(a)，(b)，(c)分别表示碳钢的加热温度——塑性指标曲线和钛合金的加热温度——塑性指标曲线及镁合金的加热温度——塑性指标曲线。(1)对碳钢而言，在随温度升高塑性增加的总趋势下有几处相反的情况(图 2-2(a))，在大约 200℃～400℃之间时，因为时效作用，又由于夹杂物以沉淀的形式在晶界、滑移面析出，产生沉淀硬化，使塑性降低，变形抗力增加，这个温度范围称为冷脆区(或蓝脆区)。而在 800℃～950℃的范围内，又会出现热脆区，使塑性降低。原因是铁与硫形成的化合物 FeS 几乎不溶于固体铁中，形成低熔点(910℃)的共晶体(Fe＋FeS＋FeO)。当温度超过 1250℃后，由于发生过热、过烧，塑性又会急剧下降，这个区称为高温脆区(图 2-2(a))。(2)钛合金在 300℃～500℃之间时，塑性指标降低，温度增高至 500℃以上，塑性指标才有显著增加，但在 800℃～850℃的高温下，钛合金有容易氧化和晶粒长大及合金组织变化等有害现象。因此，钛合金的合理加热温度一般在 320℃～350℃(图 2-2(b))。(3)镁合金的加热温度超过 250℃后，塑性指标有显著增加，超过 430℃～450℃后会出现热脆现象，所以成形的合理温度应选 320℃～350℃(图 2-2(c))。在板料加热成形时，必须根据不同材料的温度——力学性能曲线以及加热对材料可能产生的不利影响(如氧化、吸氢、脱碳等)以及材料的变形性质作出合理的选择。

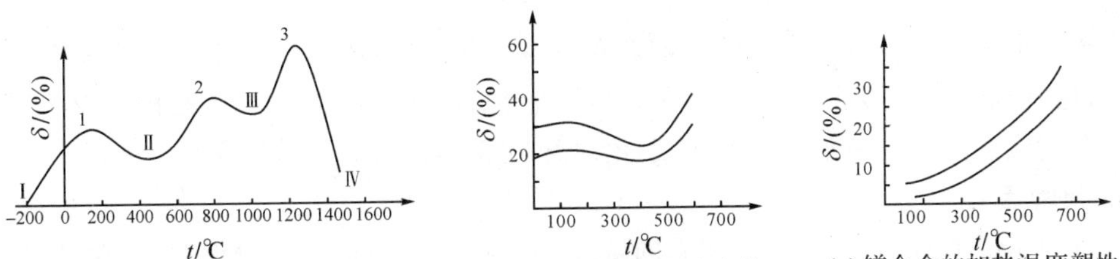

(a) 碳钢的加热温度塑性指标曲线　(b) 钛合金的加热温度塑性指标曲线　(c) 镁合金的加热温度塑性指标曲线

图 2-2　金属塑性随温度变化曲线

4. 变形速度

变形速度是指单位时间内应变的变化量。在冲压生产中很难控制和计量，一般以压力机的滑块的移动速度来近似地表示金属的变形速度。变形速度对金属塑性的影响是比较复杂的。从大量的试验资料分析，几乎所有的材料都存在着一种临界变形速度，超过这一速度后，塑性变形来不及传播，材料的塑性急剧下降。如图 2-3 所示，高速下的极限变形程度 δ_1 显然小于低速时的 δ_2。不同的材料具有不同的临界变形速度，大约在 15m/s～150m/s 的范围内，而在临界变形速度以内，变形速度增加，材料的变形抗力增加，塑性都有不同程度的提高或保持不变。一般来说分三种情况。第一种情况是低速变形时塑性好，高速时塑性更好，如奥氏体不锈钢；第二种情况是低速变形时塑性一般，高速时塑性相同或略有提高，如铝合金；第三种情况是低速变形时塑性低，高速时塑性相同或很少提高，如钛合金。因此，奥氏体不锈钢比较适合高速成形，铝合金则采用高速或常规成形方法均可，而钛合金材料对变形速度影响不大，一般采用加热成形，利用温度提高其塑性。

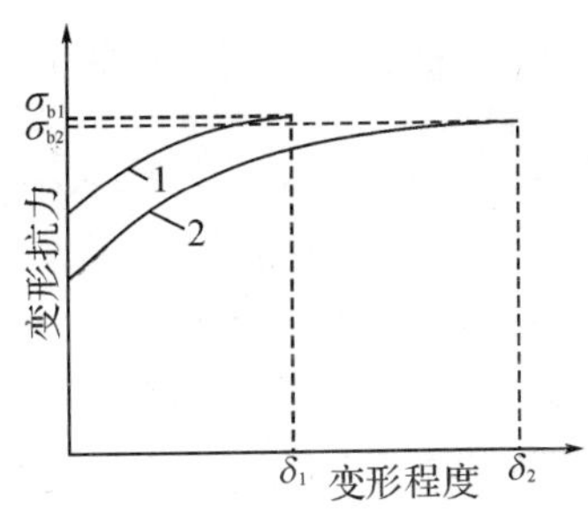

1.高速　2.低速

图 2-3　不同应变速率对变形抗力和塑性的影响示意图

目前板料成形中，机床的运动速度都不大，对金属塑性成形的影响不大。如考虑变形速度，主要基于冲压件的尺寸和形状及复杂程度，对于大型复杂零件（如汽车覆盖件或纵梁）的冲压成形，由于坯料各部分的变形程度极不均匀，材料的流动情况比较复杂，容易发生局部拉裂和起皱，宜用低速压力机（如液压机或低速机械式压力机）。对于加热成形工序，如加热拉深等，为了使坯料中的已变形区域能及时冷却强化，宜用低速压力机。对于钛合金和铝合金一类的材料，也宜采用低速成形。

5. 应力和应变状态

应力状态对金属的塑性有很大的影响。施加不同形式的力，在变形体中就有不同的应力状态和应变状态，从而表现出不同的塑性变形行为。但金属的塑性变形主要取决于主应力状态下静水压力的大小，静水压力越大，亦即压力的个数越多、数值越大时，金属表现出的塑性越好。相反，如拉应力的个数越多、数值越大，即静水压力越小，则金属的塑性越差。

在主应力状态下，静水应力（$\sigma_m=\dfrac{\sigma_1+\sigma_2+\sigma_3}{3}$）的绝对值越大，则变形体的变形抗力越大。应变状态对金属的塑性也有一定的影响。在主应变状态中，压应变的部分越多，拉应变的成分越少，越有利于材料塑性的发挥；反之，越不利于材料塑性的发挥。这是因为材料的裂纹与缺陷在拉应变的方向易于暴露和扩展，沿着压应变的方向则不易暴露和扩展。

6. 尺寸因素

板料冲压成形时，在其他条件相同的情况下，同一种材料，尺寸愈大，塑性愈差，变形抗力愈大。由于材料尺寸越大，各处的组织和化学成分或杂质分布越不均匀，造成其内部缺陷也越多，导致冲压时的应力应变分布也不均匀。例如复杂零件拉深，结构形状类似如圆角部位可能产生拉裂和起皱的程度并不相同。又如汽车纵梁尺寸大，同时由于回弹的影响，弯曲成形后，沿宽度方向圆角半径很难做到完全一致。

二、金属塑性变形的力学基础

冲压成形时，压力机通过模具作用于板料毛坯，使板料产生塑性变形，同时在毛坯内部产生了变形抗力。一般情况下，板料变形区各处的应力应变并不相同，只有了解变形体内任意一点的应力应变状态，才能推断出整个变形板料的应力应变状态。点的应力状态是指变形体内一点任意方位微小面积上所承受的应力情况，即应力的大小和方向及个数。

1. 内力和应力

在外力作用于下，变形体内部各质点之间就会产生相互作用的力，叫作内力，单位面积上的内力叫作应力，图 2-4 表示受外力系作用下处于平衡状态，若要知道物体内 P 点的应力，可假想用一个经过 P 点的截面 mn 将物体分成Ⅰ、Ⅱ两部分，取Ⅰ部分为研究对象，则Ⅱ部分将在截面 mn 上对Ⅰ部分作用一定的内力。在 mn 截面上取一微小的面积，它包含 P 点，面积为 ΔA。设作用在 ΔA 上的内力为 ΔF，则内力的平均集度，即平均应力为：$\Delta F/\Delta A$，令 ΔA 无限减小并趋于 P 点，假定内力连续分布，则 $\Delta F/\Delta A$ 将趋近一极限 S，即

$$S=\lim_{\Delta A\to 0}\frac{\Delta F}{\Delta A}=\frac{\mathrm{d}F}{\mathrm{d}A}$$

这个极限矢量 $\boldsymbol{S}$ 就是物体在 mn 截面上 P 点的应力，它的方向即为 $\Delta\boldsymbol{F}$ 的极限方向。

应力及其分量的单位为 $\mathrm{N/mm^2}$。S 也可称之为全应力，全应力 S 可分解成两个分量，

一个是垂直于 mn 截面，称之为正应力，一般用 σ 表示，另一个平行于 mn 截面，称之为切应力，一般用 τ 表示。

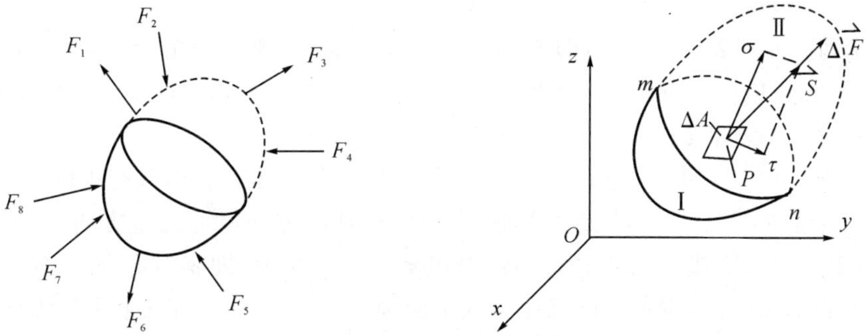

图 2-4　内力和应力图

2. 点的应力状态

设在直角坐标系 $Oxyz$ 中有一承受任意力系的物体，物体内有一点 P，围绕 P 切取一个平行坐标面的平行六面体作为基元体，如图 2-5 所示，基元体在每个微分面上都可按坐标轴分解成一个正应力和两个切应力，三个相互垂直的微分面上共有九个应力分量，即三个正应力分量，六个切应力分量，因此，一般情况下表示一点的应力状态需要用坐标面上的九个应力分量来描述。由于基元体处于静力平衡状态，不发生旋转，故绕基元体各坐标轴的合力矩必须等于零，因此可导出切应力互等

$$\tau_{xy}=\tau_{yx};\tau_{yz}=\tau_{zy};\tau_{zx}=\tau_{xz} \tag{2-1}$$

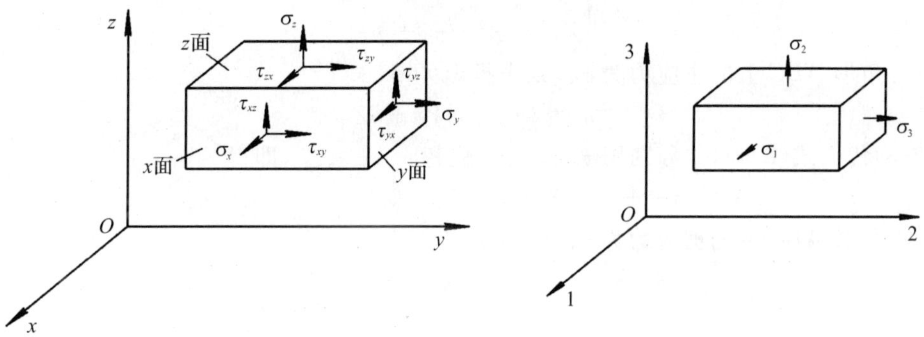

(a) 任意坐标系　　(b) 主轴坐标系

图 2-5　点的应力状态

因此，这九个应力分量只有六个应力分量是独立的，用六个应力分量就可以确定该点的应力状态。

需要指出的是，图 2-5(a)中的坐标系是任意选取的，如果外力条件不变，而物体内任意点的应力状态是确定的，选取坐标不同，表示该点的这九个应力分量的数值会有不同，但该点的应力状态并没有变化。不同坐标系上的物理量可通过一定的线性关系换算，这种关系在数学上称之为张量，所以点的应力状态可用张量表示，叫作应力张量。可用张量符号 σ_{ij} 表示，即

$$\sigma_{ij}=\begin{bmatrix}\sigma_x & \tau_{xy} & \tau_{xz}\\ \tau_{yx} & \sigma_y & \tau_{yz}\\ \tau_{zx} & \tau_{zy} & \sigma_z\end{bmatrix} \tag{2-2}$$

角标 i 和 j 分别表示 x、y、z，即 $i=x,y,z;j=x,y,z$。第一个角标 i 表示该应力分量所在坐标面；第二个角标 j 表示该应力所指坐标方向。正应力分量的两个下角标相同，一般只用一个下角标表示。如 σ_{xx} 简写成 σ_x。

对于任何一种应力状态，总存在一组坐标系，使得基元体各表面只有正应力而无切应力（图 2-5(b)），这时，三个坐标轴称为主轴，三个坐标轴的方向就称之主方向，三个正应力称之主应力，主应力一般按其代数值大小依次用 σ_1、σ_2、σ_3 表示，即 $\sigma_1>\sigma_2>\sigma_3$，带正号的正应力或主应力表示拉应力，带负号的正应力或主应力表示压应力。而三个主应力的作用面称之主平面。用主应力表示点的应力状态可简化分析及运算工作。

3. 物体内任一点的应力状态

假定物体在任一点 P 的六个应力分量 σ_x、σ_y、σ_z、$\tau_{yz}=\tau_{zy}$、$\tau_{zx}=\tau_{xz}$、$\tau_{xy}=\tau_{yx}$ 为已知，需求经过 P 点的任一斜面上的应力。在 P 点附近取一个平面 ABC，与经过 P 点而平行于坐标面的三个平面形成一个微小的四面体 $PABC$，如图 2-6 所示。当平面 ABC 趋于 P 点时，平面 ABC 上的应力就成为 P 点在该斜面上的应力。令平面 ABC 的外法线为 N，其方向余弦为 $\cos(N,x)=l,\cos(N,y)=m,\cos(N,z)=n$

设三角形 ABC 上的应力 SN 在坐标轴上的投影为 XN、YN、ZN。则由四面体的的平衡条件可以得出（推导从略）

$$\begin{cases}X_N=l\sigma_x+m\tau_{yx}+n\tau_{zx}\\ Y_N=m\sigma_y+n\tau_{zy}+l\tau_{xy}\\ Z_N=n\sigma_z+l\tau_{xz}+m\tau_{yz}\end{cases} \tag{2-3}$$

设三角形 ABC 上的正应力为 σ_N，则由投影可得

$$\sigma_N=lX_N+mY_N+nZ_N \tag{2-4}$$

将式(2-3)代入式(2-4)，并分别用 τ_{yz}、τ_{zx}、τ_{xy} 代替 τ_{zy}、τ_{xz}、τ_{yx}，即得

$$\sigma_N=l^2\sigma_x+m^2\sigma_y+n^2\sigma_z+2mn\tau_{yz}+2nl\tau_{zx}+2lm\tau_{xy} \tag{2-5}$$

设三角形 ABC 上的剪应力为 τ_N，则由于

$$S_N^2=\sigma_N^2+\tau_N^2=X_N^2+Y_N^2+Z_N^2$$

因此

$$\tau_N^2=X_N^2+Y_N^2+Z_N^2-\sigma_N^2 \tag{2-6}$$

由公式(2-5)及(2-6)可见，在物体内的任意一点，如果已知六个应力分量 σ_x、σ_y、σ_z、τ_{yz}、τ_{zx}、τ_{xy}，就可以求得任一斜面上的正应力和切应力。因此，可以说，六个应力分量完全决定了一点的应力状态。

4. 点的应变状态

点的应变是通过基元体变形来表示的，与点的应力状态一样，点的应变状态也是一个应变张量。点的应变张量与点的应力张量有相类似的性质。

物体变形时，变形体内所有方向上都会有应变，和分析点的应力状态一样，设在直角坐标系 $Oxyz$ 中，物体内有一点 P，围绕 P 切取一个平行坐标面的微分平行六面体 $PAB\cdots G$ 作为基元体。边长分别为 r_x、r_y 及 r_z，小变形后移至 $P_1A_1B_1\cdots G_1$，变成了一个偏斜的平行

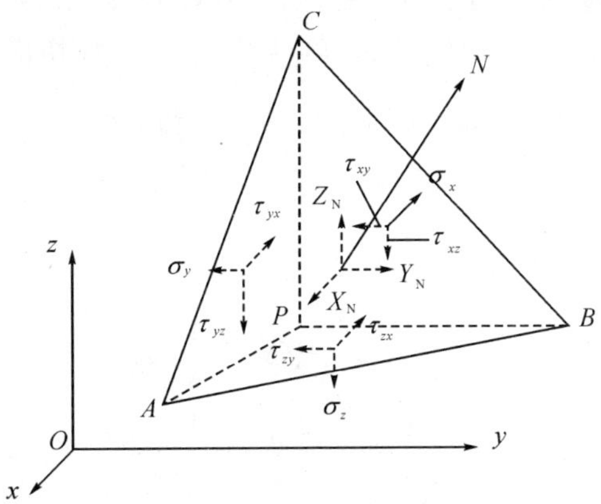

图 2-6　任意斜面上的应力

六面体，如图 2-7 所示，基元体同时产生了线变形、切变形、刚体转动和平移。假设基元体先平移至变形后的位置，然后再发生变形，其变形可从以下两个方面分解（图 2-7）：

(1)变形后的基元体沿 x、y、z 三个方向线尺寸伸长或缩短（称之正应变或线应变）

由图 2-7(a)，(b)，(c)，分别是：

$$\varepsilon_x=\frac{\Delta r_x}{r_x}\quad ;\quad \varepsilon_y=\frac{\Delta r_y}{r_y}\quad ;\quad \varepsilon_z=\frac{\Delta r_z}{r_z} \tag{2-7}$$

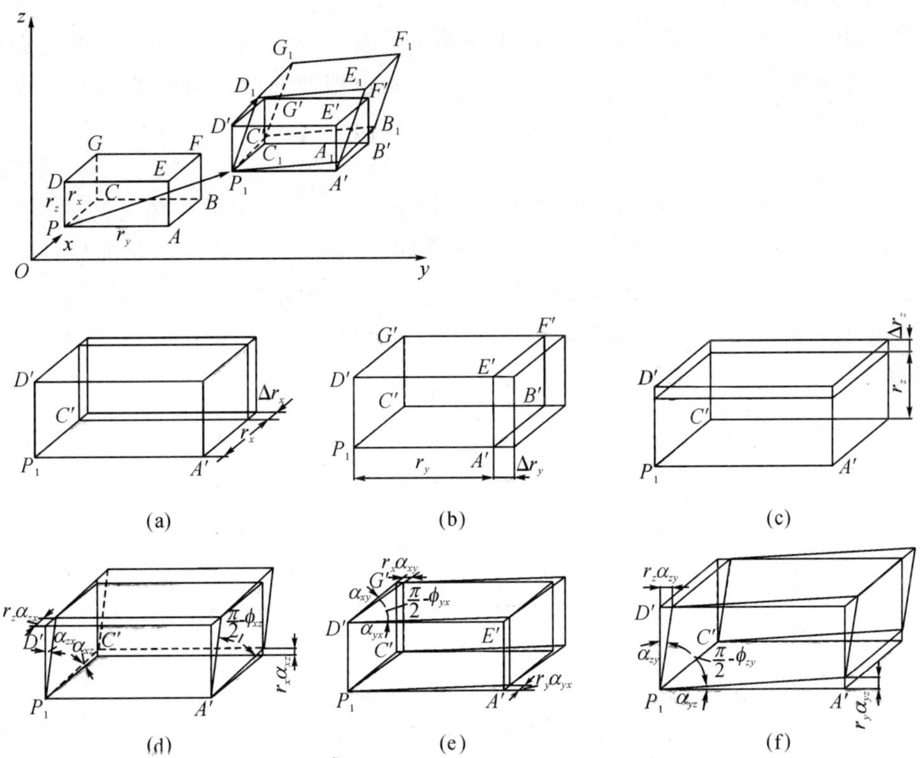

图 2-7　基元体变形

(2)基元体发生的畸变而引起的切应变，如 $P_1C'G'D'$面(即 x 面)在 oxy 坐标面中偏转了 α_{yx} 角，$P_1A'E'D'$面(即 y 面)偏转了 α_{xy} 角，就形成了工程切应变 $\psi_{xy}=\alpha_{xy}+\alpha_{yx}$(图 2-7(d))，$\alpha_{xy}$ 和 α_{yx} 中包含了刚体转动 ω_z，去掉刚体转动为切应变 $\gamma_{xy}=\gamma_{yx}=\frac{1}{2}\psi_{xy}$，再根据图 2-7(e)，(f)，就可写出三组切应变

$$
\begin{aligned}
\gamma_{xy}&=\gamma_{yx}=\frac{1}{2}\psi_{xy}=\frac{1}{2}\psi_{yx}=\frac{1}{2}(\alpha_{xy}+\alpha_{yx})\\
\gamma_{yz}&=\gamma_{zy}=\frac{1}{2}\psi_{yz}=\frac{1}{2}\psi_{zy}=\frac{1}{2}(\alpha_{yz}+\alpha_{zy})\\
\gamma_{zx}&=\gamma_{xz}=\frac{1}{2}\psi_{zx}=\frac{1}{2}\psi_{xz}=\frac{1}{2}(\alpha_{zx}+\alpha_{xz})
\end{aligned}
\tag{2-8}
$$

与点的应力张量表示方法一样，基元体的应变也有九个分量，组成应变张量，

一般应变张量符号用 ε_{ij} 表示，即

$$
\varepsilon_{ij}=\begin{bmatrix}\varepsilon_x & \gamma_{xy} & \gamma_{xz}\\ \gamma_{yx} & \varepsilon_y & \gamma_{yz}\\ \gamma_{zx} & \gamma_{zy} & \varepsilon_z\end{bmatrix}
\tag{2-9}
$$

式(2-9)中，角标 i 和 j 分别表示 x、y、z，即 $i=x,y,z$；$j=x,y,z$。对应正应变分量

ε_x、ε_y、ε_z，线尺寸伸长为正，缩短为负，对应切应变分量 γ_{xy}、γ_{yx}、γ_{yz}、γ_{zy}、γ_{xz}、γ_{zx}，γ_{ij} 表示 i 方向的线元向 j 方向偏转的角度。

5. 塑性变形体积不变条件

与应力状态分析相仿，设有切应变的平面是主平面，主平面法线方向上的线应变无角度的偏转，只有线应变，即主应变，一般用 ε_1、ε_2、ε_3 表示。塑性变形以前的体积等于其变形后的体积，体内任意一点的三个正应变分量满足

$$
\varepsilon_1+\varepsilon_2+\varepsilon_3=0 \tag{2-10}
$$

式(2-10)称为塑性变形体积不变条件，它反映了三个塑性主应变值之间的相互关系。由体积不变条件可看出，三个主应变不可能全部同号，板料变形时的应变状态的主应变图(图 2-8)只可能有三向应变状态和二向应变状态，三向应变状态中有：(1)具有一个正应变及两个负应变；(2)具有一个负应变及两个正应变；二向应变状态中有：一个主应变为零，另两个应变之大小相等符号相反。

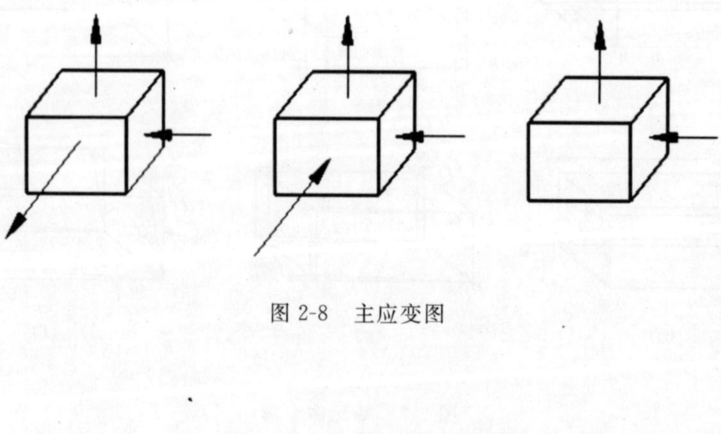

图 2-8 主应变图

三、塑性条件(屈服准则)

塑性条件也称为屈服准则或屈服条件，是描述不同应力状态下变形体内质点进入塑性状态并使塑性变形继续进行所必须遵循的条件。受力物体是否进入塑性变形，是由其内在的物理性能和一定的外部变形条件(变形温度、变形速度、力学条件等)所决定的，在材料单向拉伸时，由于质点处于单向应力状态，只要单向拉伸应力达到材料的屈服极限，该质点即行屈服进入塑性状态。多向应力状态时，显然就不能仅用某一应力分量来断定质点是否进入塑性状态，应同时考虑其他分量。但无论应力状态如何时变化，一般用来描述质点各应力分量之间应满足的塑性条件关系式，常用到是屈雷斯加(H. Tresca)塑性条件和米塞斯(Von. Mises)塑性条件。

1. 屈雷斯加塑性条件

屈雷斯加认为"任意应力状态下只要最大切应力达到临界值后，材料就开始屈服"，数学表达式为：

$$\tau_{\max}=\left|\frac{\sigma_1-\sigma_3}{2}\right|=\frac{\sigma_s}{2} \tag{2-11}$$

式中 $\tau_{\max}$——质点的最大切应力；

σ_1、σ_3——代数值最大、最小的主应力(设 $\sigma_1>\sigma_2>\sigma_3$)；

σ_s——金属在一定的变形温度、变形速度下的屈服点。

亦即当受力物体内质点的最大切应力达到材料单向拉伸时屈服点值 σ_s 的一半时，该点就发生屈服。或者说，材料(质点)处于塑性状态时，其最大切应力等于 σ_s 的一半。所以屈雷斯加屈服准则又称作最大切应力理论。最大切应力理论形式简单，在预先已知主应力大小的情况下，使用该屈服条件还是很方便的，但公式中忽略了中间应力 σ_2 对材料屈服的影响。板料成形中，σ_2 对屈服条件还是起到很大的作用的。

2. 米塞斯塑性条件

米塞斯提出：受力物体内质点的等效应力($\bar{\sigma}$)达到材料单向拉伸时屈服值 σ_s 时，该点就发生屈服。米塞斯屈服准则也称为能量准则。

数学表达式为：

$$(\sigma_1-\sigma_2)^2+(\sigma_2-\sigma_3)^2+(\sigma_3-\sigma_1)^2=2\sigma_s^2 \tag{2-12}$$

或

$$\bar{\sigma}=\frac{1}{\sqrt{2}}\sqrt{(\sigma_1-\sigma_2)^2+(\sigma_2-\sigma_3)^2+(\sigma_3-\sigma_1)^2}=\sigma_s \tag{2-13}$$

式中 σ_1、σ_2、σ_3——质点的三个主应力。

若用修正系数来考虑中间主应力 σ_2 的影响，米塞斯屈服准则可以简写为

$$\sigma_1-\sigma_3=\beta\sigma_s \tag{2-14}$$

式中 β——中间主应力 σ_2 对 σ_s 影响系数，或称应力修正系数，一般 $\beta=1\sim1.155$。

在单向应力及轴对称应力状态($\sigma_2=\sigma_1$，$\sigma_2=\sigma_3$)，时，板料软凸模胀形的中心点，$\beta=1$；在纯剪状态和平面应变状态时($\sigma_2=\frac{1}{2}(\sigma_1+\sigma_3)$)，如宽板弯曲成形，$\beta=1.155$；对于一般情况，受力物体内各点的应力状态不同，如板料拉深成形，凸缘上应力与直壁的应力状态不同，β 当凭经验选取，如无法判别时，可取 $\beta=1.1$。

四、塑性变形时应力与应变的关系

物体弹性变形阶段，无论加载或卸载，应力与应变成线性关系，变形过程是可逆的，与变形物体的加载过程无关，复杂应力状态下，这种关系就是广义虎克定律。而进入塑性变形阶段，可以看到材料屈服以后，变形过程就是不可逆，应力与应变的关系是非线性的，最终的应变状态随加载途径不同而改变，此时，应力与应变之间的关系不再满足简单的线性关系。

用来描述塑性变形时的应力应变关系的理论主要有增量理论和全量理论，前者又称流动理论，表述为在每一加载瞬间，应力状态确定的不是塑性应变分量的全量而是其瞬时的增量，应变增量主轴与应力主轴重合，应变增量正比于应力偏量。即

$$\frac{d\varepsilon_1}{\sigma_1-\sigma_m}=\frac{d\varepsilon_2}{\sigma_2-\sigma_m}=\frac{d\varepsilon_3}{\sigma_3-\sigma_m}=d_\lambda \tag{2-15}$$

式中　d_λ——瞬时比例系数，在加载的不同瞬时是变化的；

σ_m——平均主应力(静水应力)。

式(2-15)可改写成

$$\frac{d\varepsilon_1-d\varepsilon_2}{\sigma_1-\sigma_2}=\frac{d\varepsilon_2-d\varepsilon_3}{\sigma_2-\sigma_3}=\frac{d\varepsilon_3-d\varepsilon_1}{\sigma_3-\sigma_1}=d_\lambda \tag{2-16}$$

增量理论有一定的普遍性，适用于理想刚塑性材料，虽然比较严密，但在实际使用时并不方便。

在加载过程中，假如各应力分量按同一比例增加，而且应变主轴方向不变并与应力主轴重合，可对式(2-15)进行积分，得

$$\frac{\varepsilon_1}{\sigma_1-\sigma_m}=\frac{\varepsilon_2}{\sigma_2-\sigma_m}=\frac{\varepsilon_3}{\sigma_3-\sigma_m}=\lambda \tag{2-17}$$

式中　λ——非负比例系数，它与材料性质和加载历程有关，而与物体所处的应力状态无关。式(2-17)可改写成

$$\frac{\varepsilon_1-\varepsilon_2}{\sigma_1-\sigma_2}=\frac{\varepsilon_2-\varepsilon_3}{\sigma_2-\sigma_3}=\frac{\varepsilon_3-\varepsilon_1}{\sigma_3-\sigma_1}=\lambda \tag{2-18}$$

式(2-17)或(2-18)就是所谓的全量理论(也称形变理论)。全量理论认为，在比例加载(也称简单加载，是指在加载过程中所有外力从一开始起就按同一比例增加)的条件下，无论变形体所处的应力状态如何，应变偏张量各分量与应力偏张量各分量成比例关系。

由于难以保证普遍的塑性变形是比例加载，一般用增量理论来分析解决问题。

而全量理论一般用来分析研究小变形问题。对于塑性变形的某一瞬间，变形体的形状和尺寸及性能的变化可以看作是一次小变形，可以认为小变形全量理论和增量理论是等效的。此外，对于冲压成形中非常简单加载的大变形问题，只要变形过程中是连续加载的，应力主轴方向变化不太大，主轴大小次序基本不变，运用全量理论不会引起太大的误差，在冲压工艺的分析计算中，只要加载过程近似于简单加载，就可以引用全量理论式。

全量理论的应力应变关系式(2-17)和(2-18)是对冲压加工中各种工艺参数进行计算的基础，可以利用全理理计算式对冲压成形过程毛坯的变形和应力的特点性质作出大致的定性的分析和判断。

例如：

(1)可根据偏应力($\sigma_i-\sigma_m$)的正负来判断某个方向的主应变的正负。当某个方向的偏

应力为正值时，则该方向的主应变亦为正值；反之，亦然。

(2)若某点的主应力的关系为 $\sigma_1=\sigma_2=\sigma_3=\sigma_m$ 时，由式(2-17)可得 $\varepsilon_1=\varepsilon_2=\varepsilon_3=0$，说明毛坯处于三向等拉或三向等压的应力状态。此时毛坯不产生塑性变形。例如在球应力状态下，仅有弹性变形存在。

(3)若某点的主应力的顺序为 $\sigma_1>\sigma_2>\sigma_3$，由式(2-18)分析可知，则该点主应变的顺序为 $\varepsilon_1>\varepsilon_2>\varepsilon_3$，且 $\varepsilon_1>0$，$\varepsilon_3<0$。说明最大拉应力 σ_1 方向上的变形一定是伸长变形，而在最小拉应力 σ_3 方向上的变形一定是压缩变形。如在两向拉应力作用下的胀形变形，最大拉应力方向上的变形是伸长变形，而在材料厚度方向是压缩变形，使得材料变薄。

(4)当 $\sigma_1>0$，$\sigma_2=\sigma_3=0$ 时，由式(2-18)，则有 $\varepsilon_1>0$，$\varepsilon_2=\varepsilon_3=-\left(\frac{1}{2}\right)\varepsilon_1$。说明变形体受单向拉应力状态，在拉应力作用方向上为伸长变形，其余方向上的应变为压缩变形，变形量为拉深变形的一半。比如孔的翻边，其边缘就属于这种情况。当 $\sigma_3<0$，$\sigma_1=\sigma_2=0$ 时，则有 $\varepsilon_3<0$，$\varepsilon_1=\varepsilon_2=-\left(\frac{1}{2}\right)\varepsilon_3$。说明变形体处于单向压应力状态，压应力作用方向上为压缩变形，其余方向上的应变为伸长变形，变形量为压缩变形之半。

(5)当变形体处于二向等拉的平面应力状态(即 $\sigma_1=\sigma_2>0$，$\sigma_3=0$)时，由式(2-18)，则有 $\varepsilon_1=\varepsilon_2=-\left(\frac{1}{2}\right)\varepsilon_3$。此种情况就是平板毛坯胀形发生在中心部位，拉应力作用方向上为伸长变形，板厚方向为压缩变形，其值为各伸长方向的变形量的两倍。

(6)当变形体处于平面应变状态(即 $\varepsilon_3=-\varepsilon_1$，$\varepsilon_2=0$)时，则其第二主应力 $\sigma_2=\sigma_m=(\sigma_1+\sigma_3)/2$。

需要指出的是，判断毛坯变形区在哪个方向上伸长，哪个方向上缩短，并不是单纯根据应力的性质，即，拉应力方向不一定是伸长变形，压应力方向不一定是压缩变形，而是要根据主应力的差值才能确定的，如拉深变形时，毛坯外缘虽然受到了压边圈对毛坯的压应力，但此压应力比毛坯受到径向拉应力和周向压应力要小得多，因此在板料厚度方向是增厚的，即厚度方向是伸长变形。

一般冲压变形分成伸长类变形和压缩变形两类，当作用于毛坯变形区内的拉应力为绝对值最大时，在这个方向上的变形一定是伸长变形，以变形区材料变薄为特征，如胀形和翻孔等，而当作用于毛坯变形区内的压应力为绝对值最大时，在这个方向上的变形一定是压缩变形，以变形区材料增厚为特征，如弯曲内侧和拉深的凸缘外侧等。

五、冷压成形中的加工硬化和硬化曲线

冲压生产中，毛坯形状的变化与零件的形状形成过程，即材料的塑性变形一般都是在常温下进行的。对于常用金属材料，在常温下的塑性成形过程中，随着变形程度的增加，其变形抗力(即每一瞬时的屈服极限 σ_s 和强度极限 σ_b)是不断增高的，硬度也将提高，而塑性指标(延伸率 δ 和断面收缩率 ψ)下降，这种现象称为加工硬化。材料不同，变形条件不同(变形温度、变形速度)，其加工硬化的程度也就不同，在冷变形中材料的变形抗力随变形程度的变化，可用硬化曲线来表示。图 2 9 是几种材料在常温静载条件下的加工硬化曲线(实际应力—应变曲线)。加工硬化使材料的所有强度、硬度指标增加，同时塑性指标降低。

材料的加工硬化对塑性变形有较大的影响，使所需的变形抗力增加，限制了材料进一步

的变形，塑性下降，使需要大变形量的冲压件无法一次成形，或使复杂变形的零件拉裂或起皱的可能性增加，要使变形继续下去，就要因此而增加退火工序。加工硬化有利的方面是：在某一次的冲压成形中，板料硬化能够减小过大的局部变形或避免过大的局部集中变形，有利于提高变形的均匀性，从而增大成形极限。由此可见，对塑性变形而言，材料的加工硬化有不利的一面，也有有利的一面。因此，在解决冲压生产实际问题过程中，就要了解和研究并掌握材料的硬化规律，才能更好地制定工艺参数和生产流程。

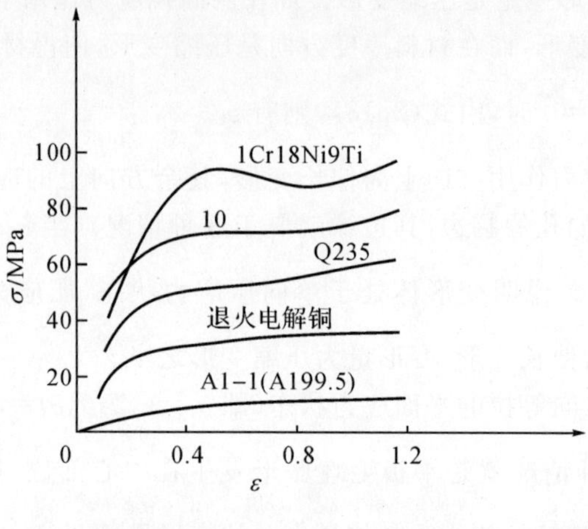

图 2-9　几种材料的硬化曲线

由图 2-9 可知，几乎所有的硬化曲线都有一个共同的特点，就是随着变形程度的增加，材料的硬化强度（用$\frac{d\sigma}{d\varepsilon}$表示）逐渐降低。为了实用上的需要，就必须将硬化曲线用数学式表达出来，但由于不同材料的硬化曲线差别很大，而且实际应力与应变之间的关系又很复杂，不能用同一个数学式精确地把它们表达出来，在塑性力学中经常采用直线和指数曲线来近似代替实际硬化曲线，如图 2-10 所示为四种简化类型。其中图 2-10(c) 是刚塑性硬化直线，其函数式为

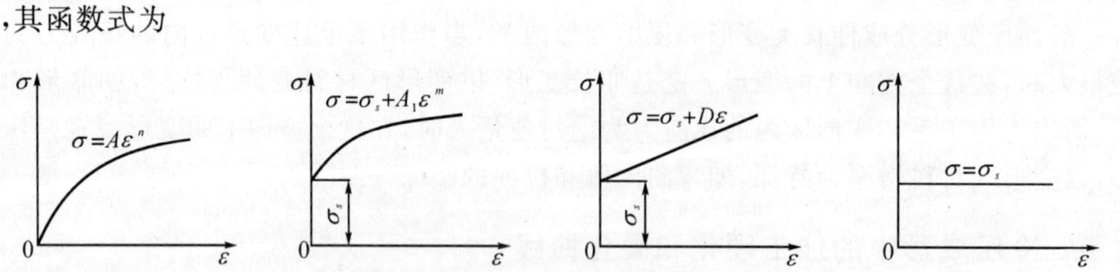

(a) 幂指数硬化曲线　(b) 刚塑性硬化曲线　(c) 刚塑性硬化直线　(d) 理想塑性硬化水平线

图 2-10　四种硬化曲线简化类型

$$\sigma=\sigma_s+D\varepsilon \tag{2-19}$$

式中　σ_s——近似屈服应力（硬化直线在纵坐标轴上的截距）；

D——硬化直线的斜率，称为硬化模数。

图 2-10(a) 是幂指数硬化曲线，其函数式为

$$\sigma=A\varepsilon^{n} \tag{2-20}$$

式中 A——强度系数；

n——硬化指数。

A 和 n 决定于材料的种类和性能，可通过拉伸试验求得，其值列于表 2-1。指数曲线和材料的实际硬化曲线比较接近。

硬化指数 n 是表明材料变形时硬化性能的重要参数，也称 n 值。n 值大时，表示在冷变形过程中材料的变形抗力随变形程度的增加而迅速地增大。n 值对板材的冲压成形性能以及制件的质量都有较为重要的影响。

表 2-1 部分材料的 A 和 n 值

材　料	A/MPa	n	材　料	A/MPa	n
软钢	710～750	0.19～0.22	银	470	0.31
黄铜(δ_b=400MPa)	990	0.46	铜	420～460	0.27～0.34
黄铜(δ=350MPa)	760～820	0.39～0.44	硬铝	320～380	0.12～0.13
磷青铜	1100	0.22	铝	160～210	0.25～0.27
磷青铜(低温退火)	890	0.52			

第二节 板料冲压成形性能及材料试验方法

一、板料的冲压成形性能

板料成形性能是指材料经过冲压成形变成所设计冲压零件的能力。材料的冲压性能好，就是指其便于高效率地冲压加工，一次冲压工序的极限变形程度和总的极限变形程度大，容易得到高质量的冲压件，模具寿命长等。由此可见，冲压成形性能是一个综合性的概念，它涉及的因素很多，但就其主要内容有两个方面：一是能尽可能地减少成形工序，要求在每道工序中充分发挥材料的变形潜力，实现尽可能大的变形，这就涉及成形极限的概念；二是要保证冲压件产品质量达到设计要求，即满足成形质量。成形极限与成形质量也正是冲压工艺与冲模设计所要研究的两个关键课题。而对于冲压所用的材料来讲，不仅要满足产品设计的技术要求，还应当满足冲压工艺的要求和冲压后的加工要求(如切削加工和电镀及焊接等)。

1. 成形极限

在冲压成形过程中，材料的最大变形限度称为成形极限。对于不同的成形工序，成形极限采用不同的极限变形系数来表示，如圆筒形件的拉深工序的极限拉深系数($m=\dfrac{d}{D_0}$)，采用变形后拉深件直径与变形前直径的比值来表示变形能力的大小，显然 m 值愈小，变形程度愈大，圆筒形件底部靠近底部圆角(危险断面)处愈容易出现拉裂。又如圆孔翻边的变形程度用翻孔系数 $K(=d_0/D)$，表示翻孔前预制孔的直径 d_0 与翻边后的竖起的平均直径 D 的比值，K 值愈小，变形程度愈大，竖边边缘破裂的危险愈大。这些极限变形系数可在各种冲压设计手册中查到，也可通过实验的方法得到。

由于极限变形系数影响因素很多，如材料性能、零件和冲压模具的几何形状与尺寸精度、变形条件(变形速度、压边力、摩擦和温度等)以及冲压设备性能和操作者水平等。对于不同的成形工序,成形极限是采用不同的极限变形参数来表示的。而极限变形参数的值是由冲压成形的失效与否来界定的。冲压成形时,外力可以直接作用在毛坯的变形区(如翻边),也可以通过非变形区,包括已变形区(如拉深)和待变形区(如缩口,扩口),将变形力间接传递到变形区。影响成形过程正常进行的因素在变形区和非变形区都有可能,冲压成形失效实际上是塑性变形失稳在冲压工序中的具体表现,概括起来一般有下列几种情况:

(1) 变形区上的情况

其形式可归结为两大类,一类拉伸失效,表现为拉应力过大,坯料局部出现过度变薄导致破裂,或局部失稳而产生缩颈断裂,如胀形、翻孔、扩口及弯曲的外层的拉裂。一类是受压失效,表现压应力过小,超过了板料的临界应力,使板料产生失稳压屈起皱。如缩口和拉深时凸缘边缘的起皱。图 2-11 是破裂和起皱的实例。在复杂冲压件的成形中,这两类缺陷也可能同时出现。如拉深中同时出现如拉深件底部靠近底部圆角(危险断面)处拉裂和凸缘上出现的起皱。因此,从材料方面来看,为了提高成形极限,就必须提高材料的塑性指标和增强抗拉及抗压的能力。若材料已确定,从冲压工艺参数的角度来看,为了不影响成形过程正常进行(不起皱、不破裂),就必须限制其成形极限。如保证圆筒形件的拉深过程顺利进行,一般拉深系数要取了比由实验或手册上规定的极限拉深系数要大一些。

(2) 非变形区上的情况

传力区承载能力不够,在利用已知变形区作为拉力的传力区。会因为变形力超过了该传力区的承载能力而使变形过程无法正常进行下去,例如拉深变形,拉深件的直壁部分可看作是只承受凸模传来的拉应力的作用,变形是单向受拉,厚度变薄,若变形力超过厚度变薄后的截面上所能承载能力,就会在该区(一般发生在拉深件底部靠近底部圆角处)发生拉裂或严重变薄而使工件报废。

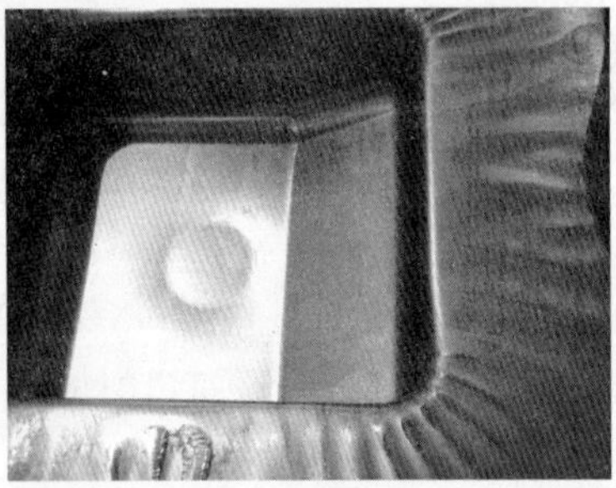

(a) 起皱

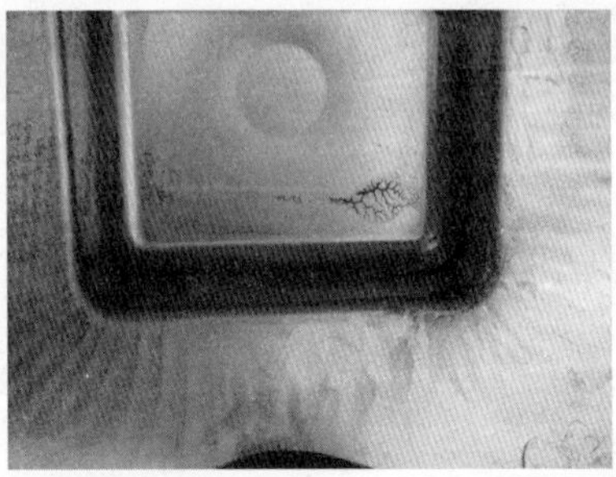

(b) 破裂

图 2-11 破裂和起皱的实例

2. 成形质量

冲压零件的质量不但要求具有所需的形状和尺寸,还必须保证产品的质量。冲压零件的主要质量指标主要有:尺寸精度、形状精度、厚度变薄率、表面质量以及成形后材料的物理力学性能等方面的内容。影响冲压件质量的因素是多方面的,这些因素主要有:材料的原因、冲压件形状结构、模具结构设计、模具制造精度、冲压机的选择等。

金属塑性变形过程前后体积不变,对于伸长类变形,板厚都要变薄,对于有强度要求的冲压件就要限制板厚的过度变薄，一般拉深件底部靠近底部圆角(危险断面)处厚度减薄率如果超过了30%，就要视作不合格产品(图2-12)。由于金属塑性变形总是伴随着弹性变形，即使加压时完全贴合模具上的材料，当载荷卸除后，由于材料的弹性回复，造成制件的尺寸和形状偏离模具，影响制件的尺寸和形状精度。回弹的方向总是与变形方向相反的，如拉深后的圆筒形件的直径会略大于凹模直径。冲压件结构形状设计的不合理对冲压零件的质量也有影响，如U形弯曲件两侧的圆角半径过大，回弹就会加剧(图2-13)。模具结构设计中，如间隙过大则回弹增大，但间隙过小加上模具粗糙度满足不了冲压件外表面要求，则容易擦伤冲压件。成形质量还与压力机有关，一般用于成形类工序如拉深和弯曲等采用冲压速度较慢的液压机较合适，而用于分离类工序一般宜采用冲压速度较快的机械式压力机。

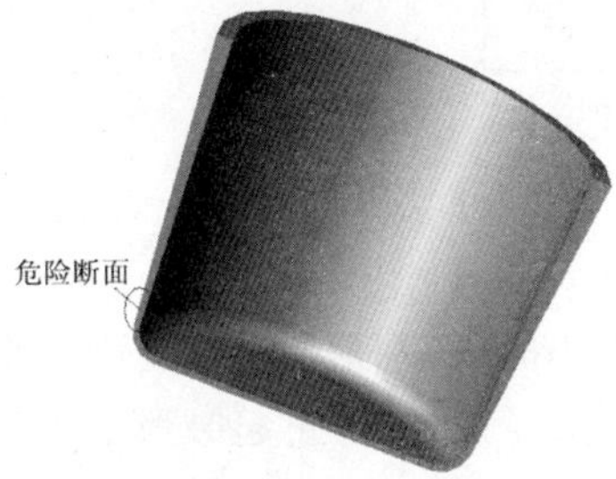

图2-12　拉深件的危险断面

图2-13　弯曲件两侧回弹

二、板料的基本力学性能与冲压成形性能的关系

板料具有的冲压性能要通过试验来获得。试验方法较多，一般可分为两类：一类是采用通用的试验设备进行的基本性能试验，如拉伸试验、硬度试验、金相试验等，板料基本性能指标与冲压成形性能之间存在着密切的关系，通过对板料基本性能的分析，能够间接地判断其冲压成形性能优劣。另一类是采用专用的设备和模具进行特定工艺性能试验，如板材弯曲试验、杯突试验等，分别用于分析得到板材的弯曲和拉深性能结果。特定工艺性能试验模拟了实际工序中材料的受力情况和变形特点，试验结果准确可靠，不过只说明板材在某一特定的加工工艺性能，没有全面反映板材各种性质。

板料基本性能指标，是指按国家有关标准规定的试验方法，包括力学试验和金属学试验等，利用这些试验测定得到的板料的各种通用性能指标。如板材拉伸试验，是基本性能试验中一种很重要的方法，根据拉深试验结果，可从很多方面得到板材的冲压性能。板材拉伸试验通常是在材料试验机进行的，采用标准试样的形状与尺寸。得到的拉伸曲线如图2-14所示。

通过试验可获得板材在强度和刚度及塑性等方面的力学性能参数，如屈服极限σ_s、强度极限σ_b、屈强比σ_s/σ_b、弹性模量E、伸长率δ、断面收缩率ψ等等，下面是一些较为重要的基本性能指标与冲压成形性能的关系。

1. 屈强比(σ_s/σ_b)

屈强比(σ_s/σ_b)对板料冲压成形性能影响较大。无论伸长类或压缩类变形，屈强比愈小，成形极限性能愈高，冲压性能愈好，表现为材料易进入塑性变形(需要较小的力)，而又不容易产生破裂(需要较大的力)，对所有冲压成形都十分有利。

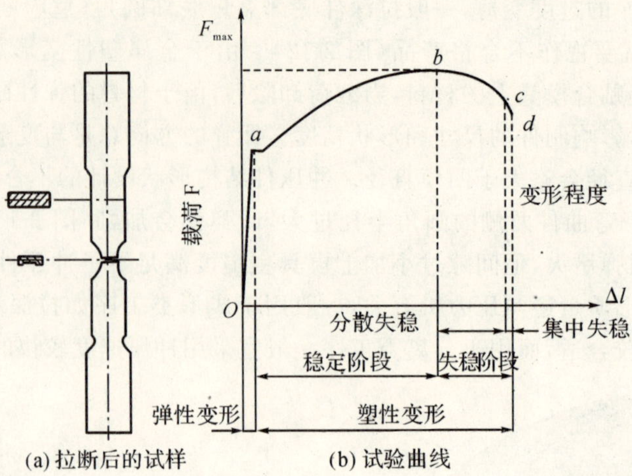

图 2-14　单向拉伸试验

例如，对于拉深工艺和缩口工艺中，当材料的屈强比小时，即屈服点 σ_s 低，则变形区的切向压应力就比较小，板料失稳起皱的趋势也就愈小，对拉深来说，防止起皱所需的压料力和需要克服的摩擦力也相应减小，这就降低了总的变形抗力，减轻了传力区的载荷；而抗拉强度 σ_b 提高，则增加了传力区的抗拉能力，所以说屈强比小有利于成形极限的提高。如在弯曲工艺中，如果 σ_s 愈低，则卸载后的回弹变形也愈小，这样弯曲件的尺寸精度就会提高。另外如在胀形和拉弯工艺中，如果 σ_s 愈小，可相应地降低或减小张紧板料的拉力，从而减小板料拉断的可能性，提高变形过程的稳定性。

2. 伸长率 δ

单向拉伸试验中，试验时开始发生局部集中变形（刚出现颈缩时）的伸长率，称为均匀伸长率，记作 δ_b。试样拉断时的伸长率，称为总伸长率 δ（图 2-15）。

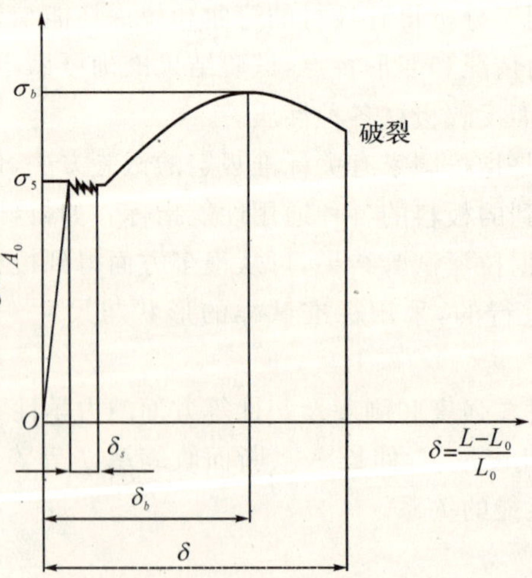

图 2-15　单向拉伸试验曲线

δ_b 表示板料产生均匀变形或称稳定变形的能力。一般情况下，冲压成形都在板材的均匀变形范围内进行，故 δ_b 对冲压性能有较为直接的意义。在伸长类变形工序中，例如翻孔、扩口、弯曲（指外区）、胀形等工序中，δ_b 越大，则极限变形程度越大。

3. 硬化指数 *n*

由幂指数硬化曲线表达式 $\sigma=A\varepsilon^n$ 可知，其中的 n 称为硬化指数，表示材料产生均匀变形或稳定变形的能力。n 值愈大的材料，局部抗失稳能力愈强，对伸长类变形而言，其极限变形程度就愈大。因为 n 值愈大，材料的硬化效应就愈大，这表示在变形过程中材料局部变形程度的增加会使该处变形抗力增加，这样就可以补偿局部缩颈因截面积减小而引起的承载能力的降低，抑止了局部集中缩颈变形的进一步发展或使变形区进一步扩展，因此，n 值愈大的材料，有利于板料的成形极限的提高。

4. 塑性应变比 *r*

板料冲压变形一般要求是在板平面方向上发生，而非发生在厚度方向产生过大的厚度变化，是指反映了板平面方向和厚度方向变形的难易程度的参数称 r 值或称板厚方向性系数。是板料试样单向拉伸试验时，试样均匀伸长 15%～20%左右的情况下，宽向应变 ε_b 与厚向应变 ε_t 之比，即

$$r=\frac{\varepsilon_b}{\varepsilon_t}=\frac{\ln\frac{b}{b_0}}{\ln\frac{t}{t_0}} \tag{2-21}$$

式中 b_0、b、t_0 与 t 分别为变形前后试样的宽度与厚度。

r 值愈大，表明板平面方向上越容易变形，而厚度方向上较难变形。板料抵抗变薄的能力愈强。对于伸长类成形，板料的变薄量小，有利于成形质量的提高；对于拉深成形，毛坯的径向收缩变形容易，不易起皱，压料力减小，并且拉深力也小，传力区不容易拉破，使拉深极限变形程度增大。所以板料的 r 值大，则其拉深成形性能好。

当材料 $r=1$ 时，称为厚向同性材料；当材料 $r\neq1$ 时，称为厚向异性材料；

对于轧制板材，因平行纤维方向与垂直纤维方向的力学性能不同，试样在板料中取得方位不同，所取试样测得的 r 值也就不同。所以板料的厚向异性指数，最好取三个不同的方位试样所得数据的平均值 $\bar{r}$。

$$\bar{r}=\frac{r_0+r_{90}+2r_{45}}{4} \tag{2-22}$$

式中 r_0，r_{90}，r_{45} 分别为板材的纵向（轧制方向）、横向及与轧制方向成 45°方向上的板厚方向性系数。

5. 板平面各向异性指数（凸耳参数）Δr

由于板料经轧制后，其力学性能在不同方位厚向异性不同，在板平面内产生各向异性，称为板平面各向异性指数，以板厚方向系数 r 在几个方向上的平均差值 Δr 来衡量，规定为

$$\Delta r=\frac{r_0+r_{90}-2r_{45}}{2} \tag{2-23}$$

Δr 值越大，板材的方向性越明显，对冲压成形性能的影响就越大。例如弯曲，当弯曲件的折弯线与板料的纤维方向垂直时，允许的极限变形程度就大；而折弯线平行于纤维方向时，允许的极限变形程度越小。又如筒形件拉深中，由于板平面方向性使拉深件筒口不齐，

会出现如图 2-16 所指示的“凸耳”。Δr 越大，则“凸耳”越大。所以 Δr 值也叫做凸耳参数。由于板平面方向性对冲压变形和制件的质量都是不利的，所以生产中应尽量设法降低板材的 Δr 值。值得注意的是：不少板材的 r 值越大，则其 Δr 值也越大。Δr 值越大有利于提高拉深极限，而 Δr 值越大，“凸耳”大，不利于拉深件质量，这是一对矛盾，选择材料时需综合权衡利弊。

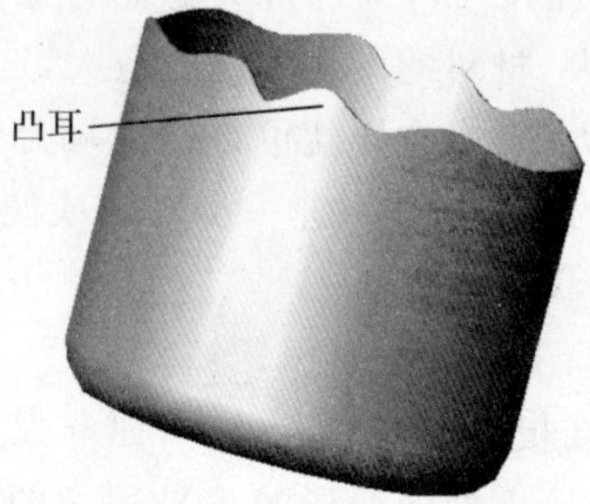

图 2-16　拉深件筒口的凸耳

二、板料冲压成形性能的测定

由于基本性能试验所得到的材料特性参数只能间接地判断其冲压成形性能优劣，而采用工艺试验更接近板料实际工作情况，用工艺试验可以直接测得被测板料的某种极限变形程度，而该极限变形程度即反映此板料对应于这类成形方式的冲压成形性能，所以又称之为直接试验。下面简要介绍几种常用的工艺试验方法。

1. 弯曲成形试验

采用无底压弯模，如图 2-17 所示，弯曲试验采用压弯法或折叠弯曲，对规定尺寸试件进行正反面的弯曲，弯曲角 α 为 90°，135°，180°（回弹后弯曲角），测定试样弯曲区材料不产生裂纹时能达到的最小相对弯曲半径 r_{min}/t 的数值，作为弯曲成形性能指标。最小相对弯曲半径越小，弯曲成形性能越好。这种试验主要用来确定厚度在 4mm 以下的板料。

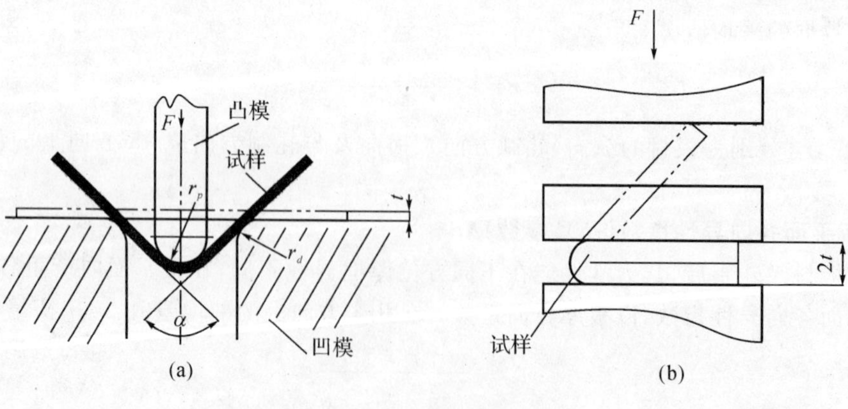

图 2-17　弯曲试验

2. 拉楔试验

如图 2-18 所示，这是模拟拉深变形区的应力和变形状态，将楔形板料试样拉过模口，在模壁压缩下使之成为等宽的矩形板条，在试样不断裂的条件下，b/B 越小，拉深成形性能越好。

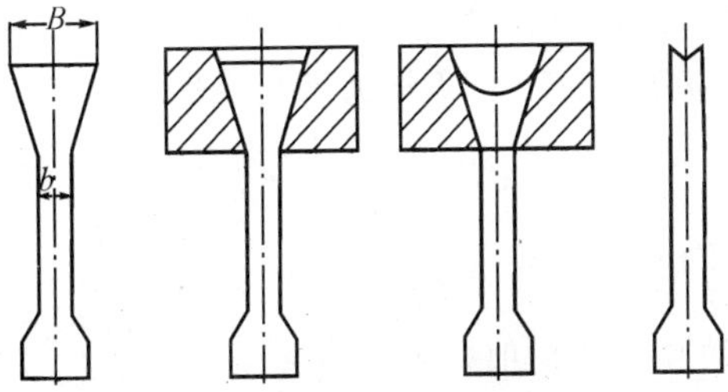

图 2-18 拉楔试验

3. 胀形试验

胀形试验也称杯突试验(Erichsen Test)及 IE 值。金属杯突试验方法如图 2-19 所示，杯突试验试样的规格见表 2-2。试验时，将试样放在凹模与压边圈之间压死(压边力取 10kN)，使受压金属无法移动，然后直径为ϕ20mm 的凸模向上运动，把试样在凹模内胀成凸包，至凸包刚好破裂时，测出凸模压入的深度，记作杯突试验值 IE。有时还测出破裂时凸模作用力作为参考。杯突试验是模拟胀形工艺，所以试验值 *IE* 可作为材料的胀形成形性能指标，也是评定拉伸类冲压成形性能的一个材料特性值。IE 值越大，胀形成形性能及拉伸类成形性能越好。

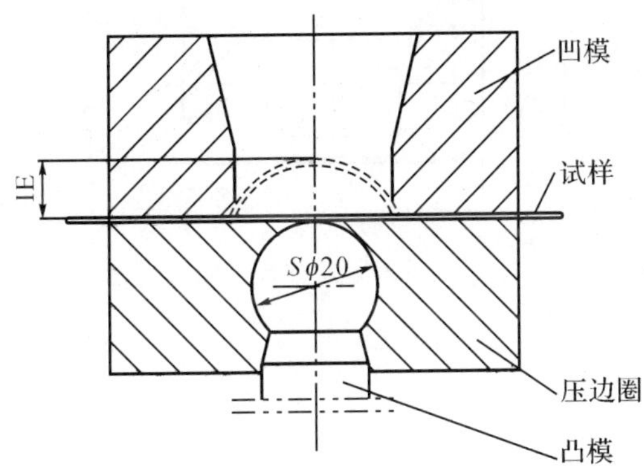

图 2-19 杯突试验图

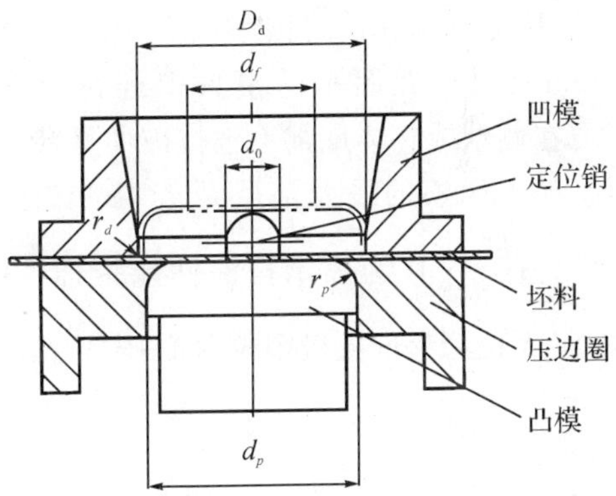

图 2-20 扩孔试验

但是，IE 值的影响因素很多，如板料的厚度、压边力大小、润滑条件及模具的粗糙度等对它都有影响。此外，由于试验设备不同、操作方法不同以及对裂缝判断之差异等都会影响试验的结果。

表 2-2 杯突试验试样的规格

形状	条料	方料	圆料
尺寸(mm)	宽 $B=90\pm1$	边长 $B=90\pm1$	直径 $D_0=90\pm1$

4. 扩孔试验

采用规定尺寸的模具，对一定内外径的环形试件进行扩孔。以孔缘局部发生破裂时的扩孔比作为指数，或称 $K.W.I$（德国一研究所名）值。测定或评定板料扩孔常采用圆柱形平底凸模，图 2-20 是扩孔试验的示意图。试验时，试样放在凹模与压边圈之间压死，凸模向上运动，把试样中心孔 d_0 胀大，直至孔缘局部发生破裂时，测得此时孔径的最大值 $d_{f\max}$ 和最小值 $d_{f\min}$，并用下式计算扩孔率 $K.W.I$ 作为扩孔成形性能指标。

$$K.W.I=\frac{d_f-d_0}{d_0}\times 100\% \tag{2-24}$$

式中 d_0——试样中心孔的初始直径(mm)；

d_f——孔缘破裂时的孔径平均值(mm)，测定 $d_f=\frac{1}{2}(d_{f\max}-d_{f\min})$。

$K.W.I$ 越大，扩孔成形性能越好，扩孔试验参数按表 2-3 选择。

表 2-3 扩孔成形试验模具和试件的尺寸表(mm)

试件厚度 (t,mm)	试件外径 (D_0,mm)	试件预制孔径 (d_0,mm)	凸模外径 (d_p,mm)	凹模内径 (D_f,mm)	凸模圆角半径 (r_p,mm)	凹模圆角半径 (r_d,mm)
6.0—2.0	90	10,12,15,18	50	55	5	0.5

5. 拉深性能试验

(1)确定最大拉深程度法

确定最大拉深程度法或称冲杯试验，也叫 Swift 拉深试验或 LDR 试验。本试验方法的工作原理如图 2-21 所示。是采用ϕ50mm 的平底凸模将不同直径 D_0 的圆形毛坯（直径相差 1.25mm）试样，在图示的模具中进行拉深试验。取在侧壁或杯体底部不被拉破而又能将凸缘全部拉入凹模的最大直径 $D_{0\max}$ 与冲头直径 d_p 的比值 $\frac{D_{0\max}}{d_p}$ 作为表示拉深性能指标，并用 LDR(最大拉深程度或极限拉深比)表示，即

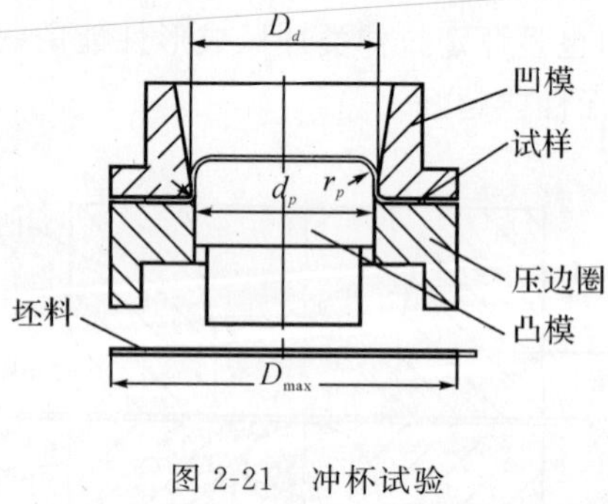

图 2-21 冲杯试验

$$LDR=\frac{D_{0\max}}{d_p} \tag{2-25}$$

LDR 值越大，材料的拉深性能越好。

这种试验方法的原理和拉深成形的力学条件是完全一致的，能比较直接地反映板材的拉深成形性能。但也受试验条件(如间隙、压边及润滑等)的影响而产生波动，还需制备较多的试件并经过多次试验，因此，这种方法试验结果的可靠性也不十分高。

(2)拉深力对比试验

拉深力对比试验也叫 TZP 法，其试验原理采用在一定的拉深变形程度下（取毛坯直径 D_0 与冲头直径 d_p 的比值 $D_0/d_p=52/30$）最大拉深力与在试验中已经成形的试件侧壁的拉断力之间的关系作为判断拉深成形性能的依据。这两个力的差别愈大，板料的成形性能愈好，图 2-22 是试验方法原理及过程的示意图。

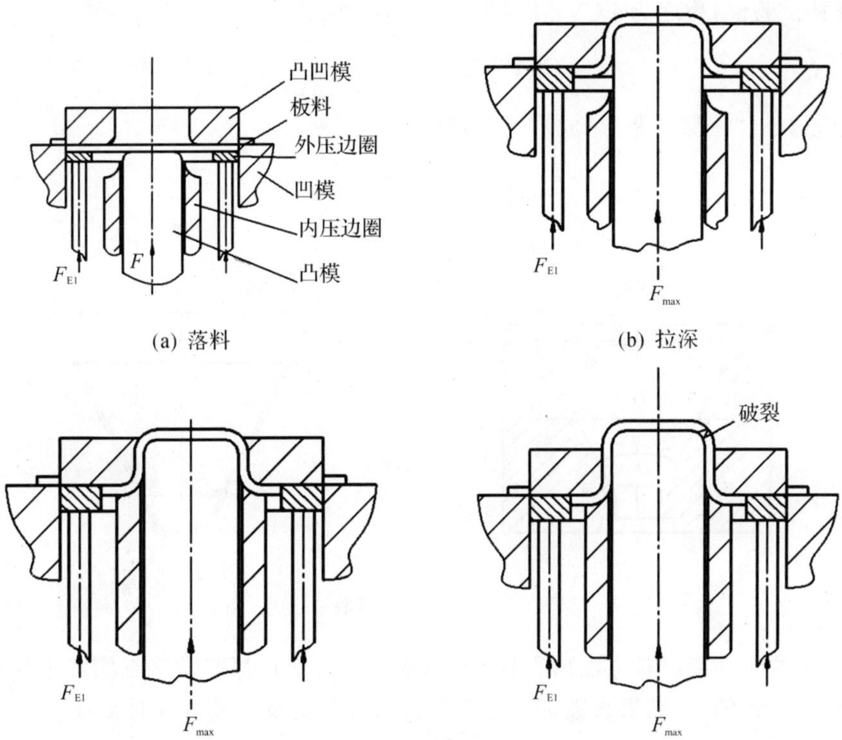

图 2-22　TZP 试验

其特点之一是可一次试验成功。当试验进行拉深力达到峰值 F_{max} 时，随即加大压边力，使试件的凸缘固定，排除以后继续变形和被拉入凹模的可能。然后，再加大冲头力直到试件侧壁被拉断，并测出拉断时的力 F。拉深试验中力的变化如图 2-23 所示。根据测得的最大拉深力 F_{max} 与试件最终拉断的力 F 的数值，可得到一个表示板材拉深性能的材料特性值 T，T 值按下式计算：

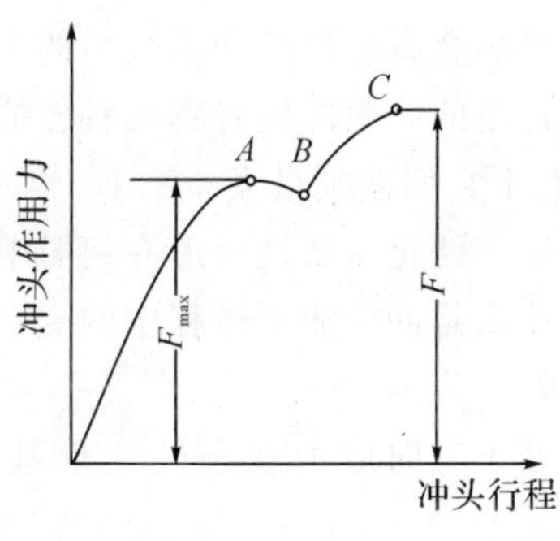

A—最大拉深力　B—外边缘固定　C—拉断

图 2-23　拉深性能 T 值的确定过程

$$T=\frac{F-F_{max}}{F}\times 100\% \qquad (2\text{-}26)$$

T 值越大，材料的拉深性能越好。

6. 锥杯拉深试验

锥杯拉深试验是同时确定板材的拉深性能和胀形性能的综合试验方法，因为大部分空心件成形时，都是由凸缘区材料向内流动的拉深变形和传力区材料变薄的胀形变形复合而成的。本试验就是模拟这一变形特点，对板材拉深和胀形复合成形性能进行测试。试验装置如图 2-24 所示，取冲头直径 d_p 与试样直径 D_0 的比值 $\frac{d_p}{D_0}=0.35$。试验时，试样平放在锥形凸模孔内，通过冲头把试样冲成锥杯，至杯底或其附近发生破裂时，测得杯口的平均直径

D_c，作为锥杯试验值，称之为 CCV 值。即

$$CCV=\frac{1}{2}(D_{cmax}+D_{cmin}) \tag{2-27}$$

CCV 值越小，“拉深—胀形”成形性能越好。

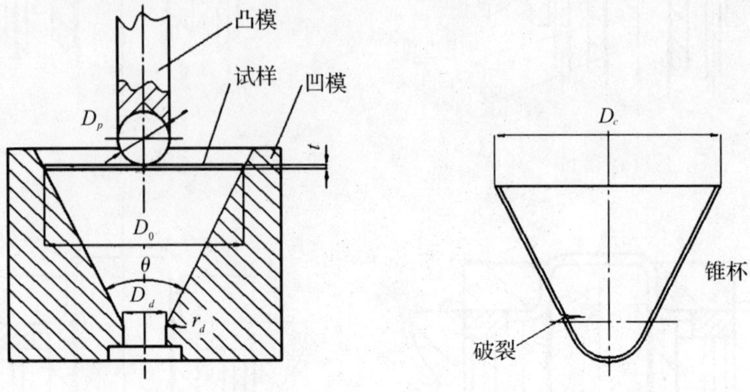

图 2-24　锥杯试验

上述几种冲压性能试验方法所得到的试验结果，由于其都非常接近实际冲压或与实际冲压成形情况一致的，其结果参数都可作为工艺过程制定及模具设计时参考。

思考与练习题

1．影响金属塑性及变形抗力的有哪些主要因素？

2．常用的屈服准则有哪两种？它们有何差别？在什么应力状态下它们相同？在什么应力状态下它们差别最大？

3．加工硬化对塑性成形有何影响？

4．什么是冲压成形过程中的变形区和非变形区，为什么这两处都有可能引起成形过程中的失效？

5．处于三向应力状态的变形基元体中，受正应力的方向是否必然产生正应变？为什么？

6．全量理论在什么情况下才能使用？为什么？

7．试判断，是否存在如下图 2-25 的变形方式，为什么？

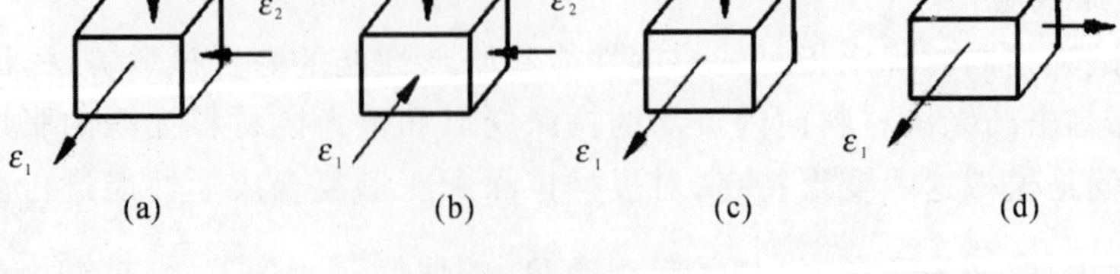

图 2-25　变形方式

教学的目的和要求

网格技术和成形极限图是指导冲压生产的重要工具。本章通过网格的制作和成形极限图绘制，网格技术和成形极限图在生产中的应用等方面的介绍，使学生能够运用网格技术和成形极限图，分析金属板料成形中出现的质量问题的原因，应力应变的变化，掌握如何改善冲压生产条件如毛料尺寸和形状、模具的凹模圆角半径、与毛料接触面的模具零件的粗糙度、润滑状况和压边力大小等提高冲压件精度的方法。

第三章　网格技术和成形极限图

第一节　概　　述

利用基本试验只能对板料的成形性能作出定性的、综合性的一般性评价，而模拟试验只能模拟几种典型的变形方式，形状复杂的冲压件的板料变形，每一点的变形方式都有可能不同，不可能一一模拟，在有限个比较单纯的条件下进行的所得到结果，很难对复杂零件的成形性能作出确切判断，对于处理冲压生产中的各种具体问题，如汽车覆盖件拉深成形，变形很复杂，有可能同时出现拉裂和起皱或回弹，在这种情况下，就很难提供最直接的指导和帮助。

成形极限图(Forming Limit Diagrams，简称 FLD)或成形极限曲线(Forming Limit Curves，简称 FLC)，根据复杂零件的每一局部会产生的变形，预先在毛料表面上作出一定形式的密集网格(一般采用的ϕ2mm 或ϕ5mm 小圆圈)，观察测定网格上小圆圈变成椭圆的尺寸，以椭圆长轴和短轴的变形 ε_1、ε_2，作为纵轴和横轴的坐标数据，即可绘制出成形极限图(图 3-1)。如果变形在图中曲线临界区的下方，零件就能顺利压制出；如果在曲线临界区的上方，零件就会发生破裂。一种材料，就有一种 FLC，一般由试验取得，由于影响因素较多，

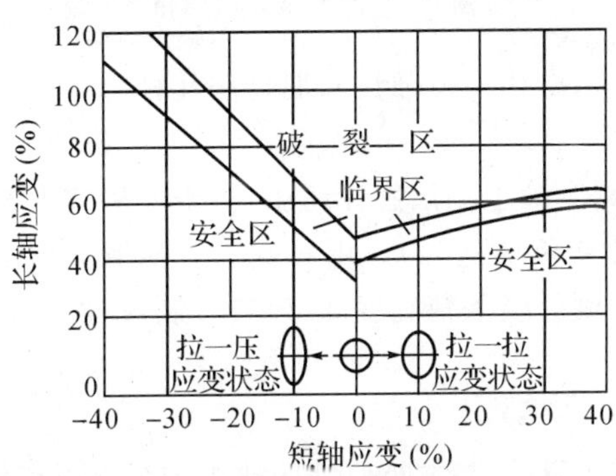

图 3-1　成形极限图

判据不一，试验 FLC 数据分散，形成一条有一定宽度的条带，称之为临界区。变形如果位于临界区内，表明此处的板料有濒临破裂的危险。成形极限曲线或成形极限图主要有以下几个方面的作用：(1)分析冲压件破裂或起皱危险点的位置；(2)为抑制或消除破裂或起皱提供工艺措施；(3)确定冲压件的成形极限或不至于破裂的最大的变形量；(4)进行提高冲压件成形极限的模具结构或成形工艺设计。

第二节　网格技术与成形极限图

一、网格的形式和印制方法

网格技术是金属薄板变形分析的主要工具。在坯料变形前，在其表面上印制具有一定规格或规律的网格，通过测量变形后金属薄板表面上的网格变化，从而确定金属薄板或坯料在成形过程中所承受的变形量，进而明确应变状态是恶化或是改善。网格的基本形式有图 3-2 所示的两种。采用圆圈的理由是，无论主轴方位如何，变形后圆变成椭圆，椭圆的长、短轴方向即为应变主轴方向，只要测出椭圆的长、短轴长度，就可确定两个主应变的大小，而方格变形后如果应变主轴不与方格的对角线一致时，则经过变形，方格变菱形后，主应变数值很难测出。拉深前采用圆形网格，使变形的主轴方向可以在变形后的椭圆上测出。一般试验用圆形网格采用ϕ2mm 或ϕ2.5mm，生产用圆形网格大都采用ϕ5mm。大型零件如汽覆盖件采用ϕ10mm～ϕ20mm。

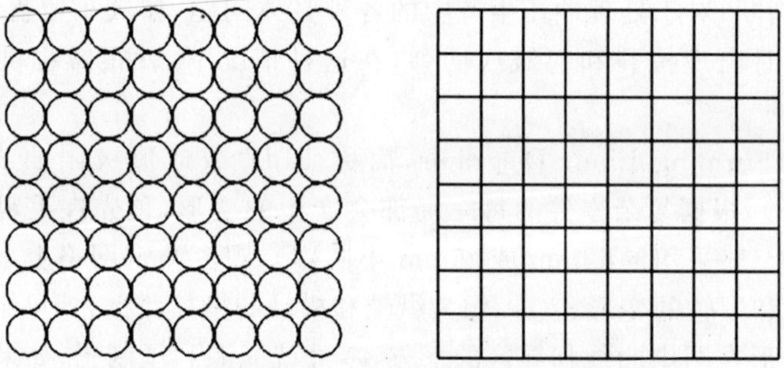

图 3-2　圆形及方形网格

印制网格可以用晒相法、电化学侵蚀法和混合法几种。

1. 晒相法

晒相法是在除油的板料上涂上一层感光树脂，待干燥后放上网格底片（根据不同的感光层材料，分别选用正像底片或负像底片）。用真空装置压紧，利用紫外线感光，最后进行显影、定影和染色。晒相法印刷的线条精确度高，但在压制过程中，板料沿凹模工作面滑动时，网格容易擦掉。

2. 电化学侵蚀法

电化学侵蚀法，如图 3-3 所示，是在被侵蚀的薄板与浸有电解液的毡垫之间通以低压电流并紧压在电气模板上，采用简单的盐溶液作为电解液。电流将仅在模块上有孔眼的地方通过，使带着电流的电解液流至薄钢板。这样，如果模板具有一系列的孔眼，同样的印痕将侵蚀到金属板上。

3. 混合法是先用晒相法，利用正像底片在毛料表面得到负像的网格线条，即毛料表面被曝光固化的感光层覆盖，而网格线条的地方，毛料表面是裸露的。此时用腐蚀液擦拭毛料表面，因曝光固化后的感光层有很强的抗腐蚀能力，只有裸露的地方会被刻蚀。因此，在毛料表面也能刻蚀出与模板上的图案相同的网格线条来。

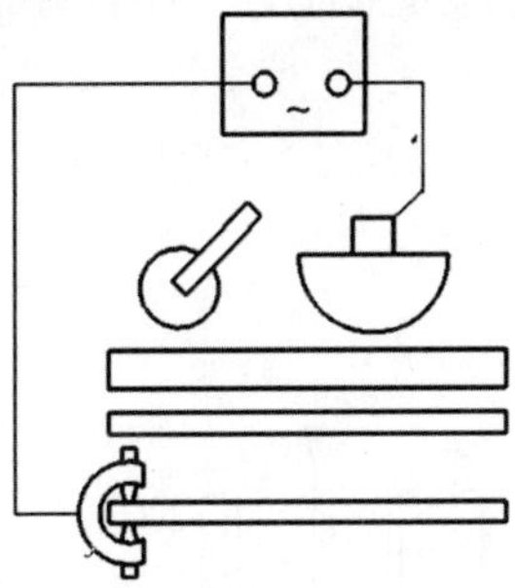

图 3-3 电化学侵蚀系统

上述三种印刷坐标网方法的优缺点如表 3-1 所列。

表 3-1 三种印刷坐标网格方法的优缺点

方法	晒相	电蚀	混合	方法	晒相	电蚀	混合
线条宽度	0.11mm	0.25mm	0.08mm	表面状态的变化	好	差	中
线条精度	好	差	好	印刷时间	长	短	长
粘附性	差	好	好	应变测量数据	精确	粗糙	较好

除了上述几种网格做法还有划线法。但相对来说，电化学浸蚀法最为简便。

二、成形极限曲线的制作

1. 实验模具

FLD 可以根据生产中积累的对破裂零件或濒于破裂事件的测量数据得出，也可以用实验方法制作。由于 FLD 可以表示板材在双向拉应力下的变形极限，所以，实验制作 FLD 的关键在如何建立不同的双向拉应力比值 σ_1/σ_2 下的实验变形条件，以获得不同的极限变形时的 $\varepsilon_1/\varepsilon_2$ 值。目前常用的制作 FLD 的实验方法有半球形凸模胀形法和圆柱形凸模胀形法两种。

(1)半球形凸模胀形法

半球形凸模胀形法是采用试件在带拉伸肋的压边圈和凹模上牢固夹紧，凹模孔径为 ϕ100mm，凹模圆角半径大于 5 倍的试件厚度，然后用刚性半球形凸模将试件胀形至破裂或出现缩颈时为止。取出此时破裂附近的变形值。利用不同的试件宽度和润滑方式，使试验结果尽可能覆盖较大的变形范围。这种实验方法，毛坯与凸模之间的摩擦力较大，影响毛坯的变形状态，不易控制 σ_1/σ_2 的比值，所得的成形极限值与板材的实际变形能力有一定的差距。图 3-4 是半球形凸模胀形法的原理图。

(2)圆柱形凸模胀形法

圆柱形凸模胀形法是用圆柱形凸模代替半球形凸模，实验的其他部分基本相同，试样采用不同的宽度的矩形毛坯，但需要一块与试样宽度相同而中心开孔的辅助毛坯。胀形时，圆柱形凸模与辅助毛坯接触，使其作内孔扩孔变形。试样放在辅助毛坯下面，并辅助毛坯与试样间产生的摩擦力产生胀形变形，并保证试样的变形始终都发生在底部，而已转移到侧壁的材料不再产生变形。由于试样是矩形的，通过改变试样和辅助毛坯的宽度尺寸，就会使试样在长度和宽度两个方向上的拉应力比值 σ_1/σ_2 得到改变，从而可得到板材在不同应力比下的极限变形值。同时由于产生的破坏的部位上下都不与模具接触，因此，得到的实验值能较好地反映板材的变形能力。能较好地控制 σ_1/σ_2 的比值。图 3-5 是圆柱形凸模胀形法的原理图。

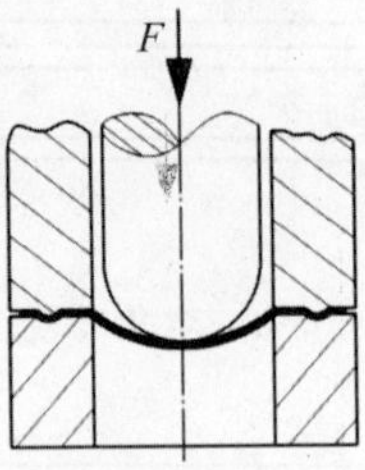

图 3-4 半球形凸模胀形法的原理图

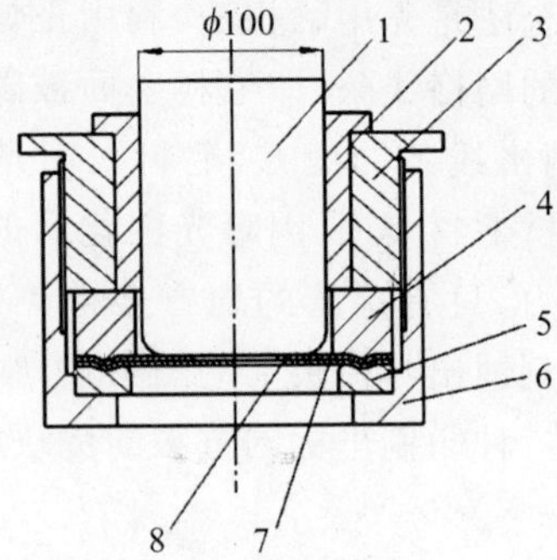

1. 凸模 2. 导套 3. 锁紧环 4. 压边圈
5. 凹模 6. 模架 7. 试样 8. 辅助毛坯

图 3-5 圆柱形凸模胀形法所用实验模具

2. 成形极限曲线的制作

采用圆柱形凸模胀形法制作 FLD 过程如下：

(1) 试样准备

试样及辅助毛坯的尺寸一般采用 160mm×160mm 和 160mm×120mm 或 160mm×90mm，试件厚度 t：低碳钢，0.4mm～2.0mm；不锈钢，1Cr18Ni9Ti，0.3mm～1.5mm。分成几组并编号。制取试样及辅助毛坯时，需要在试样变形区上制作网格，一般采用小圆形网格。并在不与凸模接触的这一面涂上机油或其他润滑介质。

(2)测量和应变计算

将制备好的试样放入图 3-5 中所示的模具中进行胀形试验，直到胀形试样出现缩颈和破裂。取出试样，在裂纹中部取最接近裂纹的完整网格，即被要求测量的变形椭圆，最好是裂纹贯穿它的中间，并要处在起始发生裂纹的位置附近，不然因变形不匀或受撕裂的影响产生误差。开裂的椭圆本身很难测量，而断口往往又带坡度，测量结果不会很精确，而且零件在开裂前产生的颈缩或集中性变薄，已形成潜在的结构缺陷，一般都认为这种压制制作属于残次品或废品了。很明显，这种型式的成形极限曲线大大高估了材料的实际成形极限，在生产中使用价值不大。图 3-6 是网格成形前后变化图。

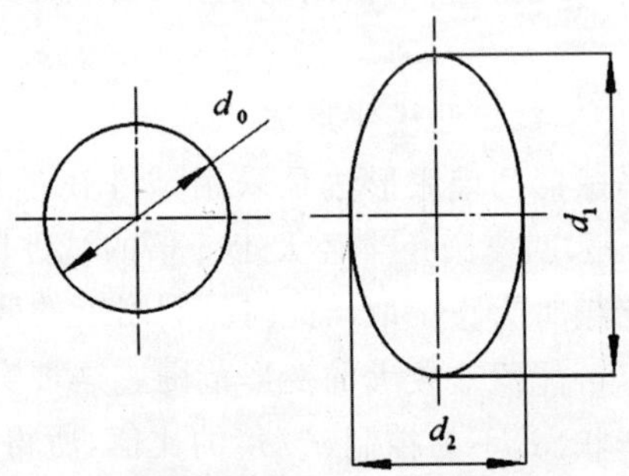

(a) 成形前 (b) 成形后

图 3-6 网格成形前后变化图

测量网格在其变形后椭圆长、短轴尺寸。网格原始直径 d_0，变形后椭圆长轴径长为 d_1，短轴径长为 d_2，则极限应变为：

公称应变

$$\left.\begin{aligned}&\text{长轴 } \varepsilon_1=\frac{d_1-d_0}{d_0}\\&\text{短轴 } \varepsilon_2=\frac{d_2-d_0}{d_0}\end{aligned}\right\}\quad(3\text{-}1)$$

对数应变

$$\left.\begin{aligned}&\text{长轴 } \varepsilon_1=\log_e\frac{d_1}{d_0}\\&\text{短轴 } \varepsilon_2=\log_e\frac{d_2}{d_0}\end{aligned}\right\}\quad(3\text{-}2)$$

(3)绘制

对每个试样的极限变形值均作为一个试验点($\varepsilon_1,\varepsilon_2$),绘入 $\varepsilon_1-\varepsilon_2$ 坐标系内,并以尽可能小的区域将这些点包括进去,就可得到试验材料的 *FLD*(图 3-7)。

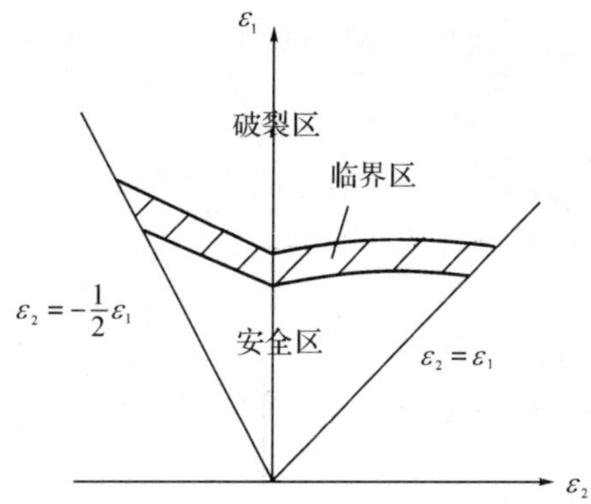

图 3-7 实验成形曲线

第三节 网格应变分析法和成形极限图的应用

一、利用网格拉深前后的变形情况来改善冲压条件

冲压生产中出现的质量问题或现象,常用的可改变的条件有:毛料尺寸和形状、模具的凹模圆角半径、与毛料接触面的模具零件的粗糙度、润滑状况和压边力大小等。将压制后零件中应变点值标在成形极限曲线上(如图 3-8 所示)。如果应变点落在 *A* 处(临界区内位置),说明很危险,零件压制的废品率很高,如果落在靠近极限曲线略下一点的地方(如位置 *B* 点),说明接近破裂区域,必须对有关冲压条件进行控制或改变,要增加其安全性。从图上可以明显看出应减小 ε_1 或增大 ε_2,最好兼而有之。减小 ε_1 需降低椭圆长轴方向的流动阻力,这可用在该方向上减小毛料尺寸、增大模具凹模圆角半径或改善润滑条件等方法来实现。而要增大 ε_2 需增加椭圆短轴方向的流动阻力,实现的方法是在短轴方向上增大毛料尺寸,减小模具的凹模圆角半径,在垂直于短轴方向设置拉深肋,用于抑制起皱等。如应变点是落在图 3-8 中的的 *C* 处,要增加其安全性,可从减少 ε_1 或减小 ε_2 的代数值着手。要注意,减小 ε_2 的代数值需减小短轴方向的流动阻力。可见危险点在 $\varepsilon_2<0$ 或 $\varepsilon_2>0$ 的区域,为提高安全度需要努力的方向是不同的。但如果应变点落在远离界限曲线的地方(图 3-7*D* 处),说明过分安全,板料成形性还没有完全充分发挥出来,对拉深成形来说,还可以增大材料的变形程度,或对一般的产品来说,可以换用成形性能略差或较价廉的材料。

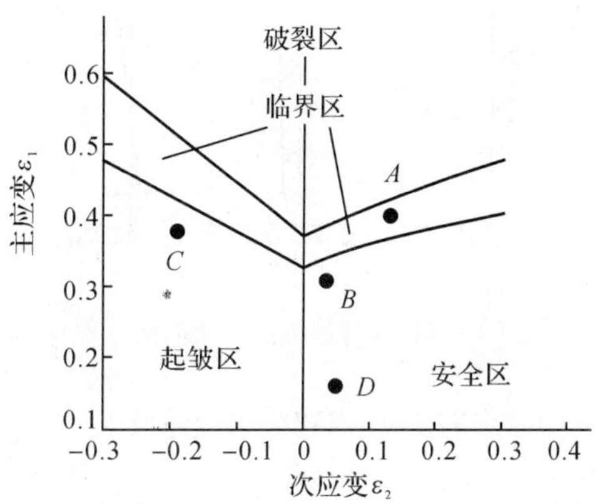

图 3-8 各应变点位置

二、利用计算机模拟拉深过程来预测破裂和起皱

将拉深后制件在危险断面处的厚度和厚度减薄率作为标准来判断成形质量，拉深件危险断面处位于壁部的底部靠近凸模圆角处（图 3-9 中两条虚线之间），拉深件危险断面处厚度愈大和厚度减薄率愈小愈好，表明拉深质量愈高。将成形极限图（FLD）评价拉深成形中的起皱和破裂。定义拉裂安全成形曲线 $\psi_1(\varepsilon_1,\varepsilon_2)$ 和起皱安全成形曲线 $\psi_2(\varepsilon_1,\varepsilon_2)$，如图3-10所示，函数表达式如下

$$\psi_1(\varepsilon_1,\varepsilon_2)=\varphi(\varepsilon_1,\varepsilon_2)-s_1 \tag{3-3}$$

$$\psi_2(\varepsilon_1,\varepsilon_2)=\phi(\varepsilon_1,\varepsilon_2)-s_2(\theta) \tag{3-4}$$

式中 ε_1、ε_2——主应变和次应变

$\varphi(\varepsilon_1,\varepsilon_2)$——拉裂成形极限曲线

$\phi(\varepsilon_1,\varepsilon_2)$——起皱成形极限曲线（纯剪应变状态 $\rho=-1$）

s_1、$s_2(\theta)$——拉裂安全距离和起皱安全距离

θ——起皱安全角度

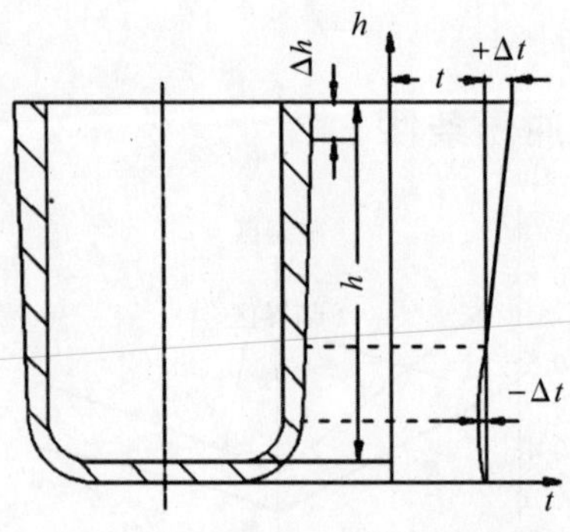

图 3-9　拉深件沿高度方向的壁厚变化

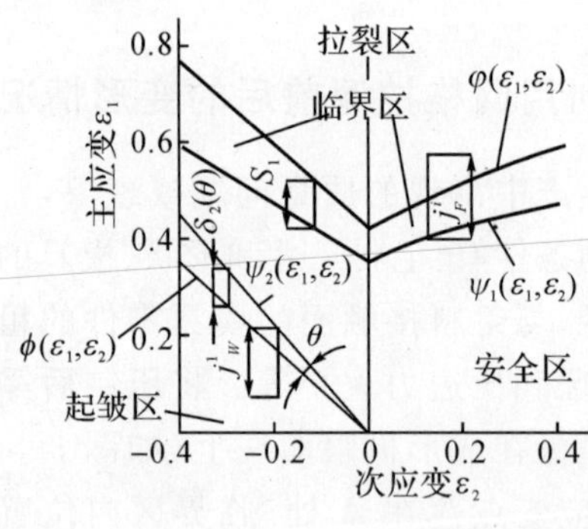

图 3-10　FLD 成形极限示意图

由此，*FLD* 目标评价函数定义为

$$\begin{aligned} f(\varepsilon_1,\varepsilon_2) &= \alpha\sum_{i=1}^{N}(j_w^i)^2+\sum_{i=1}^{N}(j_F^i)^2 \\ j_w^i &= |\phi(\varepsilon_1^e)-\varepsilon_2^e| \qquad \varepsilon_2^e \leqslant \phi(\varepsilon_1^e) \\ j_F^i &= |\varepsilon_1^e-\psi(\varepsilon_2^e)| \qquad \varepsilon_1^e > \psi(\varepsilon_2^e) \end{aligned} \tag{3-5}$$

式中 $f(\varepsilon_1,\varepsilon_2)$——单元目标评价函数；

j_F^i、j_w^i——单元目标拉裂距离和起皱距离；

$\psi(\varepsilon_2^e)$、$\phi(\varepsilon_1^e)$——单元目标拉裂安全成形曲线和单元目标起皱安全成形曲线；

α——由试验确定的平衡起皱和破裂的因素，一般取 $\alpha=0.1$；

ε_1^e、ε_2^e——单元主应变和单元次应变；

N——单元个数。

拉深成形时，ε_1^e 和 ε_2^e 数值愈小愈好，表明位于安全区域的点越多，即成形性能越好。危险断面处板料厚度减薄率要满足

$$\max\Delta t\leqslant n_1 t_0 \tag{3-6}$$

式中　Δt——板料减薄率；

n_1——最大减薄系数；

t_0——板料原始厚度。

如图 3-11 所示是拉深圆筒形件的模具，有限元模型如图 3-12 所示。

利用计算机模拟来预测拉深成一定高度（或深度）时破裂和起皱情况。模具中的凸模直径 $d_p=40.8$mm，凸模圆角半径 $r_p=6$mm，凹模直径 $d_a=45$mm，凹模圆角半径 $r_d=6.5$mm，压边圈外径 $D=115$mm，压边圈内径 $d_y=45$mm，坯料规格为直径 $D_0=115$mm，厚度 $t=2$mm，材料为 08Al，其特性见表 3-2，其等效应变曲线用指数形式表示为 $\sigma_e=K\mathrm{e}^{-n}$。

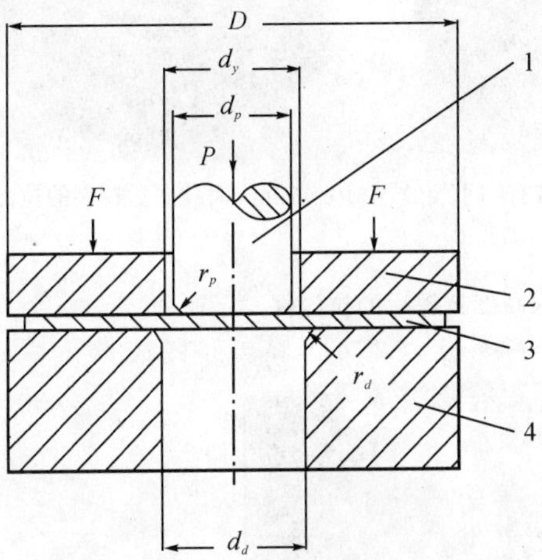

1. 凸模　2. 压边圈　3. 坯料　4. 凹模

图 3-11　拉深模具结构

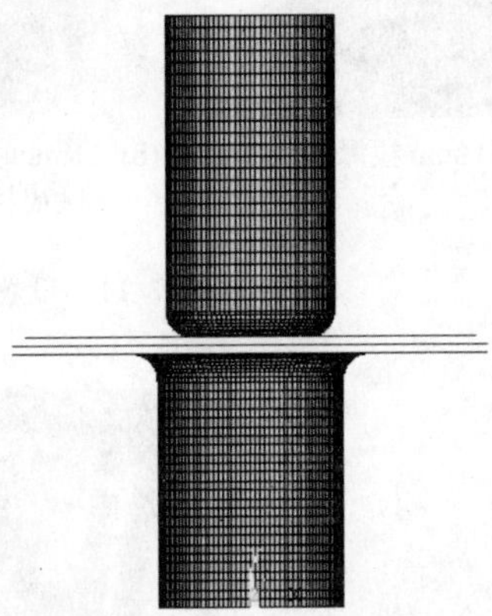

图 3-12　有限元模型

表 3-2　08Al 材料特性

弹性模量 E/GPa	泊松比 ν	屈服极限 σ_s/MPa	应变强化因数 K/MPa	硬化指数 n	厚向异性因数 r
206.8	0.3	110.3	537	0.21	1.8

将拉深高度分别设置为 18mm，21mm，22mm，压边力 1500N，得到拉深后的 FLD 如图如 3-13 所示。

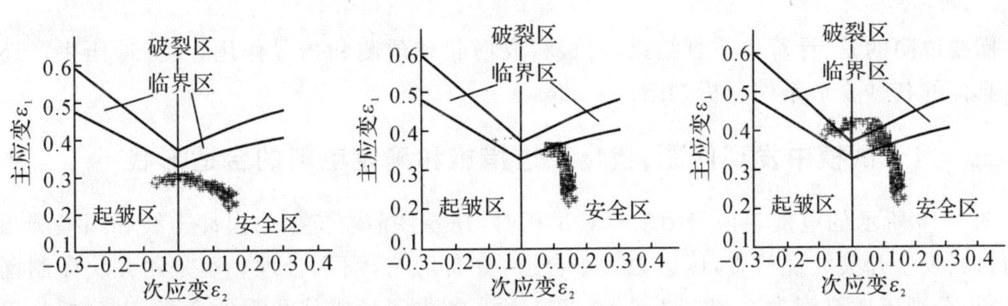

(a) 拉深高度18mm　(b) 拉深高度21mm　(c) 拉深高度22mm

图 3-13　设置不同拉深高度拉深后的拉深件 FLD 图

从图 3-13(a)中看出，拉深高度为 18mm 时，特征点应变还未进入临界区，都落在安全区内，拉深件合格。在图 3-13(b)中，拉深高度为 21mm 时，有一定数量的特征点应变才进入临界区内，说明很危险，此时拉深时废品率会很高。而在图 3-13(c)中，拉深高度为 22mm 时，多数特征点应变全部落在了极限破裂曲线的上方，说明相当危险，出现严重的破裂，必须对各有关条件严格控制。图 3-14 是不同拉深高度的实际拉深结果，图 3-15 是实验装置。

(a) 18mm拉深件　(b) 21mm时拉深后带有细小裂纹纹路的拉深件　(c) 22mm时拉深后拉裂的拉深件

图 3-14　设置不同拉深高度拉深后的拉深件

图 3-15　实验装置

需要说明的是，计算机仿真结果，对板料成形起到预测和指导作用，实际冲压生产还要根据具体的各种变形条件分析判断。

三、用于试模中发现问题，找出改进措施和确定毛料的合适形状

图 3-16 所示的电熨斗顶盖用新模具试压时，在零件前端位子凸模冲击线和凹模圆角之间的材料发生开裂。经检查，压边力大小合适，分布均匀，润滑合理。于是用几块印制网格的毛料，分别压成高度为 6.32、12.7、19、22.2mm 的中间半成品和零件全高，以分析临界点的应变变化情况，应变测量值如图 3-17 所示。从图中可以看出零件深度达到 19mm 后，应变开始在局部有急剧的增长。详细检查模具后，发现凸模尖端处型面不光滑，有局部凸起，

如图 3-18 所示，因而材料产生不过度拉伸。修正型面后，破裂防止了，但应变值仍嫌太大，不利于生产条件下的压制，如图 3-19 中的情况(A)所示。加大应变处及其周围部分的凹模圆角后，最大应变(长轴应变)下降很多，如图 3-19 中的情况(B)所示，同时凹模圆角增加后，材料易于从前端的两侧流入，如图 3-20 所示，这样最小应变(短轴应变)变得更负，安全性就更大了，相当于在图 3-21 所示的成形图上由 A 点移至 B 点。进一步减窄前端部分的毛料，可促进材料更容易从两侧流入，如图 3-22 所示，使应变点进一步由 B 点移至 C 点，如图 3-21 所示。但是，前端毛料也不是愈窄愈好，如果宽度过窄，可能在零件头部起皱。

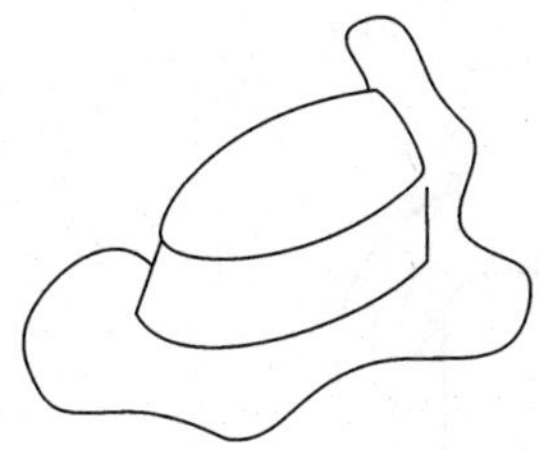

图 3-16 压制后电熨斗顶盖

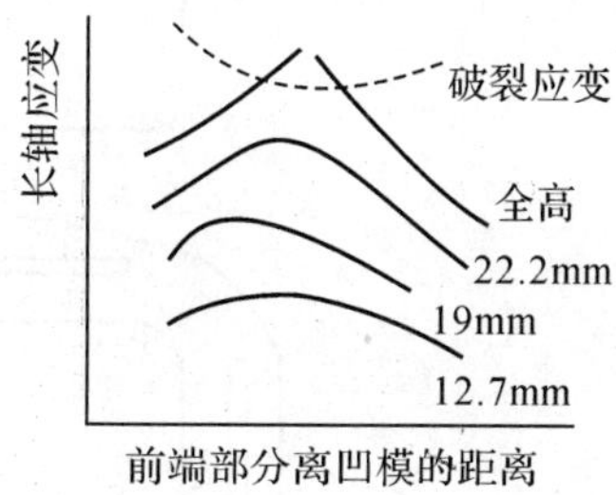

图 3-17 应变测量值

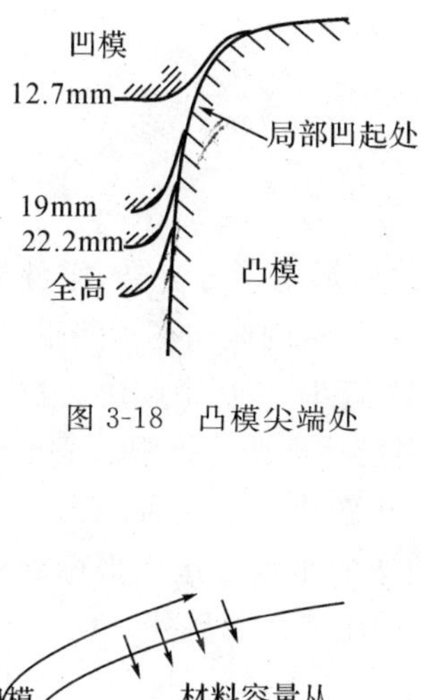

图 3-18 凸模尖端处

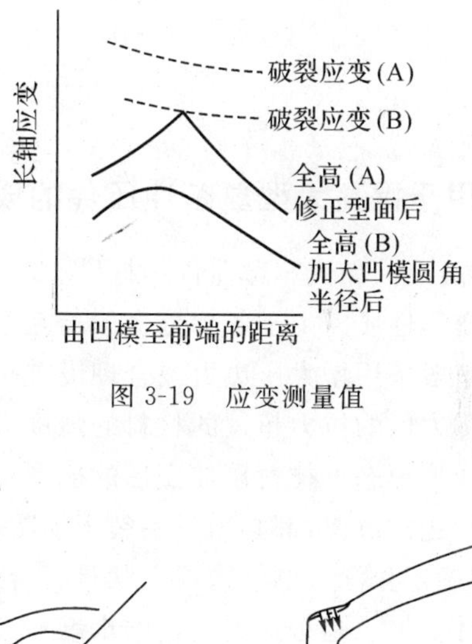

图 3-19 应变测量值

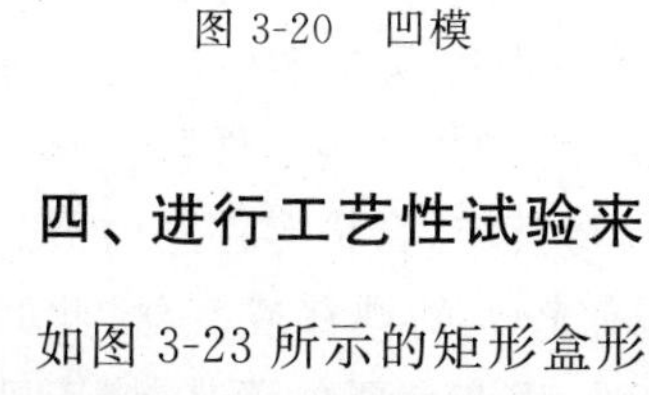

图 3-20 凹模

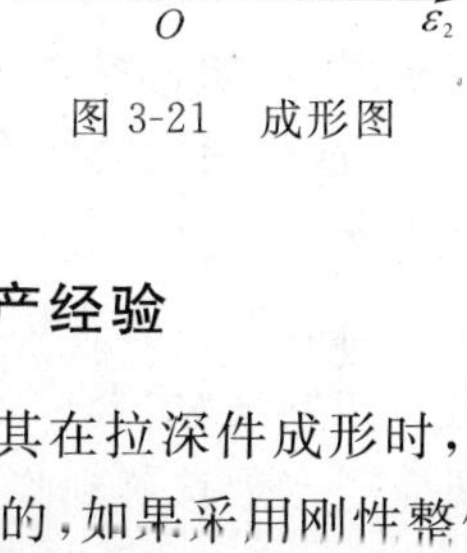

图 3-21 成形图

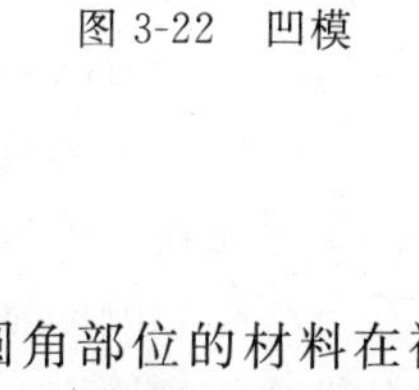

图 3-22 凹模

四、进行工艺性试验来积累生产经验

如图 3-23 所示的矩形盒形件拉深，其在拉深件成形时，直边和圆角部位的材料在被拉入凹模模腔内时的阻力和流速是不一致的，如果采用刚性整体压边圈，由材料不均匀流动会导致直边部位和圆角部位的起皱和破裂程度会发生很大的差异。因此，需要在凹模上平面的直边部位布置拉深肋。增加直边部位的流动阻力，使之和圆角部位的阻力和流速尽可能的保持一致。但是实际生产时，由于材料性能、毛坯形状与尺寸、润滑，模具零件的粗糙度等多种因素的影响，有时往往在凹模上平面的直边部位布置拉深肋不止一个，视拉深阻力大小，可能要平行布置 2 个甚至 3 个。这就需要运用坐标网应变分析法，在模具制造调试过程中，可先在凹模上平面的直边部位先不布置拉深肋或布置一个拉深肋进行拉深试验，待毛坯拉深后根据网格变化，测出应变数值后，分析各部位应力大小，了解各部位的进料阻力，然后确定拉深肋的数量。这样可避免盲目地安装拉深肋数量或位置。

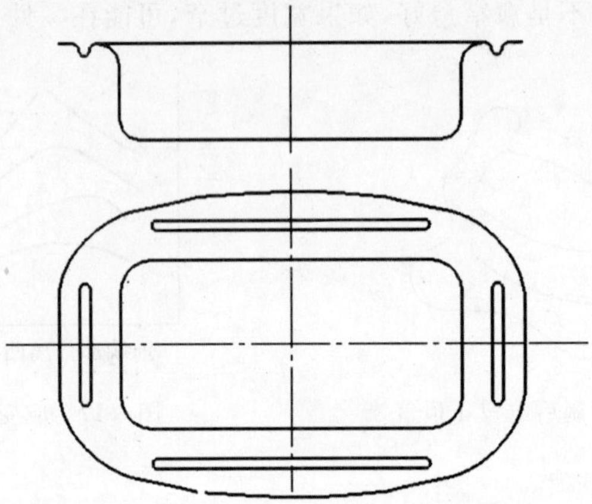

图 3-23　矩形盒形件

五、用于提高大型复杂冲压件的成形质量

大型冲压件(如汽车覆盖件门框，图 3-24)一类的冲压件，形状十分复杂，零件成形往往兼有多种变形性质。由于各部分变形相互牵制，零件起皱和拉裂的倾向更为严重。

起皱一般采用增大压边力或合理设置拉深肋，以及调整毛坯形状来解决。拉裂则说明零件壁部传力区的拉力超过的材料的强度极限或局部材料已达到变形极限。成形极限曲线表示各种变形形态下材料拉伸变形的成形极限，似乎只限于解决破裂这种成形障碍。但是任何起皱问题的解决，都必须以不裂为前提。克服起皱问题的难点。运用坐标网格应变分析法，可以确定拉深件的结构或形状是否合理或是否满足冲压工艺。另外，也可以检查出模具结构设计及加工是否达到一定的水准。

六、用于生产过程的控制和监视

影响拉深过程中的稳定的因素很多，如材料成形力学性能，润滑介质、模具加工，机床类型、压边力大小和操作者水平等等。这些因素的综合影响效果集中表现在零件应变的分布和大小上。检查工艺规程和模具正确与否，可先成形出带有坐标网的“合格零件”，将其危险区的应变标注在成形极限图上。然后成形印有坐标网的毛料，将其与“合格零件”分析比较，就可看出所有影响因素是否稳定。如发现对“合格零件”有任何较大的漂移或变化，此时要分析引起漂移的原因。如果发现应变点漂移落到临近极限曲线，生产就要停下来，修正模具或操作方法，以避免后续生产下去会产生出不合格零件。

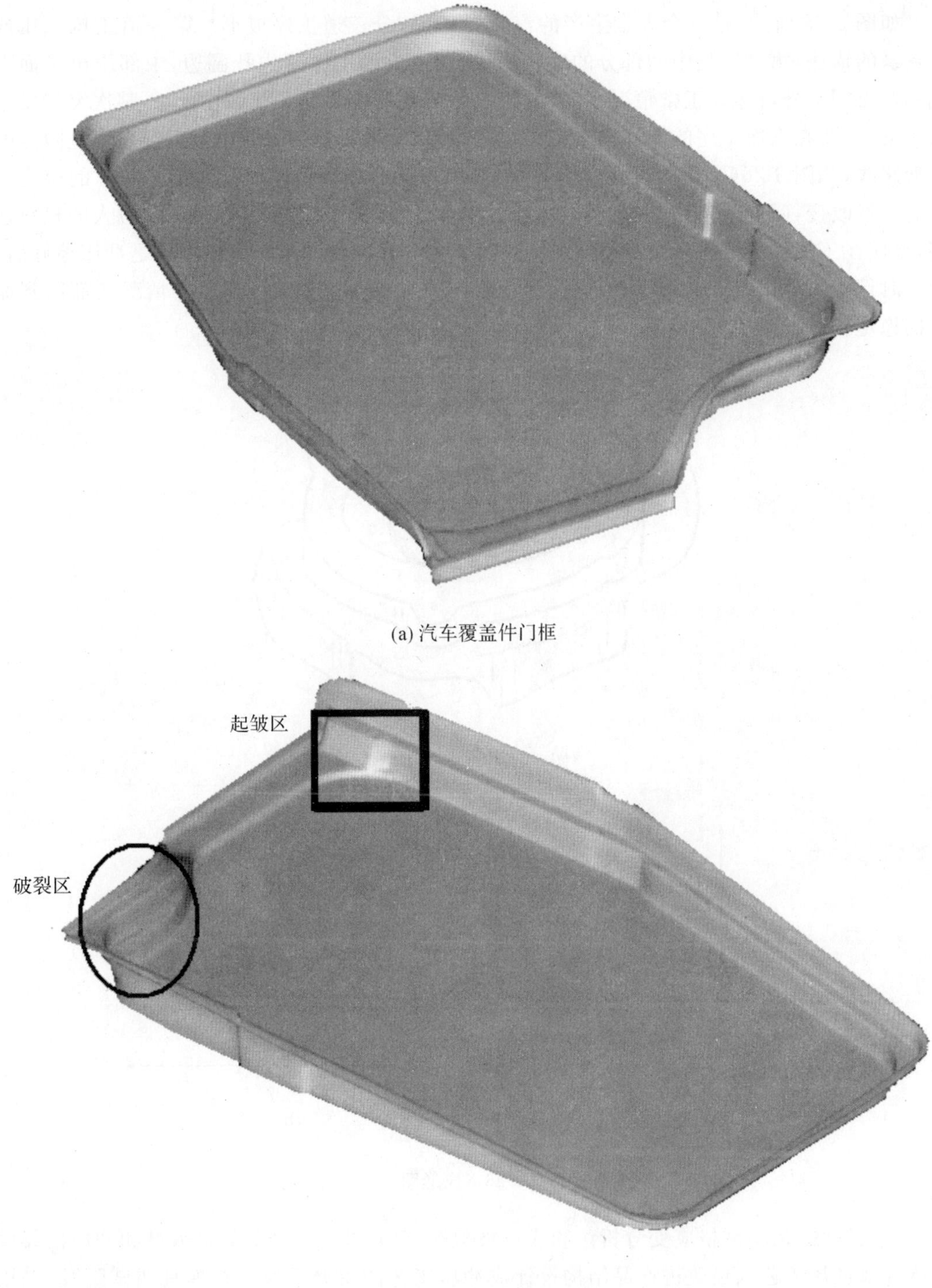

(a) 汽车覆盖件门框

(b) 汽车覆盖件门框拉深后易起皱和破裂区

图 3-24　汽车覆盖件门框

七、用于寻找故障

如图 3-25 所示，是一个大量生产的汽车轮毂盖，分三道工序成形。第一道正拉深压成带突缘的锅底，第二道是中间部分的反拉深，第三道成形工序是内孔翻边，中部压出平面下陷和弯出四个外弯边。正常情况下，其危险点的应变路线如图 3-26(a)所示。某次突然发生大量废品，要在三次工序的许多因素中去寻找原因，漫无目标。如画出报废情况下危险点的应变路线，如图 3-26(b)所示。比较图 3-26(a)和图 3-26(b)，可以明显看出工序 2 的应变路线有突然改变，问题就出在工序 1 和 2 的转接上。由于工序 1 拉深深度偏大，拉入的材料过多，至使在工序 2 中要将多余的材料“挤出去”。工序 1 拉深深度偏大的原因是冲床检修后，调整时行程大了 12mm。消除此因素后，危险点的应变路线和零件的生产情况又都回到原来的稳定状态。

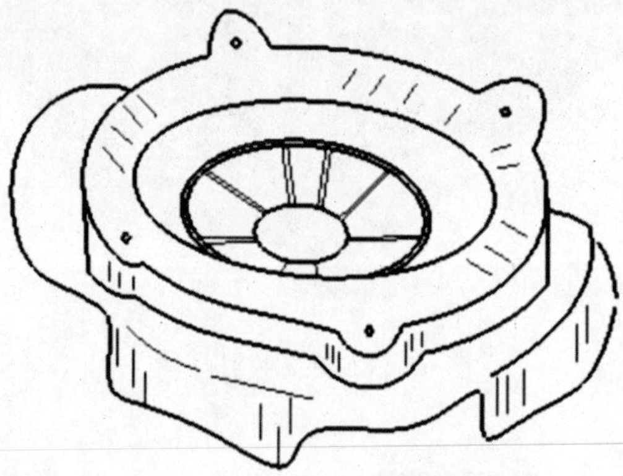

图 3-25 汽车轮毂盖

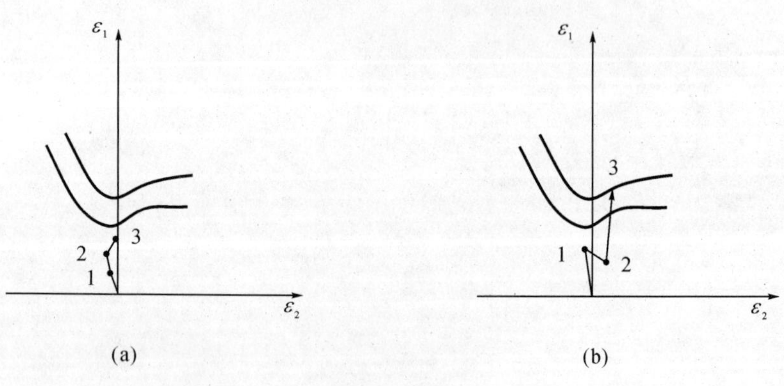

图 3-26 成形图

综上所述，运用网格应变分析法和成形极限图，已是冲压件产品设计人员和冲压模具设计人员及冲压工艺人员改进产品结构设计或冲压工艺的重要手段。在模具调试阶段，采用上述技术作为分析方法，能够发现隐藏的不确定因素，迅速地使用有效的方法来弥补，避免模具正式投产使用前隐含拉深成次品或不合格产品的可能性。在大型复杂冲压件拉深过程中，是否拉深出满足要求的冲压零件，与坯料尺寸和形状以及模具上防皱拉深肋的设置至关重要，坯料尺寸过大或过小，拉深肋的高度和数量或润滑条件，会直接影响到产品是否合格。假如某一件冲压件原先设计成是轴对称的，拉深后出现一边破裂，则网格分析可准确地传达出差异的地方，由此修正模具或其他拉深条件。调试模具阶段是一个颇费周折的时期，影响拉深件质量的因素很多，如坯料形状和尺寸调整后拉深成形的零件的应变状态如何？是变得困难还是改善应变状态？材料的拉深性能是否能满足产品的设计要求？如果拉深过程过于顺利，是否可采用更低级别的材料来替代拉深级别高的材料？那么印制在坯料上的网格经过一次或几次成形后，就可迅速地确定拉深的安全性或稳定性是增或减，如此就不需要完全依赖于冲压工艺员的经验经过无数次试压，才能确定应变状况。因此，善于应用网格技术和成形极限图并通过计算机模拟，可以提前知道冲压件产品结构形状设计合理与否。有针对性地修改产品形状与尺寸，提高模具设计水平，并降低模具制造成本和制造周期都具一定的积极意义。

思考与练习题

1. 成形极限曲线或成形极限图是如何绘制出来的？
2. 网格技术与成形极限图在冲压生产中主要起到哪些方面的作用？试举例说明。

教学的目的和要求

冲裁工序及冲裁模具是冲压零件生产中常用到的生产工艺和装备，本章内容在分析冲裁变形过程及冲裁件质量影响因素的基础上，介绍冲裁工艺计算、工艺方案制定和冲裁模结构设计。涉及冲裁变形过程及冲裁件质量影响因素、冲裁间隙、冲裁模刃口尺寸、冲裁力和冲裁功计算、冲裁的排样、典型冲裁模具结构、模具零部件设计及模具标准件应用。本章内容是本课程的重点章节。本章难点是冲裁变形规律及影响冲裁件质量因素，冲裁模的凸、凹模刃口尺寸计算原则和方法，冲裁模具结构设计等。通过本章内容的讲解。要求学生在熟悉常用冲裁工艺基本概念的基础上，熟练掌握冲裁间隙、冲裁模刃口尺寸、冲裁力和冲裁功等计算。掌握冲裁件排样设计及应用。熟悉冲压作业特点和要求及模具结构安全设计的原则，掌握在不同工作情况下选择模具结构类型的一般原则和方法，并能根据一般冲压件的结构形状及尺寸要求，设计冲裁模具结构和模具零部件及选用模具标准件。

第四章　冲裁工艺及冲裁模设计

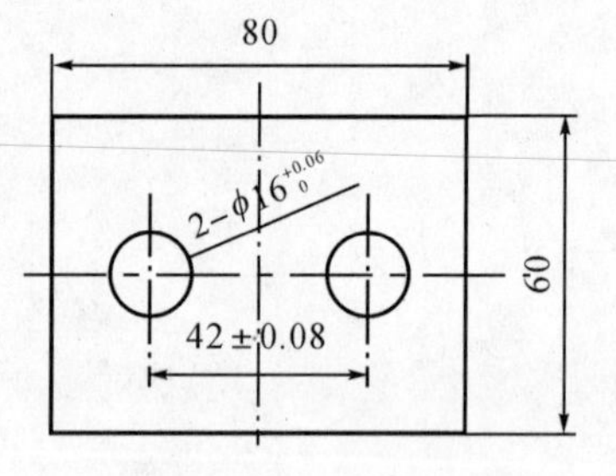

图 4-1　工件

冲裁是利用安装在压力机上的模具使板料产生相互分离的冲压工序。图 4-1 所示的工件是在一块矩形板料上冲出相同直径的两个孔，板料牌号为 08，料厚 2mm。设计的冲孔模结构由上模总成和下模总成组成(图 4-2)。上模总成由上模板 5、导套 6、卸料螺钉 7、弹簧 8、凸模 9、凸模垫板 10、凸模固定板 11、压料圈 12 组成。上模总成通过压板垫板 1、压板 2、T 形压板螺钉 3 及压板螺母 4 将上模总成安装在压力机的上滑块 13 的下表面上并随滑块作上下运动。下模总成由下模板 15、导柱 16、下模垫板 17、凹模垫板 18、凹模 19、凹模固定板 21、定位销 22 组成，下模总成通过压板垫板、压板、T 形压板螺钉及压板螺母将下模总成安装在压力机的工作台 14 上表面上，上模和下模总成一般在上下模板前后的左右两边压紧。工作时，将被冲孔的矩形板料 20 置于凹模上表面，机床滑块带动上模总成往下运动，压料圈在弹簧力的作用下压住板料，卸料螺钉下表面相对于上模板中的沉孔上平面往上移动，同时导柱进入到导套中进行模具的导向运动，上模总成继续往下运动，由于凸模与凹模都具有与工件轮廓一样形状的锋利刃口，且凸、凹模之间存在一定的间隙，当凸模下降至板料接触时，板料就受到凸、凹模的作用力，凸模继续下压，直到凸模下平面冲穿板料后进入到凹模洞口下约 1mm 左右，板料受剪而互相分离。

冲裁下来的圆板废料通过凹模垫板上漏料槽掉落到下模板或工作台上取出，工件在上模总成随机床滑块往上运动时取出，就完成一个冲孔工作过程，冲孔模完成工作状态如图

4-3 所示。板料的分离过程是在瞬间完成的。

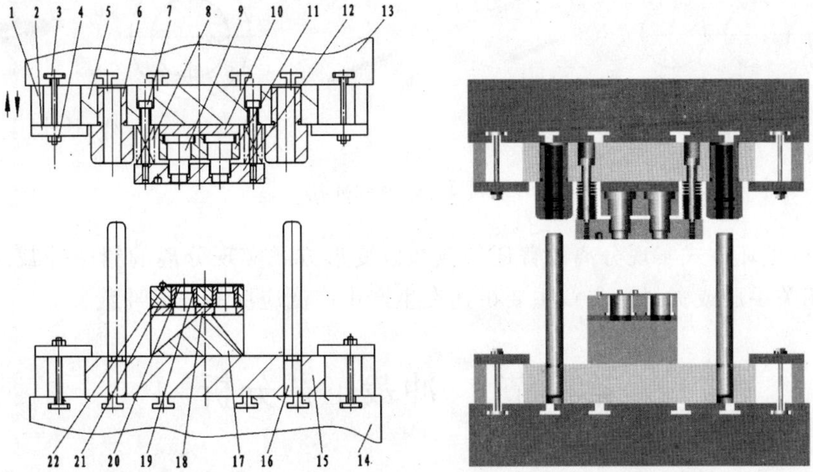

(a) 冲裁前冲孔模具状态　　(b) 冲裁前冲孔模具状态三维图

1. 压板垫板　2. 压板　3. T 型压板螺钉　4. 压板螺母　5. 上模板　6. 导套
7. 卸料螺钉　8. 弹簧　9. 凸模　10. 凸模垫板　11. 凸模固定板　12. 压料圈
13. 机床滑块　14. 机床工作台　15. 下模板　16. 导柱　17. 下模垫板
18. 凹模垫板　19. 凹模　20. 矩形板料　21. 凹模固定板　22. 定位销

图 4-2　冲孔前模具状态

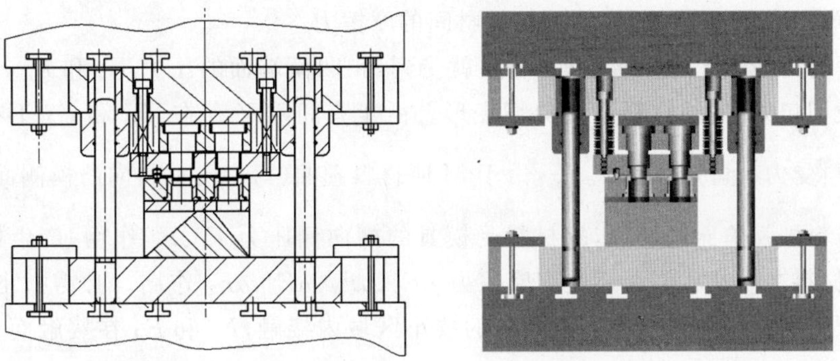

(a) 冲孔模具完成工作时的状态　　(b) 冲孔模具完成工作时的状态三维图

图 4-3　冲孔模完成工作时的状态

从广义上说，冲裁是分离工序的总称，冲裁包括冲孔、落料、切边、剖切、修边等。但一般来说，冲裁主要是指落料和冲孔工序。冲裁后若封闭曲线以外的部分为零件的称为冲孔，以内的则为废料，若封闭曲线以内的部分为零件的称为落料，以外的则为废料。落料和冲孔的变形性质完全相同，但在模具工作部分如凸凹刃口尺寸计算时要分开加以考虑。

图 4-4 所示的垫圈即由落料与冲孔两道工序完成。

冲裁的用途极广，既可直接冲出成品零件；又可为弯曲、拉深、成形等工序制备毛坯；也可在已成形的冲压件上进行切口、剖切、修边等冲压加工。根据变形机理的不同，冲裁可以

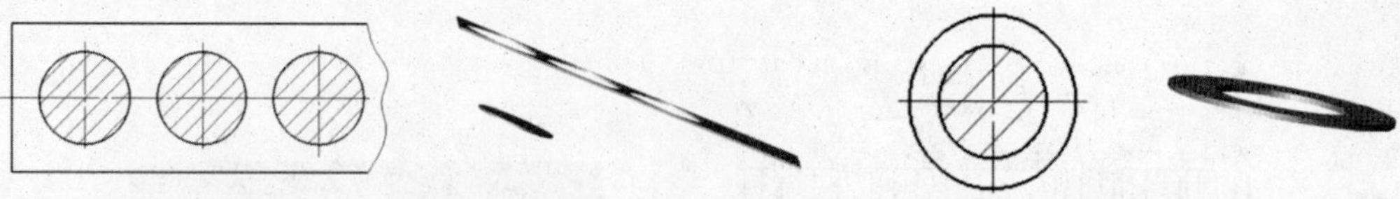

(a) 落料　　　　(b) 冲孔

图 4-4　落料和冲孔

分为两类，以破坏方式实现分离的普通冲裁和以变形方式实现分离的精密冲裁。其不同特点可参见相关手册或资料。本章主要讲述在生产中广泛应用的普通冲裁。

第一节　冲裁工艺分析

一、冲裁时板料的受力分析

如图 4-5 所示，是在无压边装置冲裁过程中，板料所受外力图。

其中F_p、F_d——凸、凹模对板料的垂直作用力；

F_1、F_2——凸、凹模对板料的侧压力；

μF_p、μF_d——凸、凹模端面与板材间的摩擦力，其方向与间隙大小有关，但一般指向模具刃口。其中，μ 是摩擦因数，下同。

μF_1、μF_2——凸、凹模侧面与板材间的摩擦力。

凸模下行与板料上平面接触时，材料就受到凸、凹模端面的压力 F_p 和 F_d，使作用力点(凸模、凹模刃口处)间的材料产生剪切变形。由于有间隙 Z 存在，F_p 和 F_d 不在同一垂直线上，故材料受力有弯矩 $M \approx F_d \dfrac{Z}{2}$，由于 M 使材料翘曲(穹弯)，材料向凸模侧面靠近，凸模端面下的材料被强迫压进凹模，故材料受模具的横向侧压力 F_1、F_2 作用，产生横向挤压变形。此外，材料在模具和侧面还受有摩擦力 μF_p、μF_d、μF_1、μF_2 作用。必需指出的是，由于材料翘曲，凸、凹模与材料仅在刃口附近的狭小区域内接触，F_p 和 F_d 在接触面上呈不均匀分布。随着向刃尖靠近而急剧增大。侧压力 F_1、F_2 也呈不均匀分布。摩擦力 μF_p、μF_d 的方向与间隙大小有关，间隙很小时，与模具接触的材料均向远离刃尖的方向移动，此时摩擦力的方向均指向刃尖。当间隙很大或刃口磨钝时，材料被拉入凹模，摩擦力的方向均背向刃尖。通常将 μF_p 和 μF_d 的方向看作指向刃尖比较恰当。μF_1、μF_2 均指向刃尖是很明显的。

由于有间隙 Z 存在，剪切面发生偏转，由图 4-5 可见，剪切面与 F_d 间的夹角为 θ，F_d 在剪切面上的分力为 $F_d\cos\theta$，在剪切面的法向上的分力为 $F_d\sin\theta$，即剪切面上除了剪切力外，还有拉力作用，间隙 Z 大，夹角 θ 大，则拉力大，剪力小，间隙 Z 小，则剪力大，拉力小。

综上所述分析可知，冲裁时由于有间隙存在，材料受有垂直方向的压力、剪切力、横向挤压力、弯矩和拉力。冲裁变形并非纯剪过程，除主要的剪切变形外，还要产生弯曲、拉伸、挤压等附加变形。

冲裁中，板材的变形是在以凸模与凹模刃口连接为中心而形成的纺锤形区域内最大，如

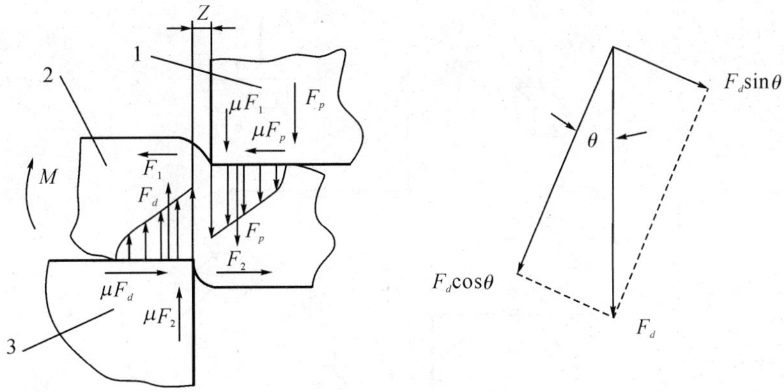

1. 凸模　2. 板料　3. 凹模

图 4-5　冲裁时作用于板料的力

图 4-6(a)所示,即从模具刃口向板料中心,变形区逐步扩大。凸模挤入材料一定深度后,变形区也同样可以按纺锤形区域来考虑,但变形区被在此以前已经变形并加工硬化了的区域所包围(图 4-6(b))。

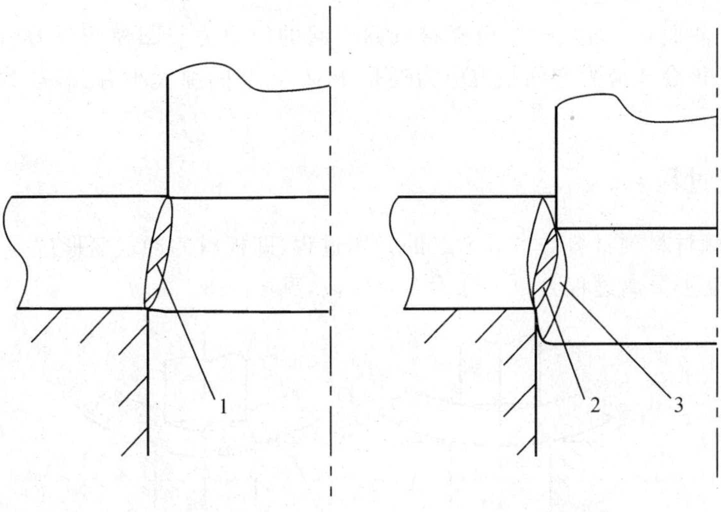

(a) 剪切初期　　(b) 剪切后期

1.纺锤形变形区 2.变形区 3.已变形区

图 4-6　剪切形成的纺锤形区域

由于冲裁时板材弯曲的影响,其变形区的应力状态是复杂的,且与变形过程有关。图 4-7 所示为无卸料板压紧材料的冲裁过程中塑性变形阶段变形区的应力状态,其中:

A 点(凸模侧面)——σ_1 为板材弯曲与凸模侧压力引起的径向压应力,切向应力 σ_2 为板材弯曲引起的压应力与侧压力引起的拉应力的合成应力,σ_3 为凸模下压引起的轴向拉应力。

B 点(凸模端面)——凸模下压及板材弯曲引起的三向压缩压力。

C 点(切割区中部)——σ_1 为板材受拉伸而产生的拉应力,σ_3 为板材受挤压而产生的压

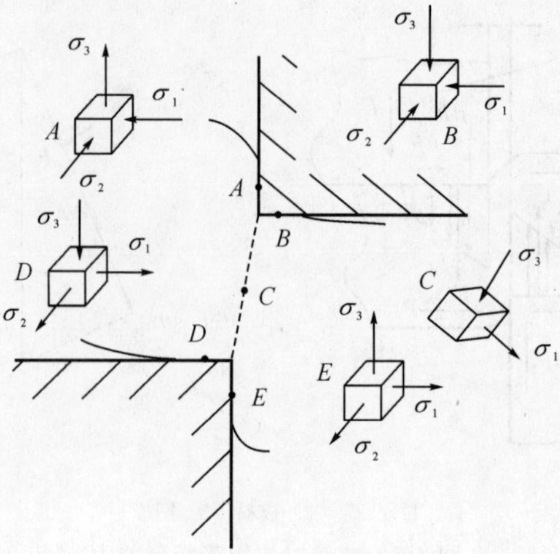

图 4-7　冲裁件应力状态

应力。

D 点(凹模端面)——σ_1、σ_2 分别为板材弯曲引起的径向拉应力和切向拉应力,σ_3 为凹模挤压板材产生的轴向压应力。

E 点(凹模侧面)——σ_1、σ_2 为由板材弯曲引起的拉应力与凹模侧压力引起的压应力合成产生的应力,该合成应力空间是拉应力还是压应力,与间隙大小有关,σ_3 为凸模下压引起的轴向拉应力。

二、冲裁过程

从凸模接触材料到材料被一分为二的分离过程,即板料的冲裁变形过程,是在瞬间完成的。整个冲裁变形分离过程大致可分为 3 个阶段,见图 4-8。

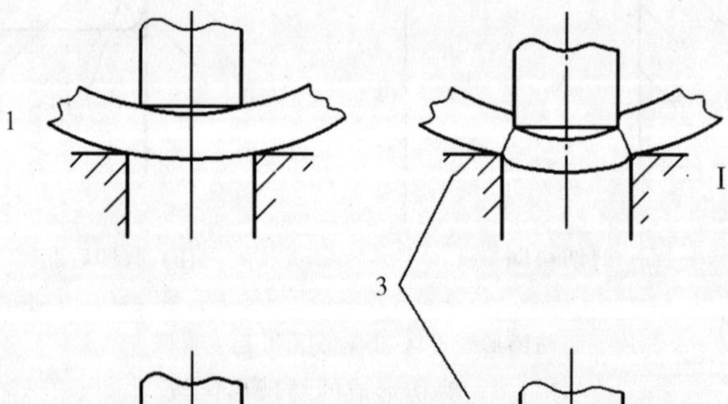

1. 弹性变形阶段　2. 塑性变形阶段　3. 断裂分离阶段

图 4-8　冲裁过程

(一)弹性变形阶段

冲裁开始时,即从凸模下平面与板料上平面接触的时候开始,板料在凸模的压力和弯矩的作用下,材料开始产生弹性剪切、压缩、弯曲、拉伸和挤压变形,材料稍有穹弯,随着凸、凹模刃口继续压入,板料底面相应部分材料略挤入凹模孔口内。板料与凸、凹模接触处形成很小的圆角。由于凸、凹模之间的间隙存在,使板料同时受到弯曲和拉伸的作用,刃口处的材料所受的应力逐渐增大,直至达到弹性极限,凸模下的板料产生弯曲,位于凹模上的板料开始上翘,间隙越大,弯曲和上翘越严重。此时若使凸模回升,材料就可恢复原状。

(二)塑性变形阶段

凸模继续下降,载荷增加,刃口处由于应力集中,材料内部应力首先达到屈服极限,塑性变形便从刃口附近开始,凸模挤入板料,并将下部材料挤入凹模孔内,板料在凸、凹模刃口附近产生塑性剪切变形,形成光亮的剪切断面。在剪切面的边缘,由于凸、凹模间隙存在而引起的弯曲和拉伸的作用,形成圆角。随着凸、凹模切刃的挤入,纺锤变形区向板材的深度方向发展、扩大,应力也随之增加,变形区材料的硬化加剧,冲裁力不断增大,直至刃口附近的材料出现微裂纹时,这就意味着破坏开始,材料达到极限应变与应力值,冲裁力达到最大值,塑性变形阶段结束。该阶段中,除产生大的剪切变形外,弯曲、拉伸和挤压变形也更严重。间隙越大,弯曲、拉伸越大,而挤压变形则小,间隙越小,弯曲、拉伸越小,挤压变形则大。

(三)断裂分离阶段

凸模继续压入,凸、凹模刃口附近产生的微裂纹不断向材板内部扩展,若间隙合理,上、下裂纹则相遇重合,材料便被剪断分离。由于拉断的结果,断面上形成一个粗糙的区域。当凸模再下行,冲落部分将克服摩擦阻力从板材中推出,全部挤入凹模洞口,冲裁过程到此结束。

三、冲截断面质量分析

(一)断面特征

由于冲裁变形的特点,使冲出的工作断面与板材上下平面并不完全垂直,粗糙而不光滑。冲裁断面可明显地分成4个特征区,圆角带 a、光亮带 b、断裂带 c 和毛刺带 d(图4-9)。

圆角带 a　这个区域是光滑的圆弧带,其形成主要是当凸模下降,刃口刚压入板料时,刃口附近产生弯曲和伸长变形,刃口附近的材料被牵连拉入进模具间隙的变形结果。

光亮带 b　这个区域表面光滑,表面质量最佳。其产生在塑性变形阶段。主要是由于金属板料产生塑性剪切变形时,材料在和模具侧面接触中被模具侧面挤光而形成的光亮垂直的断面。通常占全断面的1/2～1/3。

断裂带 c　这个区域表面粗糙,并略带有斜度。是由刃口处的微裂纹在拉应力的作用下,不断扩展而形成的撕裂面。

毛刺带 d　冲裁毛刺是在出现微裂纹时形成的,由于在塑性变形阶段后期,凸模和凹模的刃口切入被加工材料一定深度时,刃口正面材料被压缩,刃尖部分为高静水压应力状态,使裂纹起点不会在刃尖处发生,而是在模具侧面距刃尖不远的地方发生,在拉应力作用下,裂纹加长,材料断裂而产生毛刺。裂纹的产生点和刃口尖的距离成为毛刺的高度。在普通冲裁中毛刺是不可避免的。

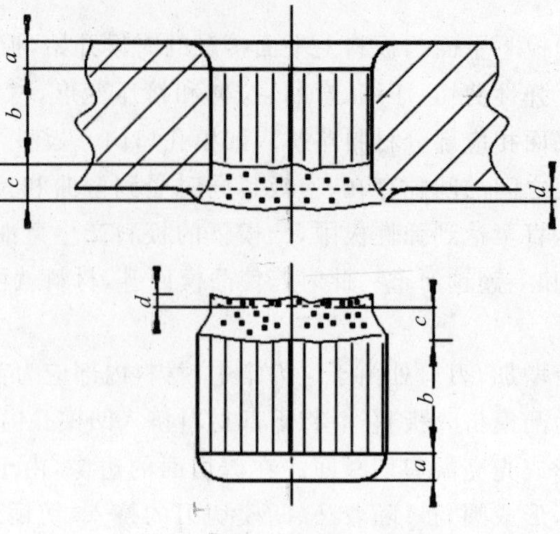

a 圆角带　b 光亮带　c 断裂带　d 毛刺带

图 4-9　冲裁区断面情况

(二)影响断面质量的因素

冲裁件的 4 个特征区域的大小和在断面上所占的比例大小并非一成不变,而是随着材料的力学性能、模具间隙、刃口状态等条件的不同而变化。

1. 材料力学性能的影响

塑性好的材料,冲裁时裂纹出现得较迟,材料被剪切的深度较大,所得断面光亮带所占的比例就大,圆角也大,毛刺和穹弯也较大。而断裂带也窄一些。而塑性差的材料,容易拉裂,材料被剪切不久就出现裂纹,使断面光亮带所占的比例小,圆角小,大部分是粗糙的断裂面。

2. 模具间隙的影响

在影响冲裁件质量诸多因素中,间隙是主要因素。因断面质量与裂纹的走向有关,而裂纹走向与间隙有关。间隙大小关系剪切时附加变形的大小,决定着在凸、凹模刃口附近板料产生的上下裂纹是否重合。当凸、凹模间隙合适时,凸、凹模刃口附近沿最大应力方向产生的裂纹在冲裁过程中能会合成一条线,此时尽管断面与材料表面不垂直,但还是比较平直、光滑,毛刺较小,制作的断面质量较好(图 4-10(b))。

当间隙过小时,凸模刃口附近的剪裂纹比正常间隙向外错开一段距离,上、下裂纹中间的材料随着冲裁将被第二次剪切,并在断面上形成第二个光亮带,在两个光亮带之间形成断裂带(图 4-10(a)),或者呈现断续小光斑,部分材料被挤出材料表面形成高而薄的毛刺。这种毛刺比较容易去除,由于间隙小,弯曲、拉伸小,裂纹产生迟,光亮带变窄,且零件穹弯小,塌角、断面斜度和圆角小,只要中间撕裂不是很深,仍可应用。

当间隙过大时,凸模刃口附近的剪裂纹比正常间隙向里错开一段距离,材料受到很大的弯曲和拉伸,接近于胀形破裂状态,塑性变形阶段较早结束,容易产生剪裂纹,使光亮带所占比例减小。毛刺、圆角、斜度都增大,如图 4-10(c)所示。且在光亮带形成以前,材料已发生较大的塌角。材料在凸、凹模刃口处产生的裂纹会错开一段距离而产生二次拉裂。第二次拉裂产生的断裂层斜度增大,断面的垂直度差,毛刺大而厚,难以去除,而剪裂带、塌角、翘曲

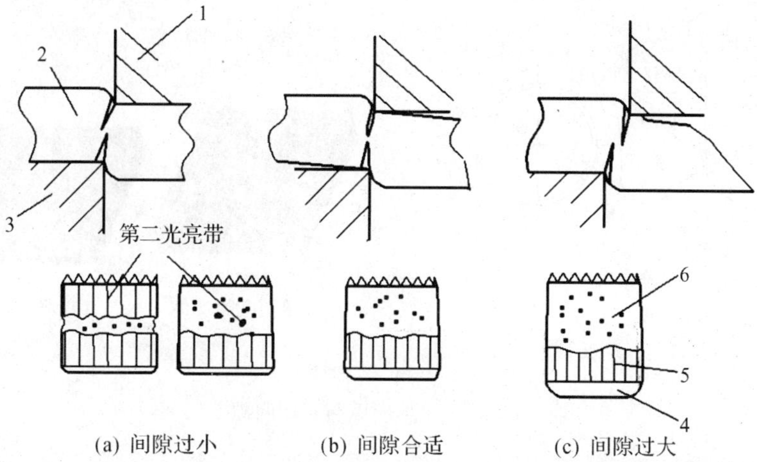

1.凸模 2.板料 3.凹模 4 圆角带 5.光亮带 6.断裂带

图 4-10 间隙大小对工件断面质量的影响

现象也比较显著，使冲裁件断面质量下降。

3. 模具刃口钝利情况的影响

模具刃口钝利状态对冲裁过程中应力状态和冲裁件断面有较大的影响。模具刃口越锋利，拉力越集中，毛刺越小。当刃口磨成圆角变钝时，刃口与材料接触的面积增加，应力集中效应减轻，挤压作用明显，延缓了剪裂纹的产生，制件圆角大，光亮带变宽，但剪裂纹发生点要由刃口侧面向上移动，毛刺高度增大，如果间隙合理，亦会有毛刺产生。凸模磨钝，落料件产生毛刺，凹模磨钝，冲孔件产生毛刺，如果凸、凹模刃口都磨钝，则落料件与冲孔件都出现毛刺。

4. 模具和设备情况的影响

压力机滑块导向精确可靠，模具导向装置具有较高的精度，则可保证冲裁时间隙合理，冲裁件断面质量就好。此外，断面质量还与模具结构、冲裁件轮廓形状、刃口的摩擦条件等有关。

(三)提高断面质量的措施

提高冲裁件的断面质量，可通过增加光亮带的高度或采用整修工序来实现。增加光亮带高度的关键是塑性变形阶段，推迟裂纹的产生，这就要求材料的塑性要好，对硬质材料要及时进行退火，要求材质均匀化；同时要选择合理的模具间隙值，并使间隙均匀分布，保持模具刃口锋利；要求光滑断面的部位要与板材轧制方向成直角。

第二节 冲裁间隙

冲裁间隙是指凸模与凹模刃口尺寸之差之间缝隙的距离。用符号 C 表示单面间隙，单面间隙一般表示非规则形状的冲裁件(图 4-11(a))。双面间隙用 Z 表示，双面间隙一般表示规则形状如圆形的冲裁件 (图 4-11(b))，间隙对冲裁件质量、冲模寿命等影响很大，是冲裁工艺与模具设计中的一个重要参数。

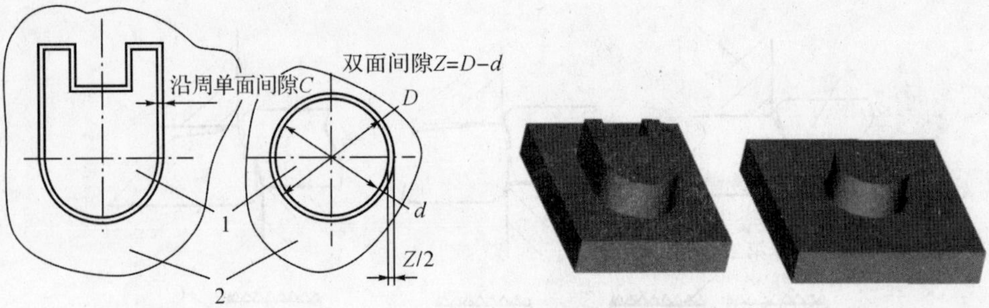

(a)　(b)　(c) 单面间隙实体　(d) 双面间隙实体

1. 凸模　2. 凹模

图 4-11　单面间隙与双面间隙

一、间隙对冲裁件质量的影响

冲裁件质量包括冲裁件质量、尺寸精度和弯曲度三个方面。现分别讨论间隙对这三个方面的影响。

1. 间隙对冲裁件质量的影响

冲裁件的质量主要是指冲裁件的断面质量，尺寸精度和形状误差。由上节分析，影响断面质量的因素有：材料性能、模具的凸、凹模间隙值及其分布的均匀性，模具刃口钝利程度、模具结构和制造精度及设备的情况等。其中模具间隙大小及其分布的均匀程度是影响断面质量的主要因素，提高断面质量的关键在于推迟裂纹的产生，以增大光亮带，其主要途径就是减小间隙。

2. 间隙对尺寸精度的影响

冲裁件的尺寸精度是指冲裁件的实际尺寸与基本尺寸的差值 δ。差值 δ 愈小，精度愈高。这个差值包含两个方面的偏差，一是冲裁件相对凸模或对凹模尺寸的偏差，二是模具本身的制造偏差。在模具制造精度一定的前提下，冲裁件与凸、凹模尺寸产生偏差的原因是：工件从凹模推出（落料件）或从凸模卸下，冲出的孔径大于凸模尺寸（图 4-12 和图 4-13）。但工件弯曲的弹性恢复方向与以上相反，故偏差值是两者的综合结果。

当间隙较小时，材料的侧向挤压变形大，冲裁后，弹性恢复使落料件外径扩散，使冲出的孔径收缩，结果落料件尺寸大于凹模尺寸，冲孔孔径小于凸模直径（图 4-12 和图 4-13）。此外，尺寸的变化还与材料性质、厚度、轧制方向等因素有关。

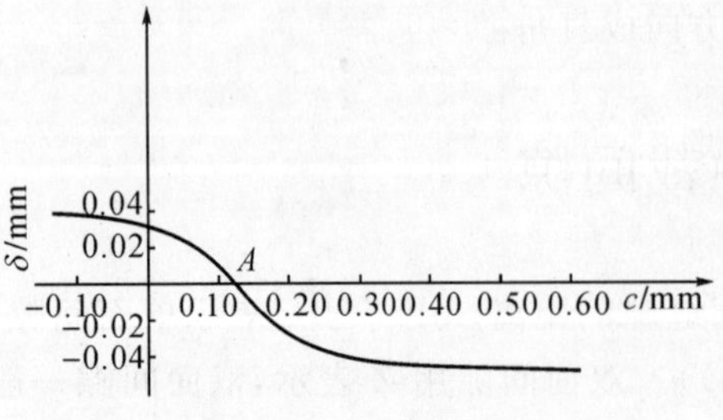

图 4-12　间隙对落料件尺寸的影响

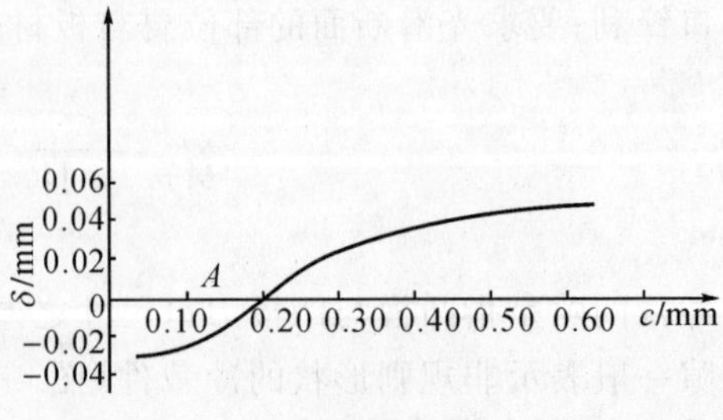

图 4-13　间隙对冲孔件尺寸的影响

3. 间隙对弯曲度(h)的影响

间隙对弯曲的影响如图 4-14 所示。通常间隙愈大,弯曲愈严重。为了减小弯曲度,可在模具上加压料板,或在凸模下面加反向压板。当冲压件平整要求高时,须另外校平工序。

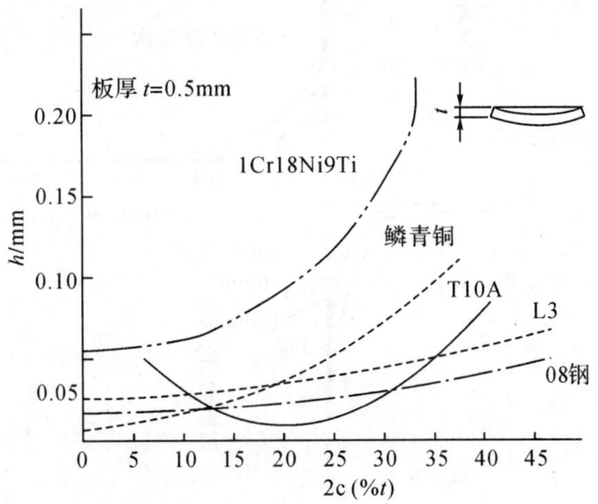

图 4-14　间隙对弯曲的影响

二、间隙对模具寿命的影响

冲裁模的失效形式一般有:刃口磨损、压塌、崩刃、凸模折断、凹模胀裂等,其中刃口磨损属于正常失效。因此,模具寿命以冲出合格制品的冲裁次数来衡量,分两次刃磨的寿命与全部磨损后的总寿命。

凸模、凹模刃口磨钝后,会使冲裁件的毛刺增大,尺寸精度和断面质量下降,还会增加冲裁能量。当刃口磨损到一定程度后,冲裁模就不能正常工作,这时必须刃磨,或更换模具零件,甚至模具报废。

冲裁时,凸、凹模上受到被冲材料的反作用力,其方向与图 4-5 所示的相反。由于材料与模具实际接触面积很小,故接触面上的单位压力极高。在高压作用下,加上材料的塑性流动的滑动,刃口的端面和侧面就会发生附着磨损。图 4-15 所示为经过不同冲裁次数后刃口磨损的情况。

间隙主要对模具的磨损和胀裂有影响。当模具间隙减小时,接触面上的单位作用力增大,刃口磨损也就加剧。同时,间隙小时,由于静水压力增高,光亮带增大,刃口与材料的摩擦距离增长,这也增加了刃口的磨损量。另外间隙过小时,落料件或废料往往梗塞在凹模洞口,导致凹模胀裂。因此过小的间隙对模具寿命极为不利,为了提高模具的寿命,在不影响加工工件质量的前提下,可适当采用大的间隙。大量生产实践表明,采用大间隙,可以大幅度提高模具寿命,一般可比小间隙时提高 2～3 倍,经济效益十分显著。

除了适当采用大间隙外,还可采取下面的措施来提高模具寿命;增加凸模的硬度;提高刃口表面粗糙度;增设压料板;提高模具导向精度和装配精度;改善润滑条件等。

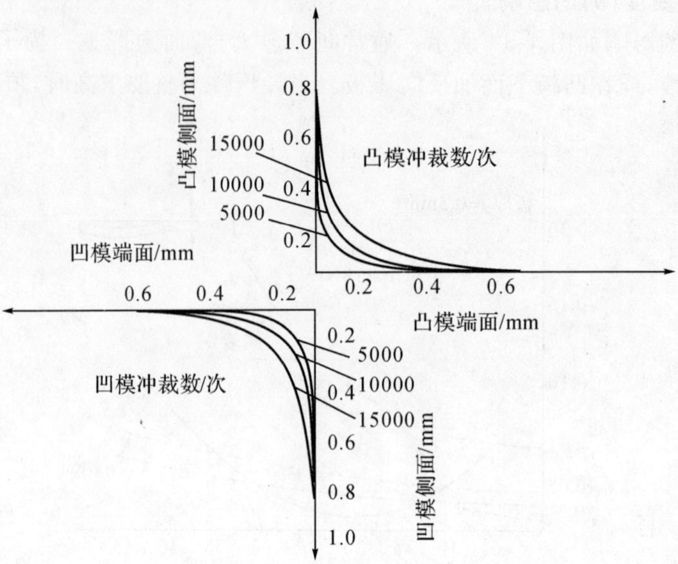

图 4-15　刃口磨损形状变化

三、间隙对冲裁力的影响

间隙愈小，冲裁变形区的静水压力愈高，材料的变形抗力愈大，冲裁力也就愈大，反之，当间隙增大时，冲裁变形区的静水压力减小，材料的变形抗力降低，冲裁力也就减小，但减小的数值不大，单面间隙为(0.05～0.20)t 时，冲裁力降低不超过 5%～10%。因此可以认为，正常间隙下，间隙对冲裁力影响不大。

但间隙对卸料力、推件力、顶件力的影响比较显著。随着间隙增大，这些力明显降低，当单面间隙为(0.15～0.20)t 时，卸料力几乎为零。

四、合理间隙的确定

综上所述，冲裁间隙对冲裁件质量、模具寿命、卸料力等都有很大影响，但影响规律不同，不可能存在一个间隙同时满足工作质量、模具寿命和冲裁力的要求。实际生产中，间隙的选择主要考虑冲裁断面的质量和模具寿命这两个方面，同时考虑到模具制造中的偏差及使用中的磨损，通常选择一个合适的间隙范围，只要在这个范围内就可冲出良好的冲裁件。这个间隙范围称为合理间隙，其最小值称为最小合理间隙($C_{\min}$或对双面间隙 $Z_{\min}/2$)，最大值称为最大合理间隙($C_{\max}$或对双面间隙 $Z_{\max}/2$))。考虑到模具的磨损会使间隙增大，设计和制造新模具时要采用最小合理间隙值，确定合理间隙的方法通常有两种。

1. 理论确定法

理论确定法的依据是保证裂纹重合，以获得良好的冲裁断面。图 4-16 是冲裁过程中开始产生裂纹的瞬时状态。

从图中 ΔABD 可求得间隙 c：

$$c=(t-h_0)\tan\beta=t(1-h_0/t)\tan\beta \tag{4-1}$$

式中 t——板料厚度；

h_0/t——产生裂纹时凸模的相对压入深度；

β——裂纹与重线间的夹角。

h_0/t 与 β 值见表 4-1。

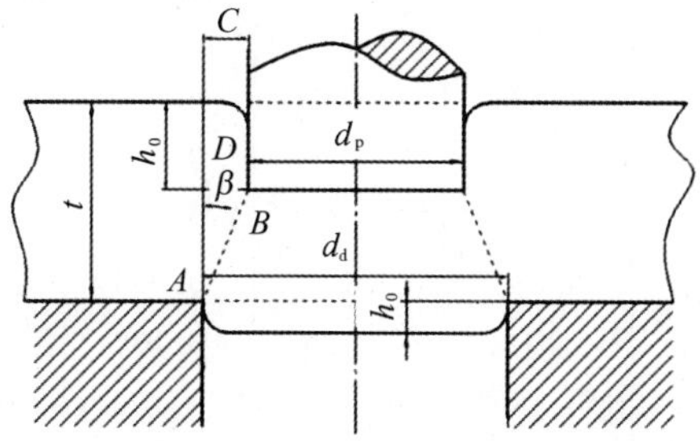

图 4-16 冲裁过程中产生裂纹的瞬时状态

表 4-1 h_0/t 与 β 值

材料	h_0/t		β(°)	
	退火	硬化	退火	硬化
软钢、紫铜、软黄铜	0.5	0.35	6	5
中硬钢、硬黄铜	0.3	0.2	5	4
硬钢、硬青铜	0.2	0.1	4	4

从分析式(4-1)和表 4-1 中的数据可以知道，影响合理间隙的因素主要是材料性质和厚度。材料愈厚愈硬，合理间隙值愈大。

2. 查表选取法

由于理论计算法使用不方便，所以实际常用的是图表数据。在无线电、仪表、精密机械中，对冲裁件尺寸精度和断面质量要求较高的，可采用表 4-2 所列的较小间隙值；而汽车、农机及日用五金等，由于对冲裁件精度要求不高，可采用表 4-3 所列的较大间隙值。这里的初始间隙即最小合理间隙，初始间隙的最大值是考虑到凸、凹模制造公差所增加的数值。

表 4-2 冲裁模初始单面间隙(c)

t/mm	软铝		紫铜、黄铜、软钢 w_c①=(0.08～0.2)%		杜拉铝、中硬钢 w_c=(0.3～0.4)%		硬钢 w_c=(0.5～0.6)%	
	C_{min}/mm	C_{max}/mm	C_{min}/mm	C_{max}/mm	C_{min}/mm	C_{max}/mm	C_{min}/mm	C_{max}/mm
0.2	0.004	0.006	0.005	0.007	0.006	0.008	0.007	0.009
0.5	0.010	0.015	0.12	0.017	0.015	0.020	0.018	0.022
0.8	0.016	0.024	0.020	0.028	0.024	0.032	0.028	0.036
1.0	0.020	0.030	0.025	0.035	0.030	0.040	0.035	0.045
1.2	0.025	0.042	0.036	0.048	0.042	0.054	0.048	0.060
1.5	0.038	0.052	0.045	0.060	0.052	0.068	0.060	0.075
1.8	0.045	0.063	0.054	0.072	0.063	0.081	0.072	0.090
2.0	0.050	0.070	0.060	0.080	0.070	0.090	0.080	0.100
2.5	0.075	0.100	0.088	0.112	0.100	0.125	0.112	0.138
3.0	0.090	0.120	0.105	0.135	0.120	0.150	0.135	0.165

① w_c 为碳的质量分数，用其表示钢中的含碳量。

表 4-3　冲裁模初始单面间隙(c)

t/mm	08、10、35 09Mn2、Q235		16Mn		40、50		65Mn	
	C_{min}/mm	C_{max}/mm	C_{min}/mm	C_{max}/mm	C_{min}/mm	C_{max}/mm	C_{min}/mm	C_{max}/mm
0.5	0.020	0.030	0.020	0.030	0.020	0.030	0.020	0.030
0.8	0.036	0.052	0.036	0.052	0.036	0.052	0.032	0.046
1.0	0.050	0.070	0.050	0.070	0.050	0.070	0.045	0.063
1.2	0.063	0.090	0.066	0.090	0.066	0.090		
1.5	0.066	0.120	0.085	0.120	0.085	0.120		
2.0	0.123	0.180	0.0130	0.190	0.130	0.190		
2.5	0.180	0.250	0.160	0.270	0.190	0.270		
3.0	0.230	0.320	0.240	0.330	0.240	0.330		
3.5	0.270	0.370	0.290	0.390	0.290	0.390		
4.0	0.320	0.440	0.340	0.460	0.340	0.460		
4.5	0.360	0.500	0.340	0.480	0.390	0.520		
5.5	0.470	0.640	0.390	0.550	0.490	0.660		
6.0	0.540	0.720	0.420	0.600	0.570	0.750		

注：冲裁皮革，石棉和纸棉时，间隙取 08 号钢的 25%。

第三节　冲裁模刃口尺寸的计算

一、尺寸计算原则

模具的刃口尺寸和公差，直接影响到冲裁件的尺寸精度，合理间隙也要靠它来保证。因此，正确地计算模具的刃口尺寸和公差是模具设计中的一项十分重要的工作。在计算刃口尺寸和公差时，应遵循一定的原则。

1. 考虑到落料件的尺寸取决于凹模尺寸，而冲孔件的尺寸取决于凸模尺寸，故设计落料模时，应以凹模为基准，间隙留在凸模上；设计冲孔模时，应以凸模为基准，间隙留在凹模上。

2. 考虑到磨损会使凹模尺寸增大，凸模尺寸减小，为保证模具的寿命，落料凹模的基本尺寸应取靠近或等于工作的最小极限尺寸；冲孔凸模的基本尺寸应取靠近或等于工件的最大极限尺寸，并采用最小合理间隙值。

3. 选择刃口的制造公差时，应保证工件的精度和合理间隙的要求，同时要便于模具制造。刃口公差过大，则冲出的工件可能不合格，或不能保证合理间隙；刃口公差过小，则模具制造困难并使模具成本增加。模具精度与冲裁件精度的关系见表 4-4。若工件尺寸没有标注公差，则按未注公差 IT14 级来处理，而模具则按 IT11 级制造（对非圆形件），或按 IT6～7 级制造（对圆形件）。

表 4-4　模具精度与冲裁件精度的关系

工件精度 / 料厚 t/mm / 模具精度	0.5	0.8	1.0	1.5	2	3	4	5
IT6～7	IT8	IT8	IT9	IT10	IT10	—	—	—
IT7～8	—	IT9	IT10	IT10	IT12	IT12	IT12	—
IT9	—	—	—	IT12	IT12	IT12	IT12	IT12

二、凸模与凹模刃口尺寸的计算方法

按模具的凸模与凹模加工方法的不同，刃口尺寸的计算方法也不同，一般分为两种。

1. 凸模与凹模分开加工法

分开加工是指凸模与凹模分别按各自的图纸单独加工，模具间隙靠加工出的尺寸保证。因此，要分别计算和标注出凸模、凹模的尺寸和公差。此法适用于圆形或形状简单（如方形或矩形）的工件。

（1）落料模　设落料件尺寸 $D_{-\Delta}^{\ 0}$，根据上述原则，先确定基准件凹模尺寸 D_d，再减去 $C_{\min}$。刃口部分各尺寸关联图如图 4-17(a)所示。

落料模的刃口尺寸计算公式如下：

$$D_d=(D-x\Delta)_{0}^{+\delta_d} \tag{4-2}$$

$$D_p=(D_d-2C_{\min})_{-\delta_p}^{\ 0}=(D-x\Delta-2C_{\min})_{-\delta_p}^{\ 0} \tag{4-3}$$

（2）冲孔模　设冲孔尺寸为 $d_0^{+\Delta}$。根据上述计算原则，先确定基准件凸模尺寸 d_p，再加上 $C_{\min}$。刃口部分各尺寸关联图如图 4-17(b)所示。

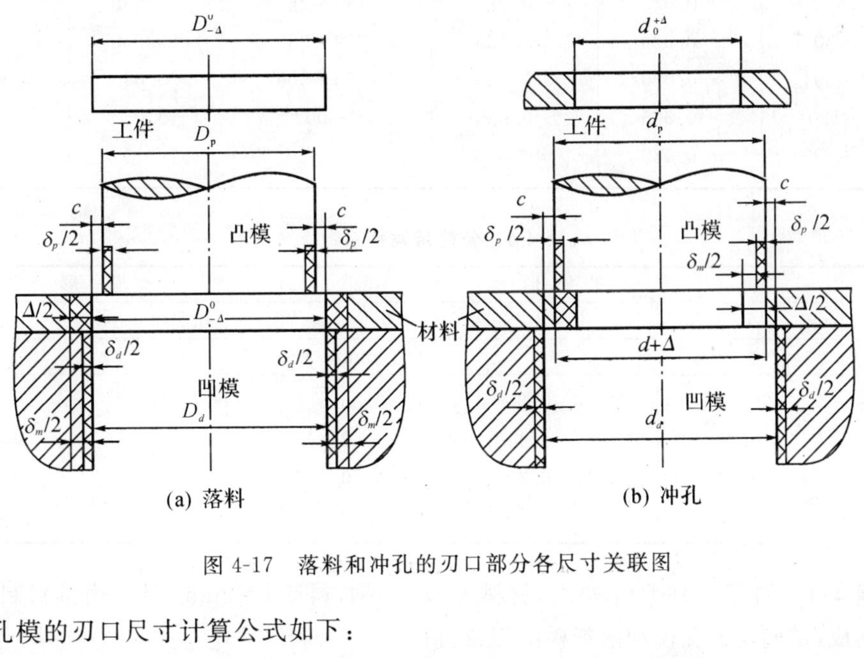

(a) 落料　(b) 冲孔

图 4-17　落料和冲孔的刃口部分各尺寸关联图

冲孔模的刃口尺寸计算公式如下：

$$d_p=(d+x\Delta)_{-\delta_p}^{\ 0} \tag{4-4}$$

$$d_d=(d_p+2C_{\min})^{+\delta_d}_{0}=(d+x\Delta+2C_{\min})^{+\delta_d}_{0} \tag{4-5}$$

式(4-2)～式(4-5)中的符号意义：

D_p、D_d——分别为落料凸模与凹模的刃口尺寸(mm)；

d_p、d_d——分别为冲孔凸模与凹模的刃口尺寸(mm)；

D、d——分别为落料件外径和冲孔件孔径的基本尺寸(mm)；

δ_p、δ_d——分别为凸模与凹模的制造公差(mm)，见表 4-5；

Δ——工件的公差(mm)；

$C_{\min}$——最小合理单面间隙(mm)；

x——公差带偏移系数，目的是为了避免多数冲裁件都偏向极限尺寸。x 值在 0.5～1 之间，与工件精度有关。

公差带偏移系数 x 可查表 4-6，或按下列关系取：工件精度 $IT10$ 以上，$x=1$ 工件精度 $IT11$～13，$x=0.75$ 工件精度 $IT14$，$x=0.5$

为了保证合理间隙，模具制造公差必须满足下列条件：

$$|\delta_p|+|\delta_d|\leqslant 2(C_{\max}-C_{\min}) \tag{4-6}$$

或取

$$\delta_p=0.8(C_{\max}-C_{\min})$$

$$\delta_d=1.2(C_{\max}-C_{\min})$$

但 δ_p、δ_d 不小于 0.01mm。

凸、凹模分开加工的优点是：凸、凹模具有互换性，便于模具成批加工，缺点是：为了保证合理间隙，需要较高的模具制造公差等级，模具制造比较困难。

表 4-5　规则形状(圆形、方形)冲裁凸模、凹模极限偏差

基本尺寸/mm	δ_p/mm	δ_d/mm	基本尺寸/mm	δ_p/mm	δ_d/mm
≤18	−0.020	+0.020	>180～260	−0.030	+0.045
>18～30	−0.020	+0.025	>260～360	−0.035	+0.050
>30～80	−0.020	+0.030	>360～500	−0.040	+0.060
>80～120	−0.025	+0.035	>500	−0.050	+0.070
>120～180	−0.030	+0.040			

表 4-6　公差带偏移系数 x

t/mm	非圆形			圆形	
	1	0.75	0.5	0.75	0.5
	Δ/mm				
1	<0.16	0.17～0.35	≥0.36	<0.16	≥0.16
1～2	<0.20	0.21～0.41	≥0.42	<0.20	≥0.20
2～4	<0.24	0.25～0.49	≥0.50	<0.24	≥0.24
>4	<0.30	0.31～0.59	≥0.60	<0.30	≥0.30

例题 4-1　如图 4-18 所示垫圈，材料为 Q235 钢，料厚 $t=2$mm，外圆由落料制成，内圆由冲孔制成，试确定冲孔模和落料模的刃口直径。

由表 4-3 查出：

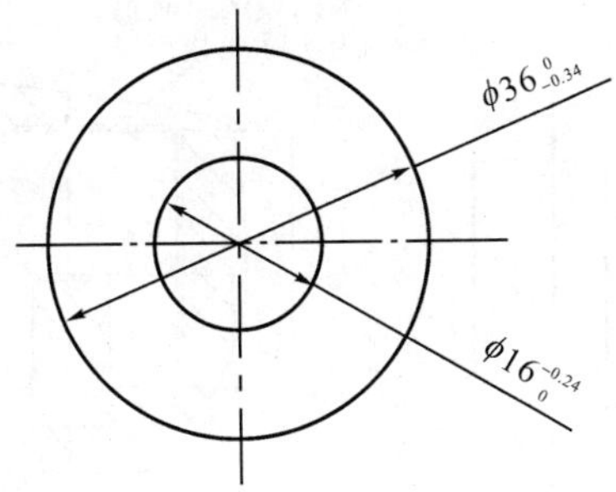

图 4-18　垫圈

$$C_{max}=0.18mm \quad C_{min}=0.123mm$$

$$2(C_{max}-C_{min})=2(0.18-0.123)=0.114mm$$

由表 4-5 查出凸、凹模制造公差：

落料部分：$\delta_d=0.03mm \quad \delta_p=0.02mm$

$$|\delta_p|+|\delta_d|=0.05mm<2(C_{max}-C_{min})$$

冲孔部分：$\delta_d=0.02mm \quad \delta_p=0.02mm$

$$|\delta_p|+|\delta_d|=0.04mm<2(C_{max}-C_{min})$$

说明：为保证合理间隙，δ_p、δ_d 选取合适。

由表 4-6 查出，$x=0.5$

所以落料模的刃口直径：

$$D_d=(D-x\Delta)^{+\delta_d}_{0}=(36-0.5\times0.34)^{+0.03}_{0}=35.83^{+0.03}_{0}mm$$

$$D_p=(D_d-2C_{min})_{-\delta_p}^{0}=(35.83-2\times0.123)_{-0.02}^{0}=35.58_{-0.02}^{0}mm$$

冲孔模的刃口直径：

$$d_p=(d+x\Delta)_{-\delta_p}^{0}=(16+0.5\times0.24)_{-0.02}^{0}=16.12_{-0.02}^{0}$$

$$d_d=(d_p+2C_{min})^{+\delta_d}_{0}=(16.12+2\times0.123)^{+0.02}_{0}=16.37^{+0.02}_{0}mm$$

2. 凸模和凹模配合加工法

对于形状复杂或薄材料工件，为了便于模具制造，应采用配合加工。此方法是先加工基准件（落料时为凹模，冲孔时为凸模），然后根据基准件的实际尺寸，来配做另一件（落料时为凸模，冲孔时为凹模），在另一件上修出最小合理间隙值。故采用配合加工时，只需在基准件上标注尺寸和公差，另一件只标注基本尺寸，并注明“凸模尺寸按凹模实际尺寸配制，保证单面间隙（落料时）”；或“凹模尺寸按凸模实际尺寸配制，保证单面间隙”（冲孔时）。

配合加工时，基准件的制造公差 δ_p（或 δ_d）不再受间隙值的限制，甚至可以适当放大制造公差，故模具比较容易制造。目前一般工厂都采用这种加工方法。基准件的制造公差一般可取 $\Delta/4$。

对于一些形状复杂的冲裁件，由于各部分尺寸性质不同，其磨损规律也不同，故必须具体分析，分别计算。图 4-19 为落料件和凹模尺寸，图 4-20 为冲孔件和凸模尺寸，在这两个图中：A 类尺寸为磨损后变大的尺寸；B 类尺寸是磨损后变小的尺寸；C 类尺寸为磨损后不变的尺寸，具体计算公式见表 4-7。

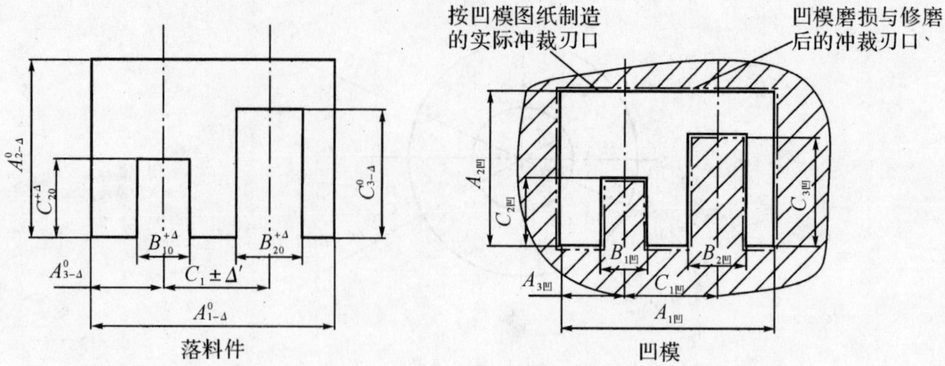

图 4-19　落料件的凹模尺寸

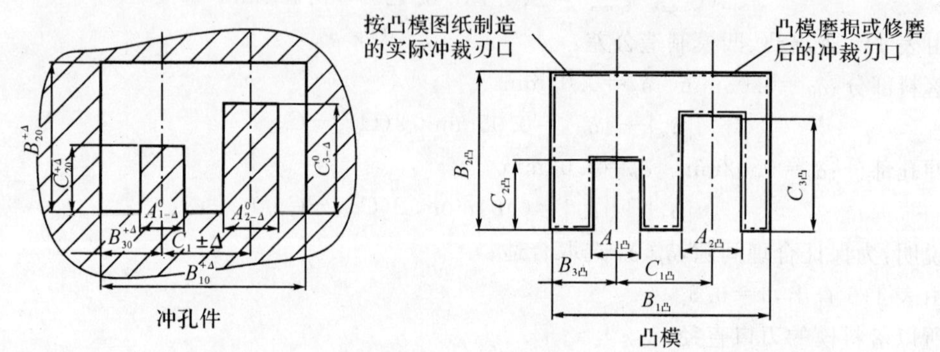

图 4-20　冲孔件与凸模尺寸

表 4-7　配合加工法凸、凹模刃口尺寸和公差的计算公式

工序性质	工件尺寸		凸模尺寸	凹模尺寸
落　料	$A_{-\Delta}^{0}$		按凹模实际尺寸配制，保证单面间隙为 $C_{\min}\sim C_{\max}$	$A_d=(A-x\Delta)_{0}^{+\delta_d}$
	$B_{0}^{+\Delta}$			$B_d=(B+x\Delta)_{-\delta_d}^{0}$
	C	$C_{0}^{+\Delta}$		$C_d=(C+\Delta/2)\pm\delta_d$
		$C_{-\Delta}^{0}$		$C_d=(C-\Delta/2)\pm\delta_d$
		$C\pm\Delta'$		$C_d=C\pm\delta_d$
冲　孔	$A_{-\Delta}^{0}$		$A_p=(A-x\Delta)_{0}^{+\delta_p}$	按凸模实际尺寸配制，保证单面间隙 $C_{\min}\sim C_{\max}$
	$B_{0}^{+\Delta}$		$B_p=(B+x\Delta)_{-\delta_p}^{0}$	
	C	$C_{0}^{+\Delta}$	$C_p=(C+\Delta/2)\pm\delta_p$	
		$C_{-\Delta}^{0}$	$C_p=(C-\Delta/2)\pm\delta_p$	
		$C\pm\Delta'$	$C_p=C\pm\delta_p$	

注：表中 A_p、B_p、C_p——凸模刃口尺寸(mm)；

A_d、B_d、C_d——凹模刃口尺寸(mm)；

A、B、C——工件基本尺寸(mm)；

Δ——工件公差(mm)；

Δ′——工件的偏差，对称偏差时 $\Delta'=\Delta/2$(mm)；

δ_p、δ_d——凸模与凹模制造公差(mm)；当标注形式为 $+\delta_p$，$-\delta_p$(或 $+\delta_p$、$-\delta_p$)时，$\delta_p=\delta_d=\Delta/4$；当标注形式为 $\pm\delta_p$ 或 $\pm\delta_d$ 时，$\delta_p=\delta_d=\Delta/8=\Delta'4$

x——磨损系数。

例题 4-2 图 4-21(a)所示为一落料件，材料为 40 钢，料厚 t 等于 3mm。试确定其凸、凹模刃口尺寸及制造公差。

解：该制件形状比较复杂，凸模与凹模应采用配合加工。设计模具时以凹模为基准，刃口尺寸如图 4-21(b)所示。凹模刃口磨损后，尺寸变化有三种情况，按表 4-7 中的公式分别计算：

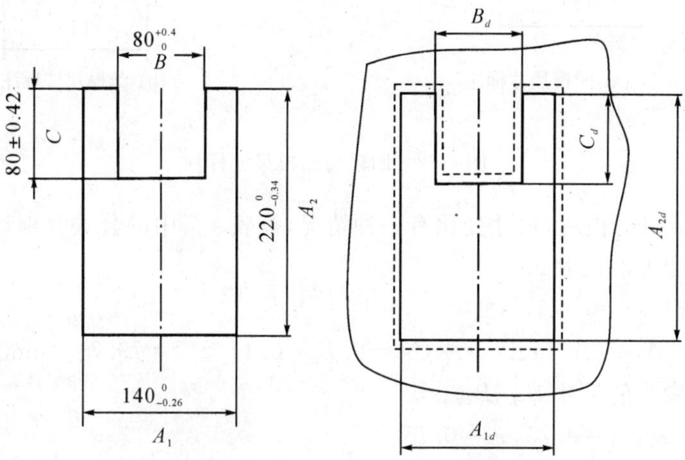

(a) 落料件　　(b) 凹模

图 4-21　落料件及其凹模

(1)磨损后变大的尺寸 A_{1d}、A_{2d}。

由表 4-6 查得：$x_1=0.75$，$x_2=0.75$

$$A_{1d}=(A_1-x_1\Delta_1)^{+\delta_d}_{0}=(140-0.75\times0.26)^{+0.26/4}_{0}=139.81^{+0.065}_{0}\text{mm}$$

$$A_{2d}=(A_2-x_2\Delta_2)^{+\delta_d}_{0}=(220-0.75\times0.34)^{+0.34/4}_{0}=219.75^{+0.085}_{0}\text{mm}$$

(2)磨损后变小的尺寸 B_d

由表 4-6 查表：$x=0.75$

$$B_d=(B+x\Delta)^{0}_{-\delta_d}=(80+0.75\times0.4)^{0}_{-0.4/4}=80.3^{0}_{-0.1}\text{mm}$$

(3)磨损后不变的尺寸 C_d

$$C_d=C\pm\delta_d=80\pm\frac{1}{8}\times0.42=80\pm0.053\text{mm}$$

该落料件的凹模与凸模尺寸标注见图 4-22。

例题 4-3 如将例题 4-21(a)落料件改为冲孔(图 4-23(a))，材料为 40 钢，料厚 t 等于 3mm。试确定其凸、凹模刃口尺寸及制造公差。

解：参照上例，凸模与凹模应采用配合加工。设计模具时以凸模为基准，刃口尺寸如图

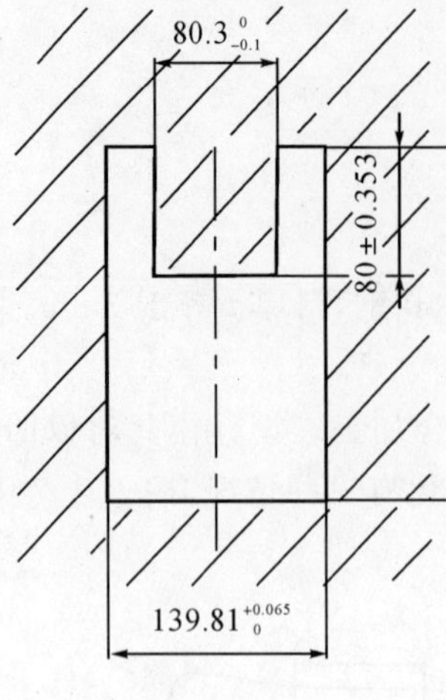

(a) 凹模尺寸标注

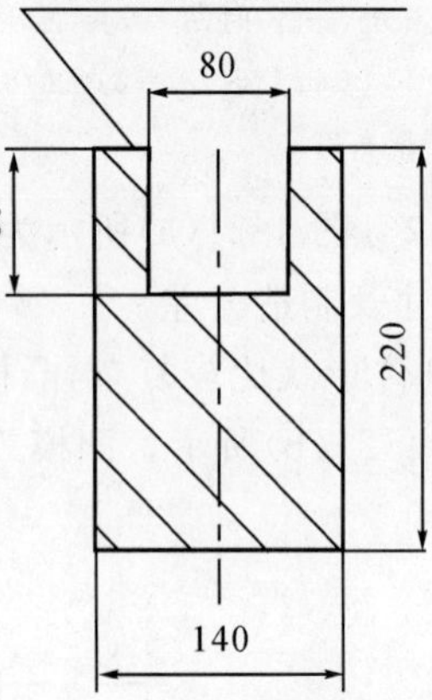

(b) 凸模尺寸标注

图 4-22　凹模与凸模尺寸标注

4-23(b)。凸模刃口磨损后，尺寸变化有三种情况，按表 4-7 中的公式分别计算：

(1)磨损后变大的尺寸 A_p。

由表 4-6 查得：$x=0.75$，

$$A_p=(A-x\Delta)^{+\delta_p}_{0}=(80-0.75\times0.4)^{+0.4/4}_{0}=79.7^{+0.1}_{0}\text{mm}$$

(2)磨损后变小的尺寸 B_{1p}、B_{2p}。

由表 4-6 查表：$x_1=0.75$，$x_2=0.75$

$$B_{1p}=(B_1+x_1\Delta_1)_{-\delta_p}^{0}=(140+0.75\times0.26)_{-0.26/4}^{0}=140.2_{-0.065}^{0}\text{mm}$$

$$B_{2p}=(B_2+x_2\Delta_2)_{-\delta_p}^{0}=(220+0.75\times0.34)_{-0.34/4}^{0}=220.26_{-0.085}^{0}\text{mm}$$

(3)磨损后不变的尺寸 C_p。

$$C_p=C\pm\delta_p=80\pm\frac{1}{8}\times0.42=80\pm0.053\text{mm},$$

尺寸标注如图 4-23(c)，4-23(d)所示。

第四节　冲裁力和冲裁功

一、冲裁力和冲裁功的计算

冲裁力是选择冲压设备吨位和检验模具强度及刚度的一个重要依据。冲裁过程时，冲裁力是随凸模进入材料的深度(凸模行程)而变化的。图 4-24 所示为 Q235 钢冲裁时的冲裁力变化曲线，图中 OA 段是冲裁的弹性变形阶段，AB 段是塑性变形阶段，B 点为冲裁力的最大值，在此点材料开始剪裂，BC 段为断裂阶段，CD 段压力主要是用于克服摩擦力和将材料由凹模内推出。通常说的冲裁力是指冲裁力的最大值。以此为依据来选用压力机和进行设计模具。

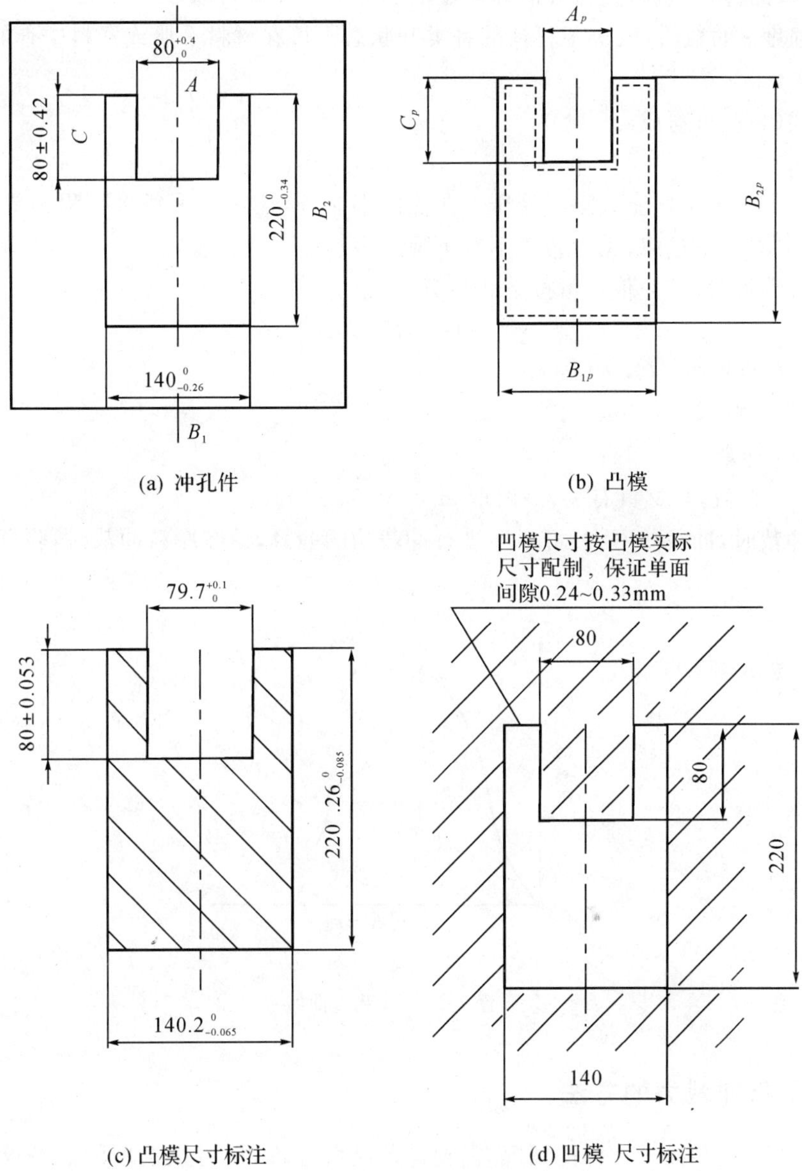

图 4-23　冲孔和凸模及凹模尺寸标注

平刃冲模的冲裁力可按下列计算：

$$F = kLt\tau \tag{4-7}$$

式中 F——冲裁力(N)；

L——冲裁周边长度(mm)；

t——材料厚度(mm)；

τ——材料剪切强度(MPa 或 N/mm^2)；

k——系数。

系数 k 是考虑到实际生产中的各种因素而给出的一个修正系数。如模具间隙的波动和不均匀，刃口的钝化，板料机械性能和厚度的差异等。一般可取 $k=1.3$。

剪切强度 τ 的数值，取决于材料的种类和状态。可在材料手册或资料中查取。一般取 $\tau=0.8\sigma_b$。

因此式(4-7)可写成

$$F=Lt\sigma_b \tag{4-8}$$

机械压力机的工作能力除了受压力曲线的限制外，还规定了每次行程不要超过额定的数值，以保证电机不过载，飞轮转速不致下降过多。

平刃口冲裁时，其冲裁功可按下式计算：

$$A=mFt/1000 \tag{4-9}$$

式中 A——冲裁功 （N·mm）；

t——材料厚度 （mm）；

F——冲裁力 （N）；

m——系数，与材料有关，一般取 $m=0.63$。

薄料冲裁时，冲裁功不大，可以不进行冲裁功的验算，但在厚料冲裁时，验算冲裁功往往是必要的。

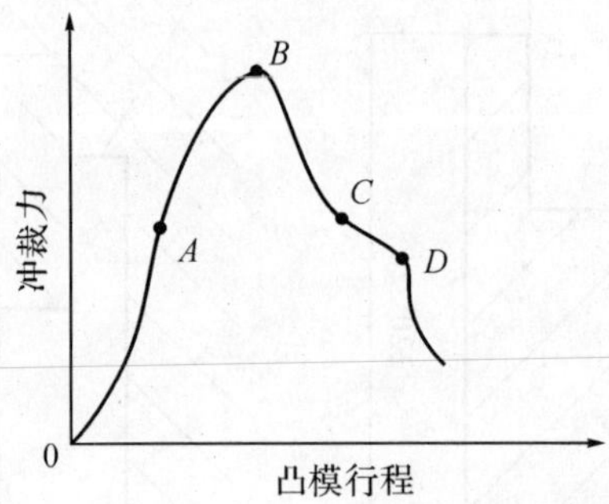

图 4-24 冲裁力曲线

二、降低冲裁力的方法

在生产中，往往碰到这样的情况，需要冲裁某种零件，但可供选用的设备仅为车间内现有的一些冲压设备，当零件的冲裁力接近车间现有冲压设备的名义吨位时，准确地计算冲裁力就显得非常突出。若计算准确，就可以采用车间现有设备进行冲压，以充分发挥设备的潜力。若计算不准确，就有可能使设备超载而损坏，引起严重的事故。冲裁高强度材料和厚料或大尺寸工件时，需要的冲裁力较大，如果冲裁力超过车间现有压力机的吨位，就必须设法降低冲裁力。

1. 加热冲裁

材料在加热状态下剪切强度大大下降，因而可以降低冲裁力。但材料加热后会产生氧化皮，还会产生变形，故此法只适用于厚板或工作表面质量及精度要求不高的工件。

2. 阶梯布置凸模冲裁

在多凸模的冲裁中，将凸模做成不同高度，呈阶梯布置(图 4-25)，可使各个凸模冲裁力的最大值不同时出现，从而降低了总的冲裁力。凸模间的高度差按材料厚度确定。

$$t<3\text{mm}, h=t \qquad , \qquad t>3\text{mm}, h=0.5t$$

采用阶梯布置凸模时，应尽可能对称布置，同时应把小凸模做得短一些，大凸模做得长一些，这样可以避免小凸模由于材料流动的侧压力而产生倾斜或折断的现象。

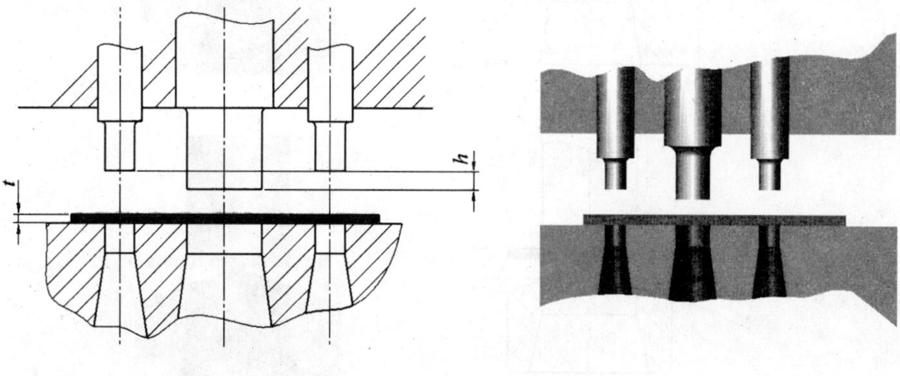

图 4-25　阶梯布置凸模冲裁

3. 斜刃口模具冲裁

用平刃模具冲裁时所需的冲裁力大，在大型零件冲裁时，往往会超出现有设备的吨位。为了减小冲裁力，减小冲击、振动和噪音，可以采用斜刃冲模。斜刃冲模冲裁时其情况如斜刃剪板机一样，材料是沿长度逐渐分离的，冲裁时刃口不是同时切入，是逐步冲切材料，这样相当于减小了冲切断面积，因而降低冲裁力。

采用斜刃口冲裁时，为了获得平整的工作，落料时凸模应做成平刃口，把斜刃做在凹模上，见图 4-26(a)，(b)，(c)。冲孔时应把凹模做成平刃口，把斜刃做在凸模上，见图 4-26(d)，(e)。设计斜刃时，应注意把斜刃对称布置，否则，会产生侧向力使凸模偏斜，啃坏刃口。斜刃倾角(ϕ)和斜刃高度(H)可按表 4-8 选取。

表 4-8　斜刃参数

材料厚度 t/mm	斜刃高度 H/mm	斜刃角 φ/(°)	减力系数 k_s
<3	$2t$	<5	0.3～0.4
3～10	t	<8	0.6～0.65

每个斜刃的冲裁力可按下式计算：

$$F_s = kF \tag{4-10}$$

式中　F_s——斜刃冲裁力(N)；

k_s——减力系数(见表 4-8)；

F——平刃冲裁力(N)。

采用斜刃冲模或阶梯凸模时，所需的冲裁功并不减小，这时，只是因为延长了冲裁行程而使冲裁力降低(图 4-27)。但刃口容易磨损，模具制造和修磨也较困难，做一般只适用于大型工件及厚板冲裁。

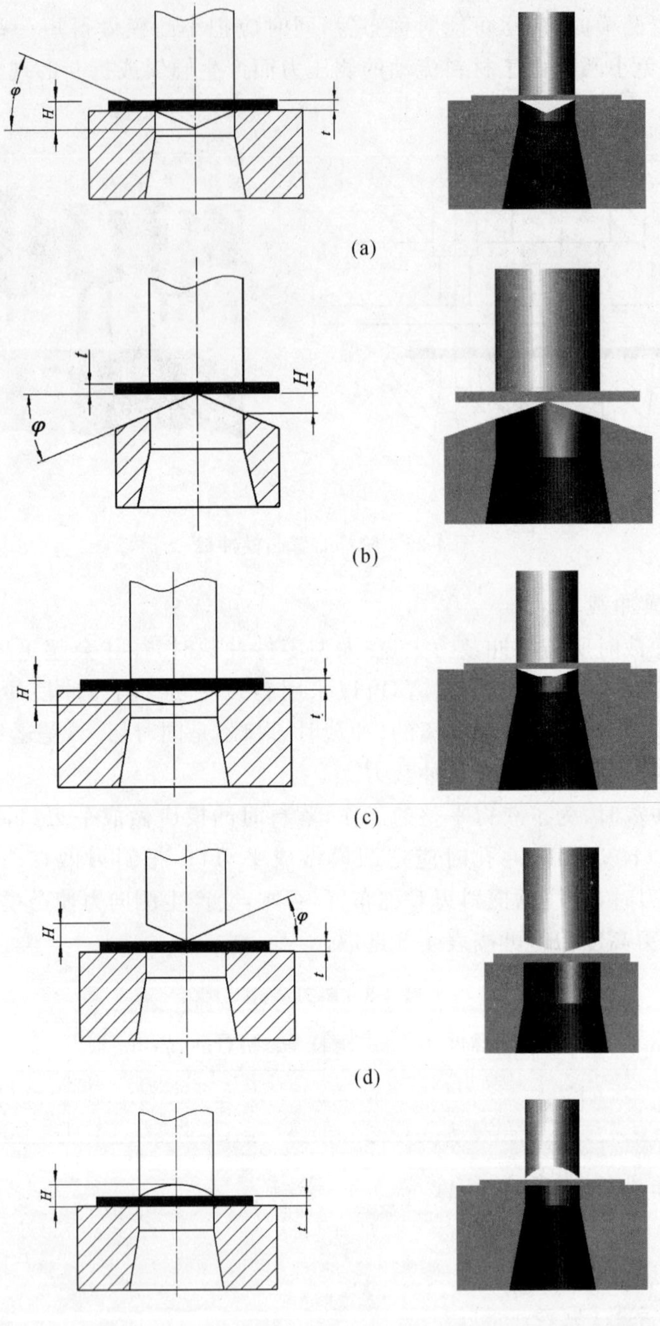

图 4-26　各种斜刃形式

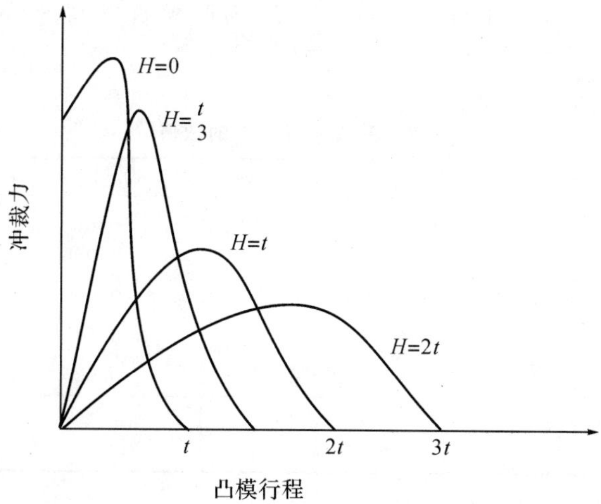

图 4-27　斜刃冲模的冲裁力

三、卸料力、推件力和顶件力

冲裁后，冲下的工件(或废料)由于弹性恢复而扩张，会梗塞在凹模洞口内。同样，废料(或工件)上冲出的孔会因弹性收缩而箍紧在凸模上。从凸模上将废料(或工件)卸下来的力叫卸料力 F_x；从凹模内顺着冲裁方向把工件(或废料)推出的力叫推件力 F_t，逆着冲裁方向将零件或废料从凹模腔顶出的力称为顶件力 F_d。如图 4-28 所示。

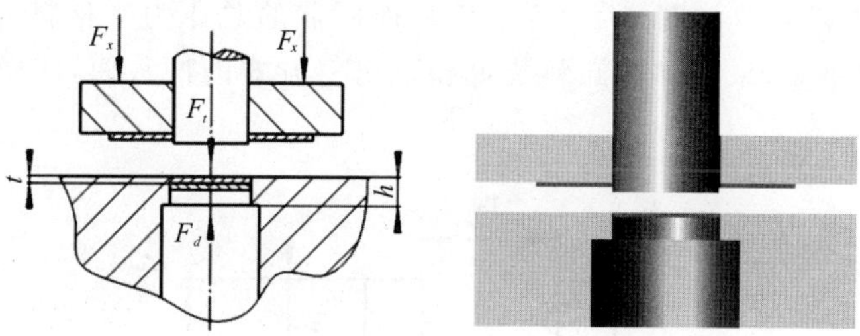

图 4-28　卸料力、推件力和顶件力

影响这些力的因素很多，主要是材料的力学性能和厚度、模具间隙、工件形状和尺寸及润滑条件等。而这些因素的影响规律也很复杂，要准确地从数量上反映这些力的大小是很困难的。所以一般用下列经验公式来计算：

$$F_x = kF \tag{4-11}$$

$$F_t = nk_tF \tag{4-12}$$

$$F_d = k_dF \tag{4-13}$$

式中　F_x、F_t、F_d——分别是卸料力、推件力和顶件力(N)；

k_x、k_t、k_d——分别是卸料力、推件力、顶件力的系数(见表 4-9)；

F——冲裁力(N)；

n——梗塞在凹模内的工件数。$n=\dfrac{h}{t}$，h 为凹模直壁高度(mm)，t 为板料厚度(mm)。

表 4-9　系数 k_x、k_t、k_d 的数值

材料及厚度 t/mm		k_x	k_t	k_d
钢	≤0.1	0.065～0.075	0.1	0.14
	>0.1～0.5	0.045～0.05	0.065	0.08
	>0.5～2.5	0.04～0.05	0.055	0.06
	>2.5～6.5	0.03～0.04	0.045	0.05
	>6.5	0.02～0.03	0.025	0.03
铝、铝合金		0.025～0.08	0.03～0.07	
紫铜、黄铜		0.02～0.06	0.03～0.09	

注：k_x 在冲多孔、大搭边和轮廓复杂件时取上限。

选择压力机时，这些力是否考虑进去，要根据模具的结构型式具体分析，即

采用刚性卸料装置和下出料方式的冲裁模，选择压力机时应考虑总压力 $F_总$ 为：

$$F_总 \geqslant F+F_t \tag{4-14}$$

采用弹性卸料装置和下出料方式的冲裁模，选择压力机时应考虑总压力 $P_总$ 为：

$$F_总 \geqslant F+F_t+F_x \tag{4-15}$$

采用弹性卸料装置和上出料方式的冲裁模，选择压力机时应考虑总压力 $P_总$ 为：

$$F_总 \geqslant F+F_d+F_x \tag{4-16}$$

选择压力机时，压力机的公称压力(N)必须大于或等到于冲裁时的总压力。

例题 4-4　计算冲裁如图 4-29 所示落料件所需的总压力。材料为 Q235，料厚 $t=$4mm。为保证零件平整，采用弹性卸料装置和下出料方式的冲裁模，凹模刃口直壁高度 h=8mm。

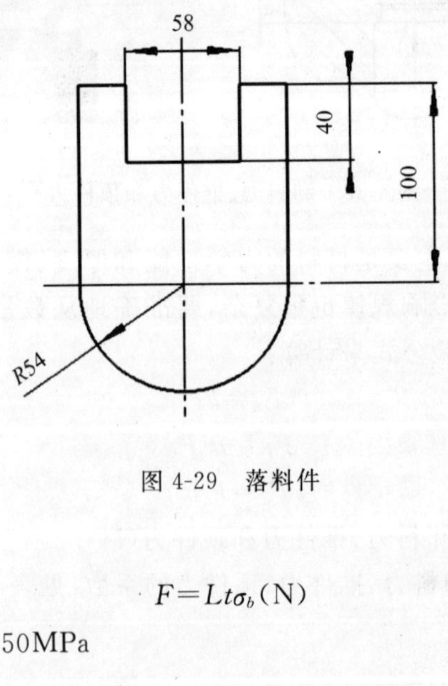

图 4-29　**落料件**

解：(1)冲裁力

$$F=Lt\sigma_b\text{(N)}$$

由材料手册查得：$\sigma_b=450$MPa

$$L=(100+25+40+29)\times 2+\pi 54=558\text{mm}$$

则 $F=Lt\sigma_b=558\times 4\times 450=1004400\text{N}$

(2)卸料力

$$F_x=kF(\text{N})$$

查表 4-9,取 $K_x=0.04$

则 $P_x=0.04\times 1004400=40176\text{N}$

(3)推件力

$$F_t=nk_tF(\text{N})$$

$$n=h/t=8/4=2$$

查表 4-9,取 $K_t=0.045$

则 $P_t=2\times 0.045\times 1004400=90396\text{N}$

(4)总压力

$$F_{总}=F+F_x+F_t$$
$$=1004400+40176+90396=1134972\text{N}$$

第五节　排样与材料的经济利用

一、材料的经济利用

在冲压产生中,冲裁比较大的工件,一般采用单个的块料作为毛坯;冲压较小的工件时,为了便于操作和提高生产率,通常采用板料裁成的条料或带料作为毛坯。

冲裁件在条料上的布置方法叫排样。排样是否合理直接影响到材料的经济利用。材料的利用率用下式表示:

$$\eta=\frac{A_0}{A}\times 100\% \tag{4-17}$$

式中　η——材料利用率;

A_0——工件的实际面积;

A——所用材料面积,包括工件面积和废料面积。

由上式可见,若减少废料面积,就可以提高材料的利用率。

在冲压零件的成本中,材料费用一般占 60%以上。因此设法减少废料,提高材料利用率具有十分重要的经济意义。

冲裁产生的废料分为工艺废料和结构废料两种,如图 4-30 所示生产垫圈零件,材料为 Q235 钢,料厚 t 等于 2mm,外圆由落料制成,内圆由冲孔制成,其废料由工艺废料和结构废料组成(图 4-31)。工艺废料 2 是由于工件与工件之间和工件与条料侧边之间有搭边存在,以及不可避免的料头而产生的废料,它的多少取决于冲压方法和排样方式。结构废料 1 是由于工件有内孔存在而产生的废料,它与零件的形状有关,一般不能改变。所以,只有从减少工艺废料着手,进行合理的排样,才能提高材料的利用率。

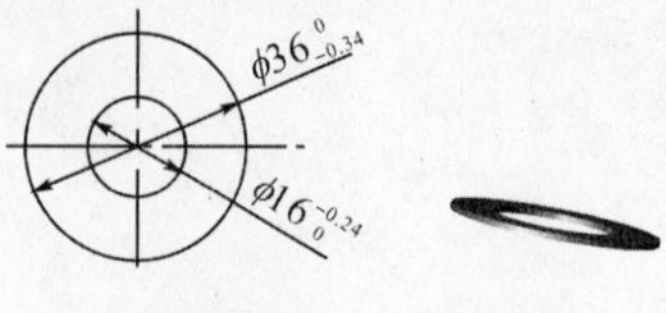

图 4-30　垫圈

1. 结构性废料　2. 工艺废料

图 4-31　废料的种类

二、排样方法

1. 有废料排样

有废料排样是指沿工件全部外形冲裁，工件周边都留有搭边的排序，如图 4-32(a)所示的工件有图 4-32(b)和图 4-32(c)所示的排样，图 4-33(a)所示的工件有图 4-33(b)所示的排样，这种排样的缺点是材料利用率低，但有了搭边能保证冲裁件的质量，模具寿命也高。

2. 少废料排样

少废料排样是指工件部分外形冲裁，只有局部有搭边的排样，如图 4-34(a)所示的工件有图 4-34(b)的排样。

3. 无废料排样

无废料排样是指工件与工件之间及工件与条料侧边之间均无搭边的排序。条料与直线或曲线的切断而得到工件，如图 4-35(a)所示的工件有图 4-35(b)所示的排样。

少、无废料排样的缺点是工件质量较差，模具寿命不高，但这两类排样可以节省材料，还具有简单模具结构、降低冲裁力和提高生产率等优点。

上述三类排样方法，按工件的外形特征又可分为直排、斜排、直对排、斜对排、混合排、多行排及裁搭边等多种形式。各种排列形式的分类见表 4-10。

表 4-10　排样方式

排样方式	有废料排样	少、无废料排样
直排	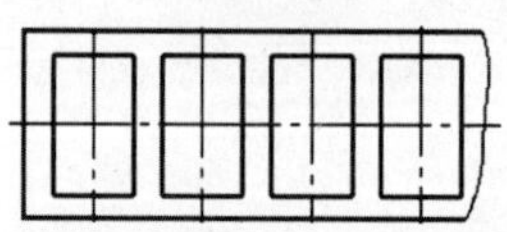	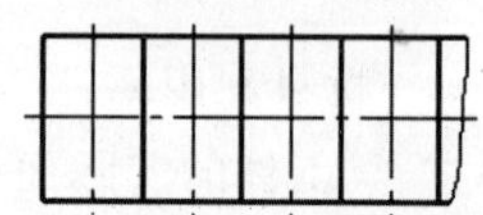
斜排	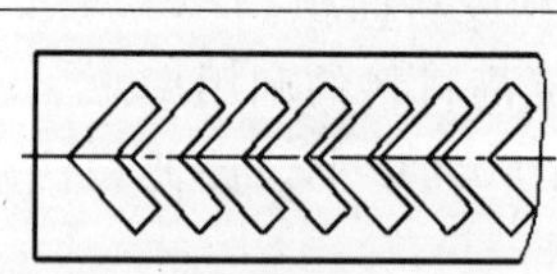	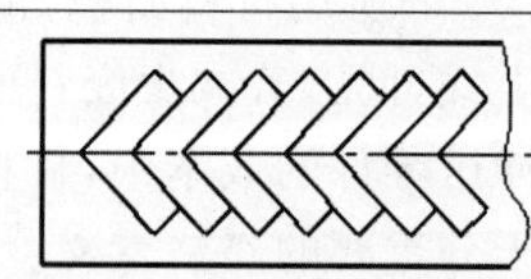
直对排	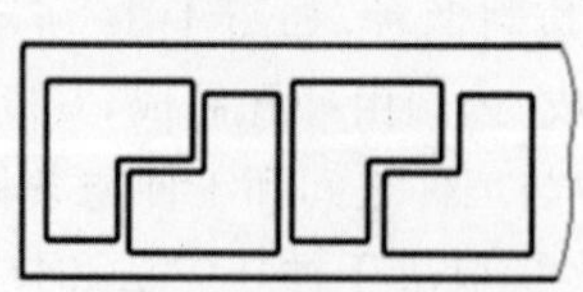	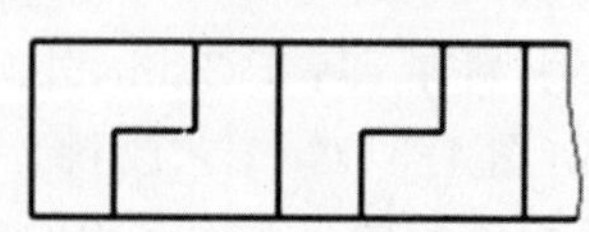

续表

排样方式	有废料排样	少、无废料排样
斜对排	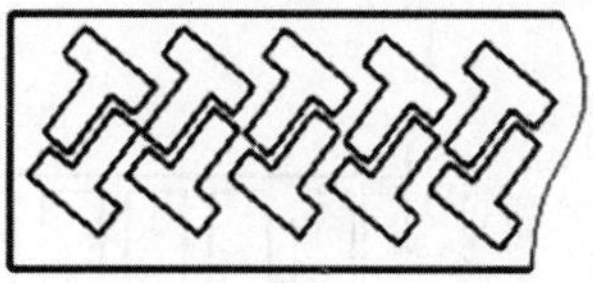	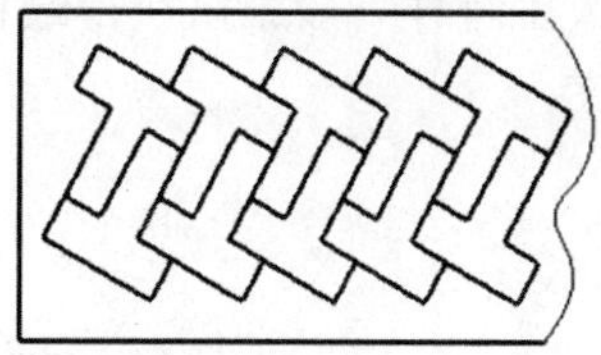
混合排	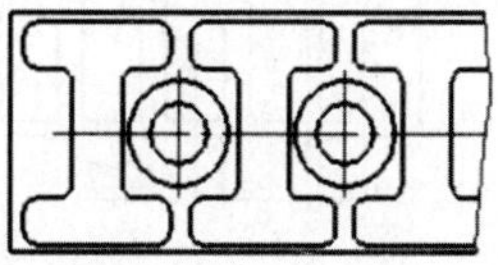	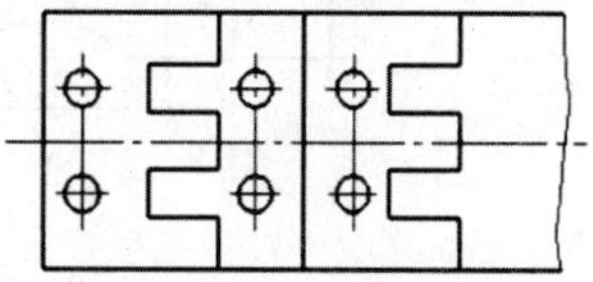
多行排	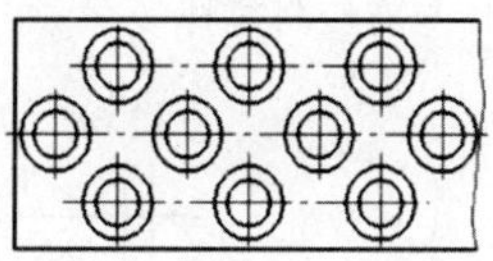	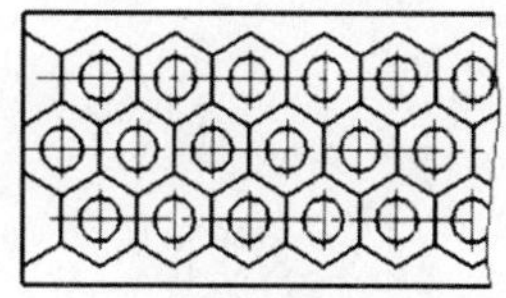

如图 4-32(a)所示的零件，若采用第一种排样法(图 4-32(b))所示)，单个零件的材料利用率为 53.7%；若采用第二种排样法(图 4-32(c))所示)，材料利用率可提高到 63.5%。但

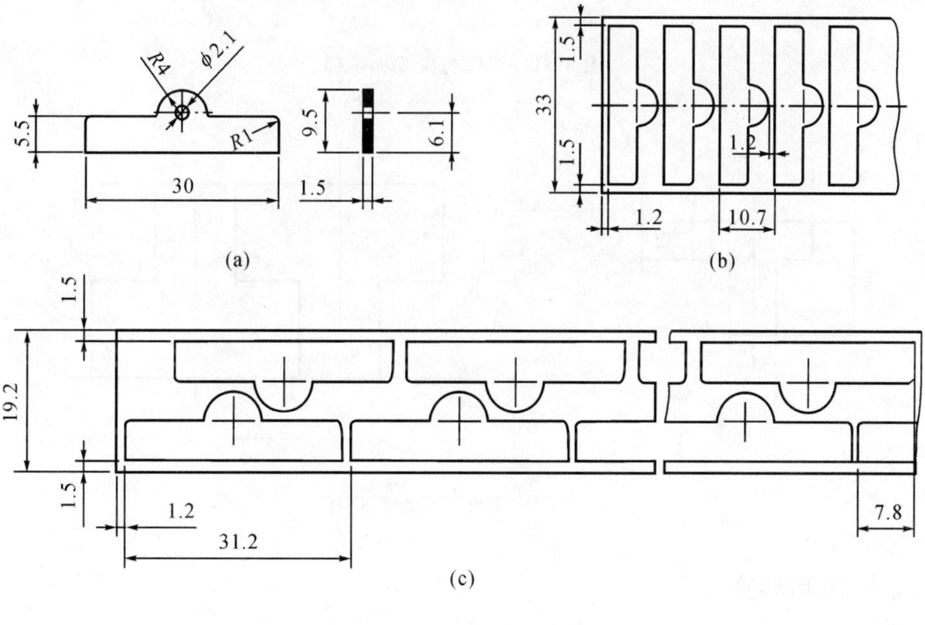

图 4-32　工件与有废料排样

送料需调头，操作不方便，如果一次冲两件，则模具结构复杂。对大量生产可以考虑采用。如果在不影响零件使用的条件下，可将零件修改成(必须征得产品零件设计人员的同意)如图 4-33(a)所示的形状。这时采用如图 4-33(b) 所示的第三种排样，材料利用率可提高到

78.4%。与前两种排样方案相比较,第三种排样方案的材料利用率最高,而且模具结构不致复杂,送料操作也方便。

人工排样一般难以获得最佳排样方案,如果采用计算机排样,就可以快捷确定最优的排样方案。

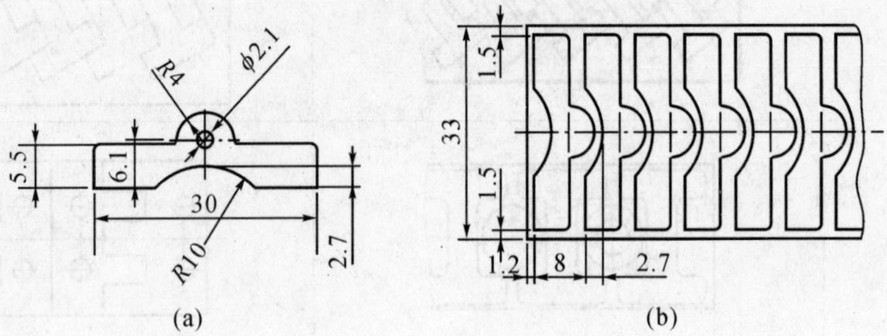

图 4-33　工件与有废料排样

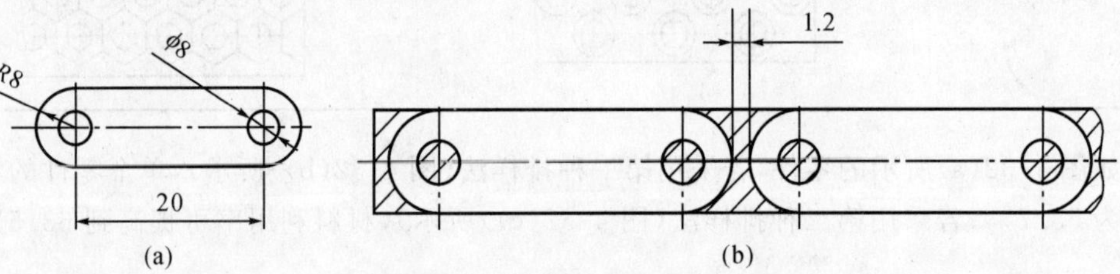

图 4-34　工件与少废料排样

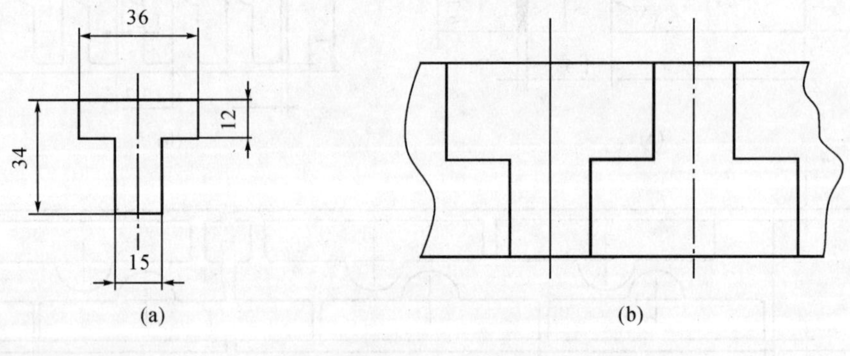

图 4-35　工件与无废料排样

三、搭边和料宽

(一)搭边

排样时,工件之间(a_1)及工件与条料侧边之间(a)的余料叫搭边,如图 4-36 所示。

搭边的作用是补偿定位误差,保证冲出合格的工件。搭边还可以保持条料有一定的刚度,便于送料。另外,搭边还可以保护模具刃口,延长其使用寿命。

搭边值要合理确定。搭边值过大,材料利用率低。搭边值过小,在冲裁时会被拉断,使

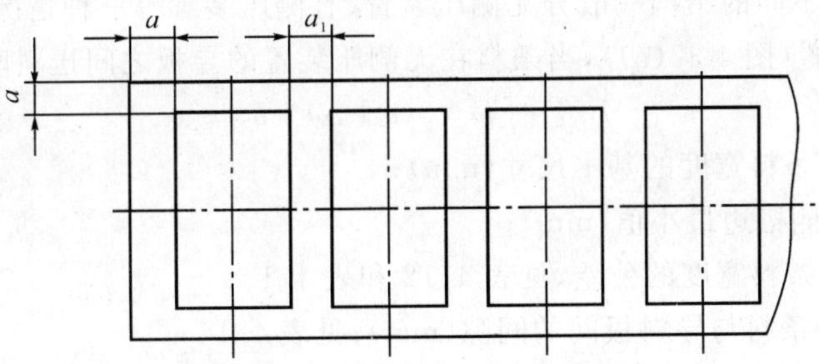

图 4-36　搭边

工件产生大的毛刺，有时还会拉入模具间隙中，损坏模具刃口，降低模具寿命。搭边值的大小与材料的力学性能和工件形状等有关。

1. 材料的力学性能　硬材料的搭边值可小些，软材料、脆性材料的搭边值要大一些。

2. 工件的形状与尺寸　工件尺寸大或有尖突的复杂形状时，搭边值要取大一些。

3. 材料厚薄　厚材料的搭边值应取得大一些。

4. 送料方式及挡料方式　用手工送料和有侧压板导向的搭边值可以小一些。

搭边值是由经验确定的。表 4-11 为搭边值，供设计时参考。

表 4-11　搭边 a 和 a_1 的数值(低碳钢)

t/min	圆件及圆角($r>2t$)		矩形件边长($L\leqslant$50mm)		矩形件边长($L>$50mm 或圆角 $r\leqslant 2t$)	
	工件间 a_1/mm	沿边 a/mn	工件间 a_1/mm	沿边 a/mn	工件间 a_1/mm	沿边 a/mn
0.25 以下	1.8	2.0	2.2	2.5	2.8	3.0
0.25～0.5	1.2	1.5	1.8	2.0	2.2	2.5
0.5～0.8	1.0	1.2	1.5	1.8	1.8	2.0
0.8～1.2	0.8	1.0	1.2	1.5	1.5	1.8
1.2～1.6	1.0	1.2	1.5	1.8	1.8	2.0
1.6～2.0	1.2	1.5	1.8	2.5	2.0.	2.2
2.0～2.5	1.5	1.8	2.0	2.2	2.2	2.5
2.5～3.0	1.8	2.2	2.2	2.5	2.5	2.8
3.0～3.5	2.2	2.5	2.5	2.8	2.8	3.1
3.5～4.0	2.5	2.8	2.5	3.2	3.2	3.5
4.0～5.0	3.0	3.5	3.5	4.0	4.0	4.5
5.0～12	0.6t	0.7t	0.7t	0.8t	0.9t	0.9t

注：对于其他材料，应将表中数值乘以下列系数：中等硬度钢 0.9；硬黄铜 0.8；硬黄铜 1～1.1；硬铝 1～1.2；软黄铜、紫铜 1.2；铝 1.3～1.4；非金属 1.5～2。

（二）料宽

排样方案确定后，就可确定条料的宽度和导板之间的距离。条料宽度的确定原则是：最小条料宽度要保证冲裁时工件周边有足够的搭边值，最大条料宽度要能在冲裁顺利地在导料板之间有一定的间隙。因此，在确定条料宽度时必须考虑到模具的结构中是否采用侧压装置和侧刃，根据不同的结构一般分无侧压装置、有侧压装置等三种情况。

1. 无侧压装置（图 4-37(a)），当条料在无侧压装置的导板之间送料时，条料宽度

$$B_{-\Delta}^{\ 0}=[D+2(a+\Delta)+b_0]_{-\Delta}^{\ 0}$$

式中 B——条料宽度的基本尺寸(mm)；

a——侧搭边最小值(mm)；

Δ——条料宽度的公差，见表 4-12 和表 4-13；

b_0——条料与导料板间的间隙(mm)；见表 4-14

导料板之间的距离 $S=B+b_0$

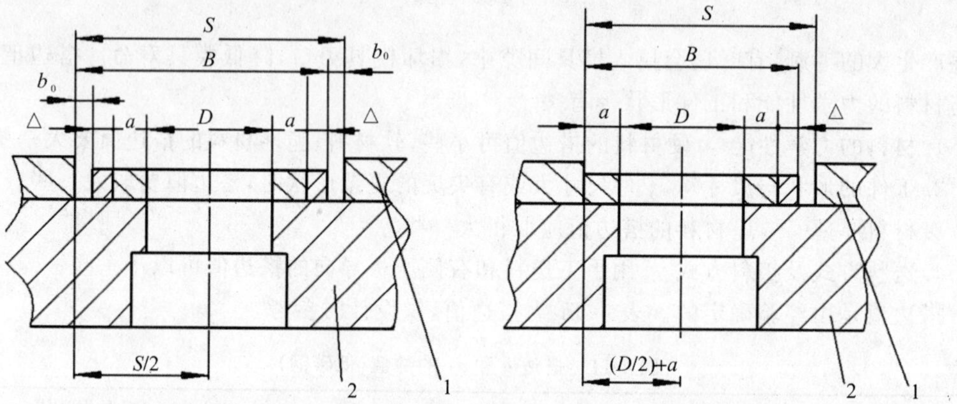

(a) 无侧压装置　　(b) 有侧压装置

1. 导料板　2. 凹模

图 4-37　条料宽度确定

表 4-12　条料宽度公差

条料宽度 B/mm	材料厚度 t/mm			
	～1	1～2	2～3	3～5
～50	0.4	0.5	0.7	0.9
50～100	0.5	0.6	0.8	1.0
100～150	0.6	0.7	0.9	1.1
150～220	0.7	0.8	1.0	1.2
220～300	0.8	0.9	1.1	1.3

2. 有侧压装置（图 4-37(b)）

条料宽度 $B_{-\Delta}^{\ 0}=[D+2a+\Delta]_{-\Delta}^{\ 0}$

式中符号意义同上

导料板之间的距离 $S=B+b_0$

3. 模具有侧刃时（图 4-38）

条料宽度 $B_{-\Delta}^{\ 0}=[D+2a+nC]_{-\Delta}^{\ 0}=[D+1.5a'+nC]_{-\Delta}^{\ 0}(a'=0.75a)$

式中 n——侧刃数量

C——侧刃冲切的料边宽度，见表 4-15

其余符号意义同前

导料板之间的距离 $S=B+b_0$

$$S'=D+2a++b_1$$

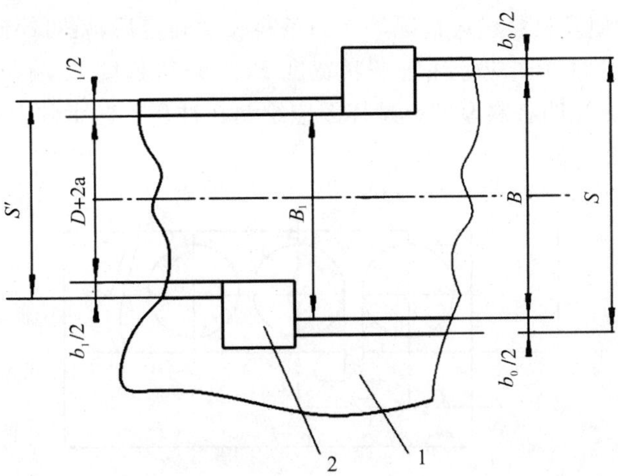

1. 导尺　2. 侧刃

图 4-38　有侧刃时的条料宽度

表 4-13　条料宽度公差表

条料宽度 B/mm	材料厚度 t/mm		
	～0.5	＞0.5～1	＞1～2
～20	0.05	0.08	0.10
＞20～30	0.08	0.10	0.15
＞30～50	0.10	0.15	0.20

表 4-14　条料与导料板之间的间隙

材料厚度 t/mm	无侧压装置			有侧压装置	
	条料宽度 B/mm			条料宽度 B/mm	
	100 以下	100～200	200～300	100 以下	100 以上
～0.5	0.5	0.5	1	5	8
0.5～1	0.5	0.5	1	5	8
1～2	0.5	1	1	5	8
2～3	0.5	1	1	5	8
3～4	0.5	1	1	5	8
4～5	0.5	1	1	5	8

表 4-15　侧刃冲切的料边宽度

材料厚度 t/mm	C	b_0
～1.5	1.5	0.10
＞1.5～2.5	2.0	0.15
＞2.5～3	2.5	0.20

（三）排样图

在确定条料宽度之后，还要选择板料规格，并确定裁剪方式（纵向裁剪或横向裁剪），同时，要注意的是，在选择板料规格和确定裁剪方式时，还应综合考虑材料利用率、纤维方向（对弯曲件）和操作方便及材料供应情况等。当条料长度确定后，就可绘制出排样图。图4-39所示，是一张完整的排样图应标注有条料宽度 $B_{-\Delta}^{0}$、条料长度 L、端距 l、步距 A、工件间搭边 a_1 和侧搭边 a，并注明板料厚度。排样图应绘制在冲压工艺卡片上和冲裁模总装配图的右上角。

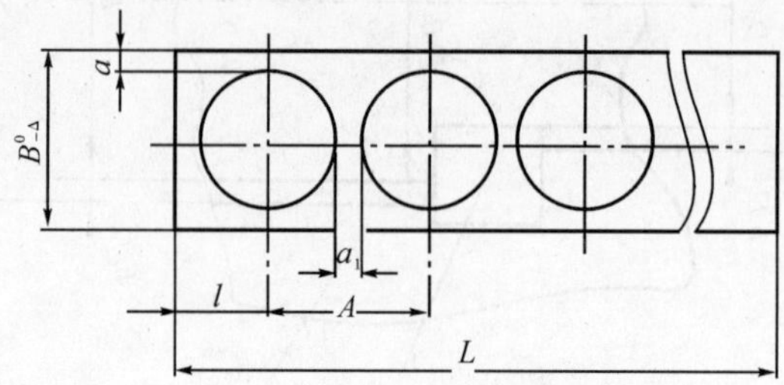

图 4-39　排样图

第六节　冲裁模的基本型式与构造

冲模是冲压生产的工艺装备。而完成使板料相互分离的冲模，称之为冲裁模。

利用冲裁模可以完成多种形式的加工，如落料、冲孔、切边及剖切等。

随着冲压技术的发展和新型模具材料的出现，模具的结构也发生了一定的变化，对模具的制造、装配和调整等都有很大影响。因此要掌握冲裁模具的结构设计，就要先了解常用冲裁模具的分类与构造。

一、冲裁模的分类和名称

1. 冲裁模的分类

冲裁模的型式繁多，一般可按下列不同特征进行分类：

按工序的种类可分为落料模、冲孔模、切断模、切口模、切边模、剖切模等。

按工序的复合程度可分为单一工序的简单模、多工序的连续模和复合模等。

按有无导向装置和导向方法可分为无导向的开式模，有导向的导板模、导柱模等。

按控制进料的方法可分为定位销式、挡料销式、侧刀式、挡板式等。

按卸料方法可分为刚性卸料模、弹性卸料模等。

按送料，出件及排除废料的方法可分为手动模、半自动模、自动模。

任何一副模具都可分成上模总成和下模总成，上模总成一般包括上模板、导套、凸模、凸模固定板，弹簧、卸料螺钉、压料圈等，一般固定在压力机的滑块上，并随滑块作上下往复运动，下模总成一般包括下模板、导柱、凹模、凹模固定板等，固定在机床工作的工作台上。

2. 冲裁模的名称

和一般的机械或装置一样，在企业里，设计好的冲裁模或模具也需要有一个名称，这样做的目的在于方便使用和管理。在冲裁模或模具的取名过程中可能会出现以下几种情况：

(1)如果企业只生产一个或几个产品，那么同一个产品中，其中零件有取相同名称的可能性不大，这种情况下，对模具名称取法是：冲裁模或模具取名一般按零件名称加冲压工序名称取名，如支架冲孔模，纵梁弯曲模等。

(2)如果企业生产多个产品，并且产品比较相似，那么各产品之间有形状尺寸完全相同或略有所不同的零件是完全可能的，而且重名的可能性很大，为了以示区别，冲裁模或模具取名一般按产品名称或编号加零件名称再加冲压工序名称取名。如载重车支架冲孔模，载重车纵梁冲孔模，轻型车支架冲孔模，轻型车纵梁冲孔模等。当然，企业还有根据自身要求的取名方式。这里就不一一叙述。

二、简单模

压机一次冲压行程中只能完成一个冲裁工序的模具，称为简单模。

1. 无导向简单冲裁模

图 4-40 为无导向简单冲裁模。模具的上模部分由模柄 1、凸模 2 组成，通过模柄安装在压机滑块上，可称为活动部分。下模部分由卸料板 3、导尺 4、凹模 5、下模板 6、定位板 7 组成，通过下模板安装在压机工作台上，可称为固定部分。模具的上、下两部分之间没有直接导向关系。

无导向简单模的特点是结构简单，重量较轻，尺寸较小，模具制造简单，成本低廉，模具依靠压力机导向滑块导向，使用时安装调整麻烦，模具寿命低，冲裁件精度差；操作也不安全。

无导向简单模适用于精度要求不高、形状简单、批量小或试制的冲裁件。

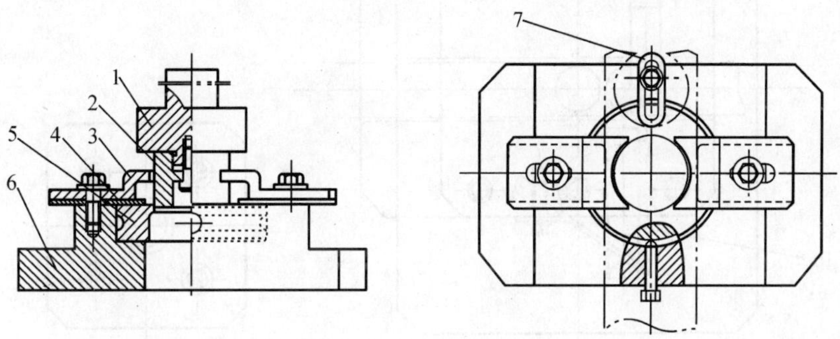

1.模柄　2.凸模　3.卸料板　4.导尺　5.凹模　6.下模板　7. 定位板

图 4-40　无导向简单冲裁模

2. 导板式简单冲裁模

图 4-41 为导板式简单冲裁模，结构与无导向简单冲裁模基本相似。上模部分主要由模柄 1、上模板 2、垫板 3、凸模固定板 4、凸模 5、组成。下模部分主要由活动挡料销 6、导板 7、凹模 8、下模板 9、临时挡料销 10、螺钉 11、销钉 12、托料板 13、导尺 14 组成。这种模具的特点是模具上、下两部分依靠凸模与导板的动配合导向。导板兼作卸料板。工作时，凸模始终不脱离导板，以保证模具导向精度，一般凸模刃磨时也不应该脱离开导板。所以为便于拆卸安装，固定导板的螺钉 11 之间与销钉 12 之间的位置(见俯视图)，应该大于上模板轮廓尺

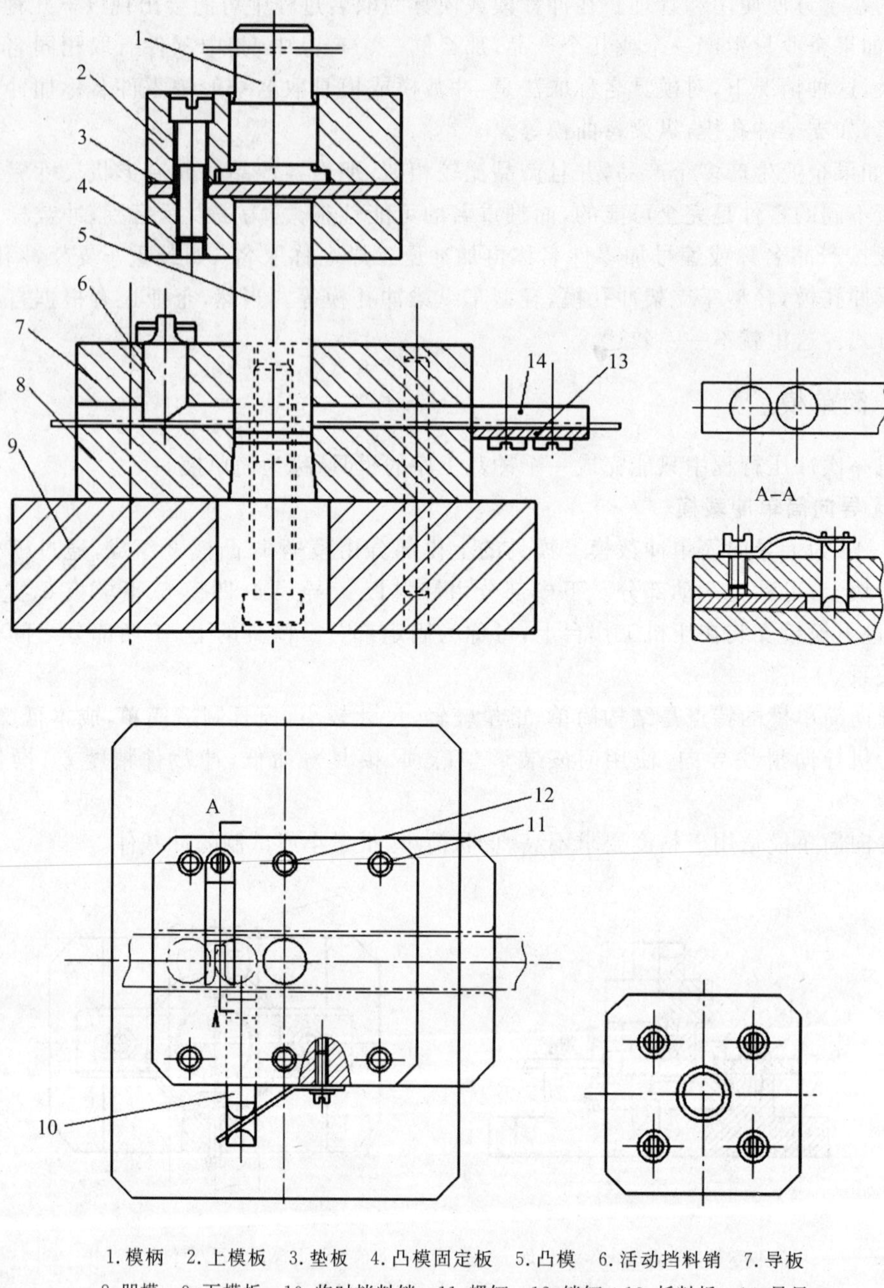

1. 模柄 2. 上模板 3. 垫板 4. 凸模固定板 5. 凸模 6. 活动挡料销 7. 导板
8. 凹模 9. 下模板 10. 临时挡料销 11. 螺钉 12. 销钉 13. 托料板 14. 导尺

图 4-41 导板式简单冲裁模

寸;凸模无需销钉定位固定;要求使用的设备行程不大于导板厚度(可用行程较小而可以调整的偏心式冲床)。

这种模具的动作是条料沿托料板、导尺从右向左送进,搭边越过活动挡料销后,再反向向后拉拽条料,使挡料销后端面抵住条料搭边定位。凸模下行实现冲裁。由于挡料销对第一次冲裁起不到定位作用,为此采用了临时挡料销 10。在冲第一件,前用手压入临时挡料销限定条料位置,在以后的各次冲裁工作中,临时挡料销被弹簧弹出,不再起挡料作用。

导板模比无导向模具的精度高、寿命长、使用安装容易、操作安全，但制造比较复杂。一般适用于形状较简单尺寸不大的冲裁件。

3. 导柱式简单冲裁模

用导板导向并不十分可靠，尤其是对于形状复杂的零件，按凸模配作形状复杂的导板孔形困难很大，而且由于受到热处理变形的限制，导板常是不经淬火处理的，影响其使用寿命和导向效果。所以在大量和成批生产中广泛采用导柱式冲裁模。

图 4-42 为导柱式简单冲裁模，模具的上，下两部分利用导柱 1、导套 2 的滑动配合导向。虽然导柱会加大模具轮廓尺寸、使模具笨重、制造工艺复杂、增加模具成本，但是用导柱导向比导板可靠、精度高，寿命长、使用安装方便，所以在大量和成批生产中广泛采用导柱式冲裁模。

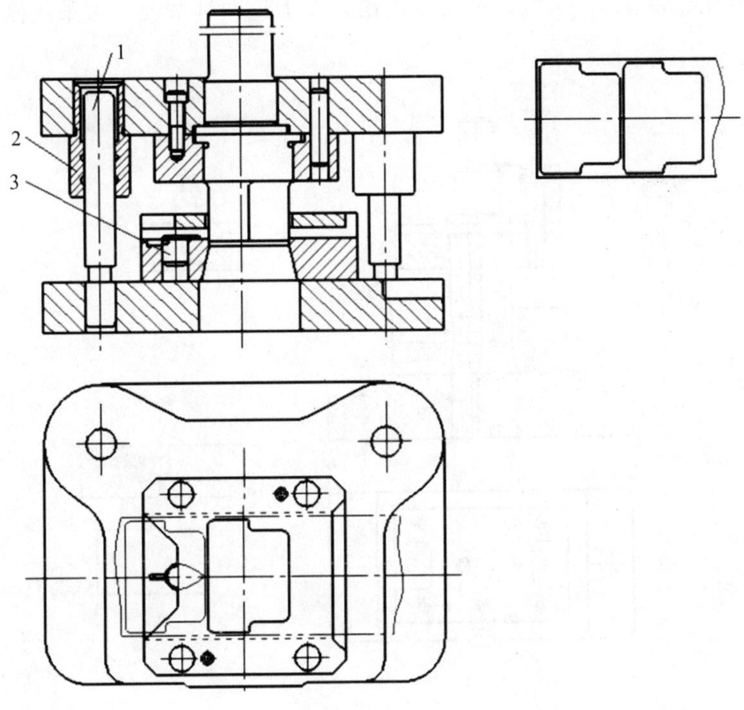

1. 导柱　2. 导套　3. 挡料销

图 4-42　导柱式简单冲裁模

二、连续模

压力机一次冲程中，在模具的不同部位上同时完成数道冲裁工序的模具，称为连续模。连续模所完成的冲压工序均分布在坯料的送进方向上。

用简单模冲制环形垫圈，需要落料、冲孔两套模具。如果改用连续模就可以把两道工序合并，用一套模具完成。所以使用连续模可以减少模具和设备数量，提高生产效率，而且容易实现生产自动化。但是，比简单模制造麻烦、成本也高。

用连续模冲制零件，必须解决条料的准确定位问题，才有可能保证制件的质量。根据定位零件的特征，常见的典型连续模结构有下边儿种型式。

1. 有固定挡料销及导正销的连续模

图 4-43 为冲制垫圈的连续模。工作零件包括冲孔凸模 1、落料凸模 2、凹模 4、固定挡料销 6、导正销 5、临时挡料销 7，模具分上、下两部分。凸模与导板 3 配合导向。工作时用手按入临时挡料销限定条料的初始位置，进行冲孔。临时挡料销在弹簧的作用下可启动，复位。然后将条料再送进一个步距，先用固定挡料销初步定位，在落料时用装于落料凸模端面上的导正销保证条料的正确定位。模具的导板兼作卸料板用。

当零件形状不适合用导正销导正定位时，可在条料上的废料部分冲出工艺孔，利用装在凸模固定板上的导正销进行导正。为使导正销可靠的工作，避免折损，导正销直径应大于 2～5毫米。如果条料厚度小于 0.3 毫米，孔的边缘可能被导正销压弯因而起不到正确导正和定位的作用。另外，对于窄长形零件（步距小于 6～8 毫米左右）或落料凸模尺寸不大时，为避免凸模强度过度减弱，一般都不用导正销。在上述两种情况下可采用侧刃的定位方法。

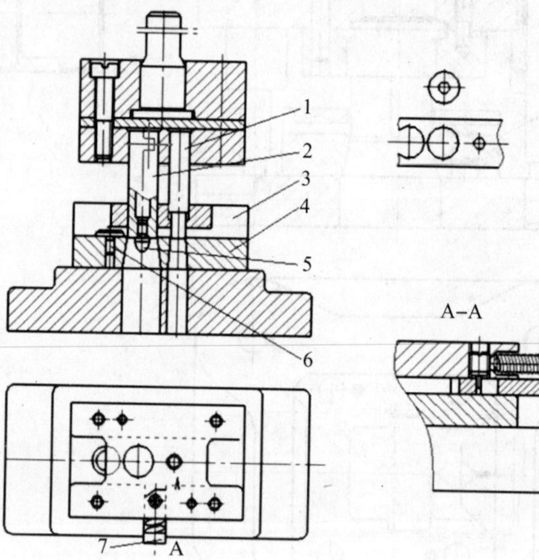

1. 冲孔凸模　2. 落料凸模　3. 导板　4. 凹模　5. 导正销　6. 固定挡料销　7. 临时挡料销

图 4-43　连续冲裁模

2. 有侧刃的连续模

图 4-44 为有侧刃的连续模，其特点是装有控制条料送进距离的侧刃（侧刃断面的长度等于步距）。侧刃前后导尺宽度不等，所以只有用侧刃切去长度等于步距的料边后，条料才可能向前送进一个步距。

有侧刃的连续模定位准确、生产效率高、操作方便，但材料的消耗增加、冲裁力增大。

三、复合模

压力机一次冲程中，在模具的同一部位上同时完成数道冲裁工序的模具，称为复合冲裁模。连续模和复合模都属于多工序模。

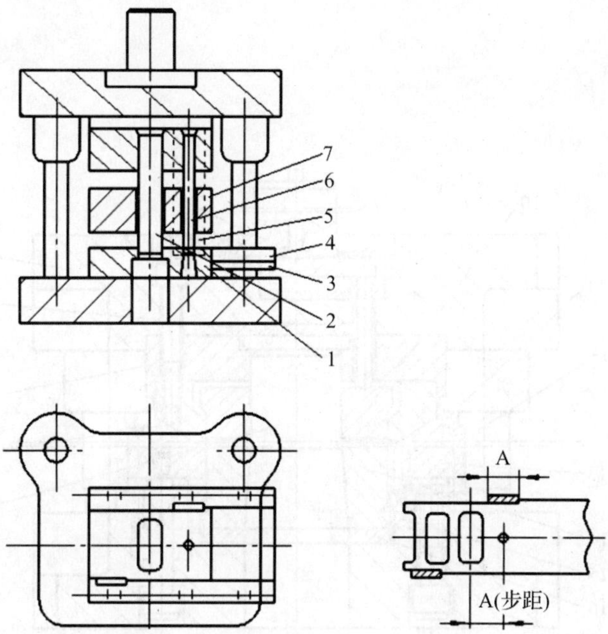

1.凹模　2.落料凸模　3.侧刃　4.冲孔凸模　5.导板　6.导尺　7.托板

图 4-44　侧刃定位的连续冲裁模

图 4-45 为冲制垫圈的复合模。上模部分主要由冲孔凸模 1,落料凹模 2、凸模固定板 3、垫板 4、上模板 5、模柄 6 组成,下模部分主要由凸凹模 14,凸凹模固定板 15、垫板 16、下模板 17、卸料板 13 等组成,上、下两部分通过导柱、导套滑动配合导向。复合模结构上的特点是具有既是落料凸模又是冲孔凹模的所谓凸凹模。利用复合模能够在模具的同一部位上同时完成制件的落料和冲孔工序,从而保证冲裁件的内孔与外缘的相对位置精度和平整性和生产效率,而且条料的定位精度的要求比连续模低,模具轮廓尺寸也比连续模小。但是模具结构复杂不易制造,成本高,适合于大批量生产。

上模采用刚性推进装置,通过推杆 7、推板 8、推销 9、推动推件块 10 顶出制件。

这套模具利用二个固定导料销 12 和一个活动导料销 11 导向,控制条料的送进方向。利用活动挡料销 11 挡料定位,控制条料送进距离。

四、斜楔冲孔模

压力机一次冲程中,在模具的同一部位上同时完成不同方向的冲孔工序的模具,采用斜楔结构,从直观的特征上看,可称为斜楔冲孔模。

图 4-46 为冲制 U 形底部和翼边都有孔的斜楔模。这是为考虑到翼边上的孔中心到底部有公差或位置度要求。由于弯曲回弹的影响,将毛坯展开后,先冲孔后弯曲难以保证。上模部分主要由上模板 1、导套 2、斜楔 3、卸料螺钉 4、弹簧 5、卸料板 6、凸模垫板 7、凸模固定板 8、凸模 9 等组成,下模部分主要由下模板 10、导柱 11、斜楔凸模 12、凸模弹簧 13、凹模固定板 14、凹模 15、顶杆 16、顶块 17 等组成。冲孔前,弯曲工件安放在凹模固定板上,卸料板压下,凸模冲孔的同时,斜楔凸模在斜楔的作用下,由两边向中间移动就完成侧向孔的工作。

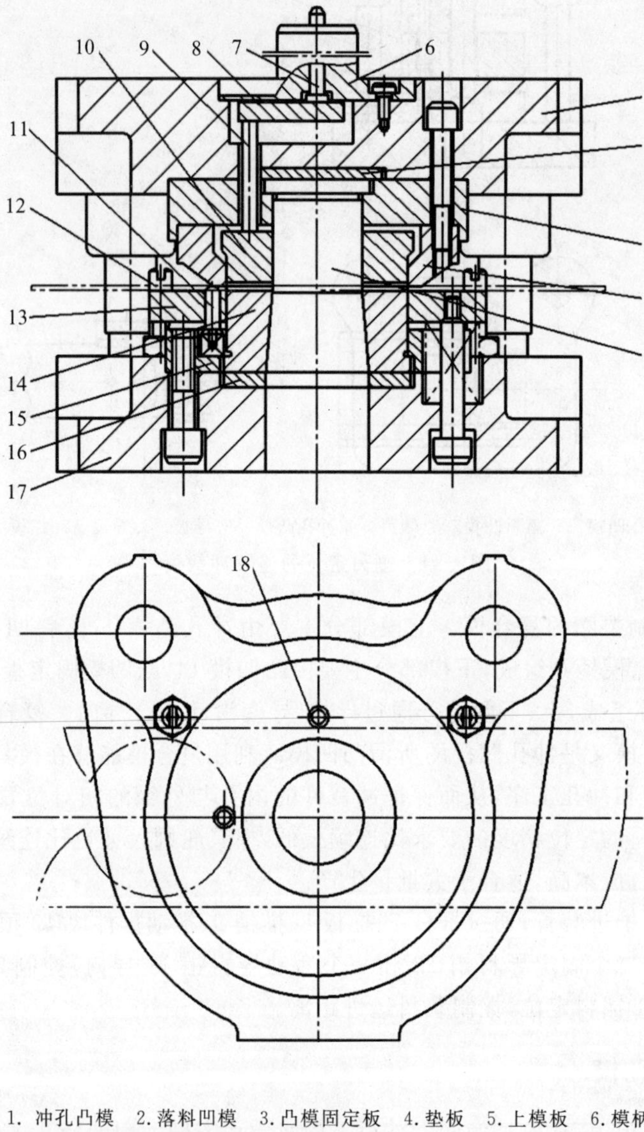

1. 冲孔凸模　2. 落料凹模　3. 凸模固定板　4. 垫板　5. 上模板　6. 模柄
7. 推杆　8. 推板　9. 推销　10. 推件块　11. 活动挡料销　12. 固定导料销
13. 卸料板　14. 凸凹模　15. 凸凹模固定板　16. 垫板　17. 下模板　18. 导料销

图 4-45　复合模

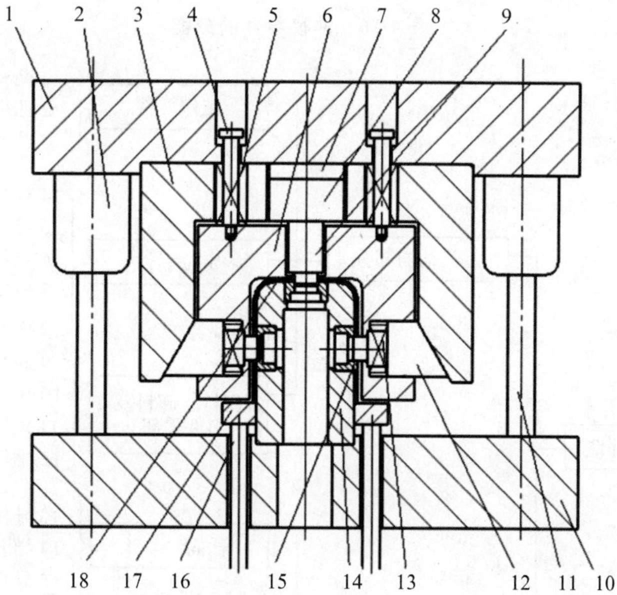

1. 上模板　2. 导套　3. 斜楔　4. 卸料螺钉　5. 弹簧　6. 卸料板
7. 凸模垫板　8. 凸模固定板　9. 凸模　10. 下模板　11. 导柱
12. 斜楔凸模　13. 凸模弹簧　14. 凹模固定板　15. 凹模
16. 顶杆　17. 顶块　18. 工件

图 4-46　斜楔模

第七节　冲裁模主要部件与零件的构造

一、冲裁模零部件的分类

组成模具的全部零件，绝大部分形状和尺寸及要求都有有关冷冲模国家的标准及企业标准。设计时可参照这些标准或有关冷冲模设计手册进行相关设计或选用。模具中的零件根据其功用可以分成工艺结构零件和辅助结构零件两大类。

1. 工艺结构零件

这类零件直接参与完成工艺过程并和坯料直接发生作用。包括：工件零件（直接对毛坯进行加工的零件，如凸模、凹模等），定位零件（用以确定加工中毛坯正确位置的零件，如，压料、卸料及出件零件）。

2. 辅助结构零件

这类零件不直接参与完成工艺过程，也不和坯料直接发生作用，只对模具完成工艺过程起保证作用或对模具的功能起完善的作用。它包括：导向零件（保证模具上、下部分正确的相对位置），固定零件（用以承装模具零件或将模具安装固定到压机上）。紧固及其他零件（连接紧固工艺零件与辅助零件）。

冲模零件的分类详见表 4-16。

表 4-16 冲模零件的分类

冲模零部件	工艺结构部分	工作零件	1 凸模 2 凹模 3 凸凹模
		定位零件	4 挡料销和导正销 5 导尺 6 定位销(定位板) 7 侧压板 8 侧刀
		压料、卸料及出件零部	9 卸料板 10 压边圈 11 顶件器 12 推件器
	辅助结构部分	导向零件	13 导柱 14 导套 15 导板 16 导筒
		固定零件	17 上、下模板 18 模柄 19 凸、凹模固定板 20 垫板 21 限制器
		紧固及其他零件	22 螺钉 23 销钉 24 键 25 其他

二、工作零件

1. 凸模

常见的凸模结构型式如图 4-47 所示。图 4-47(a)是圆形断面标准凸模，为避免应力集中和保证强度与刚度方面的要求，做成圆滑过度的阶梯形。适用于直径$\phi1\sim\phi28$ 毫米。图 4-47(b)是冲制直径$\phi8\sim\phi30$ 毫米的凸模结构型式，为了改善凸模强度，可在中部增加过渡阶段(图 4-47(c))。图 4-47(d)是冲制孔径与料厚相近的小孔所用凸模的一种型式，采用护套结构既可以提高抗纵向弯曲的能力，又能节省模具钢而达到经济效果。图 4-47(e)是冲裁大件常用的结构型式。

凸模长度 L 应根据模具的结构确定。采用固定卸料板和导尺时(图 4-48)，凸模长度应该为

$$L=H_1+H_2+H_3+H \qquad (4\text{-}18)$$

式中 H_1——固定板厚度；

H_2——卸料板厚度；

H_3——导尺厚度；

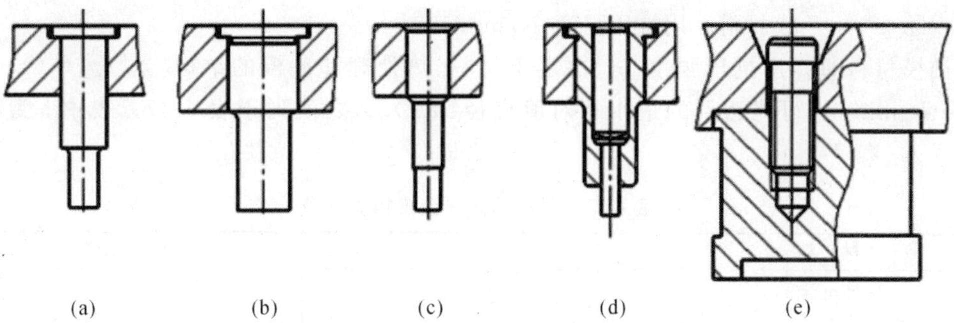

图 4-47　凸模的结构形式

H——附加长度，主要考虑凸模进入凹模的深度(0.5～1mm)、总修磨量(10～15mm)及模具闭合状态下卸料板到凸模固定板间的安全距离(15～20mm)等因素确定。

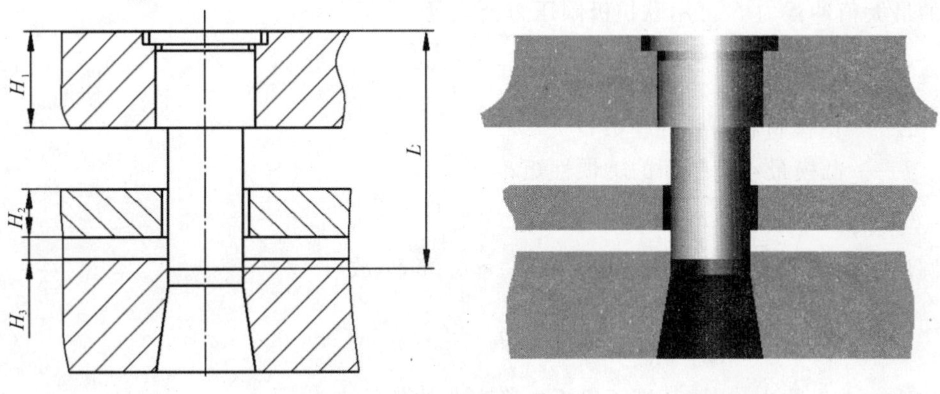

图 4-48　凸模的长度的确定

在一般情况下，凸模的强度是足够的，所以没有必要作强度校验。但是，在凸模特别细长或凸模的断面尺寸很小而坯料厚度较大的情况下，必须进行包括承压能力和抗纵向弯曲能力两方面的校验。

(1)承压能力校验

圆断面凸模的承压能力的计算，应按凸模最小危险断面压应力必须要小于凸模材料的许可压应力，即

$$A \geqslant \frac{F}{[\sigma_c]} \tag{4-19}$$

或 $d_{\min} \geqslant \frac{4t\tau_b}{[\sigma_c]}$(4-20)

式中　A——凸模最小危险面积(mm)；

F——凸模冲裁力(N)；

t——材料厚度(mm)；

$d_{\min}$——凸模工作部分最小直径(mm)；

τ_b——凸模材料抗剪强度(N/mm²)；

$[\sigma_c]$——凸模材料许用抗压强度(N/mm²)。

凸模材料的许用抗压强度$[\sigma_c]$决定于材料、热处理和冲模的结构，当$[\sigma_c]$=(1500～2100)N/mm² 时，可能达到的最小相对值直径$(d/t)_{min}$，之值列于表4-17。表中 t 为板料厚度。

表4-17　最小的允许凸模相对直径

材　料	抗剪强度(N/mm²)	相对直径$(d/t)_{min}$
低碳钢	260	0.5～0.7
黄 铜	320	0.61～0.85
不锈钢	520	0.99～1.38
硅钢片	450	0.86～0.2

(2)失稳弯曲应力校验

导板模的凸模的受力情况近似于一端固定另一端铰支的压杆。因此，凸模不发生失稳弯曲的最大值冲裁力 F 可用欧拉极限压力公式确定

$$F=\frac{2\pi^2 EJ}{l^2} \tag{4-21}$$

式中　E——凸模材料的弹性模数；

J——凸模最小横断面的轴惯性矩；

l——凸模长度。

圆形断面凸模的断面轴惯性矩 $J=\frac{\pi d^4}{64}\approx 0.05d^4$，故有

$$F=\frac{Ed^4}{l^2} \tag{4-22}$$

如取安全系数为 n 时，凸模不发生失稳弯曲的条件应为

$nF\leqslant\frac{Ed^4}{l^2}$(4-23)

故圆形断面凸模不失稳弯曲的极限长度 l

$$l\leqslant\sqrt{\frac{Ed^4}{nF}} \tag{4-24}$$

将冲裁力之值 $F=\pi dt\sigma_b$ 代入上式，可得

$$l\leqslant 0.55\sqrt{\frac{Ed^3}{nt\sigma_b}} \tag{4-25}$$

式中　F——冲裁力(N)；

d——凸模直径(mm)；

E——凸模材料的弹性模数，一般模具钢为 2.2×10^5 N/mm²；

n——安全系数，淬火钢 $n=2\sim3$；

t——毛坯厚度(mm)；

σ_b——毛坯材料强度极限(N/mm²)。

将 E、n 值代入式(4-25)可得直径为 d 有导板导向的圆断面凸模的极限长度为

$$l \leqslant 270 \frac{d^2}{\sqrt{F}} \tag{4-26}$$

对于无导板导向的凸模，其受力情况近似于一端固定另一端自由的压杆。同样可得

$$l \leqslant 0.35 \sqrt{\frac{Ed^4}{nF}} \tag{4-27}$$

或者

$$l \leqslant 0.20 \sqrt{\frac{Ed^3}{nt\sigma_b}} \tag{4-28}$$

$$l \leqslant 95 \frac{d^2}{\sqrt{F}} \tag{4-29}$$

同理，可得一般形状凸模不发生失稳弯曲的极限长度为：

有导板导向的凸模

$$l \leqslant 1200 \sqrt{\frac{J}{F}} \tag{4-30}$$

无导板导向的凸模

$$l \leqslant 425 \sqrt{\frac{J}{F}} \tag{4-31}$$

由上述计算公式可知，圆形断面凸模不致发生失稳弯曲的极限长度与凸模断面尺寸、毛坯厚度及其力学性能有直接关系。凸模工作时，除承受冲裁力引起的压应力之外，还要承受卸料时引起的拉应力。由于凸模承受很强烈的压缩与拉伸交变的冲击载荷，而且凸模刃口处又不可避免存在较大的应力集中现象，所以凸模也经常出现疲劳破坏。在小孔厚料或者较硬材料的高速冲裁时，凸模发生疲劳破坏的现象更加突出。因此，应该注意凸模材料及其热处理规范的选用，必须同时兼顾硬度与韧性两方面的综合要求。对于圆形凸模可参照上述要求进行计算得到。对于非圆形凸模长度或高度，长期以来，从事冲压生产行业的生产者试图建立冲裁力与非圆形凸模长度或高度的尺寸关系。由实验研究得到，对于尺寸很大的非规则凸模，长度或高度与冲裁力之间的近似关系为：

$$H = \sqrt[3]{F} \tag{4-32}$$

式中　H——凸模长度或高度(mm)；

　　　F——冲裁力(kg)；

在采用式(4-32)时，H 要兼顾到模具的具体结构设计要求。

2. 凹模

图 4-49 为几种常见的凹模孔口型式：图 4-49(a)为锥形凹模，冲裁件容易通过，凹模磨损后的修磨量较小，但刃口强度较低，孔口尺寸在修磨后略有增大。凹模刃口角度：一般在电加工时，取 $a=4'\sim20'$(落料模$<10'$，复合模$5'$左右)；机械加工经钳工精修时，取 $a=5'\sim30'$。一般用于形状简单，精度要求不高零件的冲裁。图 4-49(b)为柱孔口锥形凹模，刃口强度较高，修磨后孔口尺寸不变，但是在孔口内可能积存冲裁件，增加冲裁力和孔壁的磨损。磨损后每次的修磨量较大，所以模具的总寿命较低。另外，磨损后可能形成孔口的倒锥形状，使冲成的零件从孔口反跳到凹模表面上造成操作上的困难。柱形部分的高度 h 与板料厚度有关。为使于冲裁件通过，斜角常取为 $\beta=2^\circ\sim3^\circ$(电火花加工时，$\beta=30'\sim50'$，使用带

斜度装置的线切割机时 $\beta=1°\sim1.5°$)。适用于形状复杂或精度要求较高的冲裁。图 4-49(c)为柱形或锥形孔口的筒形凹模,可以在凹模背面预先铣削出一定的形状的槽,然后再电加工出柱形或锥形孔口,以提高加工效率。

冲裁时凹模承受冲裁力和侧向力的作用。由于凹模的结构型式不一,受力状态又比较复杂,目前还不可能用理论计算方法确定凹模尺寸。

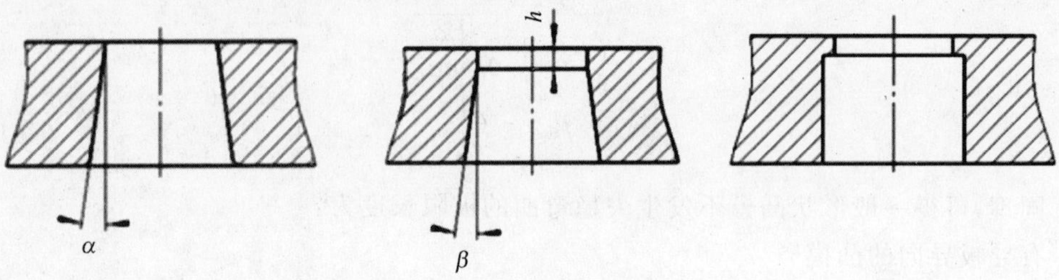

图 4-49　凹模的孔口型式

在生产中,时常根据冲裁件的轮廓尺寸和板料的厚度,按下列经验公式概略地计算(图 4-50)凹模的尺寸。凹模厚度计算:

$$H=Kb((\geqslant 15\text{mm}) \tag{4-33}$$

对非规则并且尺寸很大的冲裁件,同样也可按式(4-32)计算凹模厚度。只是计算出来的是最小凹模厚度,具体要根据模具结构最后确定。

凹模壁厚(或由刃口到外边缘的距离)

$$C=(1.5\sim2)H(\geqslant 30\sim40\text{mm}) \tag{4-34}$$

式中　b——冲裁件最大外形尺寸;

K——系数,考虑坯料厚度的影响,其值可查表 4-18。

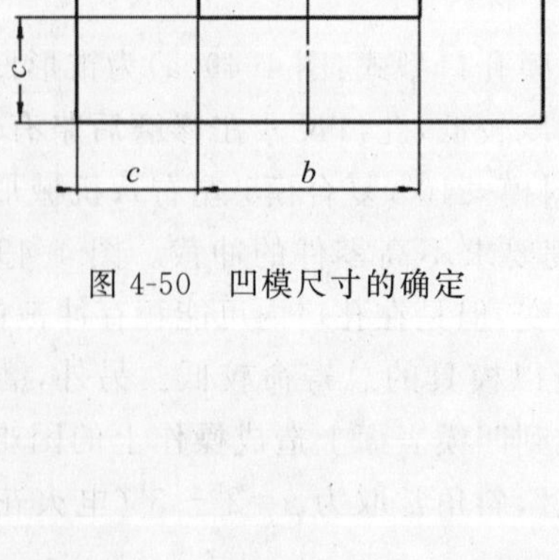

图 4-50　凹模尺寸的确定

表 4-18　系数 K 值

b \ t	0.5	1	2	3	>3
<80	0.3	0.35	0.42	0.5	0.6
50～100	0.2	0.22	0.28	0.35	0.42
100～200	0.15	0.18	0.2	0.24	0.3
>200	0.1	0.12	0.15	0.18	0.22

上述方法适用于确定普通工具钢经过正常热处理，并在平面支撑条件下工作的凹模尺寸。冲裁件形状简单时，壁厚系数取偏小值，形状复杂时取用偏大值。用于大批量生产条件下的凹模，其高度应该在计算结果中增加总的修磨量。对于孔径不大的冲孔的凹模，可将凹模固定在凹模固定板中(图 4-51)，这样凹模磨损后进行修磨或损坏后及时更换比较方便。

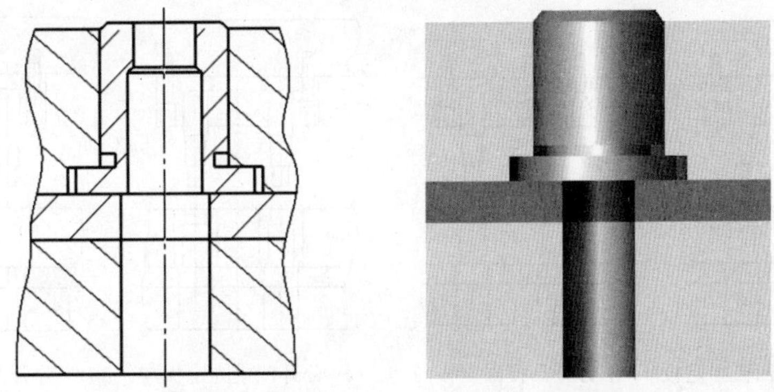

(a)

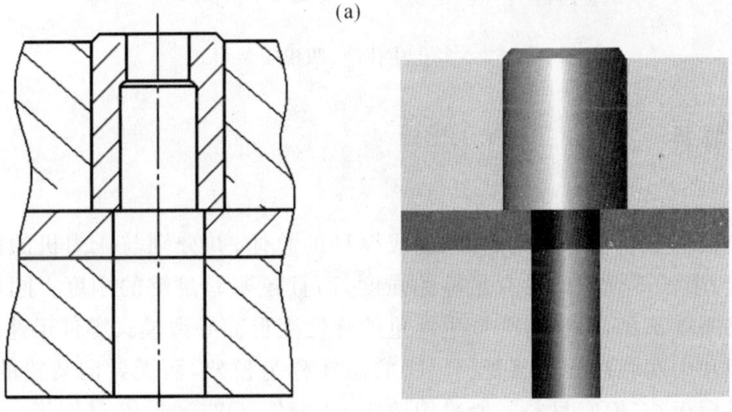

(b)

图 4-51　凹模形式及固定

这类凹模形状尺寸等要求的设计或选用可参照模具设计手册。对于多孔冲孔并且孔与孔之间有形状位置或尺寸精度要求，如果空间位置足够的话，为了安装调试方便，凸模固定板要尽可能将凸模分开固定，同时凹模也要采用固定在凹模固定板中的的方式。或者至少凸模或凹模分开固定。如图 4-52 所示的零件，两孔距离有尺寸精度要求。其凸模和凹模可有四种设计方法，如图 4-53 所示，相比较而言，图 4-53(a)凸模和凹模设计方法，比较难保证安装后达到孔距要求，而图 4-53(d)的凸模和凹模设计方法，最能保证安装后达到孔距要求。图 4-53(b)和图 4-53 (c)设计方法居于两者中间。

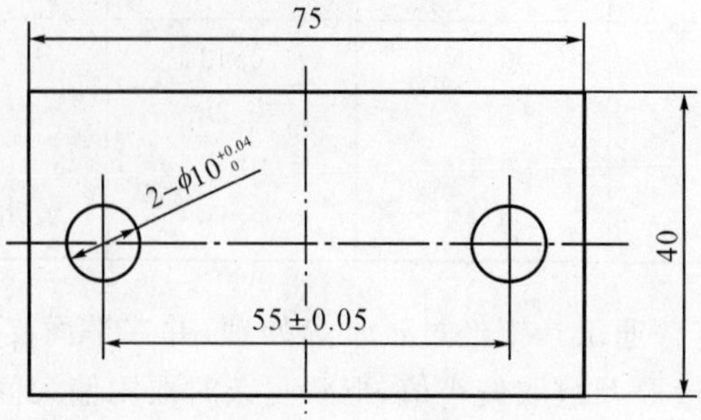

图 4-52　冲孔件

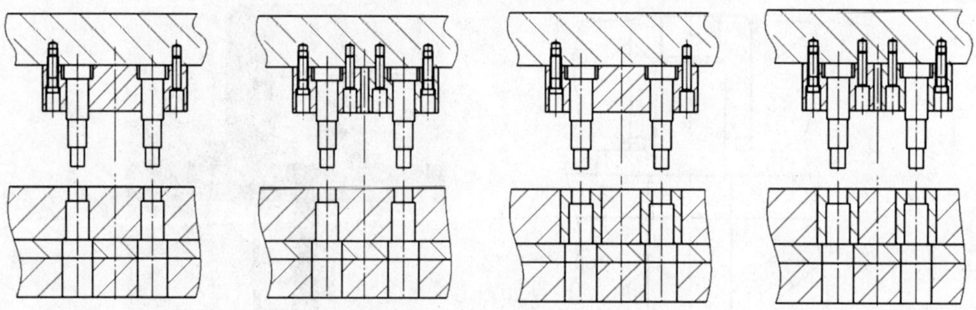

(a) 整体式凸、凹模固定板　(b) 分开凸模固定板与整体凹模固定板　(c) 分开凹模固定板与整体凸模固定板　(d) 分开凸模固定板与分开凹模固定板

图 4-53　多孔冲孔凸、凹模安装形式

三、固定零件

1. 模板

在上、下模板上安装全部模具零件，构成模具的总体，并分别与压力机的滑块和工作台连接传递压力。模板不仅应该具有足够的强度，而且还要有足够的刚度。刚度问题往往容易被忽视，如果刚度不足，工作时会产生严重的弹性变形而导致模具零件迅速磨损或破坏。

上、下模板和中间联接导向装置(导柱)的总体称为模架，而无导向装置的一套上、下模板称为模座(或模板)。模座材料一般采用铸铁、铸钢件、Q235 或 45 号钢等。模座的形式多样，图 4-54 是导柱位置不同的带模柄的模架。模具设计时，尽量选用标准整体模架或模座。只有在不能使用标准的特殊情况下才进行模座设计，无论是选用或自行设计，圆形模座的外径应比圆形凹模直径大 30～70 毫米，以便安装和固定。矩形模板的长度应比凹模长度大 40～70 毫米，而宽度取与凹模宽度相同或稍大的尺寸。模座轮廓尺寸应比冲床工作台漏料孔至少大 40～50 毫米。模板厚度可参照凹模厚度估算，通常为凹模厚度的 1～1.5 倍。所选用或设计的模座必须与板料送入输出，操作的方便程度等相适应，以及与所选取的压力机的工作台和滑块的有关尺寸相适应并进行必要的校核。巨型模座(一般不带模柄)为起吊运输方便和安全，模座上可整体铸造出起吊凸耳或安装起吊螺钉(图 4-55)，起吊螺钉是在模座上预先加工出直径比较大的螺纹孔，起吊运输维修时再旋进螺钉。工作台上安装模具时，要考虑到模座尺寸包括起吊凸耳。

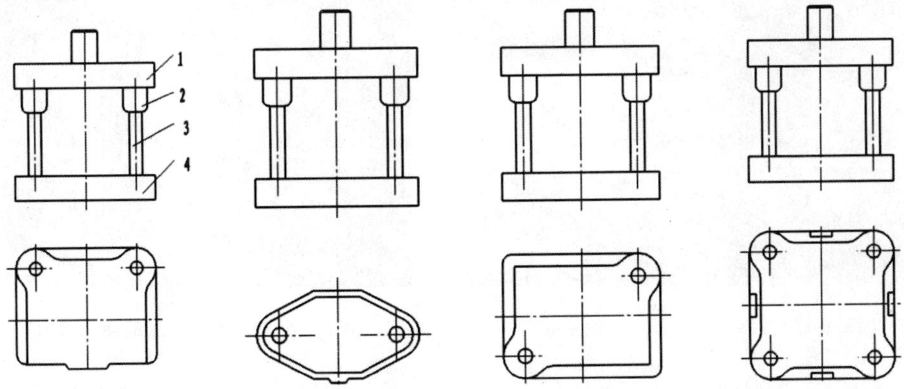

(a) 后侧导柱模架　(b) 中间导柱模架　(c) 对角导柱模架　(d) 四导柱模架

1. 上模板　2. 导套　3. 导柱　4. 下模板

图 4-54　导柱位置不同的模架

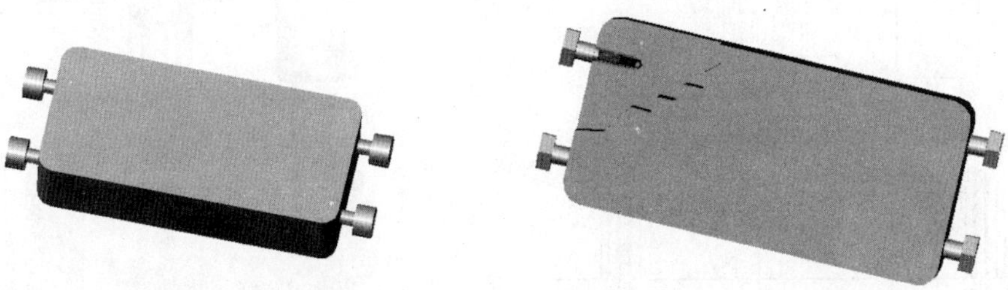

(a) 整体铸造出起吊凸耳的下模板　(b) 安装有起吊螺钉的下模板

图 4-55　考虑起吊运输的下模板

2. 模柄

模具与压力机的连接方式一般有压板连接和模柄连接两种方式。

(1) 压板连接

对于中、大型模具一般采用机床附件中的垫板 1、压板 2、压板螺钉 3、螺母 4(垫板、压板、压板螺钉及螺母称之为一对)与压力机工作台或机床滑块连接，连接时，螺母下放置垫圈(图中未画出)，压住上、下模板时，前后面的左右各一对，如图 4-56 和图 4-57 及图 4-58。

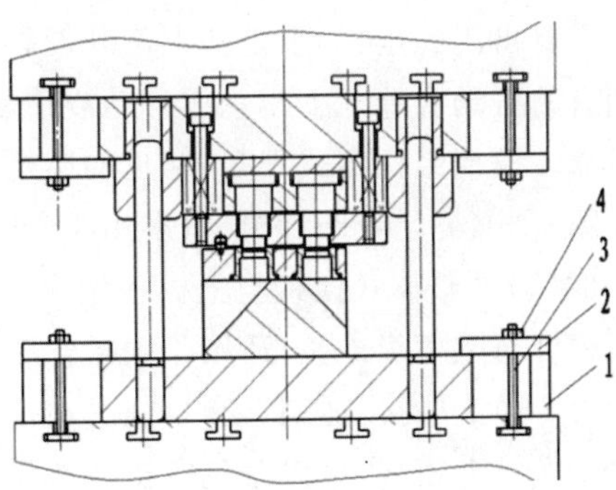

1. 垫板　2. 压板　3. 压板螺钉　4. 螺母

图 4-56　模具与机床的压板连接

(2)模柄连接

对小型模具采用上模板上的模柄 2 插入冲床滑块的模柄孔中，压紧螺钉 1(必要时加垫圈)穿过与垂直于模柄孔的螺纹孔压紧在模柄孔的斜槽里，将模柄紧压在模柄孔中。下模仍则采用压板与压力机工作台连接。模柄连接一般多用于模具吨位比较小的C型冲床，且冲床工作台带有漏料孔，如图4-59所示。

图4-57　模具与机床的压板连接

图4-58　模具与机床的压板连接

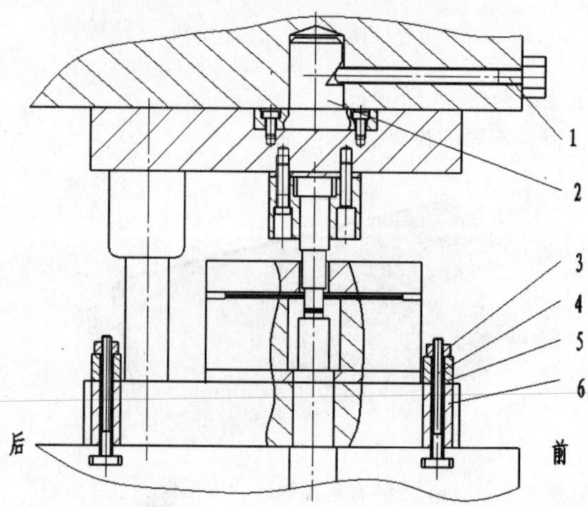

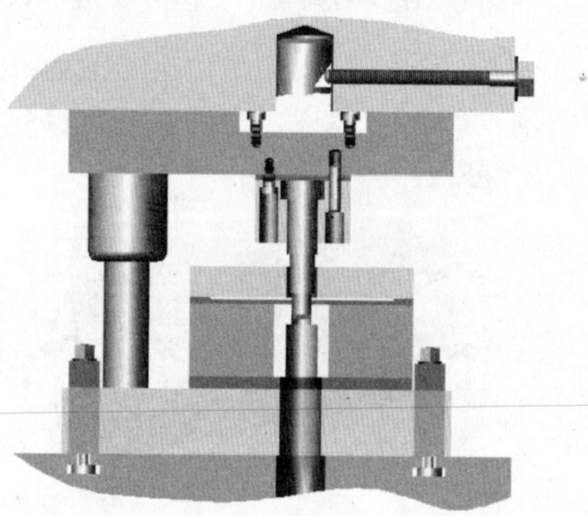

1.压紧螺钉　2.模柄　3.螺母　4.压紧螺钉　5.压板　6.垫板

图4-59　模柄的连接

需要指出的是：如果模柄上不开设斜槽，直接用压紧螺钉压紧模柄圆柱部分，冲压工作时固有的振动会造成上模总成移动或松动甚至脱落，因此，开设斜槽是为了冲压工作更加安全可靠。模柄结构型式很多，常见的结构型式如图4-60所示。

图4-60(a)是带凸缘模柄(多用4～6个螺钉与模板固定联接，适用于尺寸较大的冲模，图4-60(b)是整体式模柄与上模板做成一体，用于小型模具上，图4-60(c)是压入式模柄，通过压配合与上模板连接，适用于模板较厚的各种冲模，图4-60(d)是旋入式模柄；通过螺纹与模板1固定联接，适用于有导柱的冲模，图4-60(e)是浮动式模柄，模柄1的压力通过球形垫2传递给上模板，可以避免压机导滑误差对模具导向精度的影响。适用于有硬质合金凸、凹模的多工序冲裁模。

3. 凸模固定板与垫板

用凸模固定板将凸模联接固定在模板的正确位置上。凸模固定板有圆形与矩形两种，其平面尺寸除保证能安装凸模外，还应该能够正确的安放定位销钉和紧固螺钉。其厚度一

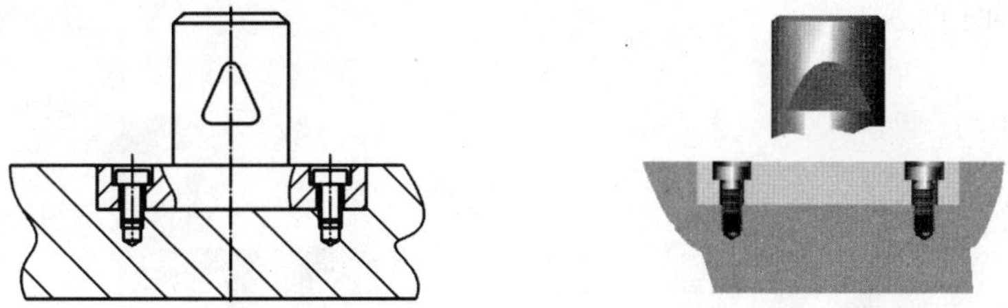

(a) 凸缘式

(b) 整体式

(c) 压入式

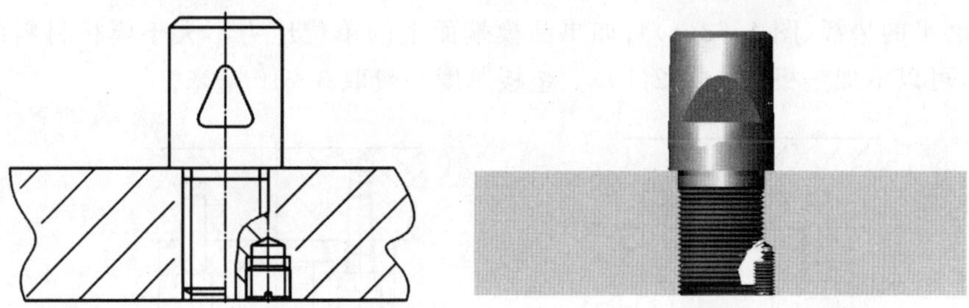

(d) 旋入式

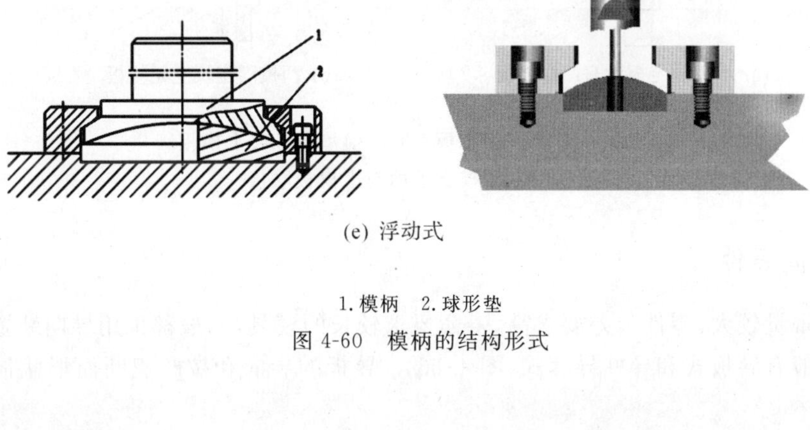

(e) 浮动式

1.模柄　2.球形垫

图 4-60　模柄的结构形式

般取等于凹模厚度的60%～80%。固定板与凸模采用过渡配合，压装后将凸模尾部与固定板一起磨平(图4-61)。

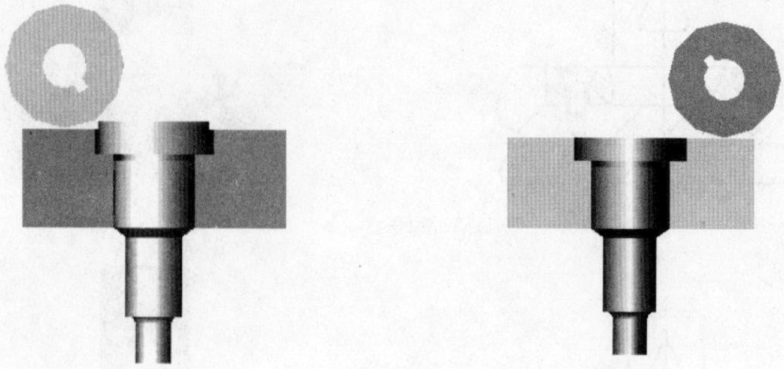

(a) 磨平前　　(b) 磨平后

图4-61　固定板与凸模

凸模固定板和凸模装配磨平后，在与上模板安装时，一般中间还要有一块垫板。

垫板的作用是分散凸模传来的压力，防止模板被压挤损伤。

凸模端面对模板的单位压力为

$$\sigma=\frac{F}{A} \tag{4-35}$$

式中　F——冲裁力(N)；

A——凸模支承端面积(mm^2)。

如果凸模端面上的单位压力大于模板材料的许用挤压应力时，就需要在凸模支承面上加一淬硬磨平的垫板(图4-62(a))；如果凸模端面上的单位压力不大于模板材料的许用挤压应力时，可以不加垫板(图4-62(b))。垫板厚度一般取3～10毫米。

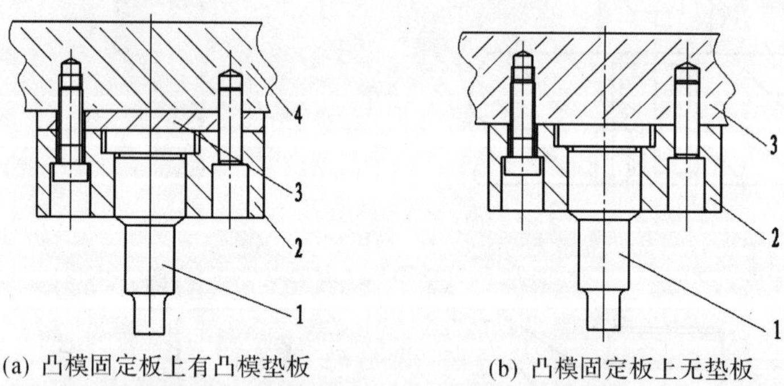

(a) 凸模固定板上有凸模垫板　　(b) 凸模固定板上无垫板

1.凸模　2.凸模固定板　3.凸模垫板　4.上模板

图4-62　凸模支承面与上模板联接

四、导向零件

对生产批量较大、零件公差要求高，寿命要求较长的模具，一般都采用导向装置，常用的导向装置一般有导板式和导柱导套式(图4-63)。导板的导向孔按凸模断面形状加工，采用二级精度动配合。模具工作时凸模始终不脱离导板，从而起到导向作用。为了得到可靠的导向作用，导板必须具有足够的厚度，一般取等于或稍小于凹模厚度。导板的平面尺寸取与凹模相同。

在冲压加工零件的形状比较复杂时，而导板加工比较困难，为了避免热处理时的变形，时常不进行热处理，所以其耐磨性能差，实际上很难达到和保持可靠与稳定的导向精度。生产中经常采用导柱，导套方式导向。大型模具多用阶梯形导柱，其大端直径取等于导套的外径，从而使上，下模板安装导柱，导套的孔径相等，可以在一般的设备上同时加工保证同心度。中，小型模具多用圆柱形导柱，使导柱加工容易。为了导向的可靠性，增加导向部分长度，取导套长度比模板的厚度大。要求导柱和导套具有耐磨性与足够的韧性，一般用低碳钢(如 20 号钢)制造，经表面渗碳，淬火，导套的硬度应低于导柱。一般导柱与下模板过盈配合，与导套间隙配合，而导套与上模板过渡配合。导柱与导套间隙配合值要小于冲裁间隙值。当冲模工作速度较高或对冲模精度要求较高时，可以采用滚动式的导柱，导套装置导向。导向结构都已标准化。设计时除参考的国家标准及相关模具设计手册外。要根据所设计的模具的实际闭合高度，一般还要按模板厚度(模架高度)尺寸确定(图 4-63(c))。并保证有足够的导向长度。自行设计制造成四导柱模架时，其中一对装配在一起的导柱和导套直径要与其他三对要有比较明显的不同，以便于安装。

(a) 导柱和导套　　(b) 导板　　(c) 导柱和导套与上模和下模板装配

图 4-63　导向零件

五、定位零件

模具正常工作并冲出合格的制件，要求在送进的平面内，坯料(块料、条料)相对于模具的工作零件处于正确的位置。坯料在模具中的定位有两个内容：一是在送料方向上的定位，用来控制送料的进距，通常称为挡料销(图 4-64 中的销 a)，二是在与送料方向垂直方向上的定位，通常称为送进导向销(图 4-64 中的销 b,c)。

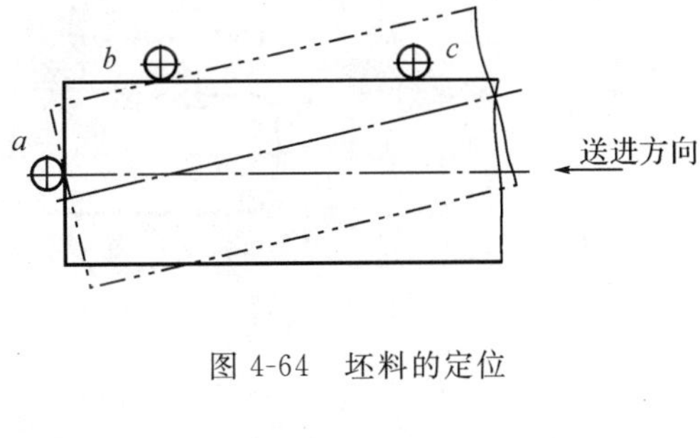

图 4-64　坯料的定位

常见的送进导向方式有挡料销挡料与侧刃定距。

1. 挡料销

挡料销定位面抵住条料的前搭边或工件内轮廓的前(后)面,使条料送进步距准确。挡料销有固定挡料销(图 4-65(a),(b))和活动挡料销(图 4-65(c),(d))两种,一般装在凹模上,固定挡料销制造方便,应用较多。当定位销孔与凹模孔口太近时,为保证凹模有足够的强度,宜采用钩形(图 4-65(b))。活动挡料销销头一面做成斜面,送料靠斜面使挡料销抬起,当越过搭边后,弹簧将挡料销恢复原状,条料回拉,使搭边抵住挡料销而定位。

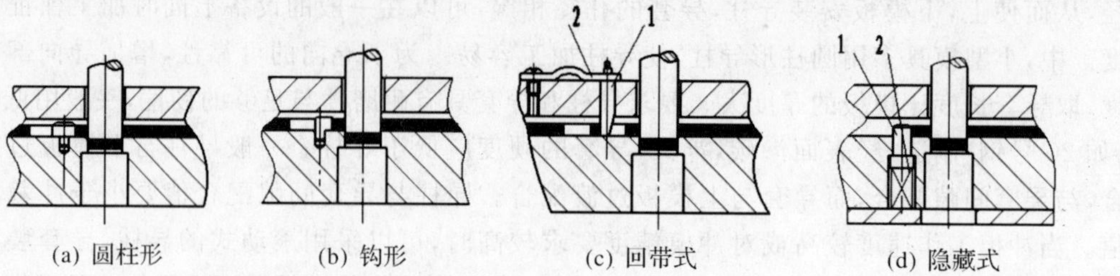

1. 挡料销 2. 弹簧

图 4-65 挡料销

2. 侧刃定距

图 4-44 所示为侧刃定距的连续模。根据断面形状常用的侧刀可分成三种(图 4-66)。

长方形侧刃(图 4-66(a))制造和使用都很简单,但当刃口尖角磨损后,在条料侧边形成的毛刺(图 4-66(d))会影响定位和送进。为了解决这个问题,在生产中常采用图 4-66(b)所示的侧刃形状。这时由于侧刃尖角磨损而形成的毛刺不会影响条料的送进,但必须增大切边的宽度,因而造成原材料过多的消耗。尖角形侧刃(图 4-66(c))需与弹簧挡销配合使用,先在条料边缘冲切尖角缺口,条料送进当缺口滑过弹簧挡销后,反向后拉条料至挡销卡住缺口而定距。尖角形侧刃废料少,但操作麻烦,生产效率低。

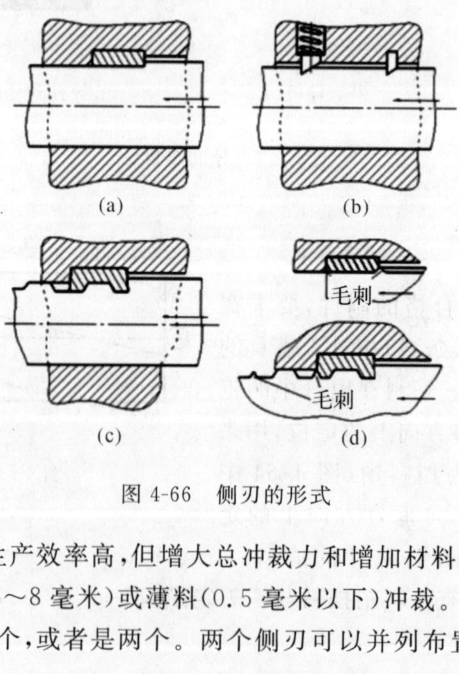

图 4-66 侧刃的形式

侧刃定距准确可靠,生产效率高,但增大总冲裁力和增加材料消耗。一般用于连续模冲制窄长形零件(步距小于 6~8 毫米)或薄料(0.5 毫米以下)冲裁。

侧刃的数量可以是一个,或者是两个。两个侧刃可以并列布置,也可按对角布置,对角布置能够保证料尾的充分利用。

3. 导正销

为了保证连续模冲裁件内孔与外缘的相对位置精度，可采用如图 4-67 所示的导正销。导正销安装在落料凸模工作端面上，落料前，导正销先插入已冲好的孔中，确定内孔与外形的相对位置，消除送料和导向造成的误差。

设计有导正销的连续模时，挡料销的位置，应该保证导正销导正条料过程中条料活动的可能。

按图 4-67(a)的方式定位：

$$A=D+a$$

$$e=A-\frac{D}{2}+\frac{d}{2}+0.1 \tag{4-36}$$

按图 4-67(b)的方式定位：

$$e=A+\frac{D}{2}-\frac{d}{2}-0.1 \tag{4-37}$$

式中 A——步距；

D——落料凸模直径；

d——挡料销头部直径；

a——搭边值；

e——挡料销的位置。

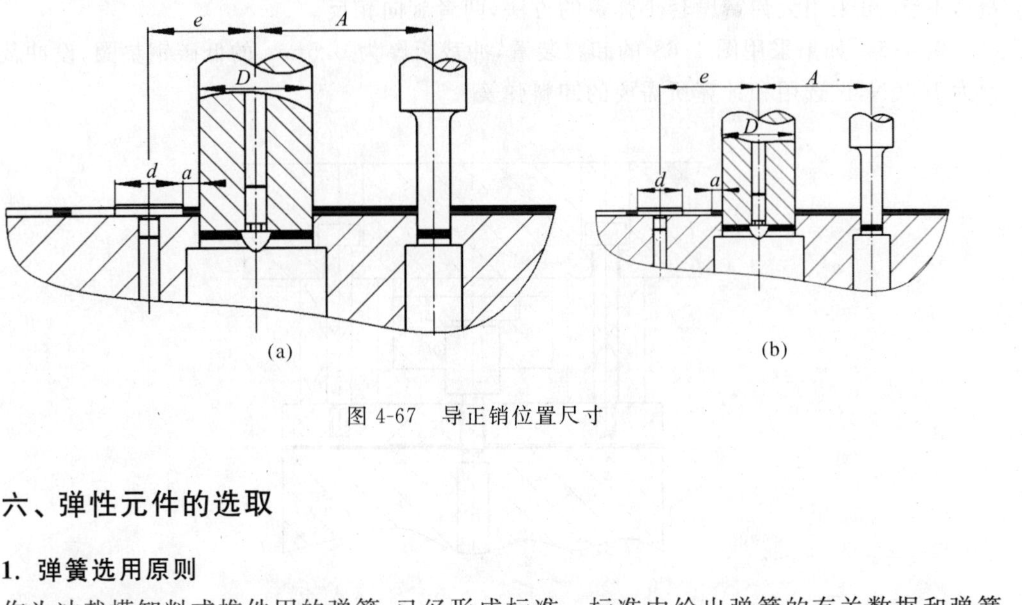

图 4-67 导正销位置尺寸

六、弹性元件的选取

1. 弹簧选用原则

作为冲裁模卸料或推件用的弹簧，已经形成标准。标准中给出弹簧的有关数据和弹簧的特性线，模具设计时只需按标准选用。一般选用弹簧的原则，应该是在满足模具结构要求的前提下，保证所选用的弹簧能够给出要求的作用力和行程。

卸料弹簧选择与计算步骤：

(1)初定弹簧数量 n，一般选 2～4 个，结构允许时可选 6 个或以上。

(2)根据总卸料 F_x，初选的个数 n，计算出每个弹簧应有的预压力 F_y

$$F_y = \frac{F_x}{n} \tag{4-38}$$

(3)根据预压力 F_y 预选弹簧规格，选择时应使弹簧的极限工作压力 F_j 大于预压力 F_y，一般可取 $F_j=(1.5\text{-}2)F_y$

(4)计算弹簧在预压力 F_y 作用下的预压缩量 H_y

$$H_y = \frac{F_y \times H_j}{F_j} \tag{4-39}$$

式中 H_j——弹簧极限压缩量(mm)；

F_j—— 弹簧极限工作负荷(N)；

F_y——弹簧预压力(N)。

说明：为了保证冲模的正常工作，在不进行冲裁工作时，弹簧也应该在预紧力 F_y 的作用下产生一定的预压紧量 H_y。

(5)校核弹簧最大允许压缩量是否大于实际工作总压缩量，即：

$$H_j \geqslant H = H_y + H_x + H_m \tag{4-40}$$

式中 H——总压缩量；

H_x——卸料板的工作行程(mm)，一般可取 $H_x = t+1$；

t——为板料厚度；

H_m——凸模或凸凹模的刃磨量，一般可取 $H_m = 4\sim10$mm。

如果不满足上述关系，则必须重新选择弹簧规格。直到满足为止。实际冲裁时，如果弹簧力不够，可采用大弹簧里套小弹簧的方法，两者旋向相反。

例 4-5 如果采用图 4-68 的卸料装置，冲裁板厚为 0.5mm 的低碳钢垫圈，设冲裁卸料力为 1000N，试选用和计算所需要的卸料弹簧。

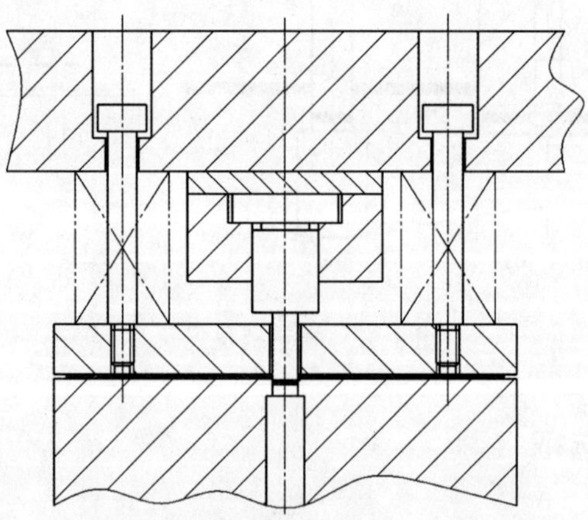

图 4-68 卸料装置

解：

(1)根据模具安装位置，拟选弹簧个数 $n=4$；

(2)计算每个弹簧应有的预压力

$$F_y=\frac{F_x}{n}=\frac{1000}{4}=250\text{N}$$

(3)由 $F_j=(1.5\text{-}2)F_y$，估算弹簧的极限工作负荷：

$$F_j=2F_y=2\times250=500\text{N}$$

查有关弹簧规格初选弹簧的规格为：

$d=4\text{mm}$，$D=25\text{mm}$，$t=6.4$，$F_j=540\text{N}$，$H_j=15.7\text{mm}$，$H_0=55\text{mm}$，$n=7.7$ 圈；

(5)计算弹簧预压缩量

$$H_y=\frac{F_y\times H_j}{F_j}=\frac{250\times15.7}{540}=7.27\text{mm}$$

校核 $H_j\geqslant H=H_y+H_x+H_m=7.27+0.5+1+6=14.77\text{mm}<15.7\text{mm}$

因此，所选弹簧是合适的。

2. 橡胶的选用与计算

橡胶允许承受的负荷较大，安装调整灵活方便，是冲裁模中常用的弹性元件。

橡胶的选用步骤如下：

(1)根据模具空间尺寸确定橡胶板的形状、尺寸及硬度级别。

(2)计算橡胶板的工作压力

橡胶板的工作压力与其形状、尺寸以及压缩量有关，一般用下式计算：

$$F=Ap \tag{4-41}$$

式中 F——橡胶工作压力(N)；

A——橡胶板横截面积(mm^2)；

p——橡胶单位压力，与形状和压缩量有关，如图 4-69 所示，一般取 2～3MPa。

(3)确定橡胶压缩量和厚度

橡胶板压缩量不能太大，否则会影响其压力和寿命。橡胶的最大压缩量一般不超过厚度的 45%，而模具安装时橡胶板的预压量为厚度的 10%～15%，因而橡胶板冲压中允许的压缩量为：

$$H_j=H_{\max}-H_y=(0.25\sim0.35)\ H \tag{4-42}$$

式中 H——橡胶板厚度；

$H_{\max}$——橡胶最大压缩量；

H_y——橡胶预压缩量；

H_j——橡胶冲压时允许的压缩量。

根据公式 (4-42)，即可得到橡皮的厚度为：

$$H=\frac{H_j}{(0.25-0.35)}(\text{mm}) \tag{4-43}$$

(4)校核所选橡皮在冲压中是否能正常工作

校核时，应使橡胶满足以下几点要求：

①橡胶的预压力大于或等于卸料力，即：

$$F_y\geqslant F_x \tag{4-44}$$

式中 F_x——卸料力(N)；

F_y——预压力(N)。

② 橡胶冲压时的允许压缩量，大于或等于模具需要的压缩量(卸料板工作行程与凸模

总修磨量之和)，即：

$$H_j \geqslant H_x - H_t \tag{4-45}$$

式中　H_x——卸料板工作行程；

H_t——凸模总修磨量。

③橡胶厚度与外径之比值，应在一定范围内，即：

$$0.5 \leqslant \frac{H}{D} \leqslant 1.5 \tag{4-46}$$

若$\frac{H}{D} \geqslant 1.5$，则将橡胶板分成若干块，每块间用钢板分开。但每块的厚度与直径之比仍应满足上式要求。

只有选用的橡胶满足以上要求后，才能正常工作。否则，应另选尺寸和硬度合适的橡胶。

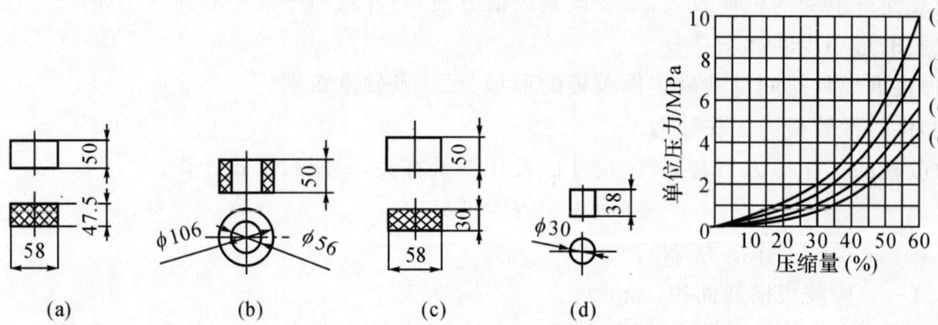

图 4-69　橡胶单位压力与形状及压缩量

第八节　冲裁模设计要点

一、冲裁模设计的一般步骤

1. 收集和分析原始资料；
2. 对冲裁件进行工艺分析；
3. 确定冲裁工艺方案；
4. 选取模具结构类型；
5. 进行必要的工艺计算；

(1)计算冲裁力、卸料力、推件力及顶件力等，初选压力机的吨位，工作台尺寸等；

(2)计算模具压力中心；

(3)计算凸、凹模工作部分尺寸并确定制造公差；

(4)弹性元件(弹簧或橡胶)的选用与计算；

(5)必要时，还要对模具的主要零件进行强度及刚度的校核。

6. 选择与模具的主要零部件的结构与尺寸；
7. 对所选压力机的型号进行确认及验算；

8. 绘制模具总装配图及各非标的零件图。

以上的内容只是在设计冲裁模时的一般过程，说明了设计过程主要要考虑的问题，具体设计过程中，这些过程都是反复讨论和修改及审核交错进行的。上述过程简单来说，模具设计过程还可用图 4-70 表示。

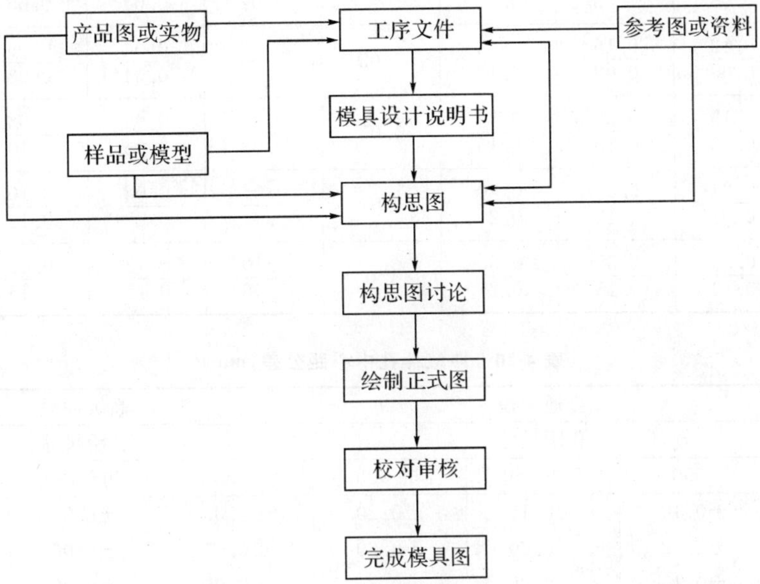

图 4-70　模具设计过程

二、收集和分析原始资料

开始设计模具时，应当尽可能地收集齐有关对设计模具相关及有用的资料，并加以分析，明确设计模具的任务和重点，只有这样才能保证用最少的时间，最高的质量完成设计任务。收集原始资料主要有：冲压件的图纸和技术条件；冲压件的生产纲领；冲压件的工艺规程；冲床技术参数；冲模标准件和设计手册或设计资料；现有可参考的模具结构资料等几个方面。

三、对冲裁件进行工艺分析

冲裁件的工艺性是指冲裁件的材料、形状及尺寸精度等是否适应冲裁加工的工艺要求。设计冲模前要对冲裁件的工艺性进行分析。所谓冲裁件的工艺性就是指：能否用一般的冲裁方法，生产出合格的冲压件。

1. 冲裁件的精度等级

(1)普通冲裁件内外形尺寸的经济公差等级不高于 $IT11$ 级，落料件公差等级最好低于 $IT10$ 级，冲孔最好低于 $IT19$ 级。冲裁件外形与内孔尺寸公差见表 4-19，冲裁件孔中心距公差见表 4-20，无导向凸模冲孔尺寸见表 4-21，有导向凸模冲孔尺寸见表 4-22。

(2)冲裁件的断面粗糙度与材料塑性、材料厚度、冲裁间隙、刃口锐钝以冲模结构有关，一般冲裁厚度小于 2mm 时，其断面粗糙度 Ra 一般可达 12.5～3.2μm。

表 4-19 冲裁件外形与内孔尺寸公差(mm)

料厚 t	工件尺寸							
	一般精度的工件				较高精度的工件			
	<10	10~50	50~150	150~300	<10	10~50	50~150	150~300
0.2~0.5	$\frac{0.08}{0.05}$	$\frac{0.10}{0.08}$	$\frac{0.14}{0.12}$	0.02	$\frac{0.025}{0.02}$	$\frac{0.03}{0.04}$	$\frac{0.05}{0.08}$	0.08
0.5~1	$\frac{0.12}{0.05}$	$\frac{0.16}{0.08}$	$\frac{0.22}{0.12}$	0.03	$\frac{0.03}{0.02}$	$\frac{0.04}{0.04}$	$\frac{0.06}{0.08}$	0.10
1~2	$\frac{0.18}{0.06}$	$\frac{0.22}{0.10}$	$\frac{0.30}{0.16}$	0.05	$\frac{0.04}{0.03}$	$\frac{0.06}{0.06}$	$\frac{0.08}{0.10}$	0.12
2~4	$\frac{0.24}{0.08}$	$\frac{0.28}{0.12}$	$\frac{0.40}{0.20}$	0.07	$\frac{0.06}{0.04}$	$\frac{0.08}{0.08}$	$\frac{0.10}{0.12}$	0.15
4~6	$\frac{0.30}{0.10}$	$\frac{0.35}{0.15}$	$\frac{0.50}{0.25}$	1.0	$\frac{0.10}{0.06}$	$\frac{0.12}{0.10}$	$\frac{0.15}{0.15}$	0.20

表 4-20 冲裁件孔中心距公差(mm)

料厚 t	普通冲模			高级冲模		
	孔距尺寸			孔距尺寸		
	<50	50~150	150~300	<50	50~150	150~300
<1	±0.10	±0.15	±0.20	±0.03	±0.05	±0.08
1~2	±0.12	±0.20	±0.30	±0.04	±0.06	±0.10
2~4	±0.15	±0.25	±0.35	±0.06	±0.08	±0.12
4~6	±0.20	±0.30	±0.40	±0.08	±0.10	±0.15

表 4-21 无导向凸模冲孔尺寸

材料	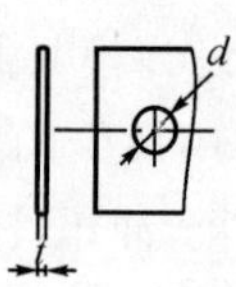	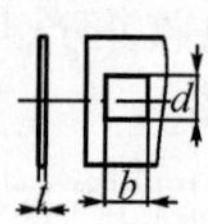	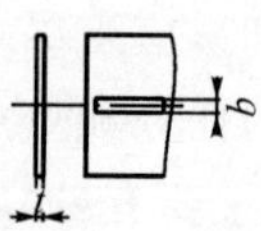	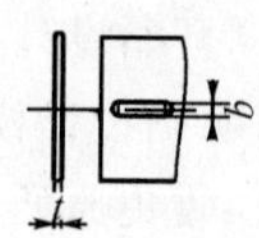
钢 τ_b>700MPa	$d \geqslant 1.5t$	$d \geqslant 1.35t$	$d \geqslant 1.2t$	$d \geqslant 1.1t$
钢 τ_b=400－700MPa	$d \geqslant 1.3t$	$d \geqslant 1.2t$	$d \geqslant 1.0t$	$d \geqslant 0.9t$
	$d \geqslant 1.0t$	$d \geqslant 0.9t$	$d \geqslant 0.8t$	$d \geqslant 0.7t$
钢 τ_b=400MPa	$d \geqslant 0.9t$	$d \geqslant 0.8t$	$d \geqslant 0.7t$	$d \geqslant 0.6t$
黄铜、铜	$d \geqslant 0.8t$	$d \geqslant 0.7t$	$d \geqslant 0.6t$	$d \geqslant 0.5t$
铝、锌	$d \geqslant 0.7t$	$d \geqslant 0.6t$	$d \geqslant 0.5t$	$d \geqslant 0.4t$
纸胶板、布胶板	$d \geqslant 0.6t$	$d \geqslant 0.5t$	$d \geqslant 0.4t$	$d \geqslant 0.3t$
纸				

表 4-22　有导向凸模冲孔尺寸

材料	圆形(直径 d)	矩形(孔宽 b)
硬钢	0.5t	0.4t
软钢及黄铜	0.35t	0.3t
铝、锌	0.3t	0.28t

2. 冲裁件结构形状与尺寸

冲裁件的形状与尺寸是否符合冲裁工艺要求，如图 4-71 所示，(1)冲裁件形状是否力求简单、规则；(2)冲裁件内外形转角是否尖角，如果有尖角要尽量避免(图 4-71(a))；(3)冲裁件是否有过长的凸出悬臂或过窄的凹槽。一般规定：对于软钢、黄铜等材料，宽度为 $b \geqslant 1.5t$，高碳钢或合金钢 $b \geqslant 2t$；板料厚度小于 1mm 时按 1mm 考虑。悬臂和凹槽的最大长度 $L \leqslant 5b$(图 4-71(b)，(c))。为避免冲裁件变形，冲裁件的最小孔边距不能过小；(5)在弯曲件或拉深件上冲孔时，孔边与边距之间要保持一定距离，以免凸模受水平推力而拆断(图 4-71(d))。

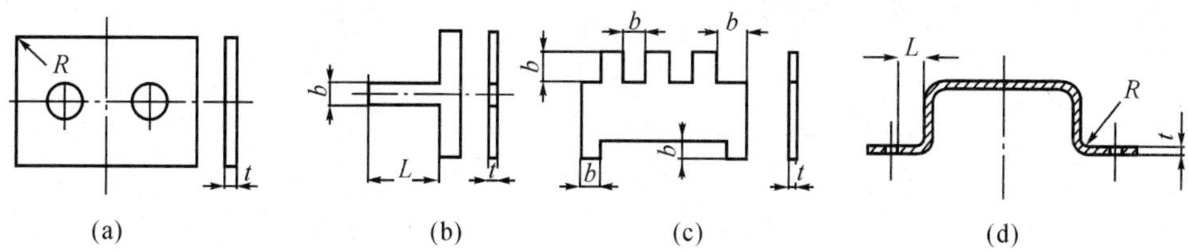

图 4-71　裁件结构形状与尺寸的要求

综上所述，如有冲裁件不符合冲压工艺要求的可以进行(征得冲压产品设计人员的同意下)修改。

四、确定冲裁工艺方案

在冲裁件工艺分析的基础上，根据冲压件的形状、尺寸、精度要求、材料性能、冲压件生产成本、生产批量、模具设计、制造、维修及操作的复杂程度等，提出多种合适的冲裁方案，并做综合的分析研究和比较其综合的经济效果，以期在满足冲压件质量要求的前提下，达到最大限度地降低冲压件的生产成本和提高生产效率的基本要求。如大批量生产垫圈(图 4-72)，材料 Q235，厚 1mm，冲裁方案可以有两种，即：冲孔——落料和落料冲孔复合，前者要设计制造两副模具，但模具结构相对简单，生产效率较低，后者只需设计制造一副模具，模具结构相对复杂，但生产效率高，冲压件精度高。

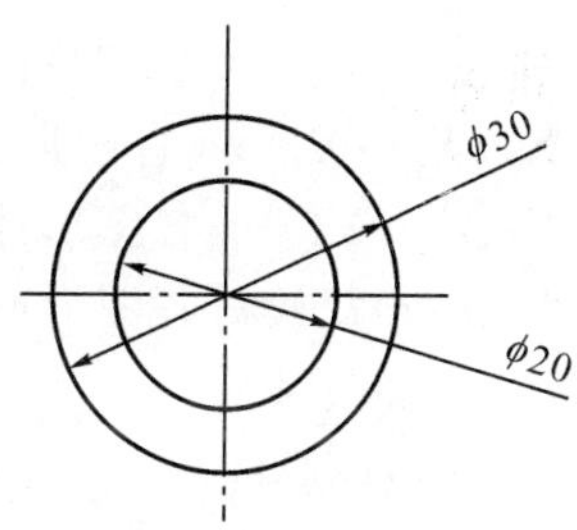

图 4-72　垫圈

五、模具总体结构类型

模具总体结构型式的确定是设计时必须首先解决的问题，也是冲模设计的关键，它直接影响冲压件的质量、成本和冲压生产的水平，所以必须予以十分的重视。模具型式的选定，应以合理的冲压工艺过程为基础，确定模具的结构型式时，必须考虑的问题有：模具类型如简单模、连续模、复合模等；操作方式如手工操作、自动化操作、半自动化操作；进出料方式如根据原材料的型式确定进料方式，取出和整理零件的方法，原材料的定位方法；压料与卸料方式如压料或不压料，弹性或刚性卸料等；模具精度如根据冲压件的特点确定合理的模具加工精度，选取合理的导向方式或模具固定方法等。

六、冲裁模的压力中心计算

冲裁力合力的作用点称为模具的压力中心。如果压力中心不在模柄轴线上，滑块就会承受偏心载荷，导致滑块导轨和模具不正常的磨损，降低模具寿命甚至损坏模具。通常利用求平行力系合力作用点的方法：解析法或图解法，确定模具的压力中心。

如图 4-73 所示模具压力中心为 c 点，其坐标为 X、Y，模具上作用的冲载力 F_1、F_2、F_3、F_4、F_5 是垂直于图面方向的平行力系。根据力学定理，诸分力对某轴力矩之和等于其合力对同轴之距，则有

$$X=\frac{F_1X_1+F_2X_2+\cdots+F_nX_n}{F_1+F_2+\cdots+F_n}=\frac{\sum_{i=1}^{n}F_iX_i}{\sum_{i=1}^{n}F_i} \tag{4-47}$$

$$Y=\frac{F_1Y_1+F_2Y_2+\cdots+F_nY_i}{F_1+F_2+\cdots+F_n}=\frac{\sum_{i=1}^{n}F_iY_i}{\sum_{i=1}^{n}F_i} \tag{4-48}$$

这里 $F_1=kL_1t\tau$

$F_2=kL_2t\tau$

……

$F_n=kL_nt\tau$

式中 F_1、$F_2\cdots F_n$——各图形的冲裁力；

X_1、$X_2\cdots X_n$——各图形冲裁力的 X 轴坐标；

Y_1、$Y_2\cdots Y_n$——各图形冲裁力的 Y 轴坐标；

L_1、$L_2\cdots L_n$——各图形冲裁周边长度；

k——冲裁系数；

t——毛坯厚度；

τ——材料抗剪强度。

将各图形冲裁力 F_1、$F_2\cdots F_n$ 之值代入式(4-47)和(4-48)，可得冲模压力中心的坐标 X 与 Y 之值为

$$X=\frac{L_1X_1+L_2X_2+\cdots+L_nX_n}{L_1+L_2+\cdots+L_n}=\frac{\sum_{i=1}^{n}L_iX_i}{\sum_{i=1}^{n}L_i} \tag{4-49}$$

$$Y=\frac{L_1Y_1+L_2Y_2+\cdots+L_nY_n}{L_1+L_2+\cdots+L_n}=\frac{\sum_{i=1}^{n}L_iY_i}{\sum_{i=1}^{n}L_i} \tag{4-50}$$

除上述的解析法外，在生产中也常用作图法求压力中心。虽然作图法的精度稍差，但却可省掉许多计算。求出冲裁中心后，作为卸料、顶料及推料的弹性元件及脱料螺钉都要以冲裁中心对称布置。如果按搭边值能压得住被冲裁板料的话，卸料、顶料及推料板的形状也要尽可能与冲裁中心对称布置，否则会造成脱料困难。

在实际生产中，可能出现冲模压力中心在加工过程中发生变化的情况，或者由于零件的形状特殊，从模具结构考虑不宜于使压力中心与模柄中心线相重合的情况，这时应注意使压力中心的偏离不致超了所选用压力机所允许的范围。

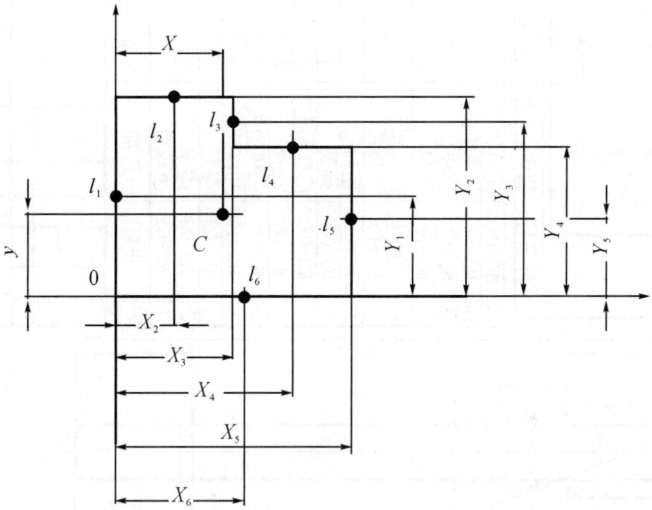

图 4-73　解析法求压力中心

七、绘制模具总装配图及各非标零件图

绘制模具总图时，首先在图纸的右上角画出该模具的冲压件工序图和排样图，右下角为标题栏及零件明细表，模具结构的视图画在图纸的左边。

一般冲模的总图是画出模具处于闭合工作状态时的主剖视图和下模部分的俯视图，必要时才画出侧视图或上模部分的仰视图（或俯视图）以及其他的辅助视图。对尺寸不大的小型模具，主视图上必须标注出模具工作状态时闭合高度，对大型模具除主视图标注出模具工作状态时闭合高度外，如果有俯视图，则还需要标注出总长和总宽。绘图的比例最好用 1∶1，冲模太大时则用 1∶2 比例画出。绘图时采用由内向外的顺序，从下半部俯视图开始画。先画工作部分，再画定位，卸料部分，最后画下模板。当俯视图绘制到一定程度即可对应配合绘制主剖视图。在总图的下半部视图上应用双点画线来表示出工件（或原材料）的外形，在主剖视图上以粗线表示出材料的厚度。总图上除注出冲模的外形尺寸外，还应注出必要的安装尺寸。绘制完总图后就根据它绘制模具零件图。零件在图中的视图位置应与工作位置（即装配图中位置）一致。绘零件图时首先应画出工作零件（凸模、凹模和凸凹模）的工作图，再画定位、卸料、推件以及其他零件的工作图，上、下模板放在最后绘制。按这样的顺序绘零件图比较方便，而且不容易出现错误。模具总图见图 4-74，零件图略。

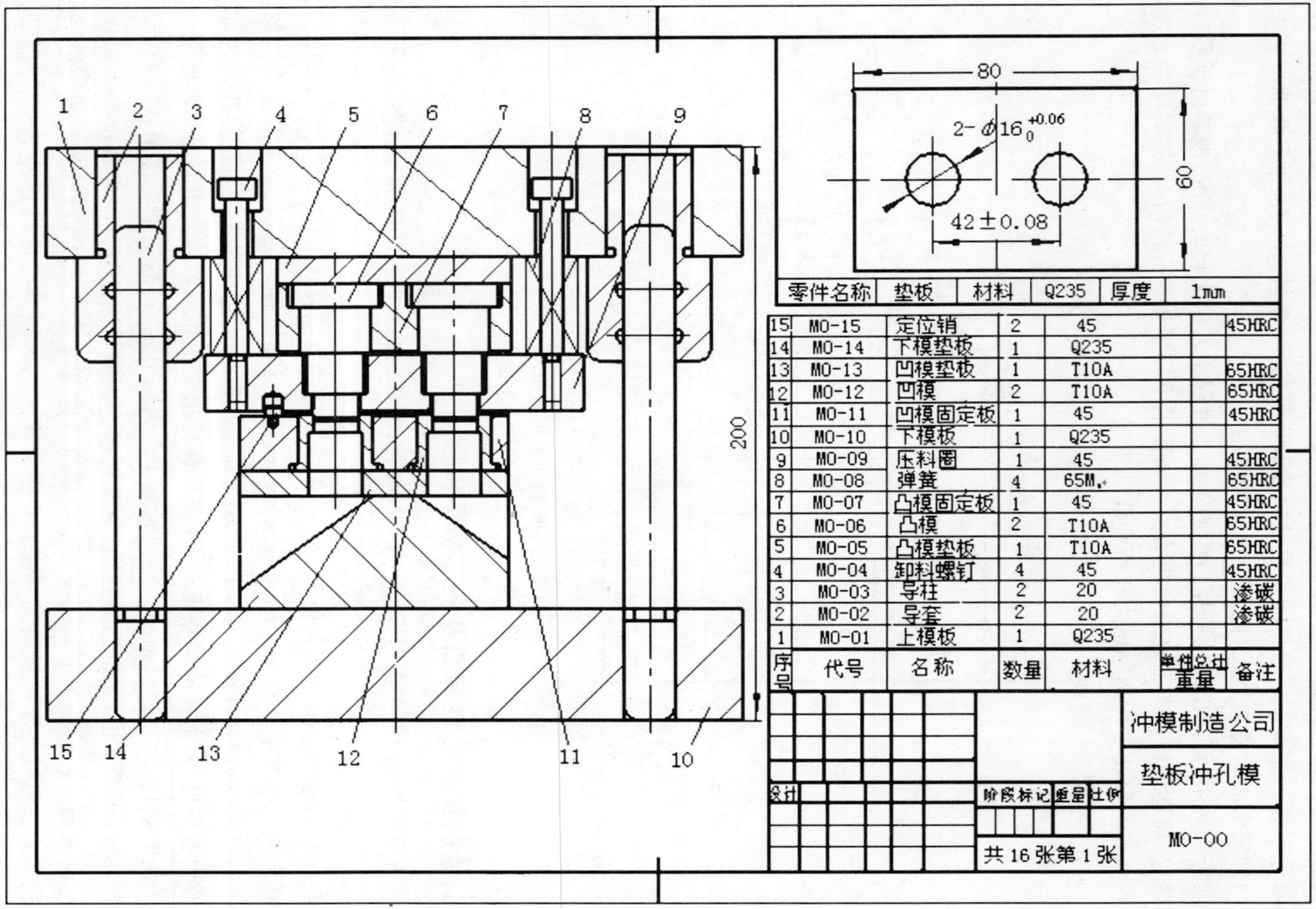
1
2
3
4
5
6
7
8
9
10
11
12
13
14
15
200
80
60
2-ϕ16 +0.06 0
42±0.08
零件名称 垫板 材料 Q235 厚度 1mm
15 MO-15 定位销 2 45 45HRC
14 MO-14 下模垫板 1 Q235
13 MO-13 凹模垫板 1 T10A 65HRC
12 MO-12 凹模 2 T10A 65HRC
11 MO-11 凹模固定板 1 45 45HRC
10 MO-10 下模板 1 Q235
9 MO-09 压料圈 1 45 45HRC
8 MO-08 弹簧 4 65Mn 65HRC
7 MO-07 凸模固定板 1 45 45HRC
6 MO-06 凸模 2 T10A 65HRC
5 MO-05 凸模垫板 1 T10A 65HRC
4 MO-04 卸料螺钉 4 45 45HRC
3 MO-03 导柱 2 20 渗碳
2 MO-02 导套 2 20 渗碳
1 MO-01 上模板 1 Q235
序号 代号 名称 数量 材料 单件总计重量 备注
冲模制造公司
垫板冲孔模
设计
阶段标记 重量 比例
共16张第1张
MO-00

图 4-74 模具总图

第九节　冲裁模安全设计

一、事故发生统计

与一般的机械生产相比，冲压生产虽然生产效率高，但危害性较大，事故也较多，且主要集中在如下几个方面：

(1)冲压操作送料或取件时，放置板料的空间位置不合适，或由于模具结构中对板料的定位设置不合理、不方便，造成送料或取件困难；

(2)体力不支、注意力不集中或思想开小差引起手脚慌忙；

(3)拿捏材料方式不当，方向不定，拿捏不稳，抖动或摇晃；

(4)冲压操作时，手套或衣服等过于破损，挂住机床或模具拉取不出，或反复拉扯；

(5)冲床滑块下降时，还不能够确定是否将材料放在正确的冲压位置，查看或重复放置；

(6)用手多次拨弄的方式来去除废料，或使用拨弄工具并与废料一起卡住；

(7)模具设计结构不合理，有视角盲点；

(8)模具安装调整，如模柄圆柱部分不开设斜槽，压紧螺钉直接压住圆柱部分，压板设计不合理，压住方法不妥等；

(9)冲床长期运转后的不注意及时保养而引起的故障；

(10)其他如冲裁大型零件，要多人配合操作，但多人操作不协调，冲床作业振动引发的噪声影响人的听力下降，机床滑块往复运动造成的视觉疲劳而分神，工件突发伤人等。

据资料统计统，就操作来说，送料时最容易发生事故，占全部事故30%～38%。其次是因定位不可靠而引起的事故14%～20%，两者共占44%～58%。

二、引发冲压加工事故的几种情况

1. 冲床滑块下降

发生事故绝大部分原因是操作者在冲床滑块下降时，由于操作时间过长的体力不支，疲惫不堪，疏忽大意，注意力不集中，手或身体的一部分进入冲压的危险界限或区域。如冲床滑块下降时，发现制件还没有取出，板料送入时没有放置在正确位置，手或身体无意伸入模具内或废料没有清除等。

2. 模具结构设计存在明显缺陷

模具设计结构上的缺陷而引发的事故。如在冲床滑块下降时，未避免使材料落到危险界限或区域，废料的飞溅等。

3. 模具安装及搬运

模具安装、搬运时的不顺利而引起的事故。如导柱导套压配方式不合适，导向机构损坏而引起模具不能正常工作；大型模具的下模板图方便省事，焊接钩环方法不当，搬运时钩环脱落，造成模具落地；铸铁模板生产质量不佳，发生搬运时碰撞断裂。

4. 冲床和安全装置的问题

冲床作业时，开机前要进行检查，冲床和安全装置长期运转，不注意及时保养引起的事故。如轴一类的零件发生断裂，安全装置不工作等。

三、事故发生经过的分析

1. 连锁形

某种影响因素的产生会产生第二种影响因素，并接着再产生下一个影响因素，直到最后引发事故（图 4-75a）。如购置的原始板料不平整，送入模具冲压前也是翘曲的，产生不正确的放置或放置困难，取料（工件或废料）取不出或不方便，引发手脚慌忙等。

2. 集中形

当某一时间，某一场所集中地同时发生多种因素，这一切便构成了事故产的原因（图 4-75(b)）。如冲压时冲床某轴突然发生断裂，冲床滑块带着模具砸落，操作者在此之前还没有放置好板料或没有取出工件等。

3. 交叉形

连锁形和集中形混合的形式，多数事故属于这种形式（图 4-75(c)）。如模具结构设计存在明显缺陷，机床滑块往复运动造成的视觉疲劳而分神，原始板料质量不佳等多种因素的影响。

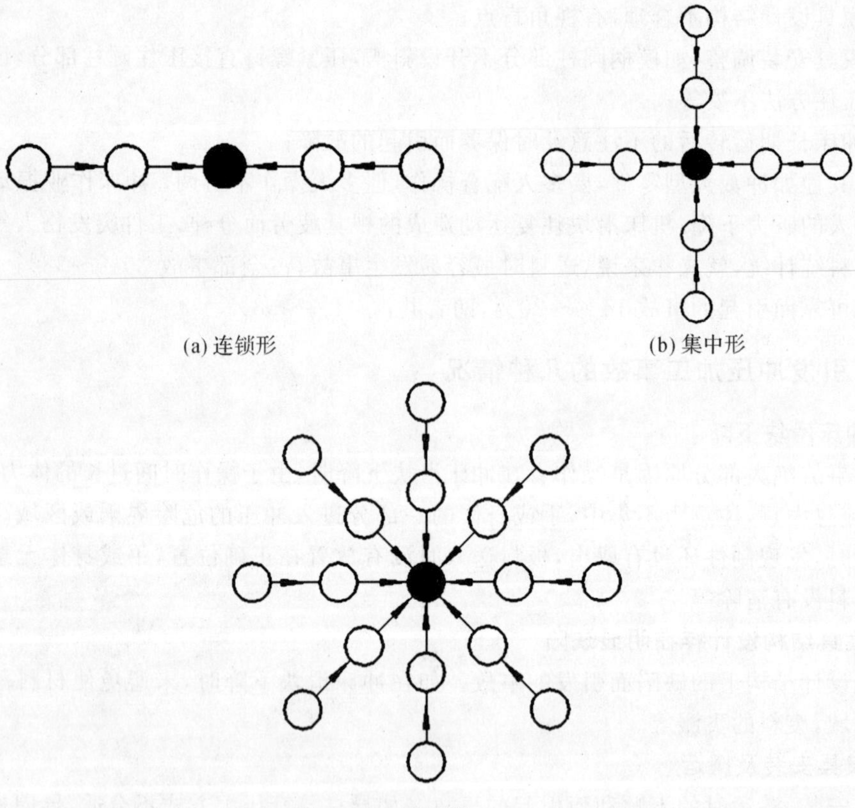

(a) 连锁形　　(b) 集中形

(c) 交叉形

图 4-75　事故发生和三种情形

说明：——表示因素，——表示事故

四、冲裁模安全设计

1. 安全化原则

安全化原则总体来说，为达到安全化，原则上要做到以下几点：即技术、教育、规章制度及执行力度得到保证。如按照上述要求，方可达到安全效果，尤其是技术手段，这是安全的基础，从这点上来讲，模具结构及自动化对于安全生产是极其重要的方法之一。冲压自动化虽然容易实现，但实现成本较高，对于多品种产品要实现通用的自动化装置比较困难或成本更高。因此，相对来说，模具实现安全的结构设计较易做到。

2. 冲裁模结构的安全设计

(1)模具安全设计的总的要求

要做到安全第一，就要考虑到安全是优于冲裁模工序数、模具加工费、加工时数、操作人员配置等；无论操作者在冲床滑块下降时，由于疏忽大意，疲惫不堪，注意力不集中，身体的一部分进入模具的危险界限或区域，都要设法解决；为操作安全，原则是：所设计的模具应能完全杜绝事故的发生。

(2) 模具安全设计的具体做法

①模具设计人员要按照冲压工艺文件和冲模设计任务书。一般来说，冲压工艺文件都是对所加工的零件的冲压过程都是经过深思熟虑过的，或是参照了以往类似零件的模具结构的不足之处或对模具结构作出了相应的改进设计。

②模具结构应保证磨损后修磨方便；尽量做到不拆卸即可修磨工作零件；影响修磨而必须去掉的零件(如模柄等)，可做成易拆卸的结构等。如大孔和小孔的多孔冲模，一般小孔容易发生折断，所以，小孔应设计成可快换凸模结构。快换凸模结构可查有关模具设计手册。

③冲模的工作零件较多，而且使用寿命相差较大时，应将易损坏及易磨损的工作零件做成快换结构的形式，而且应尽量做到可以分别调整和补偿易磨损坏的高度尺寸。比如多孔冲孔，如结构允许，要采用标准凹模和凹模固定板形式，标准凹模磨损后，取出方便，也便于修磨。

④需要经常修磨和调整的部分尽量放在模具的下部。

⑤重量较大的模具应有方便的起运孔或钩环等。钩环焊接不能如图 4-76(a)所示那样贪图省事，将钩环焊接在下模板的侧面，这样搬运模具时容易脱落。而应在钩环焊接下部预

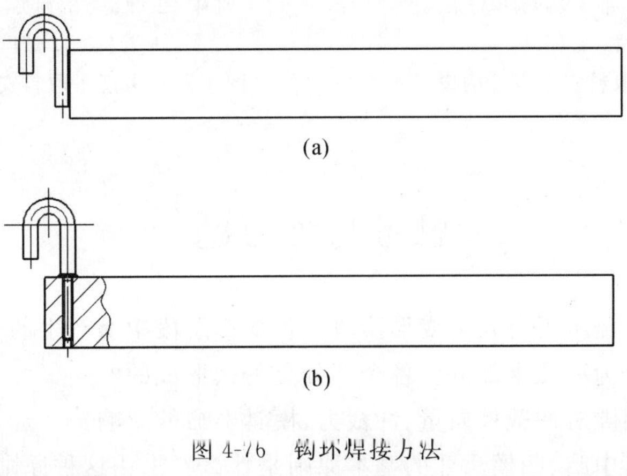

(a)

(b)

图 4-76　钩环焊接方法

先加工出螺纹，同时在下模板中加工出螺纹孔，钩环旋入下模板中适当位置后(钩环方向适当)，再在钩环与模板接触面焊接(图 4-76(b))。

⑥模具的结构应保证操作者的手不必进入危险区，而且各活动零件(如卸料板等)的结构尺寸，在其运动范围内不致压伤操作者的手指等。

⑦模具设计时，除模具工作原理正确，强度和刚度满足要求以外，要集中考虑模具结构上设计对安全是否合理，如送料和取料是否考虑了操作者的安全方便，是否考虑自动送料出料，压力机选择的空间是否足够，一般模具能够完成的工作的闭合高度仅可能小比较有利，以便冲床滑块下行时可有较长的运行距离，对操作者有相对较多的反应时间，而且送料取料空间也较大。如果闭合高度过高，虽然模具留出了足够送料取料空间，但冲床滑块下行时的运行距离短，对操作者有相对较少的反应时间，造成心里紧张，容量出事故。有时模具的固定安装后，必要时工作零件涂上醒目颜色(红色)等。可提醒操作者注意。图 4-77 以下是考虑了送料取料安全设计的模具，板料冲孔时，压料圈 2 和凹模 4 挖出一个大圆角，留出送料或取工件的操作空间，可避免压料圈下行打伤手。

图 4-78 是考虑了取料安全设计的模具，工件 4 放在凹模 5 或凹模固定板上后，冲头 3 冲下完成工作后，但取料并不方便，此时采用拉钩 6 的作用，可在冲头回程时，将工件拉起一段距离，使工件与凹模或凹模固定板脱开一定的距离，比较方便取出工件。冲头下行时，拉钩在弹簧 2 的作用下，是分开的，不会影响工件安放在凹模或凹模固定板上。

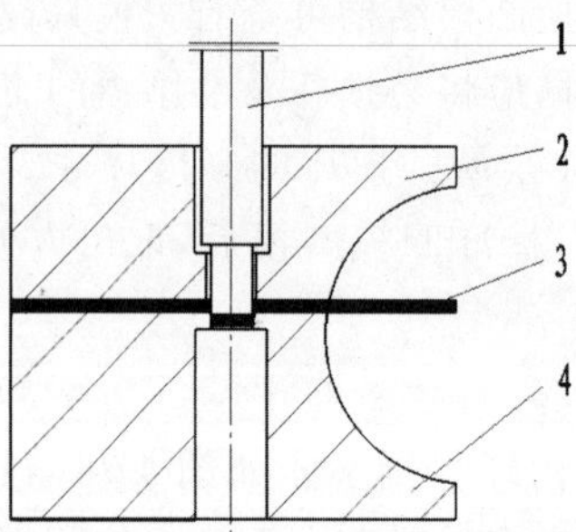

1. 凸模　2. 压料圈(弹簧及卸料螺钉未画出)

3. 工件　4. 凹模

图 4-77　送料取料安全设计的模具

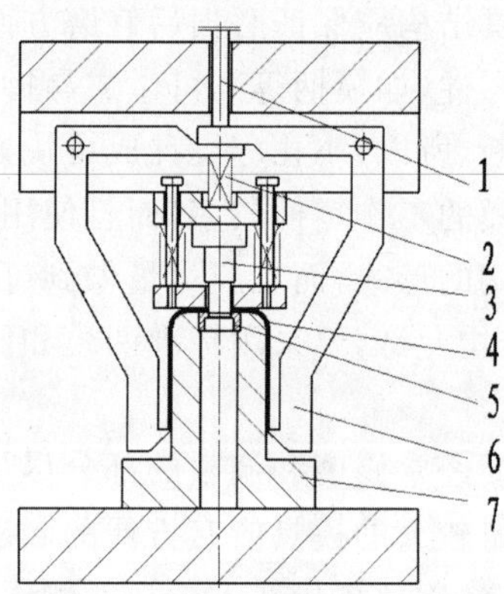

1. 打杆　2. 弹簧　3. 冲头　4. 工件　5. 凹模

6. 拉钩　7. 凹模固定板

图 4-78　考虑了取料安全设计的模具

思考与练习题

1. 板料冲裁加工经历了哪几个变形阶段？各变形阶段中所产生的变形现象是什么？
2. 冲裁断面可分为哪几个部分？各个部分是怎么形成的？
3. 试分析冲裁间隙对冲裁件质量、冲裁力、模具寿命的影响。
4. 确定冲裁模具中凸、凹模尺寸的基本原则是什么？采用这种原则考虑了哪些问题？

5. 如图 4-79 所示工件，材料为 40 号钢，板厚(t)等于 2mm。试确定冲裁凸模与凹模刃口尺寸，并计算冲裁力。

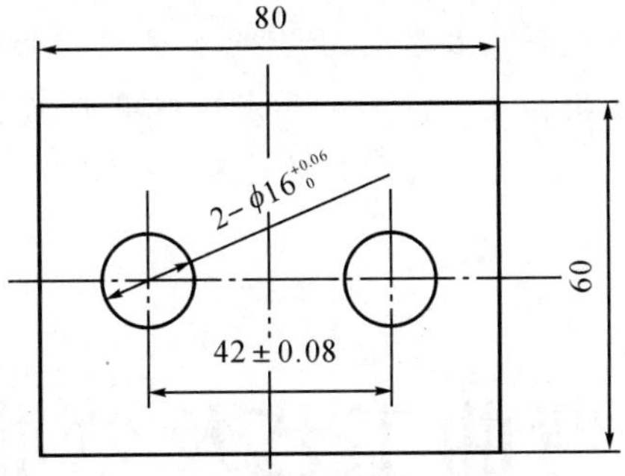

图 4-79　工件

6. 什么是冲裁件搭边？搭边在冲裁工艺及冲模设计中的有何意义？

7. 排样时要考虑哪些因素？有废料排样与少、无废料排样各有什么优缺点？

8. 什么是压力中心？压力中心在冲模设计中起什么作用？

9. 降低冲裁力有何意义？有哪些工艺措施或模具结构可以降低冲裁力？

10. 冲裁模一般有哪几类零部件组成？它们在冲裁模中分别起什么作用？

11. 如何进行模具的安全设计？一般要考虑哪些问题？

教学的目的和要求

弯曲工艺是板料零件成形方法之一。本章通过弯曲变形过程及变形特点、最小弯曲半径及影响因素、弯曲卸载后的回弹及弯曲模具结构等内容讲解。要求学生熟悉常用弯曲工艺的特点和基本要求，熟练掌握常用弯曲模具结构的设计方法，能够根据弯曲件的形状结构和尺寸精度等要求进行弯曲工艺分析，能够提出解决弯曲回弹的工艺措施并合理地安排弯曲工艺过程。

第五章　弯曲工艺及弯曲模设计

弯曲是将板料、棒料、型材或管料等弯成一定形状和曲率及角度的零件的一种冲压成形工序。采用弯曲成形的零件种类繁多，如图 5-1 是常见的弯曲零件。弯曲可在压力机上利用模具进行，或在专用的折弯机、拉弯机及弯管机等设备上进行，虽然弯曲所用到的设备不同，但其变形过程和特点都具有一些共同的规律。本章主要讨论弯曲模具中的弯曲。

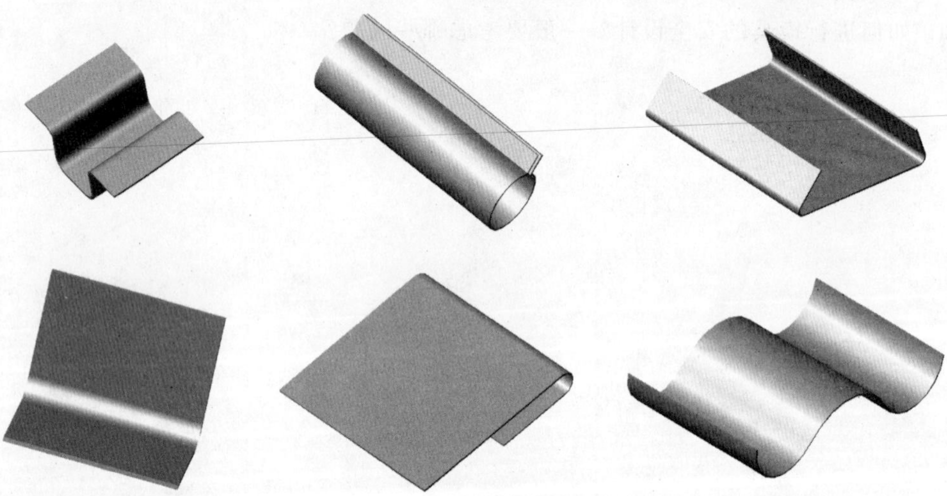

图 5-1　常见的弯曲零件

第一节　弯曲变形过程及变形特点

一、弯曲变形过程

将板料弯曲成 U 形和 V 形形状是最基本的弯曲变形，如图 5-2 所示。板料在弯曲变形过程中的受力情况如图 5-3 所示，弯曲开始时，模具中的凸、凹模分别在 A、B 处相接触。在

板料 A 处，凸模施加弯曲力 F(U 形弯曲，图 5-3(a)或 2F，V 形弯曲，图 5-3(b))，在凹模的圆角半径支撑点 B 处产生反力 F 并与此外力构成弯曲力矩 $M=FL$，在此弯曲力矩作用下，板料产生塑性变形。即弯曲时，当凸模逐渐进入凹模，并随着深度加深，凹模圆角半径支撑点 B 的位置及弯曲件毛坯弯曲半径 r 发生弯化，表现在支撑点距离 L 和弯曲半径 r 逐渐减小，而弯曲力 F 逐渐增大，弯曲力矩 M 也增加。当毛坯的弯曲半径达到一定值时，毛坯在弯曲凸模圆角半径处开始塑性变形，最后将板料弯曲成与凸模形状一致的工件。图 5-4(a)所示为 V 形弯曲模中校正弯曲过程。弯曲开始阶段为自由弯曲，随着凸模下压，板料的弯曲半径支撑点距离逐渐减小。在弯曲行程接近终了时，弯曲半径继续减小，而直边部分反而向凹模方向变形(图 5-4(b))，直至板料与凸、凹模完全贴合。

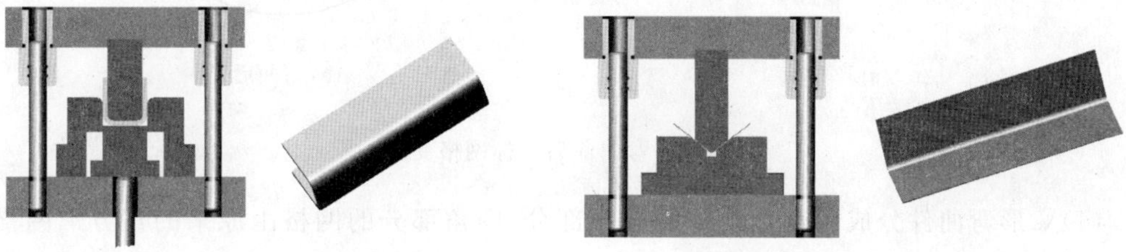

(a) U形弯曲模和U形零件　　(b) V形弯曲模和V形零件

图 5-2　U 形弯曲模和 V 形弯曲模及弯曲后零件

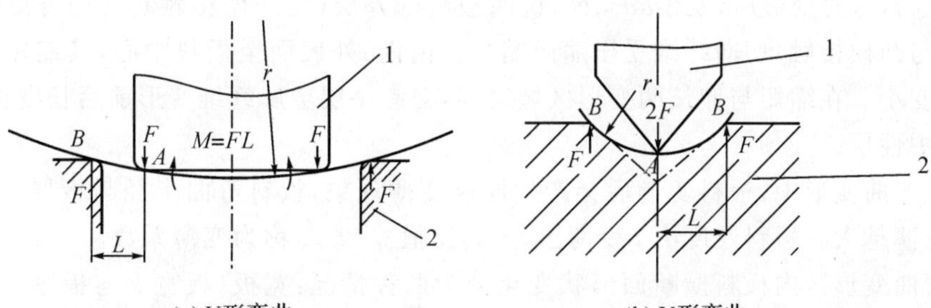

(a) U形弯曲　　(b) V形弯曲

1. 凸模　2. 凹模

图 5-3　弯曲毛坯受力情况

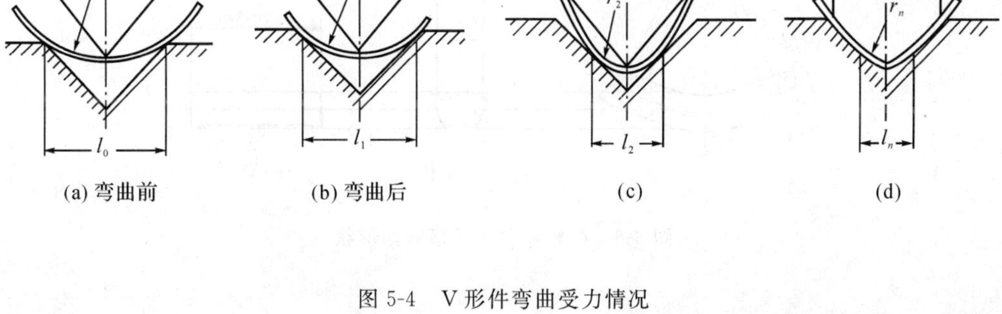

(a) 弯曲前　　(b) 弯曲后　　(c)　　(d)

图 5-4　V 形件弯曲受力情况

为了研究弯曲变形特点，在板料侧壁作出坐标网格，然后弯曲成V形件，观察工件侧边的坐标网格及断面形态在弯曲前后的变化情况。从图5-5中可以看出：

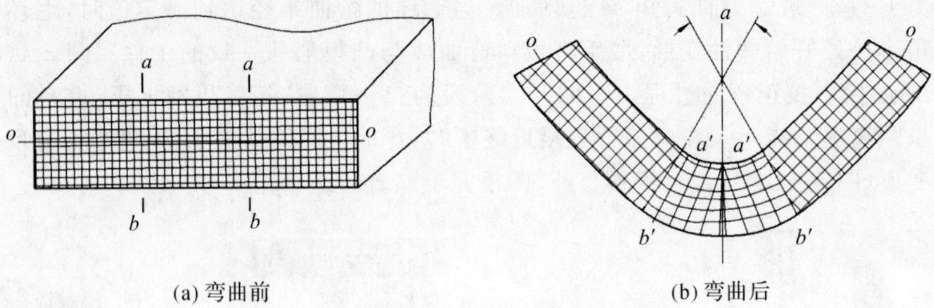

图 5-5 弯曲前后坐标网格变化

(1)V形弯曲件分成了直边部分和圆角部分，圆角部分的网格由原来的正方形网格变成了扇形。而远离圆角的直边部分的网格则没有变化，接近圆角部分的直边，则有少许的变形。因此，可以得出这样的结论：弯曲变形区主要发生在圆角部分区域。

(2)在圆角部分弯曲变形区内，变形是不均匀的。板料的纵向纤维在弯曲变形前是等长的，有$\overline{aa}=\overline{bb}$，弯曲变形后，发生$\overline{aa}<\overline{bb}$，说明板料的外层(与凹模接触))切向纤维受拉而伸长，内层(与凸模接触)切向纤维受压缩而缩短。由内、外表面至板料中心，其缩短和伸长的程度逐渐变小。在缩短与伸长两变形区域之间，必有一层金属纤维变形前后长度保持不变，称为应变中性层。

(3)在弯曲变形中，板料变形后会产生厚度变薄现象，板料弯曲半径与板厚之比r/t越小，厚度变薄越大。板料厚度由t变薄至t_1，其比值$\eta=t_1/t$称为变薄系数。

(4)弯曲变形区内板料横断面形状变化分为两种情况：宽板(板宽b与板厚t之比大于3)弯曲时，横断面形状几乎不变，仍为矩形；而窄板($b/t<3$)弯曲时，原矩形断面变成了扇形，如图5-6和图5-7所示。生产中，一般为宽板弯曲。

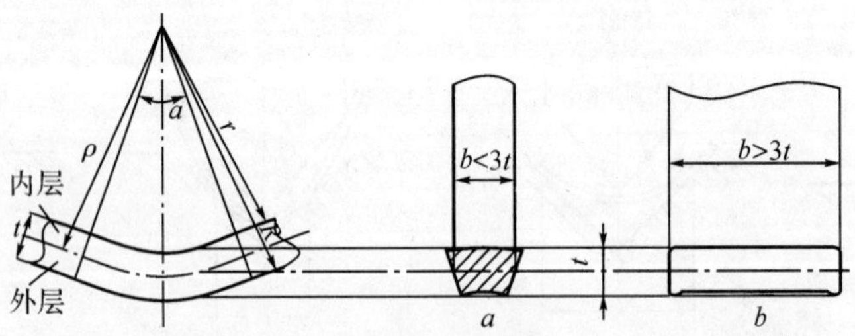

图 5-6 板料弯曲前后横断面形状

(a) 窄板　　(b) 宽板

图 5-7　窄板 和宽板

二、宽板与窄板弯曲变形区的应力和应变分析

由于板料的相对宽度 b/t 直接影响板料沿宽度方向的应变，并影响应力。设板料弯曲变形区的主应力和主应变的方向分别为切向(σ_1、ε_1)、宽度方向(σ_2、ε_2)。r/t 愈小，表示弯曲变形程度愈大。随着变形程度的增加，内、外层的切向应力和应变都随之发生明显的变化，同时，宽度方向和厚度方向的应力和应变也发生较大的变化。在自由弯曲状态下，窄板与宽板的应力应变状态如下：

(1)窄板弯曲　板料弯曲主要表现在内层纤维的压缩和外层纤维的伸长，切向应变为最大的主应变，且外层应变为正，内层应变为负。

由塑性变形前后体积不变条件：$\varepsilon_1+\varepsilon_2+\varepsilon_3=0$ 可知，板宽方向应变 ε_2 和板厚方向应变 ε_3 的符号必定与最大的切向应变 ε_1 的符号相反。

板料宽度方向：从窄板弯曲变形区断面形状从矩形变成扇形可看出，外层材料宽度方向是收缩的，内层材料宽度方向是伸长的，因此，外层应变是压应变为负、内层应变是拉应变为正。

板料厚度方向：外层应变是压应变为负，内层应变是拉应变为正。

窄板弯曲的应力状态：从切向看，外层纤维受拉伸为拉应力。内层纤维受压缩为压应力。在板料宽度方向：材料弯曲时可以不受限制而发生自由变形，从矩形断面弯曲后变成扇形断面，可以认为内、外层的 $\sigma_2\approx0$。在厚度方向，由于弯曲时板料纤维之间相互压缩，内、外层应力可视作均为压应力。

可见，窄板弯曲时的内、外层应变是立体的，而应力状态是平面的。

(2)宽板弯曲　宽板弯曲时的切向和厚度方向的应变与窄板相同。在宽度方向，由于板料宽度宽，沿宽度方向变形阻力较大，材料的流动受阻，弯曲后板宽基本不变，所以内、外层宽度方向的应变接近于零($\varepsilon_2\approx0$)。

宽板弯曲的应力状态：切向和厚度方向的应力状态与窄板相同。在宽度方向，由于材料不能自由变形，外层材料在宽度方向为拉应力；同样，内层材料在宽度方向为压应力。

由此可见，宽板弯曲时，内、外层的应变状态是平面的，应力状态是立体的。

窄板和宽板的应力应变状态如图 5-8 所示。

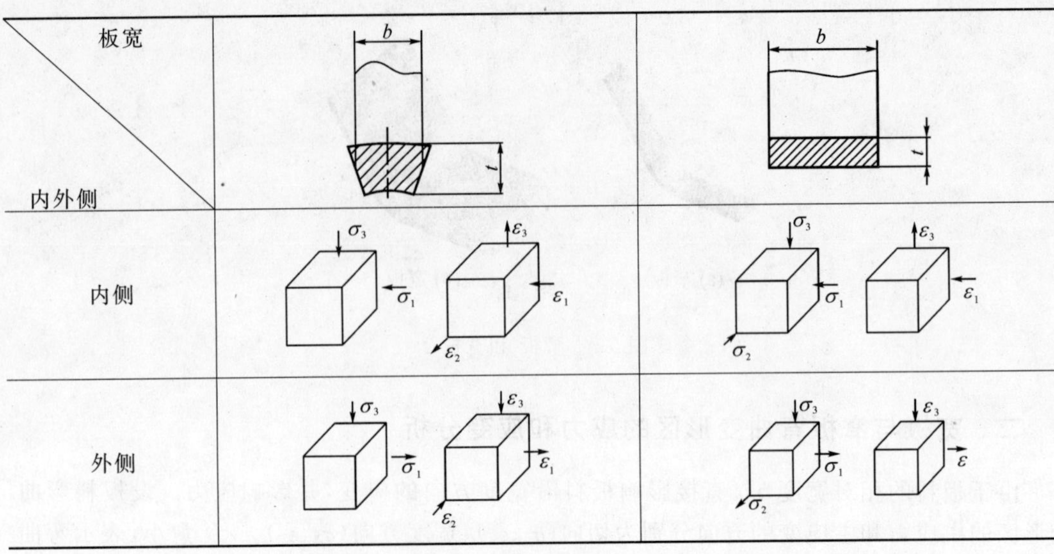

图 5-8 窄板和宽板弯曲变形时的应力应变状态

三、弯曲变形程度及其表示方法

1. 弯曲变形程度及其表示(r/t)

塑性弯曲要先经过弹性弯曲阶段，在弹性弯曲时，受拉的外层与受压的内层以中心层为界，中性层刚好通过剖面的重心，其应力应变为零。板料在外弯曲力矩作用下，先产生较小的弯曲变形。设弯曲变形区应变中性层曲率半径为 ρ，弯曲中心角为 α(图 5-9(a))，则距应变中性层为 y 处的材料的切向应变为

$$\varepsilon_\theta = 1n\,\frac{(\rho+y)\alpha}{\rho a} = 1n\left(1+\frac{y}{\rho}\right) \approx \frac{y}{\rho} \tag{5-1}$$

切向应力 σ_θ 为

$$\sigma_\theta = E\varepsilon_\theta = E\,\frac{y}{\rho} \tag{5-2}$$

式中　E——材料的弹性模量。

由式(5-1)和(5-2)可见，材料的切向变形程度 ε_θ 和应力 σ_θ 的大小只取决比值 $\frac{y}{\rho}$，而与弯曲中心角度 α 大小无关。切向应力应变分布情况如图 5-9(b)所示。由外层拉应力过渡到内层压应力，必有一层纤维其切向应力为零，此层称为应力中性层。在弯曲变形区的内、外表面的切向应力应变为最大。对于厚度为 t 的板料，当其内弯曲半径为 r 时，板料表面的应力与应变 $\sigma_{\theta\max}$ 与 $\varepsilon_{\theta\max}$ 为：

$$\varepsilon_{\theta\max} = \pm\frac{\frac{t}{2}}{r+\frac{t}{2}} = \pm\frac{1}{1+2\,\frac{r}{t}} \tag{5-3}$$

$$\sigma_{\theta\max} = \pm E\varepsilon_{\theta\max} = \pm\frac{E}{1+2\,\frac{r}{t}} \tag{5-4}$$

若材料的屈服应力为 σ_s，则弹性弯曲的条件为

$$|\sigma_{\theta\max}|=\frac{E}{1+2\frac{r}{t}}\leqslant\sigma_s \tag{5-5}$$

$$或\frac{r}{t}\geqslant\frac{1}{2}(\frac{E}{\sigma_s}-1) \tag{5-6}$$

r/t 称为板料的相对弯曲半径，r/t 越小，板料表面的切向变形程度 $\varepsilon_{\theta\max}$ 度越大。因此，生产中常用 r/t 来表示板料弯曲变形程度大小。

2. 弹一塑性弯曲与纯塑性弯曲概念

如前所述，在弯曲过程中，凸模作用在板料上的弯曲力 F 与力臂 L 构成外力矩($M_{外}$)，板料在外力矩的作用下，板料内部也会产生抵抗变形的抗弯内力矩($M_{内}$)。并随外力矩不断增大而增大。而抗弯内力矩由材料内部的切向应力构成，因此材料内部的切向应力也不断增大。$\frac{r}{t}>\frac{1}{2}(\frac{E}{\sigma_s}-1)$时，仅在板料内部引起弹性变形，称为弹性弯曲。

当$\frac{r}{t}$减小到$\frac{1}{2}(\frac{E}{\sigma_s}-1)$时，板料变形区的内、外表面材料首先屈服且开始塑性变形状态，若外力矩继续增大，则 r/t 不断减小，而塑性变形从内、外表面向中心逐步扩展，弹性弯曲部分则逐渐缩小，变形由弹性弯曲进入弹一塑性弯曲。如图 5-9(b)、(d)。

当外力矩不断地增大，板料内部的抗弯内力矩也同步地增大，板料相对弯曲半径 r/t 进一步减小，一般当$\frac{r}{t}\leqslant 3\sim5$ 时，弹性变形区已很小，只有中间极薄的一层弹性变形区，

可以认为弯曲变形区为纯塑性弯曲。如图 5-9(c)、(e)。

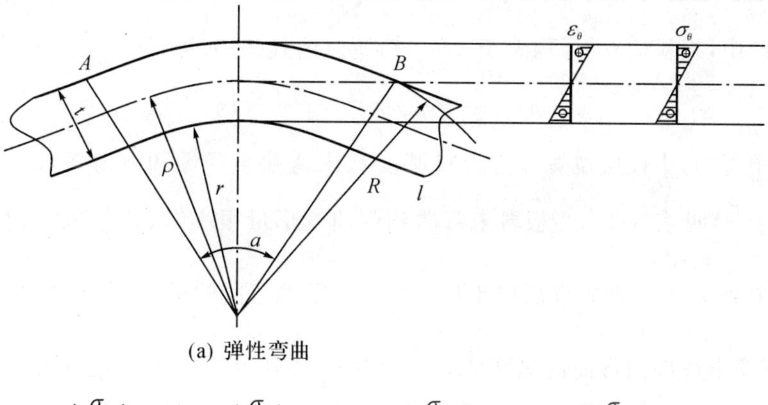

(a) 弹性弯曲

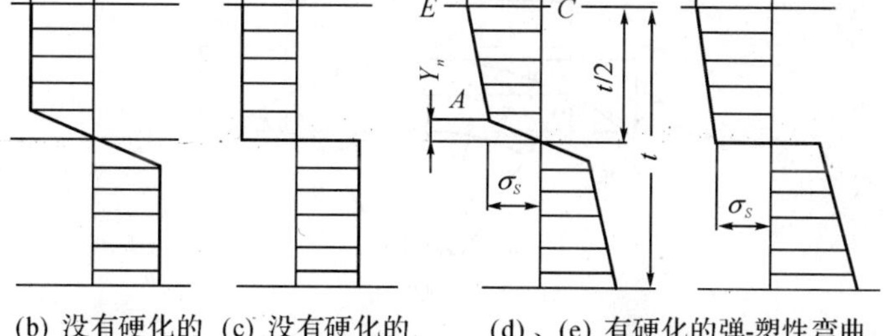

(b) 没有硬化的弹-塑性弯曲 (c) 没有硬化的纯塑性弯曲 (d)、(e) 有硬化的弹-塑性弯曲和纯塑性弯曲

图 5-9 各种弯曲的应力分布

四、板料塑性弯曲的变形特点

1. 应变中性层位置的内移

板料在弹性弯曲时，应变中性层位于板料横断面中间，塑性弯曲时，应先找出板料的应变中性层的位置。应变中性层位置常用曲率半径 ρ 表示。在图 5-10 中，设板料原来长度、宽度和厚度分别为 l、b、t，弯曲后成为外半径 R、内半径 r、宽度 b_1、厚度 t_1 和弯曲中心角为 α 的形状。

根据变形前后金属材料体积不变条件，得

$$tlb=\pi(R^2-r^2)\frac{\alpha}{360°}b_1 \tag{5-7}$$

塑性弯曲后，其应变中性层长度不变，所以

$$l=\alpha\rho \tag{5-8}$$

式(5-7)和式(5-8)联解后，并以 $R=r+\eta t$ 代入，得塑性弯曲时应变中性层位置

$$\rho=(\frac{r}{t}+\frac{\eta}{2})\eta\beta t \tag{5-9}$$

式中 η——变薄系数，$\eta=t_1/t<1$，其值由表 5-1 查得；

β——展宽系数，$\beta=b_1/b$，当 $b/t>3$ 时，$\beta=1$。

表 5-1 变薄系数 η 值

r/t	0.1	0.25	0.5	1.0	2.0	3.0	4.0	5	>10
η	0.82	0.87	0.92	0.96	0.985	0.992	0.995	0.998	1

一般生产中，板料的 b/t 均大于 3，$\beta=1$，所以由式(5-9)可得

$$\rho=(\frac{r}{t}+\frac{\eta}{2})\eta t=(r+\frac{1}{2}\eta t)\eta \tag{5-10}$$

从上式中可知，中性层位置 ρ 与板料厚度 t、内弯曲半径 r 和变薄系数 η 的数值有关。而 η 又受制于 $\frac{r}{t}$（见表 5-1），当板料未弯曲和弯曲变形量很小时，如 $\frac{r}{t}\geqslant10$ 时，由表 5-1 可知 $\eta=1$，此时 $\rho=r+\frac{t}{2}$，即中性层位于板厚中心。随着弯曲的进行，$\frac{r}{t}$ 变小和 $\eta<1$，$\rho<r+\frac{t}{2}$，板料的应变中性层向弯曲内侧移动。r / t 越小，应变中性层内移量越大。

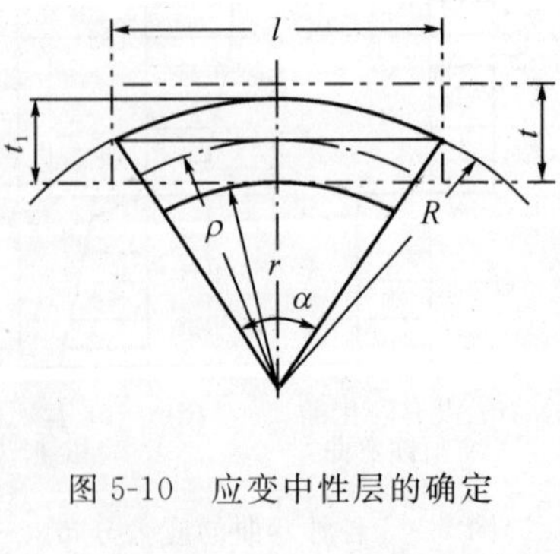

图 5-10 应变中性层的确定

2. 变形区内板料的厚度变薄和长度增大

板料弯曲时，外层纤维受拉使板料厚度减薄，内层纤维受压使板料加厚。由于应变中性层的内移，外层拉伸区逐步扩大，内层压缩区不断减小，板料的减薄将大于板料的加厚，

弯曲所用板料一般是宽料，宽度方向没有变形，且内、外层的应变状态是平面的，

变形区厚度的减薄会使板料的长度增加。$\frac{r}{t}$越小，板料厚度的减薄量越大、板料长度的增加量也越大。

3. 弯曲后的翘曲、截面的畸变、拉裂及回弹

细而长的板料弯曲件，弯曲后产生纵向翘曲。这是因为沿折弯线方向工件的刚度小，实现了外层宽度方向的压应变和内层的拉应变。结果使折弯线翘曲。如果是短而粗的板料弯曲件，沿工件刚度大，宽向应变被抑制，翘曲不明显。截面的畸变，已如窄板弯曲所述。板料的拉裂是由于板料弯曲的最大切向拉应力发生在最外层，当外层的等效应力 σ 大于板料的抗拉强度 σ_b 时，板料就会沿垂直于板料切线方向被拉裂。板料的回弹主要是指板料弯曲后的角度、尺寸及形状与原设计所要求不相符合的现象。是弯曲变形中最常见的现象，与板料的力学性能、$\frac{r}{t}$及模具设计制造等都有极大的关系。是弯曲成形中首先要解决的问题。

第二节　最小弯曲半径

由弯曲变形区的应力应变分析可知，对于一定厚度的材料，弯曲半径越小，外层材料的延伸率要求越大，当外边缘材料的延伸率超过材料允许的延伸率后，板料就会产生裂纹或折断。在保证弯曲件毛坯外表面纤维不发生破坏的条件下，工件能弯曲的内表面最小圆角半径，称为最小弯曲半径 r_{min}。生产中用它来表示材料弯曲时的成形极限。

一、最小弯曲半径值确定

1. 最小弯曲半径的近似理论计算

由公式(5-3)可知：

在最大应变 $\varepsilon_{\theta max}=\dfrac{1}{2\frac{r}{t}+1}$ 中，不拉裂时的弯曲半径 r 就是最小弯曲半径 r_{min}，即：

$$r_{min}=\frac{t}{2}(\frac{1}{\varepsilon_{\theta max}}-1) \tag{5-11}$$

由材料力学可知：

$$\psi=\frac{\varepsilon_\theta}{1+\varepsilon_\theta}$$

将 $\varepsilon_\theta=\frac{t}{2\rho}$，$\rho=r+\frac{t}{2}$ 代入上式，整理后得：

$$r=t(\frac{1}{2\psi}-1) \tag{5-12}$$

由(5-12)可知，当断面收缩率 ψ 达到最大值时 ψ_{max} 时，弯曲半径 r 就成为最小弯曲半径 r_{min} 为：

$$r_{\min}=t(\frac{1}{2\psi_{\max}}-1) \tag{5-13}$$

2. 最小弯曲半径的经验值确定

由于影响最小弯曲半径大小的因素很多,因此按式(5-11)或(5-13)计算结果与实际的$r_{\min}$有一定的误差,在实际生产中主要是参考经验数据来确定各种材料的最小弯曲半径。表5-2为各种金属材料在不同状态下的最小弯曲半径的数值。

表 5-2 最小弯曲半径 $r_{\min}$

材料	正火或退火的		硬化的	
	弯曲线方向			
	与轧制方向垂直	与轧制方向平行	与轧制方向垂直	与轧制方向平行
铝	0	0.3t	0.3t	0.8t
退火纯铜			1.0t	2.0t
黄铜 H62			0.4t	0.8t
05、08F			0.2t	0.5t
08～10	0	0.4t	0.4t	0.8t
15～20	0.1t	0.5t	0.5t	1.0t
25～30	0.2t	0.6t	0.6t	1.2t
35～40	0.3t	0.8t	0.8t	1.5t
45～50	0.5t	1.0t	1.0t	1.7t
55～60	0.7t	1.3t	1.3t	2.0t
硬铝(软)	1.0t	1.5t	1.5t	2.5t
硬铝(硬)	2.0t	3.0t	3.0t	4.0t

注:本表用于板厚小于10mm,弯曲角大于90°,剪切断面良好的情况。

二、影响最小弯曲半径的因素

1. 材料的力学性能

影响材料最小弯曲半径的力学性能主要是塑性,材料塑性指标(ε、δ、ψ等)越高,其弯曲时塑性变形的稳定性越强,许可的最小弯曲半径就越小。

2. 板料表面及冲裁断面的质量

由剪切或冲裁获得的弯曲件毛坯,断面存在冷变形硬化层,弯曲时,冲裁件断面上的断裂带及毛刺在拉应力或压力作用下会产生应力集中,导致塑性降低,并使弯曲件发生拉裂。因此,在弯曲前,应将毛坯上的毛刺去除。如弯曲件毛坯带有较小的毛刺,弯曲时应使带毛刺朝内(即朝弯曲凸模方向),以避免应力集中而产生破裂。

3. 零件弯曲角的大小

理论上弯曲变形区外表面的变形程度只与$\frac{r}{t}$有关,而与弯曲角α无关。但是在实际弯曲过程中,由于板料纤维是连在一起的,纤维之间是有相互牵制作用的,接近圆角的直边部分也产生了一定的伸长变形(即扩大了弯曲变形区的范围)。从而使圆角部分外表面纤维的拉伸应变得到一定程度的下降,同时也减弱了板料外表面发生开裂的趋势。

所以最小弯曲半径可以小些,弯曲中心角越小,变形分散效应越显著,最小弯曲半径的数值也越小。一般当$\alpha.>70°$时,其影响才不明显。弯曲角α对$\frac{r}{t}$的影响见图5-11所示

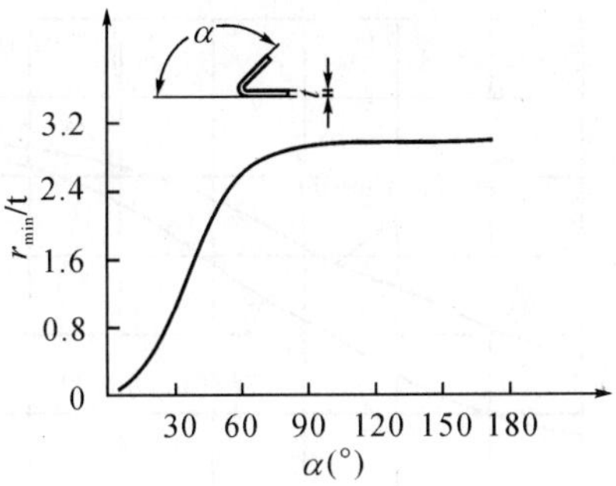

图 5-11　弯曲角 α 对 $\frac{r}{t}$ 的影响

4. 板料的轧制方向与弯曲线夹角的关系

轧制钢板具有纤维组织，弯曲变形时，顺着纤维方向的塑性指标高于垂直于纤维方向的塑性指标。弯曲件的弯曲线与板料轧制方向垂直时，最小弯曲半径数值最小；弯曲件的弯曲线与板料轧制方向平行时，则最小弯曲半径最大。对于 $\frac{r}{t}$ 较大时，可不考虑纤维方向。如果零件有两个以上弯曲线相互垂直，可安排弯曲线与轧制方向成45°夹角。图 5-12 所示。

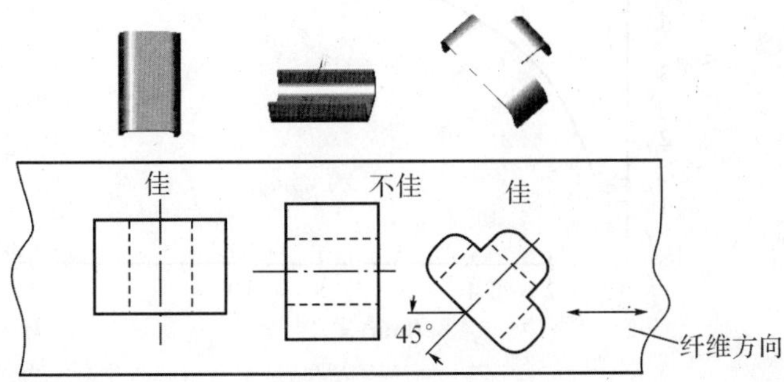

图 5-12　弯曲线与轧制方向成不同夹角

5. 板料的相对宽度

相对宽度 $\frac{b}{t}$ 大时，可采用较大的弯曲半径，此时材料内部的应变强度大。图 5-13 为弯曲件相对宽度 b/t 对最小弯曲半径的影响，当弯曲件的相对宽度较小时，其影响比较明显，但当 $b/t>10$ 时，其影响不大。

6. 板料厚度

板料厚度对弯曲半径的影响表现在：弯曲变形区内切向应变在厚度方向呈线性规律变化，在外表面最大，在应变中性层为零。当板料厚度较小时，切向应变变化的梯度大，能很快地由外表面的最大值衰减为零，这样与切向变形最大的外表面相邻近的金属材料，可以起到阻碍外表面材料产生局部不稳定塑性变形的作用，因此可以获得较大的变形和采用较小的最小弯曲半径，图 5-14 所示。

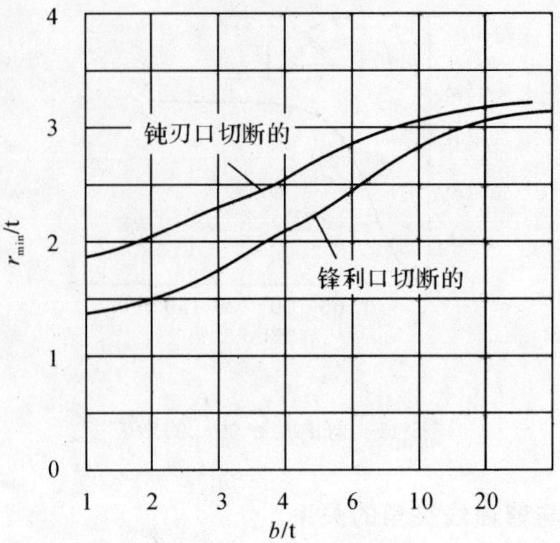

图 5-13　冲裁断面的质量和弯曲件相对宽度 b/t 对最小弯曲半径的影响

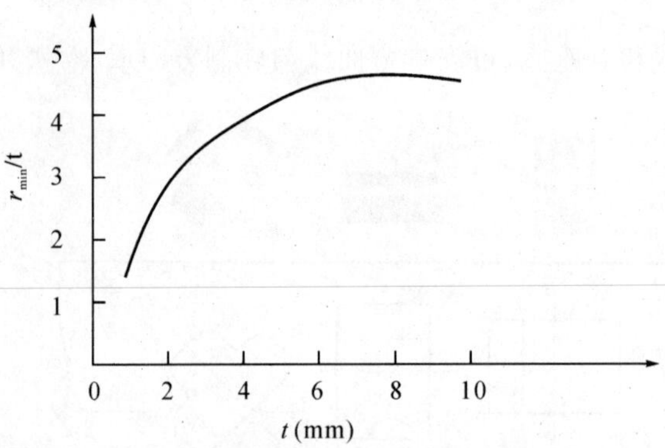

图 5-14　板料厚度对弯曲半径的影响

三、提高弯曲极限变形程度方法

大多数情况下，不宜采用最小弯曲半径 r_{min}，是由于弯曲件变形区的变形程度受到该材料最小弯曲半径 r_{min} 的限制。如果由于设计上需要，弯曲件的内弯曲半径一定要小于 r_{min}（表 5-3 所列数值），常可采用以下措施：

(1)采取弯曲件分两次弯曲的工艺方法，第一次采用较大的弯曲半径（大于 r_{min}），或者再退火，第二次按工件要求的弯曲半径进行弯曲。这样可使弯曲变形区扩大，减小了外层材料的伸长率。

(2)对于低塑性的材料或厚料，采用先退火以增加材料塑性再进行弯曲，以获得所需的弯曲半径，或者在工件许可情况下采用热弯。

(3)先在弯曲件圆角内侧开槽，如图 5-15 所示，再进行弯曲。但这种方法会影响板料零件的强度和刚度，要视零件的使用场合决定是否采用。

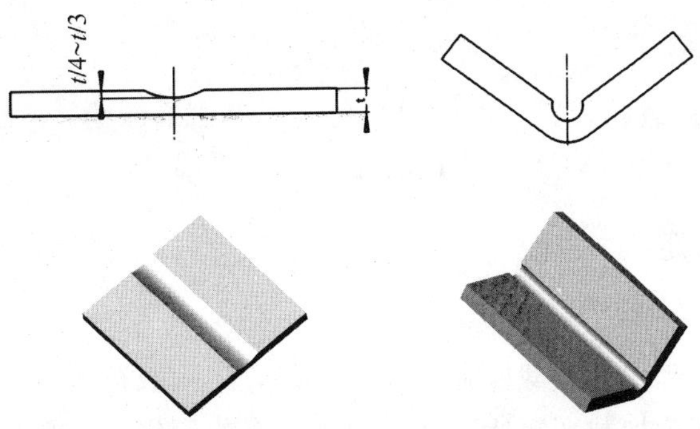

(a) 弯曲前板料上开槽　　(b) 弯曲后的弯曲件

图 5-15 弯曲前板料上开槽后和弯曲后的弯曲件

第三节　弯曲卸载后的回弹

一、弯曲回弹的表现形式

与所有的塑性变形一样，塑性弯曲变形均伴有弹性变形。当外载荷去除非后，塑性变形保留下来，中性层附近的弹性变形以及内、外层总变形中弹性变形部分的会完全消失，使弯曲件的形状和尺寸或者中心角和弯曲半径变得与模具尺寸不一致的现象称为回弹。由于弯曲时内外区切向应力方向不同，弹性回复方向也相反，表现在外区弹性缩短而内区弹性伸长，这种反向的弹复就大大加剧了工件形状和尺寸的改变。回弹过程是个非常重要的问题，直接影响到工件的尺寸和精度。

弯曲回弹的表现形式有如下两种(图 5-16 所示)形式：

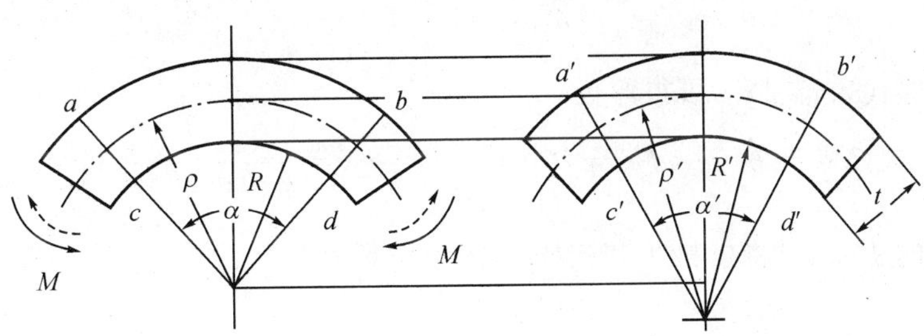

(a) 卸载前　　(b) 卸载后

图 5-16　弯曲回弹的表现形式

(1)曲率半径的减小

卸载前板料中性层的曲率半径为 ρ，卸载后增加至 ρ'。曲率则由卸载前的 $\frac{1}{\rho}$，减小至卸载后的 $\frac{1}{\rho'}$。可以 Δk 表示曲率的减小量，则

$$\Delta k=\frac{1}{\rho}-\frac{1}{\rho'} \tag{5-14}$$

(2)弯曲张角的减小

弯曲张角的改变，卸载前板料变形区的张角为 α，卸载后减小 α'。角度的减小 $\Delta\alpha$ 为

$$\Delta\alpha=\alpha-\alpha' \tag{5-15}$$

二、回弹值的确定

1. 理论计算

金属在塑性变形过程中的卸载回弹量等于加载时同一载荷所产生的弹性变形，所以对于塑性弯曲的回弹量即为加载弯矩所产生的弹性曲率的变化。设塑性弯曲加载弯矩为 M，板料剖面的惯性矩为 J，由“材料力学”中弹性弯矩公式，弯矩卸去后的板料的回弹量 Δk 为

$$\Delta k=\frac{M}{EJ} \tag{5-16}$$

假定塑性弯曲的应力状态是线性的，即只有应力 σ_θ 的作用，忽略其他两个方向的主应力分量，如果板料的宽度为 b，厚度为 t，中性层位于剖面重心，半径为 ρ，则切向应力外 σ_θ 所形成的弯矩可按梁的弯矩求得：

$$M=2b\int_0^{\frac{t}{2}}\sigma_\theta y\,\mathrm{d}y \tag{5-17}$$

其中，距中性层 y 处的切向应力 σ_θ 可按实际应力曲线由相应的切向应变 ε_θ 确定。

$$\varepsilon_\theta=\frac{y}{\rho} \tag{5-18}$$

塑性变形时，许多金属的真实应力应变关系可用指数方程表示，即：

$$\sigma_\theta=\pm C(\varepsilon_\theta)^n \tag{5-19}$$

式中外层拉伸区的 $\sigma_\theta>0$，$\varepsilon_\theta>0$；内层压缩 $\sigma_\theta<0$，$\varepsilon_\theta<0$，C 为与材料性质有关的常数，n 为硬化指数，将式(5-18)代入(5-19)得内外层切向应力：

$$\sigma_\theta=\pm C\left(\frac{y}{\rho}\right)^n \tag{5-20}$$

将式(5-19)代入(5-17)，可得弯矩

$$M=2b\int_0^{\frac{t}{2}}\sigma_\theta y\,dy=2b\int_0^{\frac{t}{2}}C\left(\frac{y}{\rho}\right)^n y\,dy=\frac{Cbt^2}{2(n+2)}\left(\frac{t}{2\rho}\right)^n \tag{5-21}$$

由于板料的 $J=\frac{bt^3}{12}$，将板料 J 和式(5-21)代入(5-16)

$$\Delta k=\frac{1}{\rho}-\frac{1}{\rho'}=\frac{M}{EJ}=\frac{\frac{Cbt^2}{2(n+2)}\left(\frac{t}{2\rho}\right)^n}{E\frac{bt^3}{12}}=\frac{6C}{E(n+2)t}\left(\frac{t}{2\rho}\right)^n \tag{5-22}$$

回弹后的曲率半径

$$\rho'=\frac{\rho}{\left[1-\frac{6C\rho}{E(n+2)t}\left(\frac{t}{2\rho}\right)^n\right]} \tag{5-23}$$

因为卸载前后中性不变：$\widehat{\rho\alpha}=\widehat{\rho'\alpha'}$，所以回弹后角度

$$\alpha'=\frac{\rho\alpha}{\rho'}=\left[1-\frac{6C\rho}{E(n+2)t}\left(\frac{t}{2\rho}\right)^n\right]\alpha \tag{5-24}$$

而角度回弹量

$$\Delta\alpha=\alpha-\alpha'=\left[\frac{6C\rho}{E(n+2)t}\left(\frac{t}{2\rho}\right)^n\right]\alpha \tag{5-25}$$

2. 经验值选用

上述理论计算方法较繁复，在实际弯曲时影响回弹值的因素又较多，而且各因素相互影响，因此计算结果往往不准确，在生产实践中采用经验数值。各种弯曲方法与弯曲角度的回弹经验值可查有关手册或资料。

三、影响回弹的因素

1. 材料的力学性能

材料的屈极点 σ_s 越高，弹性模量 E 越小，弯曲变形的回弹也越大。若材料的力学性能不稳定，其回弹值也不稳定。材料的屈服点 σ_s 越高，则材料在一定的变形程度时，变形区断面内的应力也越大，因而引起更大的弹性变形，故回弹值也越大。弹性模量 E 越大，则抵抗弹性变形的能力越强，故回弹值越小。

2. 相对弯曲半径 r/t

相对弯曲半径 r/t 或 $\frac{\rho}{t}$ 越小，弯曲变形区的总切向变形程度增大，塑性变形部分在总变形中所占的比例增大，而弹性变形部分所占的比例则相应减小，因而回弹值减小。反之，当相对弯曲半径越大，回弹值越大，这就是曲率半径很大的零件不易弯曲成形的道理。

3. 弯曲张角 α

弯曲张角 α 越大，表示弯曲变形区的长度越长，回弹积累值也越小，故回弹角 $\Delta\alpha$ 越大，但对弯曲半径的回弹影响不大。

4. 弯曲条件

(1)弯曲方式对回弹量的影响

板料弯曲时的加载方式与简支梁在集中载荷下的横向弯曲相似。凸模压力在板料上产生的弯曲力矩，分布于整个凹模洞口支点内的板料上，如图 5-17(a)所示。板料的弯曲变形实际上并不是局限于与凸模圆角相接触的折弯线附近，在凹模洞口支点内的板料，都要产生不同程度的弯曲变形。如果板料在无底凹模中自由弯曲(图 5-17(b))，即便最大限度地减小凹模洞口宽度，使加载弯矩的分布区间尽可能集中，也很难使板料的弯曲曲率与凸模形状取得一致，但是在有底凹模中自由弯曲(图 5-17(c))中，凹模底部对板料的限制作用，弯曲结束时，不平整的直边与凸模完全贴合。直边压平后的反向回弹，可减小和抵消圆角弯曲变形时的角度回弹。

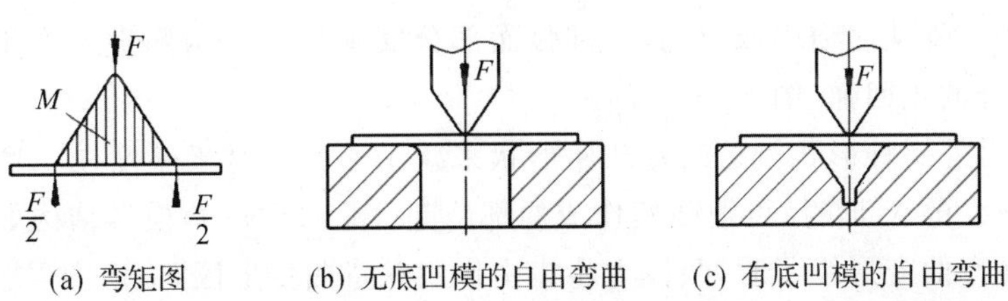

(a) 弯矩图　(b) 无底凹模的自由弯曲　(c) 有底凹模的自由弯曲

图 5-17　模具的弯曲形式及弯矩图

(2)模具几何参数对于回弹量的影响

模具的几何参数，如在弯曲 U 形件时，模具凸、凹模间隙对弯曲件的回弹有直接的影响。间隙小，回弹减小。相反，当间隙较大时，材料处于松动状态，工件的回弹就大。凹模的圆角半径、凹模的宽度与深度等。如弯曲同样直边较长的 V 形件，模具可采取如图 5-18(a)、(b)两种方式，从减小回弹量来看，图 5-18(a)由于直边部分可完全通过凸模压平，而 5-18(b)中的只有一部分直边通过凸模压平，另一部分只是依靠板料的纤维牵连作用。显然图 5-18(a)中的形式要比图 5-18(b)效果要好，但模具尺寸过大，成本也高。一般不采用。

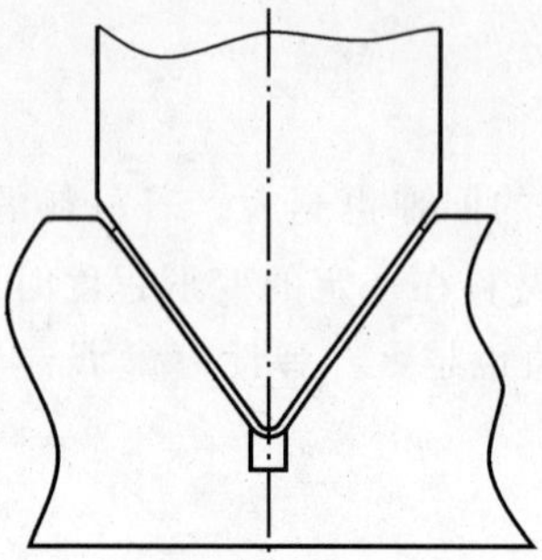

(a) 凸模全部压平直边

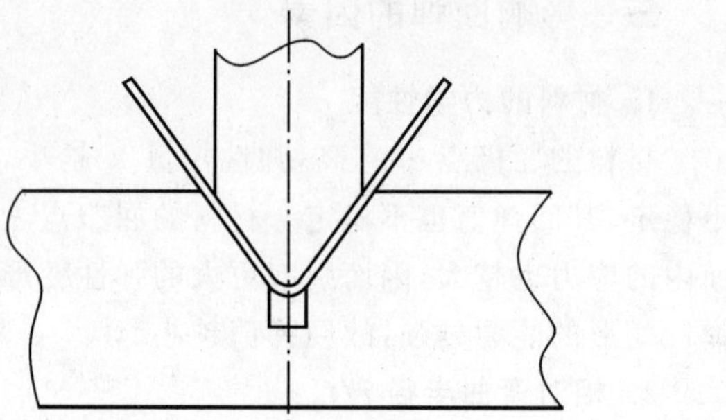

(b) 凸模压平部分直边

图 5-18　直边较长的 V 形件弯曲模

(3)弯曲件的几何形状对于回弹量的影响

一般来说，弯曲件愈复杂，一次弯曲成形的回弹量愈小，这是由于在弯曲时各部分材料互相牵制及弯曲件表面与模具表面之间摩擦力的影响，因而改变了弯曲件弯曲时各部分材料的应力状态，这样使回弹困难，回弹角减小。如 U 形件的回弹小于 V 形件。

四、减少回弹的措施

由于弯曲件在弯曲过程中弹性变形是不可避免的，要完全消除弯曲件的回弹是不切实际的，但为了提高弯曲件的精度，采取一些必要的措施来尽量减小或补偿由于回弹所产生的误差是可能的，如下列措施。

1. 补偿法

根据弯曲件的回弹趋势和回弹量的大小，控制模具工作部分的几何形状和尺寸，使弯曲以后，工件的回弹恰好得到补偿。如弯制 V 形件时，可根据工件可能产生的回弹量，将凸模的圆角半径与角度预先做小一些，以补偿回弹作用，对于 U 形弯曲，也可将工件底部压出反向凸起弧面，当工件从凹模中取出，其底部弧面部分回弹伸直使两侧直边产生负回弹，从而抵消了圆角部分的正回弹(图 5-19)。

补偿法的另外一种形式就是改变凸模形状来减小回弹。对于厚度在 0.8mm 以上软材料，弯曲半径不大的 V 形时，可把凸模作成局部凸起(图 5-20(a))，模具结构如图 5-20(b)所示，这种模具在弯曲变形终了时，凸模力将集中作用在弯曲变形区，迫使内层金属受压，产生切向伸长应变。从而，卸载后回弹量将会减少。对于 U 形件弯曲，也可把凸模作成局部凸起(图 5-20(c))，模具结构如图 5-20(d)所示，这种模具工作时同时改变背压(顶板压力)的方

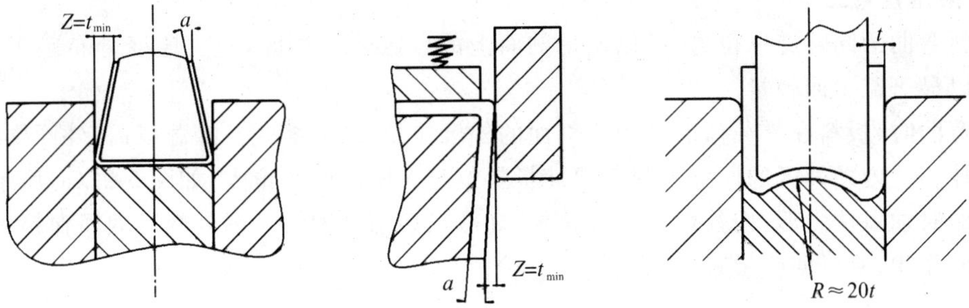

图 5-19 模具补偿克服回弹

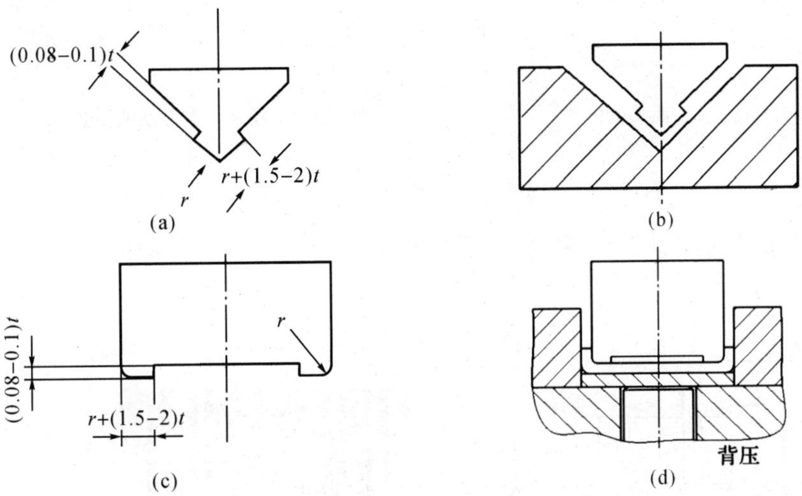

图 5-20 改变凸模形状减小回弹

法改变回弹角，并适当调整背压值，就可以使得底部产生的负回弹与角部回弹相抵消。

采用橡胶、聚氨酯软凹模代替金属凹模（图 5-21），用调节凸模压入软凹模深度方法来控制回弹也是一种比较好的方法。

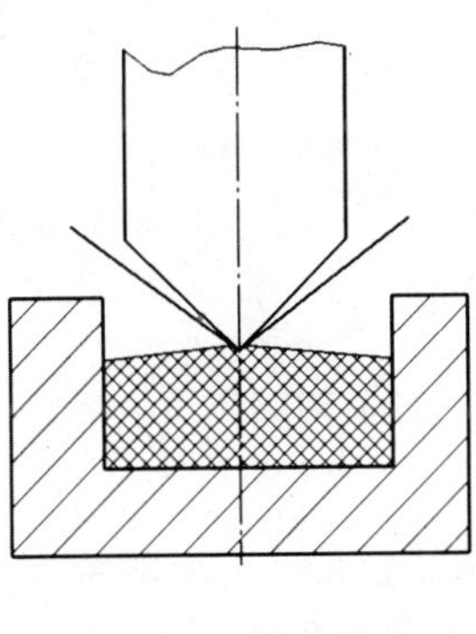

图 5-21 橡胶或聚氨酯软凹模

2. 采用拉弯工艺

板料弯曲的同时施以拉力，可以使得剖面上的压区转为拉区，应力应变分布趋于一致，从而可以显著减少回弹量。

纯弯曲时，板料在外载荷的作用下剖面的外区拉长，内区缩短。卸载以后，外区要缩短，内区要伸长。内外两区的回弹趋势都要使板料复直。所以回弹量大，如图 5-22(a)所示。

弯曲时加以拉力后，内外两区都被拉长，卸载以后都要缩短。内外两区的回弹趋势有相互抵消的作用，所以回弹量减小，如图 5-22(b)。

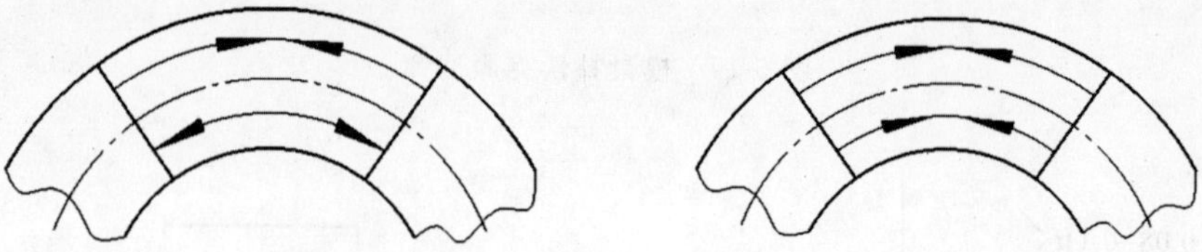

(a) 纯弯曲后的回弹　　(b) 拉弯和弯曲后的回弹

图 5-22　拉弯工艺

在压弯 U 形件时，利用压边装置，模具如图 5-23 所示。牵制毛料的自由流动，可以取得不错的效果。

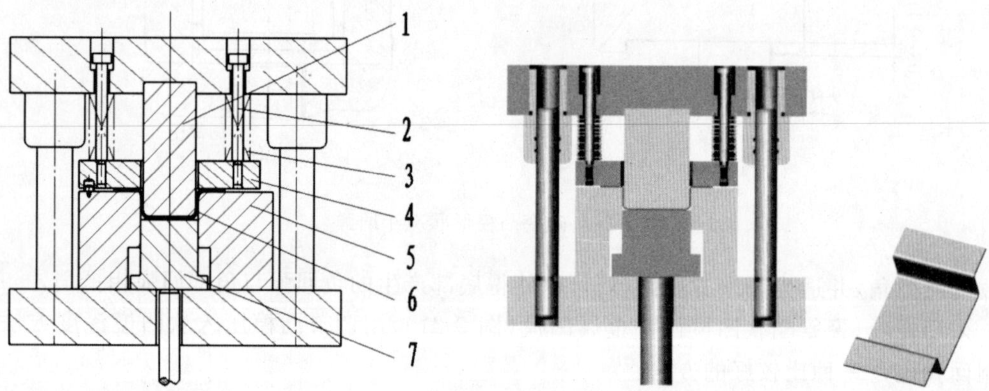

(a) 弯曲模　　(b) 弯曲模效果图　　(c) 弯曲后工件

1.凸模　2.压料钉　3.弹簧　4.压料板　5.凹模　6.工件　7.推板

图 5-23　带压边装置的弯曲模

第四节　弯曲件毛坯尺寸计算

由于弯曲件应变中性层在弯曲前后长度不变的特点，所以可先确定应变中性层位置，再计算应变中性层长度，最后可得到毛坯的长度。

一、弯曲应变中性层位置的确定

板料塑性弯曲时的应变中性层位置会内移，可由式(5-10)求出应变中性层曲率半径。

冲压生产中，可采用下面的经验公式来确定应变中性层的曲率半径

$$\rho=r+xt \tag{5-26}$$

式中 x——应变中性层位移系数，其值可参照表 5-3 选取。

表 5-3 应变中性层位移系数

$\frac{r}{t}$	0.1	0.2	0.3	0.4	0.5	0.6	0.7	0.8	1	1.2
x	0.21	0.22	0.23	0.24	0.25	0.26	0.28	0.3	0.32	0.33
$\frac{r}{t}$	1.3	1.5	2	2.5	3	4	5	6	7	≥8
x	0.34	0.36	0.38	0.39	0.4	0.42	0.44	0.46	0.48	0.5

二、弯曲件毛坯尺寸的计算

弯曲件毛坯长度的计算方法，与弯曲半径和厚度有关，有如下两种情况：

(1) $\frac{r}{t}>0.5$ 的弯曲件

当弯曲件中的 $\frac{r}{t}>0.5$ 时，变形区材料变薄不严重，且断面畸变较小，可按应变中性层长度等于毛坯长度的原则来计算。图 5-24 为弯一个大于 90°角弯曲件，其毛坯长度计算公式为：

$$L=l_1+l_2+l_0=l_1+l_2+\frac{\pi\alpha}{180}\rho=l_1+l_2+\frac{\pi\alpha}{180}(r+xt) \tag{5-27}$$

式中 L——毛坯展开长度(mm)；

l_1、l_2、——工件直边长度(mm)；

l_0——工件中大于 90°角中性层弧长(mm)；

x——应变中性层位移系数(查表 5-3)；

r——弯曲件内弯曲半径(mm)；

t——板厚(mm)；

α——弯曲中心角(°)。

(2) $\frac{r}{t}<0.5$ 的弯曲件

当弯曲件中的 $\frac{r}{t}<0.5$ 时，变形区材料变薄严重，且断面畸变较大，就要采用弯曲前后体积不变来计算毛坯长度。如图 5-25 为一个无圆角的直角弯曲件，设宽度 b，则

弯曲前毛坯体积：$V_0=Lbt$

弯曲件后体积：$V=(l_1+l_2)bt+\frac{\pi t^2}{4}b$

由 $V_0=V$

可得 $$L=l_1+l_2+0.785t$$

由于弯曲变形时，不仅在毛坯的圆角变形区产生变薄，而且与其相邻的直边部分也产生一定程度的变薄，所以上式求得的结果往往偏大，还必须作如下修正。

$$L=l_1+l_2+x't \tag{5-28}$$

式中 x'——修正系数，一般取 $x'=0.4\sim0.6$。

用上述各公式计算时，实际是一个参考值。在实际弯曲过程中，还要受到多种因素的影响，如材料力学性能、模具状况、弯曲方式等，因此可能会产生较大误差，所以只能用于形状比较简单，尺寸精度要求不高的弯曲件。对于形状比较复杂，或尺寸精度要求高的弯曲件，在初步确定毛坯长度后，还需要反复试弯，不断修正，才能最后确定合适的毛坯长度。具体方法是先制造弯曲模，经过试弯修正合格后，确定毛坯尺寸后再制造落料模或通过裁剪设备裁剪。

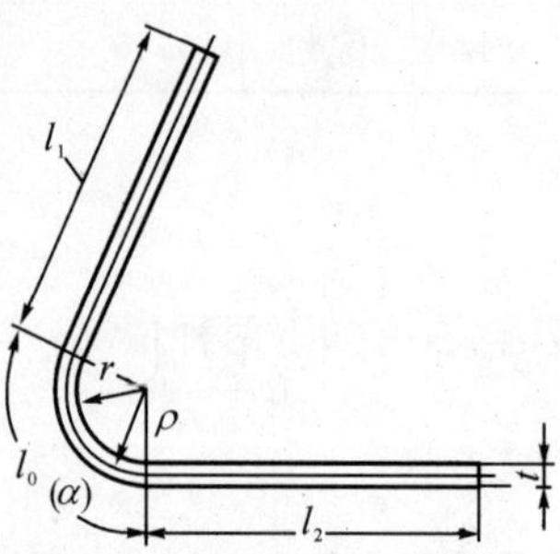

图 5-24 $\frac{r}{t}>0.5$ 时的弯曲件

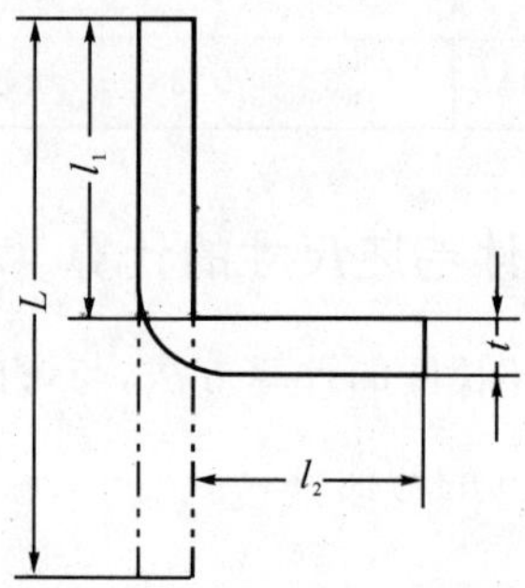

图 5-25 无圆角的直角弯曲件

第五节 弯曲力计算

弯曲力大小是设计弯曲模和选择压力机吨位的重要依据，但受到材料力学性能、弯曲件形状、板厚、毛坯尺寸大小、弯曲半径、模具间隙、弯曲结构等多种因素的影响。而理论上精确计算弯曲力是比较困难的，在冲压生产中常用经验公式或通过简化的理论公式来进行计算。

一、自由弯曲时弯曲力计算

自由弯曲力计算公式如下：

V 形件弯曲(图 5-26(a))

$$F=\frac{0.6kbt^2\sigma_b}{r+t} \tag{5-29}$$

U 形件弯曲(图 5-26(b))

$$F=\frac{0.7kbt^2\sigma_b}{r+t} \tag{5-30}$$

式中 F——自由弯曲力(N)；

b——弯曲件宽度(mm)；

r——弯曲件内弯曲半径(mm)；

σ_b——材料抗拉强度(MPa)；

t——材料厚度(mm)；

k—系数，一般取 $k=1\sim1.3$。

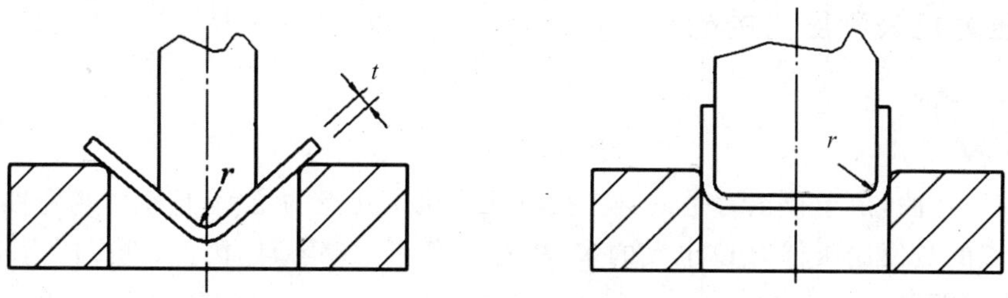

(a) V形件　　(b) U形件

图 5-26　自由弯曲模

二、校正弯曲时弯曲力计算

校正弯曲如图 5-27 所示。校正弯曲力按下式计算：

$$F_{校}=qA \tag{5-31}$$

式中　$F_{校}$——校正弯曲力(N)；

A——校正部分投影面积(mm^2)；

q——单位面积上的校正力(MPa)，q 值可按表 5-4 选取。

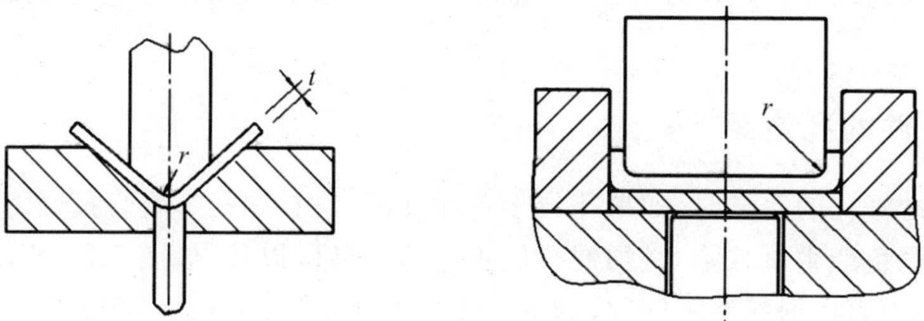

(a) V形件　　(b) U形件

图 5-27　校正弯曲示图

表 5-4　单位校正力 q 值

材　料	板料厚度 t/mm			
	<1	1～3	3～6	6～10
铝	15～20	20～30	30～40	40～50
黄铜	20～30	30～40	40～60	60～80
10～20 钢	30～40	40～60	60～80	80～100
25～30 钢	40～50	50～70	70～100	100～120

三、顶件力和压料力计算

对于设有顶件装置或压料装置的弯曲模，顶件力或压料力 Q 可近似取自由弯曲力 F 的 60%～80%。即：$Q=(0.6\text{-}0.8)F$

四、压力机公称压力的确定

对于自由弯曲

$$F_{压力机} \geqslant F+Q \tag{5-32}$$

对于校正弯曲，由于校正力是发生在接近压力机下死点的位置，校正力与弯曲力并不重叠，而且校正的数值比压料力 Q 也大的多，故 Q 数值可忽略不计，因此，选择压力机时，以校正弯曲为依据即可。

$$F_{压力机} \geqslant F_{校} \tag{5-33}$$

式中　$F_{校}$——校正弯曲力(kN)。

第六节　弯曲件的工艺性

弯曲件的工艺性是指弯曲件结构形状、尺寸精度要求、材料选用及技术要求是否适合于弯曲加工的工艺要求。

一、弯曲件的尺寸公差

一般弯曲件的尺寸公差最好在 IT13 级以下，角度公差最好大于 15°，否则，应增加整形工序。

二、弯曲件的孔边距

弯曲预先冲好孔的毛坯时，如果孔位于弯曲变形区内，则孔形将直接受弯曲变形的影响而畸变。为了避免产生该缺陷，必须使孔处于弯曲变形区以外，如图 5-28 所示，从孔边到弯曲半径，中心的距离根据料厚不同取，如 $t<2\text{mm}, L\geqslant t, t\geqslant 2\text{mm}, L\geqslant 2t$。

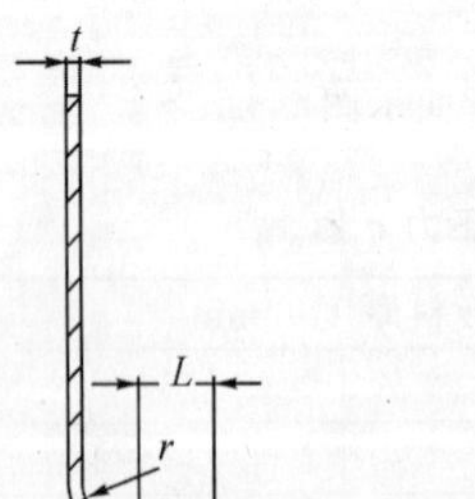

图 5-28　孔边到弯曲半径距离

三、弯曲件直边高度

为了保证弯曲件的直边部分平直，其直边高度 h 应不小于 $2t$，最好大于 $3t$。若 $h<2t$，则必须在弯曲圆角处预先压槽后再弯曲，或加长直边部分，待弯曲后再切掉多余部分，如图 5-29 所示。当弯曲件直边带有斜角时，如斜线到达变形区，则应改变零件形状，使其带有一直边，如图 5-30 所示。

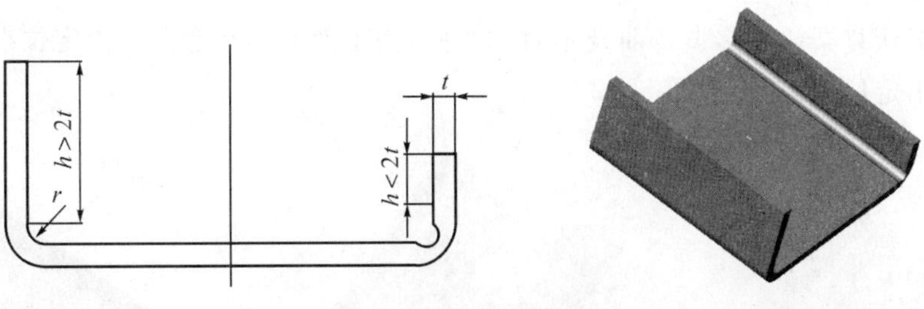

图 5-29　弯曲件直边高度的要求

图 5-30　弯曲件直边带有斜角

四、弯曲件上增添工艺孔和工艺槽

为了防止在尺寸突变的尖角处出现撕裂，应改变弯曲件形状，使突变处离开弯曲线（图 5-31(a)），或在尺寸突变处预冲出工艺槽（图 5-31(b)），图 5-31 中有关尺寸如下：

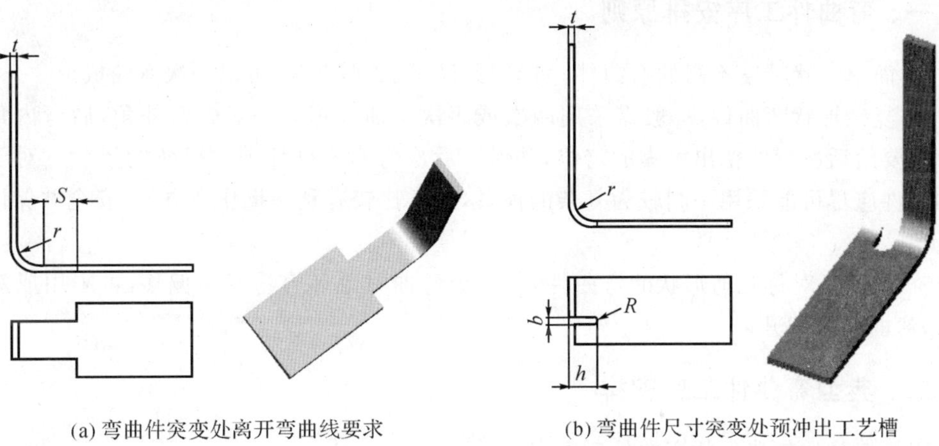

(a) 弯曲件突变处离开弯曲线要求　　(b) 弯曲件尺寸突变处预冲出工艺槽

图 5-31　弯曲件上增添工艺孔和工艺槽

尺寸突变处到弯曲半径中心距离 $S \geqslant r$；

工艺槽宽 $b \geqslant t$；

工艺槽深 $h = t + r + \frac{t}{2}$

工艺直径 $d \geqslant t$

五、定位工艺孔

弯曲件形状复杂或需多道弯曲及不对称弯曲，为了使毛坯在弯曲模内定位准确，可在弯曲件上设计出定位工艺孔，如图 5-32 所示。

图 5-32　弯曲件上的定位工艺孔

第七节　弯曲件的工序安排

弯曲件的工序安排应根据工件形状、尺寸、公差等级、生产批量以及材料的力学性能等因素综合考虑。弯曲工序安排合理与否，直接影响工序数目，零件质量、生产效率及生产成本等。

一、弯曲件工序安排原则

1. 简单形状精度不高的弯曲件，如 V 形、U 形、Z 形件等，可以一次弯曲成形。

2. 复杂形状弯曲件，一般需采用两次或多次弯曲成形。一般先弯外角，后弯内角。前次弯曲要给后次弯曲留出可靠的定位，并保证后次弯曲不破坏前次已弯的形状。对于特别小的工件应尽可能采用一副较为复杂的模具，这样比较有利于操作者方便，安全并保证零件质量。

3. 单面不对称几何形状的弯曲件，若单个弯曲时毛坯容易发生偏移，可采用成对弯曲成形，弯曲后再切开。

二、典型弯曲件工序安排

表 5-5 是比较典型的弯曲件工序安排。

表 5-5　典型的弯曲件工序安排

弯曲次数	工件类型		
一次弯曲	  		
二次弯曲			
三次弯曲			

第八节　弯曲模设计

一、弯曲模工作部分设计

1. 弯曲凸模的圆角半径

当弯曲件的相对弯曲半径$\frac{r}{t}$较小时，凸模圆角半径等于弯曲件的弯曲半径，但弯曲件的弯曲半径不小于r_{min}。如$\frac{r}{t}$小于最小相对弯曲半径，则可先将弯曲时凸模圆角半径大于最小弯曲半径，即$r_{凸}>r_{min}$，然后经整形工序达到所需的弯曲半径。当弯曲件的相对弯曲半径$\frac{r}{t}$较大、精度要求较高时，还应考虑工件的回弹，凸模的圆角半径应作相应的修正。

2. 弯曲凹模的圆角半径和凹模深度

如图 5-33 所示，是凸、凹模结构尺寸。凹模圆角半径不能过小，凹模圆角半径过小，否则坯料弯曲时进入凹模的阻力增大，工件表面产生擦伤甚至压痕。凹模圆角半径过大，影响坯料定位的准确性。凹模两边的圆角半径应一致，以免弯曲时工件产生偏移。在生产中，凹模圆角半径一般取决于弯曲件材料的厚度：

当$t\leqslant 2$mm 时，$r_{凹}=(3-6)t$；

当$t=2\sim4$mm 时，$r_{凹}=(2-3)t$；

当$t>4$mm 时，$r_{凹}=2t$。

对于弯曲 V 形件的凹模，其底部可开退刀槽或取圆角半径，圆角半径$r_{底}$为：$r_{底}=(0.6\sim0.8)(r_{凸}+t)$

对于凹模深度L_0要适当，若深度过小，则两端的自由部分较长，工件弯曲成形后回弹量大，而且直边不平直。若深度过大，则模具材料消耗大，模具成本提高，而且压力机需要较大的行程。

弯曲 V 形件时，凹模深度及底部最小厚度可查表 5-6。

表 5-6　弯曲 V 形件的凹模深度 L_0 及底部最小厚度值 h　(mm)

弯曲件边长 L	材料厚度 t					
	<2		2～4		>4	
	h	L_0	h	L_0	h	L_0
>10～25	20	10～15	22	15		
>25～50	22	15～20	27	25	32	30
>50～75	27	20～25	32	30	37	35
>75～100	32	25～30	37	35	42	40
>100～150	37	30～35	42	40	47	50

弯曲 U 形件时，若弯曲高度不大于或要求两边平直，则凹模深度应大于零件高度，如图 5-33(b)所示，图中 m 值可查表 5-7。如果弯曲件边长较长，而对平直度要求不高时，可采用图 5-33(c)所示的凹模结构型式。凹模工作部分深度 L_0 值见表 5-8。

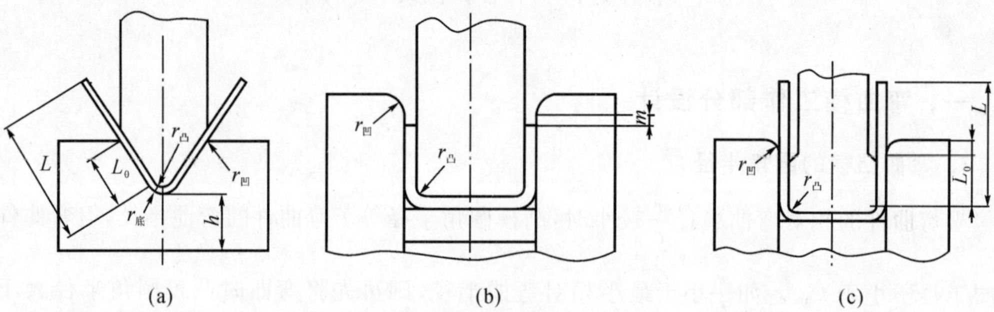

图 5-33　弯曲件结构尺寸

表 5-7　弯曲 U 形件凹模的 m 值　(mm)

材料厚度 t	≤1	>1～2	>2～3	>3～4	>4～5	5～6	6～7	7～8	8～10
m	3	4	5	6	8	10	15	20	25

表 5-8　弯曲 U 形件的凹模深度 L_0　(mm)

弯曲件边长 L_0	材料厚度				
	≤1	>1～2	>2～4	>4～6	>6～10
<50	15	20	25	30	35
50～75	20	25	30	35	40
75～100	25	30	35	40	40
100～150	30	35	40	50	50
150～200	40	45	55	65	65

3. 弯曲凸模与凹模之间的间隙

V 形件弯曲模中的凸、凹模之间的间隙靠调节压力机的闭合高度来控制，不需要在设计和制造模具时考虑。

对 U 形件，由于凸、凹模之间的间隙值对弯曲件的质量和弯曲力有很大的影响。间隙值过小，弯曲力增大，同时零件直边的板厚减薄和出现划痕，降低凹模使用寿命。间隙值过大，则弯曲件回弹增加，降低零件的尺寸与形状精度。

凸模和凹模之间的间隙值一般可由下式来决定：

$$Z=t_{max}+nt=t+\Delta+nt \tag{5-34}$$

式中 Z——弯曲凸模与凹模的单面间隙(mm)；

t_{max}、t—材料厚度的最大尺寸和基本尺寸(mm)；

Δ——材料厚度的上偏差；

n——间隙系数，如表 5-9 所示。

表 5-9 U 形件弯曲的间隙系数 n 值

弯曲件高度 H/mm	材料厚度 t/mm								
	$b/H\leqslant2$				$b/H>2$				
	<0.5	0.6~2	2.1~4	4.1~5	<0.5	0.6~2	2.1~4	4.1~7.5	7.6~12
10	0.05	0.05	0.04		0.10	0.10	0.08		
20	0.05	0.05	0.04	0.03	0.10	0.10	0.08	0.06	0.06
35	0.07	0.05	0.04	0.03	0.15	0.10	0.08	0.06	0.06
50	0.10	0.07	0.05	0.04	0.20	0.15	0.10	0.06	0.06
70	0.10	0.07	0.05	0.05	0.20	0.15	0.10	0.10	0.08
100		0.07	0.05	0.05		0.15	0.10	0.10	0.08
150		0.10	0.07	0.05		0.20	0.15	0.10	0.10
200		0.10	0.07	0.07		0.20	0.15	0.15	0.10

4. 弯曲凸模与凹模横向尺寸及制造公差

U 形弯曲模凸模与凹模的横向尺寸及制造公差与弯曲件的尺寸标注有关，分为两种情况：

(1)标注外形尺寸的弯曲件　如图 5-34(a)、(b)所示。弯曲件为双向对称偏差时，凹模尺寸为

$$L_{凹}=(L-0.5\Delta)^{+\delta_{凹}}_{0} \tag{5-35}$$

弯曲件为单向偏差时，凹模尺寸为

$$L_{凹}=(L-0.75\Delta)^{+\delta_{凹}}_{0} \tag{5-36}$$

凸模尺寸为

$$L_{凸}=(L_{凹}-2Z)^{0}_{-\delta_{凸}} \tag{5-37}$$

(2)标注内形尺寸的弯曲件　如图 5-34(c)、(d)所示。弯曲件为双向对称偏差时，凸模尺寸为

$$L_{凸}=(L+0.5\Delta)^{0}_{-\delta_{凸}} \tag{5-38}$$

弯曲件为单向偏差时，凸模尺寸为

$$L_{凸}=(L+0.75\Delta)^{0}_{-\delta_{凸}} \tag{5-39}$$

凹模尺寸为

$$L_{凹}=(L_{凸}+2Z)^{+\delta_{凹}}_{0} \tag{5-40}$$

式中 L——弯曲件基本尺寸(mm)；

$L_{凸}$、$L_{凹}$——凸模、凹模工作部分尺寸(mm)；

$\delta_凸$、$\delta_凹$——凸模、凹模制造公差，一般选 IT 7～IT 9 级精度；

Z——凸、凹模单面间隙(mm)。

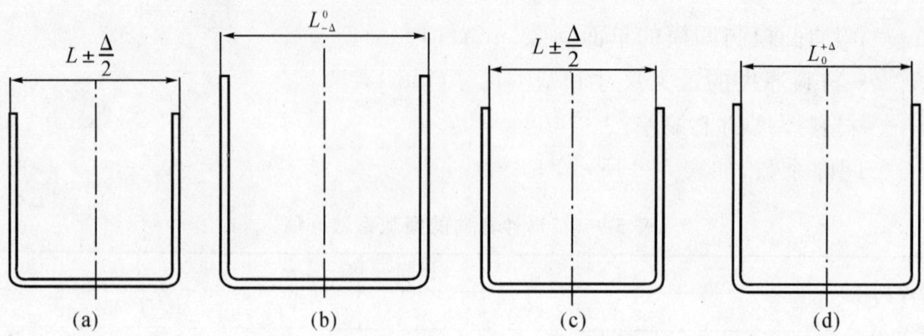

图 5-34　弯曲件尺寸标注形式

二、弯曲模的典型结构

1. V 形件弯曲模

V 形弯曲件如图 5-35(a)所示，直边较长，V 形件弯曲模所图 5-35(b)、(c)所示，特点是凸模 3 比较细长，凹模 8 比较浅，弯曲前的定位靠定位板 6 上的挡块 5 定位，存放杆 7 的作用是:在模具不工作时存放时，考虑到凸模细长而使上模左右一边倒的可能，影响导柱导套的精度和使用。

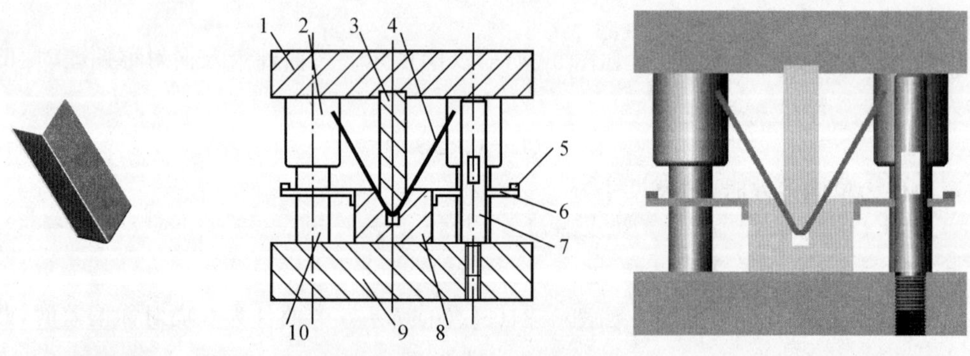

(a) V形弯曲件　(b) V形件模具结构　(c) V形件模具效果图

1. 上模板　2. 导套　3. 凸模　4. 工件　5. 挡块 6. 定位板

7. 存放杆　8. 凹模　9. 下模板　10. 导柱

图 5-35　V 形件和 V 形弯曲模

2. ⅂⅃ 形件弯曲模

⅂⅃ 形件如图 5-36(a)所示，这种弯曲件一次或两次均可弯曲，但从减少工序上或从回弹方面考虑，采用图 5-36(b)、(c) *U* 形件弯曲模。板坯上原先加工两个工艺孔。压制前的状态是：顶杆 12 在压力机下顶出机构作用下，往上顶凹模推板 10，直到其与凹模 9 上平面平齐，此时板坯上的两个工艺孔插入凹模推板的定位销 8 内，上模板 1 带动凸模 5 和压料板 6 等进行压制。*U* 形件如果设计许可，最好能有工艺孔，类似的 *U* 形件，对称或不对称都可参考此种结构。需要说明的是：如果 *U* 形件较深，弹性元件可采用橡皮，橡皮相对弹簧可具有更大的可压缩行程。

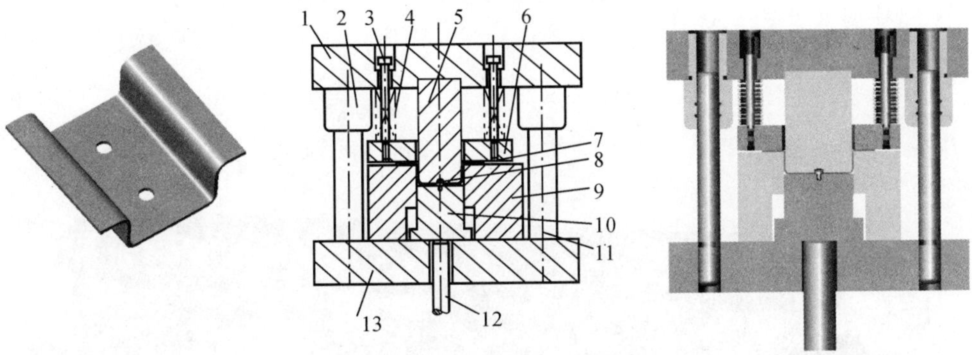

(a)乚厂形弯曲件　　(b)乚厂形件弯曲模　　(c)乚厂形件模具效果图

1. 上模板　2. 导套　3. 压料螺钉　4. 弹簧　5. 凸模　6. 压料板　7. 工件
8. 定位销　9. 凹模　10. 凹模推板　11. 导柱　12. 顶杆　13. 下模板

图 5-36　乚厂形弯曲件和乚厂形件弯曲模

3. *U* 形件弯曲模

板厚较厚，尺寸(宽度)较大的 *U* 形件，如图 5-37(a)所示。由于弯曲后的回弹，工件可能卡在凹模里或凸模上，尤其是如果工件卡在凸模上，则上模总成往上运行时，取料困难或在上行途中跌落，会造成模具损坏。因此，上模中有一个脱料机构。模具如图 5-37(b)、(c)所示。

上模上行时，靠上脱料板 9 在橡皮 8 的作用下，并依靠上退料螺钉 7，可将卡在凸模 6 上的工件 5 在模具工作完成后脱下，可很方便地取出。

思考与练习题

1. 简述弯曲变形过程。
2. 什么是最小弯曲半径？影响最小弯曲半径主要有哪些因素？
3. 影响弯曲变形回弹的因素有影响？采取什么措施能减小回弹？
4. 简述弯曲件结构设计要注意的工艺要求？
5. 计算下图 5-38 和图 5-39 所示弯曲件的展开长度。

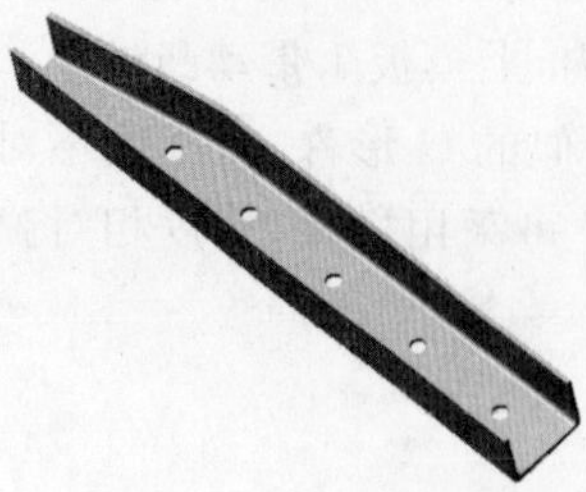

(a) U形弯曲件

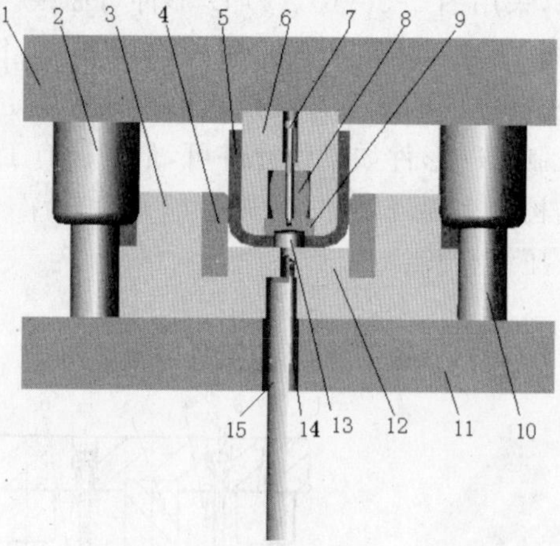

(b) U形弯曲模

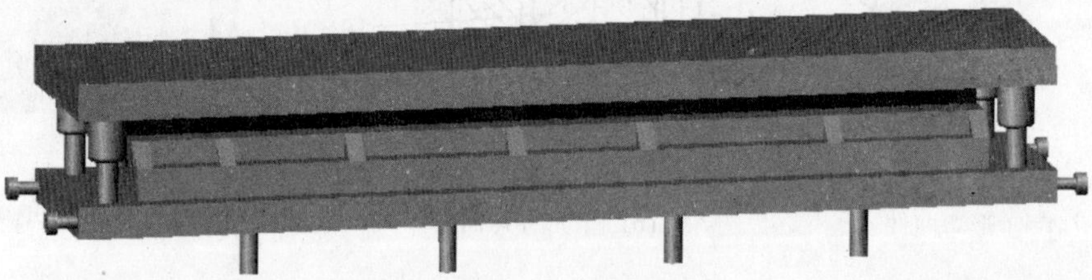

(c) U形弯曲模效果图

1.上模板　2.导套　3.凹模座　4.凹模　5.工件　6.凸模　7.上退料螺钉　8.橡皮　9.上脱料板
10.导柱　11.下模板　12.下脱料板　13.定位销　14.下退料螺钉　15.顶杆

图 5-37　U 形弯曲件和 U 形件弯曲模

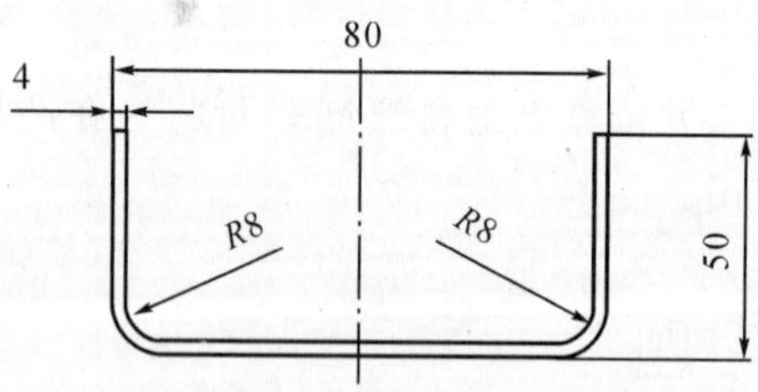

图 5-38　弯曲件

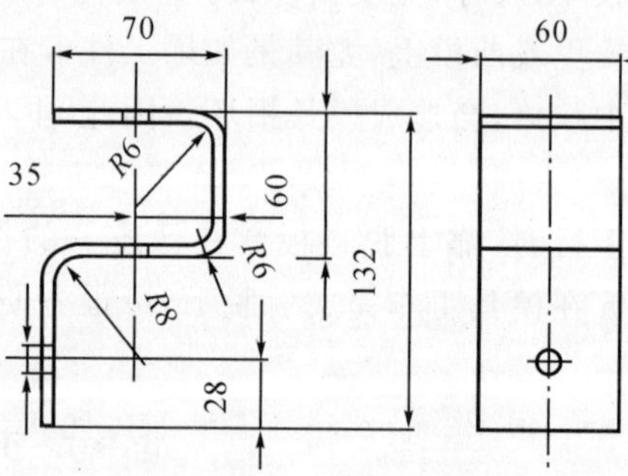

图 5-39　弯曲件

教学的目的和要求

拉深工序及其拉深模具可用于生产圆筒形件、阶梯形、锥形、盒形和其他不规则形状的薄壁零件。如果与其他冲压工艺相结合，还可以冲制出形状极为复杂的如汽车覆盖件等一类的冲压零件。拉深又称拉延、引伸等。本章在分析圆筒形件拉深变形过程及拉深件质量影响因素的基础上，介绍拉深工艺计算、工艺方案的制订、涉及拉深变形过程分析、拉深件质量分析、拉深系数及最小拉深系数影响因素、圆筒形件的工艺计算、并以此为基础，了解其他阶梯形、锥形、盒形和其他不规则形状的薄壁零件的拉深特点。要求学生熟练掌握拉深模具结构的设计方法，能够根据拉深件的形状结构和尺寸精度等要求进行拉深工艺分析，能够提出解决拉深过程中产生起皱和破裂的工艺方法，并合理地安排拉深工艺过程。

第六章　拉深工艺及拉深模设计

拉深是把剪裁或冲裁成一定形状的平板毛坯利用模具变成开口空心工件的冲压方法。用拉深工艺可以制得筒形、阶梯形、锥形、盒形以及其他形状复杂的零件，如图 6-1 所示。拉深工艺分不变薄拉深和变薄拉深。不变薄拉深得到的工件各部分厚度与毛坯接近。如果工件壁厚比毛坯厚度显著减小，这种拉深叫变薄拉深。本章只讨论不变薄拉深。

拉深工艺如与其他成形工艺配合，还可以生产形状极为复杂的薄壁零件，而且强度高和刚度好及重量轻。因此，拉深工艺在汽车、飞机、拖拉机、电器、仪表、电子等工业以及日常生活用品的生产中占有重要地位。拉深工序可在为普通的单动压力机上进行(拉深浅拉深件)，也可在专用的双动或三动拉深压力机及液压机上进行。

由于拉深件几何形状各不相同，拉深中材料的应力状态和变形状态相差就很大。圆筒形零件拉深是最简单和最典型的，本章主要分析讨论圆筒形零件的拉深工艺，在此基础上，分析其他形状零件的拉深特点。

第一节　拉深的变形过程

一、拉深时的变形情况

将直径为 D 的毛坯拉深成直径为 d 的筒形件。由图 6-2(a)所示，由圆形毛坯拉深成圆筒形件出现了“多余的三角形”(剖面线部分)。如果切去“多余的三角形”，沿直径 d 的圆周折弯成筒形件，则筒形件高度 $h=(D-d)/2$。但实际拉深时，“多余的三角形”并没有切去，这部分材料在拉深时因塑性变形而发生了转移，从而使拉深件的高度增加了 Δh，即 $h=(D-d)/2+\Delta h$，如图 6-2(b)所示。

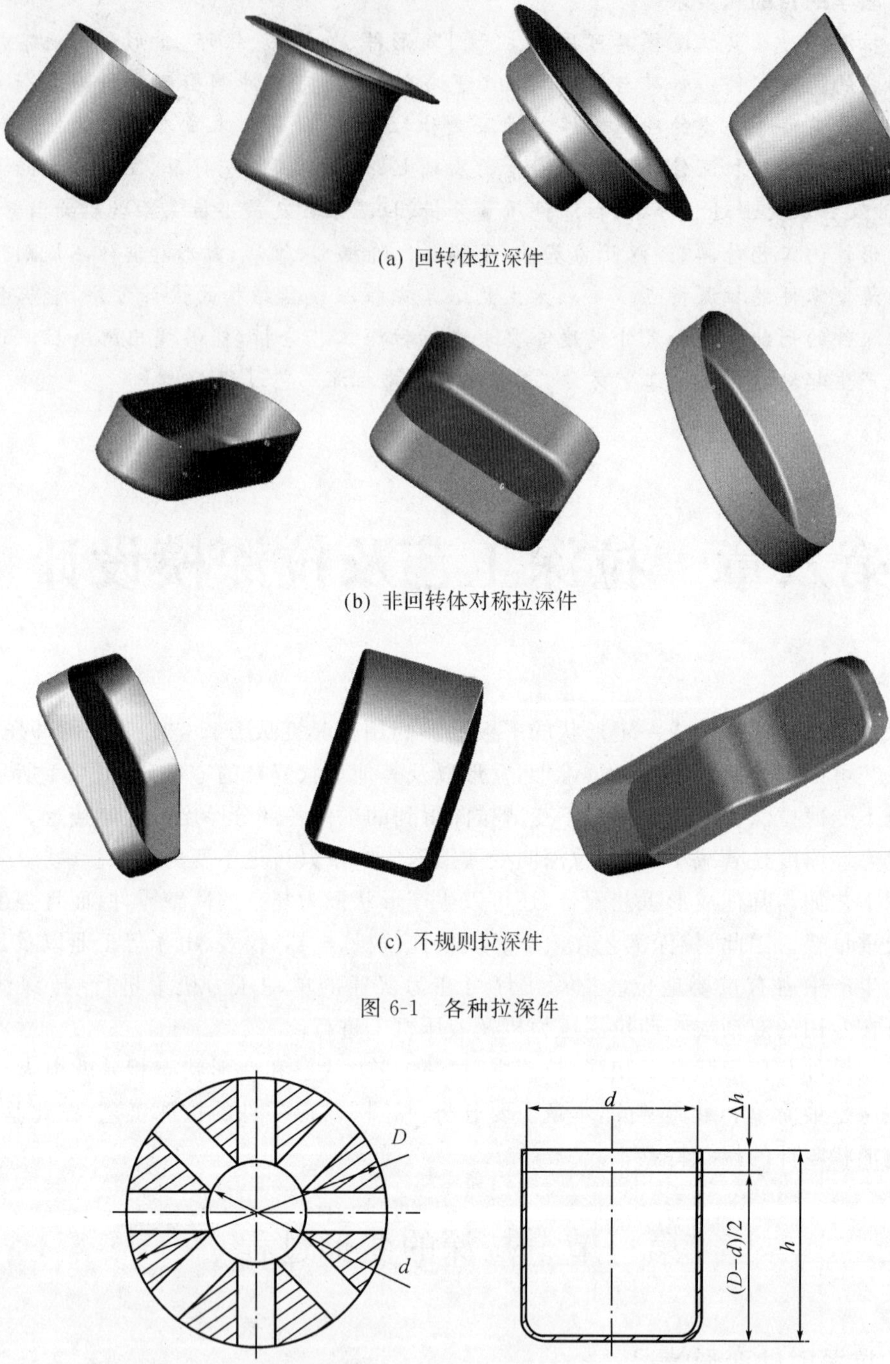

(a) 回转体拉深件

(b) 非回转体对称拉深件

(c) 不规则拉深件

图 6-1　各种拉深件

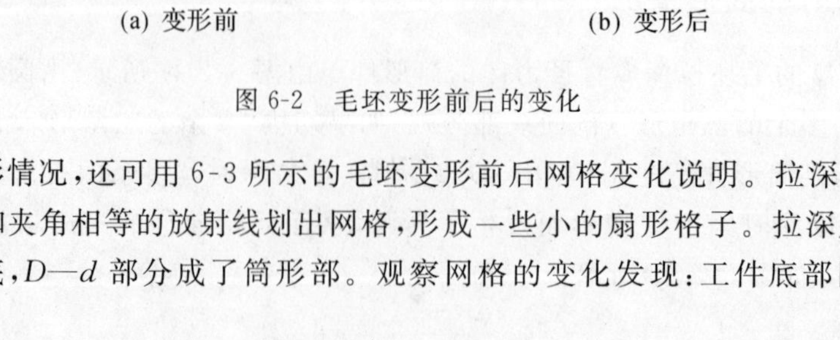

(a) 变形前　　(b) 变形后

图 6-2　毛坯变形前后的变化

毛坯的变形情况，还可用 6-3 所示的毛坯变形前后网格变化说明。拉深前用一些相距为 a 的同心圆和夹角相等的放射线划出网格，形成一些小的扇形格子。拉深后 d 以内的坯料变成工件的底，$D—d$ 部分成了筒形部。观察网格的变化发现：工件底部网纹变化不显著，而侧壁上的网纹变化很大，放射线在工件侧壁变成相互平行且垂直于底部的直线，其间距相等，即：

$$b_1=b_2=b_3\cdots=b_n$$

同心圆在工件侧壁变成水平圆筒线，其间距 a 增大，越靠近筒的上部越大，即：

$$a_1>a_2>a_3\cdots a_n$$

也就是说毛坯上的扇形格子(图 6-3)拉深后在工件的侧壁变成了矩形，各矩形宽度相等，高度沿底向筒口逐渐增加。

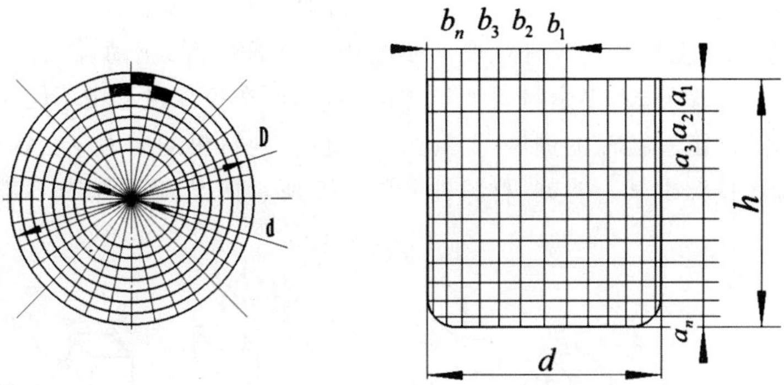

图 6-3　毛坯变形前后的网格变化

此时测量工件高度，$h>(D-d)/2$，而不是 $h=(D-d)/2$。

根据坐标网格的变化可以推想其变形情况，工件底部网格基本不变，侧壁变化大，说明底部变形小，而处于凹模平面上的$(D—d)$圆环形部分则变形大，这部分是拉深的主变形区。

由于工件高度大于$(D-d)/2$，说明拉深时有一部分金属向上流到口部去增加了工件的高度。从图 6-2 看出，流动到工件上部去的材料就是图中“多余的三角形”(剖面线部分)。因为用外径为 D 的毛坯拉深直径为 d 的工件时，在 d 以外的部分其圆周长度比工件周长 πd 要大，对于形成工件侧壁来说，这部分三角形材料是多余的，拉深时它只有向上流动到筒口方向去，才能使工件顺利成形，因而使工件的高度比$(D-d)/2$ 大。

这些金属是怎样流动到上面去的呢？可从变形区任选一个扇形格子来分析，如图 6-4 所示。拉深后扇形格子变形矩形格子，它的两条射线变成矩形的长边后，长度大于 a，说明它在径向受到了拉应力作用而变长，很明显，这个力由凸模作用力而产生。扇形的两条长度不等的圆周线缩短成等长的矩形格子宽边，说明在切向它受的是压应力，这个力是材料向凹模口流动时，由于有多余材料存在，相互挤压而产生的在拉应力和压应力作用下，材料径向伸长，切向缩短，扇形格子就变成矩形格子，多余金属也就流到工件口部，形成工件侧壁的一

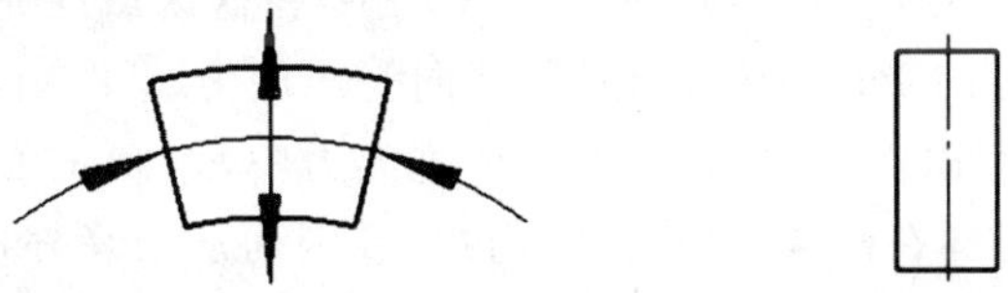

(a) 拉深前　　(b) 拉深后

图 6-4　拉深时扇形单元的受力与变形情况

部分了。

归纳起来，拉深变形过程是：在凹模平面上（$D-d$）环形变形区内的金属，在拉深时，要在拉应力和压应力作用下，径向伸长，切向缩短，依次流到凸、凹模之间的间隙里，逐步形成工件的筒壁，直到平板毛坯完全变成圆筒形工件为止。

二、拉深时的应力和应变状态

为了更深刻地认识拉深过程，了解拉深中所发生的各种现象，以满足工艺设计和零件质量分析的要求，有必要了解拉深过程中材料各部分的应力与应变状态。

拉深时，凹模平面上的材料其外径要逐步缩小，向凹模口部流动，然后转变成工件侧壁的一部分。由于在凸缘外边，多余材料比里边的多，因而在拉深过程中不同位置的材料其应力与变形是不同的。随着拉深的进展，变形区同一位置处材料的应力应变状态也在变化。

设有压边首次拉深中某一时刻，材料处于图 6-5 所示情况，现研究其各部分的应力及应变状态。图中：

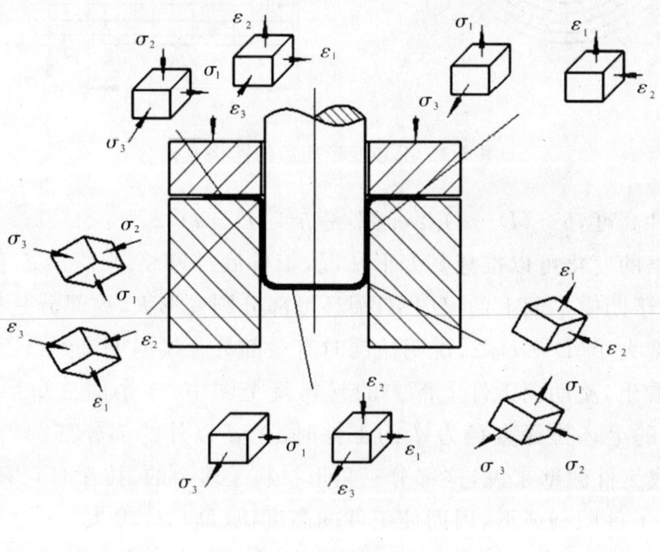

图 6-5　拉深时毛坯的应力应变状态

σ_1、ε_1——表示毛坯的径向应力与应变；

σ_2、ε_2——表示毛坯厚度方向的应力与应变；

σ_3、ε_3——表示毛坯切向（周向）的应力与应变。

1. 平面凸缘（变形区）部分

这部分是扇形格子变成矩形的区域，拉深变形主要在这区域内完成。从中取出基元体研究，根据前面分析，在径向受拉应力 σ_1 作用，切向受压应力 σ_3 作用，厚度方向因有压边力而受压应力 σ_2 作用，是立体的应力状态。在 3 个主应力中，σ_1 和 σ_3 的绝对值比 σ_2 大得多。σ_1 和 σ_3 的值，由于剩余材料在凸缘区外边多，内边少，因而从凸缘外边向内是变化的，σ_1 由零增加到最大，而 σ_3 由最大减小到最小。

基元体的应变状态也是立体的，可根据塑性变形体积不变定律或全量塑性应力与塑性应变关系式来确定。

在凸缘外边 σ_3 是绝对值最大的主应力，则 ε_3 是绝对值最大的压缩变形。根据塑性变形体积不变定律，则 ε_1 和 ε_2 必为拉伸变形。

在凸缘内区，靠近凹模圆角处，σ_1 是绝对值最大的主应力，因而 ε_1 是绝对值最大的拉伸变形，ε_2 和 ε_3 则为压缩变形。

这样，ε_2 是拉深变形还是压缩变形，要视基元体所受 σ_1 和 σ_3 之间的比值而定，通常在凸缘外边 ε_2 为拉深变形，内边为压缩变形。板料毛坯拉深后凸缘变形后的厚度变化如图 6-6 所示。

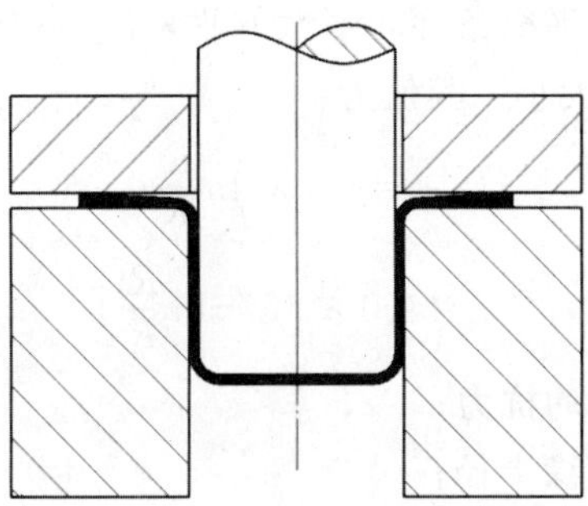

图 6-6　拉深时毛坯凸缘板厚的变化

2. 凹模圆角部分

这是凸缘和筒壁部分的过渡区，材料的变形比较复杂，除有与凸缘部分相同的特点，即径向受拉应力 σ_1 和切向受压应力 σ_3 作用外，还要受凹模圆角的压力和弯曲作用而受压应力 σ_2 作用。变形状态是三向的，ε_1 是绝对值最大的主变形，ε_2 和 ε_3 是压缩变形。

3. 筒壁部分(传力区)

这部分材料已经变成筒形，不再产生大的塑性变形，起着将凸模的压力传递到凸缘变形区上去的作用，是传力区。σ_1 是凸模产生的拉应力，由于凸模阻碍材料在切向自由收缩，σ_3 也是拉应力，σ_2 为零。变形为平面应变状态。其中 ε_1 为拉深，ε_2 为压缩，$\varepsilon_3=0$。

4. 凸模圆角部分

这部分是筒壁和圆筒底部的过渡区，它承受径向 σ_1 和切向 σ_3 拉应力的作用，厚度方向受到凸模压力和弯曲作用而产生压应力 σ_2。变形为平面状态，ε_1 为拉伸，ε_2 为压缩，$\varepsilon_3=0$。

5. 圆筒底部(小变形区)

这部分材料拉深一开始就被拉入凹模内，始终保持平面形状，由它把接受到的凸模作用力传给圆壁部，形成轴向拉应力。它受两向拉应力 σ_1 和 σ_3 作用，相当于周边受均匀拉力的圆板。变形是三向的，ε_1 和 ε_3 为拉伸，ε_2 为压缩。由于凸模圆角处的摩擦制约底部的拉深，故圆筒底部变形不大，只有 1%～3%，可忽略不计。

第二节　拉深过程的力学分析

拉深时，毛坯的不同区域具有不同的应力应变状态，而且应力应变状态的绝对值是随着拉深过程而不断变化的。本节从力学上对拉深过程进行分析，先找到凸缘变形区的应力分布，再讨论拉深过程中历程的变化规律，最后从理论上求出拉深时凸模所加拉深力 F。

一、凸缘变形区的应力分析

1. 拉深中某时刻凸缘变形区的应力分布

拉深过程中，凸缘变形区材料径向受拉应力 σ_1 作用，切向受压应力 σ_3 作用，厚度方向受压边圈所加不大的压应力 σ_2 作用。如 σ_2 忽略不计，则只需求 σ_1 和 σ_3 的值，就可知变形区的应力分布。

当毛坯半径为 R_0 的板料拉深半径到 R_t 时，采用压边圈拉深如图 6-7(a)所示。根据变形时金属基元体应满足的力的平衡条件和塑性方程，经过一定的数学推导就可以求出径向拉应力 σ_1 和切向压应力 σ_3 的大小。其值为：

$$\sigma_1 = 1.1\bar{\sigma}_m \ln\frac{R_t}{R} \tag{6-1}$$

$$\sigma_3 = 1.1\bar{\sigma}_m\left(1-\ln\frac{R_t}{R}\right) \tag{6-2}$$

式中 $\bar{\sigma}_m$——变形区材料的平均抗力；

R_t——拉深中某时刻凸缘半径；

R——凸缘区内任意点的半径。

由(6-1)和(6-2)可知，凸缘变形区内，σ_1 和 σ_3 的值是按对数曲线规律分布的。如图 6-7(b)所示。在凸缘变形区内边缘(凹模入口处)，即 $R=r$ 处径向拉应力 σ_1 最大，其值为：

$$\sigma_{1\max} = 1.1\bar{\sigma}_m \ln\frac{R_t}{r} \tag{6-3}$$

而 σ_3 最小为 $\sigma_3 = 1.1\bar{\sigma}_m\left(1-\ln\frac{R_t}{r}\right)$，在凸缘变形区外边缘 $R=R_t$ 处压应力 σ_3 最大，其值为：

$$\sigma_{3\max} = 1.1\bar{\sigma}_m \tag{6-4}$$

而拉应力 σ_1 为零。

凸缘从外边向内边，σ_1 由低到高变化，σ_3 则由高到低变化，因此凸缘中间必有一交点存在(见图 6-7(c))，在交点处 σ_1 和 σ_3 的绝对值相等。令 $|\sigma_1|=|\sigma_3|$，则有：

$$R = 0.61R_t$$

在交点 $R=0.61R_t$ 处作一圆，将凸缘分成两部分，由此圆向外边缘($R>0.61R_t$)，$|\sigma_3|>|\sigma_1|$，压应变 ε_3 为绝对值最大的主应变，厚度方向上的变形 ε_2 是拉应变。此处板料略有增厚。由此圆向内到凹模口($R<0.61R_t$)，$|\sigma_1|>|\sigma_3|$，拉应变 ε_1 为最大主应变，ε_2 为压应变，此处板料略有减薄。因此交点处就是凸缘变形区厚度方向变形是增厚还是减薄的分界点。但就整个凸缘变形区来说，以压缩变形为主的区域比拉伸变形为主的区域大的多，所以，拉深变形属于压缩类变形。

2. 拉深过程中 $\sigma_{1\max}$ 和 $\sigma_{3\max}$ 的变化规律

$\sigma_{1\max}$ 和 $\sigma_{3\max}$ 是在毛坯凸缘半径由 R_0 变化到 R_t 时，在凹模洞口的最大拉应力和凸缘最外边的最大压应力。在不同的拉深时刻，R_t 是随 $R_0 \rightarrow r$ 变化而变化的，所以拉深过程中 $\sigma_{1\max}$ 和 $\sigma_{3\max}$ 也是不同的，何时出现最大值($\sigma_{1\max}^{\max}$ 和 $\sigma_{3\max}^{\max}$)，这对防止拉深时起皱和破裂是很必要的。

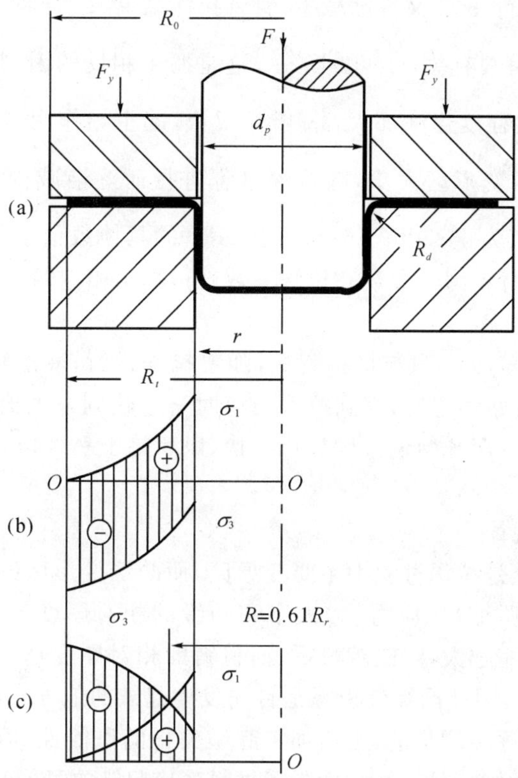

图 6-7　圆筒形件拉深时凸缘变形区应力分布

(1)$\sigma_{1\max}$的变化规律

由 $\sigma_{1\max}=1.1\bar{\sigma}_m\ln\dfrac{R_t}{r}$可知

式中$\bar{\sigma}_m$ 是变形区材料的平均抗力，只要给出拉深材料的牌号，毛坯半径 R_0 和工件半径 r 以及某瞬时的凸缘半径 R_t，就可求得 R_t 时的平均抗力$\bar{\sigma}_m$，进而算出此时的 $\sigma_{1\max}$ 来。把不同的 R_t 所对应的$\sigma_{1\max}$值连成曲线(图 6-8)，即为整个拉深过程中凹模入口处径向拉应力 $\sigma_{1\max}$ 的变化情况，如图 6-7(a)所示。当开始拉深时 $R_t=R_0$ 则：

$$\sigma_{1\max}=1.1\bar{\sigma}_m\ln\frac{R_0}{r}$$

$$=1.1\bar{\sigma}_m\ln\frac{R_0R_t}{rR_0}=1.1\bar{\sigma}_m\left(\ln\frac{R_t}{R_0}-\ln m\right) \tag{6-5}$$

随着拉深的进行 $\sigma_{1\max}$ 逐渐增大，大约拉深进行到 $R_t=(0.7\sim0.9)R_0$ 时，便出现最大值

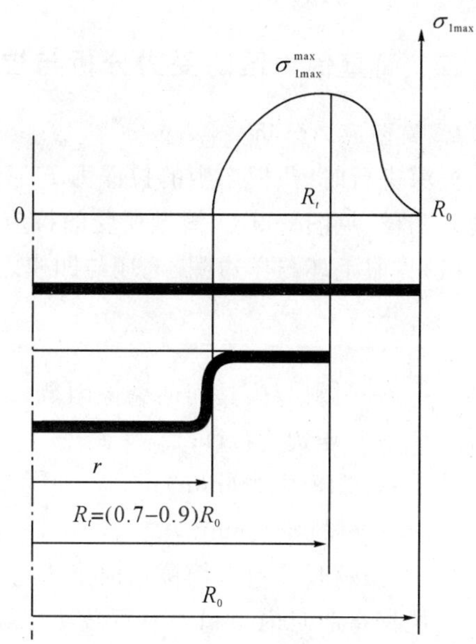

图 6-8　拉深过程中 σ_{1max} 的变化

$\sigma_{1\max}^{\max}$，以后随着拉深的进行，$\sigma_{1\max}$又逐渐减少，直到拉深结束 $R_t=r$ 时，$\sigma_{1\max}$减少为零。

$\sigma_{1\max}$的变化与两个因素有关，$\bar{\sigma}_m$ 和 $\ln\frac{R_t}{r}$，这是两个相反的因素。随拉深过程的进行，变形抗力逐渐增大，硬化程度逐渐加大，$\bar{\sigma}_m$ 增长很快，起主导作用，达到最大值 $\sigma_{1\max}^{\max}$后硬化稳定。而 $\ln\frac{R_t}{r}$表示材料变形区大小，随拉深过程进行而逐渐减少，直至变形区减少至至 $R_t=r$，$\sigma_{1\max}=0$，拉深结束为止。由式(6-5)可知，$\sigma_{1\max}^{\max}$的具体数值取决于板料的力学性能和拉深系数 m。给出一种材料力学参数和拉深系数就可算出相应的 $\sigma_{1\max}^{\max}$。

(2)$\sigma_{3\max}$的变化规律

由 $\sigma_{3\max}=1.1\bar{\sigma}_m$ 可知，$\sigma_{3\max}$只与材料有关，随着拉深进行，变形程度增加，硬化加大，变形抗力$\bar{\sigma}_m$ 随之增加，$\sigma_{3\max}$始终上升，直到拉深结束时 $\sigma_{3\max}$达到最大值 $\sigma_{3\max}^{\max}$，其变化规律与材料真实应力曲线相似。拉深开始 $\sigma_{3\max}$增加比较快，以后趋于平缓，$\sigma_{3\max}$增加会使毛坯发生起皱的趋势。

(3)拉深中起皱的规律

前面分析，凸缘部分是拉深过程中主要变形区，而凸缘变形区的主要变形是切向压缩。拉深中是否起皱与切向压缩（压应力 σ_3）大小和凸缘的相对厚度 t/R_t-r（或 t/D_t-d））有关。材料受到的切向压缩越大，起皱越严重，而材料的相对厚度越大，就越不容易起皱。拉深时凸缘外边缘 σ_3 最大，因此凸缘外边缘是首先发生起皱的地方。由于凸缘外边缘的切向压应力 $\sigma_{3\max}$在拉深中是逐级增加的，更增加了起皱失稳的可能性；但随着拉深的进行，凸缘变形区不断缩小而相对厚度逐渐增大，抑制了材料失稳起皱的可能性，这两个作用相反的因素在拉深中相互消长，使得起皱必在拉深过程中的某一阶段发生。实验证明，失稳起皱的规律与 $\sigma_{1\max}$的变化规律类似，凸缘最容易失稳起皱的时刻基本上也就是 $\sigma_{1\max}^{\max}$出现的时刻，即 $R_t=(0.7\sim0.9)R_0$ 时。

二、筒壁传力区的受力分析与拉深件破裂

1. 筒壁应力分析

拉深进行时，凸模产生的拉深力 F 通过筒壁传至凸缘内边缘（凹模入口处）将变形区材料拉入凹模（见图 6-9）。筒壁所受的拉应力由以下几部分组成：

(1)克服毛坯与压边圈、毛坯与凹模之间摩擦引起的拉应力 σ_m

$$\sigma_m=\frac{2\mu F_y}{\pi dt} \tag{6-6}$$

式中 μ——材料与模具间的摩擦因数；

F_y——压边力(N)；

d——凹模内径(mm)；

t——材料厚度(mm)。

(2)克服材料流过凹模圆角时产生弯曲变形所引起的拉应力 σ_w

可根据弯曲时内力和外力所做功相等的条件按下式计算：

$$\sigma_w=\frac{t\sigma_b}{2r_d+t} \tag{6-7}$$

式中 r_d——凹模圆角半径(mm)；

σ_b——材料的强度极限(MPa)。

(3)克服凸缘变形区的变形抗力 $\sigma_{1\max}$

(4)克服材料流过凹模圆角的摩擦阻力:由摩擦引起的阻力为

$$(\sigma_{1\max}+\sigma_m)e^{\mu\alpha} \tag{6-8}$$

式中 α——凸缘材料绕过凹模圆角时包角;

μ——摩擦因素。

因此,筒壁所受的拉应力总和为:

$$\sigma_p=(\sigma_{1\max}+\sigma_m)e^{\mu\alpha}+\sigma_w \tag{6-9}$$

在拉深的某一阶段,凸缘的径向拉应力达到了最大值 $\sigma_{1\max}^{\max}$,而包角 α 也趋于 90°,这时 $\sigma_p\to\sigma_{p\max}$。由于 $e^{\mu\alpha}=1+\mu^{\frac{\pi}{2}}=1+1.6\mu$,所以

$$\sigma_{p\max}=(\sigma_{1\max}^{\max}+\sigma_m)(1+1.6\mu)+\sigma_w \tag{6-10}$$

考虑式(6-6)和式(6-7)所表示的 $\sigma_{1\max}^{\max}$、σ_w、σ_m 的值,则

$$\sigma_{p\max}=\left[\left(\frac{a}{m}-b\right)\sigma_b+\frac{2\mu F_y}{\pi dt}\right](1+1.6\mu)+\frac{t\sigma_b}{2r_d+t} \tag{6-11}$$

式中的 $\sigma_{1\max}^{\max}\approx\left(\frac{a}{m}-b\right)\sigma_b$,$a$、$b$ 是与材料的力学性能参数 ψ 和 σ_b 有关,可查有关手册。式(6-11)把影响拉深力的因素,如拉深变形程度,材料性能、零件尺寸、凹模圆角半径、压边力、润滑条件等都反映出来了,有利于研究改善拉深工艺。

拉深力可由下式求出:

$$F=\pi dt\sigma_p\sin\alpha \tag{6-12}$$

式中 α——σ_p 与水平线的交角(见图 6-9)。

由式(6-9)知,σ_p 在拉深中是随 $\sigma_{1\max}$ 和 α 包角的变化而变化的。根据前面分析,拉深中材料凸缘的外缘半径 $R_t=(0.7\sim0.9)R_0$ 时,$\sigma_{1\max}$ 达最大值 $\sigma_{1\max}^{\max}$,此时包角 α 接近 90°,

拉深过程中的最大拉深力则为:

$$F=\pi dt\sigma_{p\max} \tag{6-13}$$

拉深中如果 $\sigma_{p\max}$ 值超过了危险断面的强度 σ_b,则产生断裂。

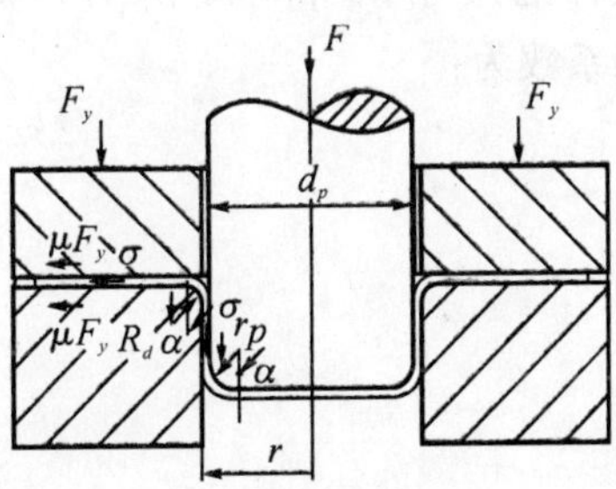

图 6-9 筒壁传力区的受力分析

第三节 圆筒形件的拉深系数和拉深系数的确定

由于拉深件的高度与其直径的比值不同,有的零件可以用一道拉深工序制成,而有些高度大的零件,则需要进行多次拉深才能制成。在进行冲压工艺设计和确定必要的拉深工序数目及模具设计时,一般都利用拉深系数作为计算的依据。

一、拉深系数的概念和意义

拉深后工件的直径 d 与拉深前毛坯(半成品)的直径 D_0 之比称为拉深系数 m,并用下式表示

$$m=\frac{d}{D_0} \tag{6-14}$$

拉深系数表示了拉深后毛坯直径的变化量，即拉深反映了毛坯外边缘在拉深时的切向压缩变形的大小。拉深系数的倒数称为拉深程度或拉深比，其值为：

$$K=\frac{1}{m}=\frac{D_0}{d} \tag{6-15}$$

对于第二次，第三次等的以后各次拉深，拉深系数可用下面类似的方法表示：

$$m_n=\frac{d_n}{d_{n-1}}$$

式中　m_n——第 n 道拉深工序的拉深系数；

d_n——第 n 道拉深工序后所得到的圆筒形零件的直径；

d_{n-1}——第 $n-1$ 道拉深工序所用圆筒形毛坯的直径。

说明：一般较厚的板料，各次拉深直径取板料的厚度中间值。

用直径为 D_0 的毛坯拉成直径为 d_n、高度为 h_n 工件的工艺顺序（图 6-10）。第一次拉成 d_1 和 h_1，第二次半成品为 d_2 和 h_2，最后一次即得工件的尺寸 d_n 和 h_n。其各次的拉深系数为：

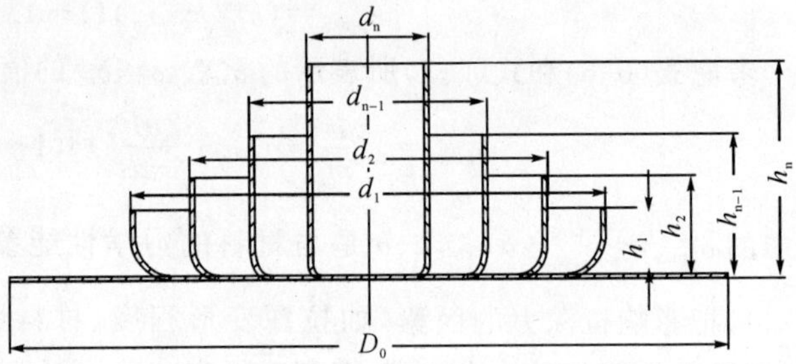

图 6-10　拉深工艺顺序示意图

$$m_1=\frac{d}{D_0}$$

$$m_2=\frac{d_2}{d_1}$$

$$\cdots\cdots$$

$$m_{n-1}=\frac{d_{n-1}}{d_{n-2}}$$

$$m_n=\frac{d_n}{d_{n-1}} \tag{6-16}$$

工件的直径 d_n 与毛坯直径 D_0 之比叫总拉深系数，即工件所需要的拉深系数。

$$m_{总}=\frac{d_n}{D_0}=\frac{d_1}{D_0}\cdot\frac{d_2}{d_1}\cdots\frac{d_{n-1}}{d_{n-2}}\cdot\frac{d_n}{d_{n-1}}=m_1\cdot m_2\cdots m_{n-1}\cdot m_n \tag{6-17}$$

可知，拉深系数是一个小于 1 的数值，它表示了拉深过程中的变形程度。拉深系数 m 大，表示拉深前后毛坯直径变化不大，即变形程度小。拉深系数小，则毛坯直径变化大，即变形程度大。

式(6-17)所表示的总拉深系数 $m_{总}=\frac{d_n}{D_0}$ 中的 d_n 实际上就是零件所要求的直径。所以 $m_{总}$ 也可以说是零件所要求的拉深系数。当 $m_{总}>m_1$ 时，则零件只需一次就可拉出，否则就要多次拉深。用压边圈时，首次拉深时 m_1 约为 0.5～0.6 左右；以后各次拉深时，m_n 的平均值约为 0.7～0.8 左右。它均大于首次拉深时的 m_1。

实际生产中采用的拉深系数值合不合理更关系拉深工艺的成败。假如采用的拉深系数过大，则拉深变形程度小，材料塑性潜力未被充分利用，每次毛坯只能缩小很少一点，拉深次数就要增加，冲模套数增多，成本增加，故很不经济。

但是，如拉深系数取得过小，则拉深变形程度过大，工件局部严重变薄甚至材料被拉破，得不到合乎要求的工件。因此，拉深时采用的拉深系数既不能太大，也不能太小，要使材料塑性被充分利用的同时又不致拉破。生产上为了减少拉深次数，一般希望采用小的拉深系数，根据上面的分析，拉深系数的减少有一个限度，这个限度称之为极限拉深系数 m_{min}。极限拉深系数就是使拉深件不破裂的最小拉深系数。一般情况下，设计冲压工艺或模具时，采用的首次拉深系数 m_1 等于或略大于极限拉深系数 m_{min}。生产上采用的极限拉深系数是在一定条件下用试验方法求出的。无凸缘圆筒形工件拉深使用压边圈时的拉深系数可查表6-1。无凸缘圆筒形工件不用压边圈时的拉深系数查表6-2。表中的 m_1、m_2、m_3、m_4 及 m_6 分别是第一道……第六道拉深工序的极限拉深系数。需要说明的是，表中的数值适合于一般的情况，对于毛坯厚度 $\frac{t}{D_0}$ 相对较大，此时毛坯不易起皱，而允许采用不带压边圈的锥形凹模时，极限拉深系数 m_1 数值可取了更小。

表 6-1 无凸缘圆筒形工件拉深系数(用压边圈)

拉深系数	材料相对厚度 $\frac{t}{D_0}\times100$				
	2～1.5	1.5～1.0	1.0～0.5	0.5～0.2	0.2～0.06
m_1	0.46～0.50	0.50～0.53	0.53～0.56	0.56～0.58	0.58～0.60
m_2	0.70～0.72	0.72～0.74	0.74～0.76	0.76～0.78	0.78～0.80
m_3	0.72～0.74	0.74～0.76	0.76～0.78	0.78～0.80	0.80～0.82
m_4	0.74～0.76	0.76～0.78	0.78～0.80	0.80～0.82	0.82～0.84
m_5	0.76～0.78	0.78～0.80	0.80～0.82	0.82～0.84	0.84～0.86

注：① 表中拉深系数适应于08、10和15Mn等低碳钢及软化H62黄铜。对拉深性能较差的材料如20、25号钢、硬铝等应将表中值增大1.5%～2.0%；而对塑性更好的材料如05钢及08、10深冲钢和软铝等，可将表中值减少1.5%～2.0%。

② 表中值适应于未经中间退火的拉深、若采用中间退火时，可将表中值减少2%～3%。

③ 表中较小值适应于大的凹模圆角半径[$r_d=(8\sim15)t$]；较大值适应于小的凹模圆角半径[$r_d=(4\sim8)t$]

表 6-2 无凸缘圆筒件不用压边圈时的极限拉深系数

拉深系数	材料相对厚度 $\frac{t}{D_0}\times100$				
	1.5	2.0	2.5	3.0	>3.0
m_1	0.65	0.60	0.55	0.53	0.50
m_2	0.80	0.75	0.75	0.75	0.70
m_3	0.84	0.80	0.80	0.80	0.75
m_4	0.87	0.84	0.84	0.84	0.78
m_5	0.90	0.87	0.87	0.87	0.82
m_6	—	0.90	0.90	0.90	0.85

注：此表适用于08、10、15Mn等材料，其余同表7-1之所注。

二、拉深次数的确定

假设首次拉深系数 m_1 除外，其余拉深系数 $m_2=m_3=m_4\cdots\cdots=m_n$，需要多次拉深时，拉深次数可按以下方法确定。

1. 计算法

如果用直径为 D_0 的毛坯拉成直径为 d_n 的工件，则：

$$d_1=m_1D_0$$
$$d_2=m_nd_1=m_n(m_1D_0)$$
$$d_3=m_nd_2=m_n(m_nd_1)=m_n^2(m_1D_0)$$
$$\cdots\cdots\cdots\cdots\cdots\cdots$$
$$d_n=m_nd_{n-1}=m_n^{n-1}(m_1D_0)$$

由此可取对数方程式：

$$\lg d_n=(n-1)\lg m_n+\lg(m_1D_0)$$
$$n=1+\frac{\lg d_n-\lg(m_1D_0)}{\lg m_n}) \tag{6-18}$$

计算所得的拉深次数 n 要进位成整数值。

2. 推算法

圆筒形件的拉深次数也可根据$\frac{t}{D_0}$查出 m_1、m_2、m_3、$m_4\cdots\cdots m_n$，然后从第一次拉深 d_1 向 d_n 推算。如：

$$d_1=m_1D_0$$
$$d_2=m_2d_1$$
$$\cdots\cdots\cdots\cdots\cdots\cdots$$
$$d_n=m_nd_{n-1}$$

一直算到所得到的 d_n 不大于工件的 d 为止，此时所求得 n 就是所求的次数。

三、拉深系数和影响拉深系数的因素

在不同的条件下极限拉深系数是不同的，总的来说能使筒壁传力区的最大拉应力减小，使危险断面强度增加的因素，都有利于减小拉深系数。

1. 材料方面

(1)材料的力学性能

材料的屈强比$\frac{\sigma_s}{\sigma_b}$越小，材料的延伸率 δ 越大，对拉深越有利。因 σ_s 小材料容易变形，凸缘区变形区抗力小；筒壁传力区的拉应力也相应减小，而 σ_b 大则危险断面处强度高，不易破裂，因而$\frac{\sigma_s}{\sigma_b}$小的材料拉深系数可取小些。材料塑性差即延伸率 δ 值小时，塑性变形能力差，则拉深系数要取大些。材料的厚向异性系数 r 和硬化指数 n 大时拉深性能好，可以采用较小的拉深系数。因 r 大时，板平面方向比厚度方向变形容易，拉深时变形力小，不易起皱，传力区不易拉破。n 大则抗局部颈缩换稳能力强，变形均匀，板料总体成形极限提高。一般认为，$\frac{\sigma_s}{\sigma_b}\leqslant 0.65$，$\delta\geqslant 0.28$ 的材料具有较好的拉深性能。

(2)材料的相对厚度$\frac{t}{D_0}$

相对厚度$\frac{t}{D_0}$大，凸缘抵抗失稳起皱的能力提高，因而可减少压边力，甚至不要，这就减少了施加压力后引起的摩擦阻力，从而使变形抗力减少，故极限拉深系数可减小。

(3)材料的光洁度

光洁度好的材料，拉深中摩擦力小，变形容易，所以极限拉深系数可小些。

2. 拉深条件

(1)模具的结构参数

主要是指凸模圆角半径 r_p、凹模圆角半径 r_d 与凸凹模间隙 Z，总的来说，过小的 r_p、r_d、与 Z 会使拉深过程中的摩擦阻力与弯曲阻力增加，危险断面的变薄加剧，过大的 r_p、r_d、与 Z 则会减小有效的压边面积，使板料的悬空面积增加，易使板料失稳起皱，所以要采用合适的 r_p、r_d、与 Z。

(2)压边条件

压边力是为了防止毛坯起皱，保证拉深过程顺利进行而施加的，它的大小对拉深工作影响很大。压边力的数值应适当，可减小拉深系数。太小时，坯料起皱，材料不能进入冲模间隙而使拉深力加大，工件在危险断面处断裂。太大时，则增加了摩擦力，拉深力增加，轻则造成工件危险断面处严重变薄，重则断裂。只有压边力合适时拉深力才不过大，拉深件质量也好。在生产中，压边力 F_y 都有一个调节范围，在一定的变形程度(即一定的 m 值)下，压边力调节范围宽则生产就稳定，否则，F_y 稍大就拉破，稍小一点又会起皱，使生产不能正常进行。合理的压边力应在最大压边力 F_{ymax} 和最小压边力 F_{ymin} 之间。当拉深系数小至接近极限拉深系数时，这个变动范围就小，压边力变动对拉深工作的影响就显著，稍加变动就会起皱或拉破。

压边力计算可用下式

任何情况拉深件 $$F_y=Aq \tag{6-19}$$

筒形件第一次拉深 $$F_y=\frac{\pi}{4}[D_0^2-(d_1+2r_d)^2]q \tag{6-20}$$

筒形件以后各次拉深 $$F_{yn}=\frac{\pi}{4}[d_{n-1}^2-(d_n+2r_d)^2]q \tag{6-21}$$

式中 F_y——压边力(N)；

D_0——毛坯直径(mm)；

d_n——拉深件直径(mm)；

d_1，d_{n-1}——过渡毛坯直径(mm)；

r_d——凹模圆角半径(mm)；

A——板坯与凹模接触面积(mm^2)；

F_{yn}——筒形件以后各次拉深压边力(N)；

q——单位压边力(N/mm^2)。

单位压边力(q)与板料的拉深性能、拉深系数、板料的相对厚度及润滑等有关。如果板料板料的相对厚度或拉深系数小时，就要取了较大的 q 值。q 值参考表 6-3。

表 6-3 单位压边力 q

材料名称		单位压边力 q/MPa	材料名称	单位压边力 q/MPa
铝		0.8～1.2	镀锡钢板	2.5～3.0
紫铜硬铝(已退火)		1.2～1.8	高合金钢	3.0～4.5
黄铜		1.5～2.0	不锈钢	
软钢	$t<0.5$mm	2.5～3.0	高温合金	2.8～3.5
	$t>0.5$mm	2.0～2.5		

(3)润滑情况

凹模(特别是在凹模圆角入口处)与压边圈的工作表面应十分光滑并采用润滑剂，可减小拉深过程中的摩擦阻力，抑制危险断面减薄并发生破裂的趋势，可减小拉深系数。对于凸模工作表面则不必做得很光滑也不需要采用润滑剂，拉深时凸模工作表面与板料之间有较大的摩擦力，不会产生相互移动，有利于阻止危险断面减薄，因而有利于减小拉深系数。为了减小摩擦阻力，可采用在凹模与板料的接触面加工出ϕ3mm～ϕ10mm 的小盲孔(图6-11)，孔的大小视模具大小而定，孔口最好能够光滑倒角，拉深时，在孔中加注润滑油，如此在拉深时可获得不错的效果。

图 6-11 凹模与板料的接触面上加工出小盲孔

四、拉深变形中的缺陷

由于拉深过程中毛坯各部分的应力应变状态不同，而且随着拉深过程的进行还在变化，使得拉深变形产生一些特有的现象或缺陷。

1. 起皱

拉深时凸缘变形区内的材料要受 σ_3 压应力作用。在 σ_3 作用下的凸缘部分，尤其是凸缘外边部分的材料可能会失稳而沿切向形成高低不平的皱折(拱起)，这种现象叫起皱。在拉深薄的材料时更容易发生，如图 6-12 所示。起皱现象对拉深的进行是很不利的。毛坯起皱后很难通过凸、凹模间隙拉入凹模，容易使毛坯受过大的拉力而断裂报废，为了不致拉破，必须降低拉深变形程度，这样就要增加工序道数。当模具间隙大，或者起皱不严重时，材料能勉强被拉进凹模内形成筒壁，但皱纹会在工件的侧壁上保留下来，影响零件的表面质量。同时，起皱后材料和模具间摩擦加剧，磨损增加，模具的寿命大为降低。

拉深时会不会起皱，决定于下列主要因素：

(1) 毛坯的相对厚度$\dfrac{t}{D_0}$

相对厚度$\dfrac{t}{D_0}$大的凸缘抵抗失稳起皱的能力高，不易起皱。相对厚度小，材料抗纵向弯曲能力小，就容易起皱。

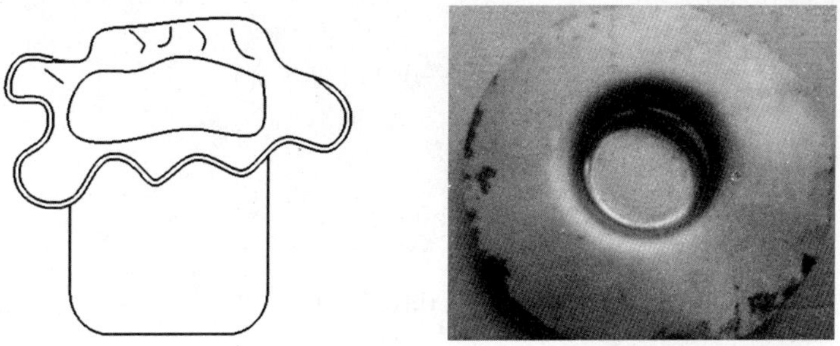

(a) 严重起皱　　　　(b) 轻微起皱

图 6-12　拉深中的起皱

(2)拉深系数 m

拉深系数越小,变形程度越大,即需要转移的剩余材料多,切向压应力 σ_3 越大,另一方面,拉深系数越小,拉深区的宽度越大,抗失稳起皱的能力小。拉深系数较大时,拉深区的宽度越小,需要转移的剩余材料少,切向压力 σ_3 相应比较小,抗失稳起皱的能力强,不易起皱。

(3)凹模工作部分几何形状

与普通的平端面凹模相比,锥形凹模允许作用相对厚度较小的毛坯而不致起皱(图 6-13)。

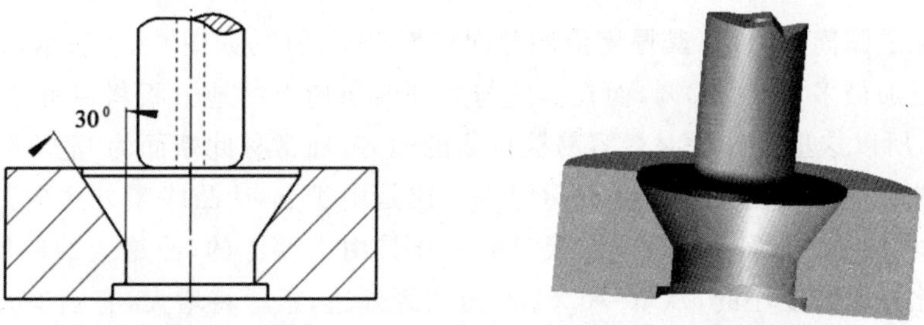

(a)锥形凹模拉深前　　　　(b)锥形凹模拉深前效果图

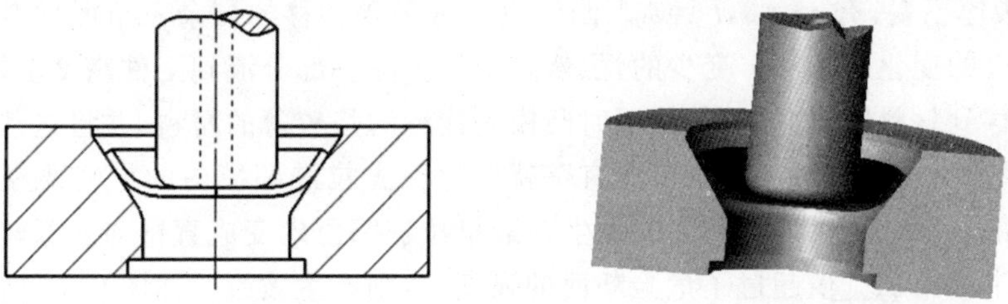

(c)锥形凹模拉深后　　　　(d)锥形凹模拉深后效果图

图 6-13　锥形凹模

生产中可用下述公式概略估算是否会起皱。

平端面凹模拉深时,毛坯不起皱的条件是:

首次拉深:

$$\frac{t}{D_0} \geqslant (0.09-0.17)(1-m) \tag{6-22}$$

以后各次拉深：

$$\frac{t}{d} \geqslant (0.09-0.17)(K-1)$$

用锥形凹模拉深时，材料不起皱的条件是：

首次拉深： $$\frac{t}{D_0} \geqslant 0.03(1-m)$$

以后各次拉深： $$\frac{t}{d} \geqslant 0.03(K-1)$$

式中 D_0——毛坯直径；

d——工件直径；

t——板料的厚度；

$m=\frac{d}{D_0}$——拉深系数；

$K=\frac{1}{m}=\frac{D_0}{d}$——拉深比。

如果不能满足上述公式的要求，就要起皱，在这种情况下，必须采取措施防止起皱发生。最简单的方法是采用压边圈。加压边圈后，材料被强迫在压边圈和凹模平面间的间隙中流动，稳定性得到增加，起皱也就不容易发生了。

2. 拉裂

板料拉深成圆筒形件后，其厚度沿底部向口部是不同的，如图 6-14 所示，在圆筒件侧壁的上部厚度增加最多，约为 30%，而在筒壁与底部转角稍上的地方板料厚度最小，厚度减少了将近 10%，所以这里是拉深时最容易被拉断的地方，通常称此断面为“危险断面”。

拉深零件直壁上变化为什么会不均匀呢？这是由于 σ_1 从凸缘最外边向凹模口的变化是由小变大，而 σ_3 从凸缘最外边向凹模口的变化是由大变小的，凸缘上的厚度从最外边到凹模口的变化是由大变小的，从 $R=0.61R_t$ 至凸缘外边，板厚将增大，有 $\varepsilon_2>0, t'>t_0$，(t_0，t' 分别为拉深前和拉深后板料)，从 $R=0.61R_t$ 至凹模口，板厚将减小，有 $\varepsilon_2<0, t'<t_0$，而 $R=0.61R_t$ 处，板厚不变，有 $\varepsilon_2=0, t'=t_0$。凸缘变形区需要转移的剩余三角形材料从凸缘从最外边到凹模口的变化也是从多变少的，虽然多余材料除一部分流到工件高度上增加高度外，有一部分转移到材料厚度方向，但拉深时凸模先接触的是较薄的材料，并将这部分拉进凹模内，后续较厚的材料被拉进凹模内变成直壁就要比原先拉进凹模内的材料要厚。而且筒壁厚度越往口部越厚。所以危险断面就发生在最早拉进凹模内变成直壁与底部转角稍上的地方。当拉深中如果 $\sigma_{p\max}$ 值超过了危险断面的强度 σ_b，则产生破裂。如图 6-15 所示。或者即使未拉破，由于该处变薄过于严重，也可能使产品报废。

3. 硬化

作为塑性变形过程，拉深后材料会发生加工硬化，既材料的硬度和强度增加，塑性降低。由于拉深时塑性变形不均匀，从底部到筒壁口部塑性变形由小逐渐增加到最大，所以拉深后材料的性能也是不均匀的，拉深件硬度分布由工件底部向口部是逐渐增加的(图 6-14)。而对拉深是否有利，又要求板料薄的地方硬化比板料厚的地方硬化大，即反过来，希望底部硬化大，口部硬化小，这样才不至于因底部材料过薄而影响工件的强度和刚度。

加工硬化使拉深后工件的强度和刚度比毛坯材料要高，然而塑性降低又影响材料继续变形。因此，制定拉深工艺时，对于一些硬化能力强的金属如不锈钢和耐热钢等尤应注意。

如果要进行多道次拉深，合理地选择各次的拉深系数或变形量就变得十分重要，必要时可考虑材料或半成品件退火以恢复其塑性，

综上所述，拉深主要质量缺陷是破裂和起皱。相对来说，起皱不是主要问题，采用压边圈或调整压边力一般就可解决起皱的问题，或将起皱控制在工件质量标准的允许范围之内。主要的难题是破裂。

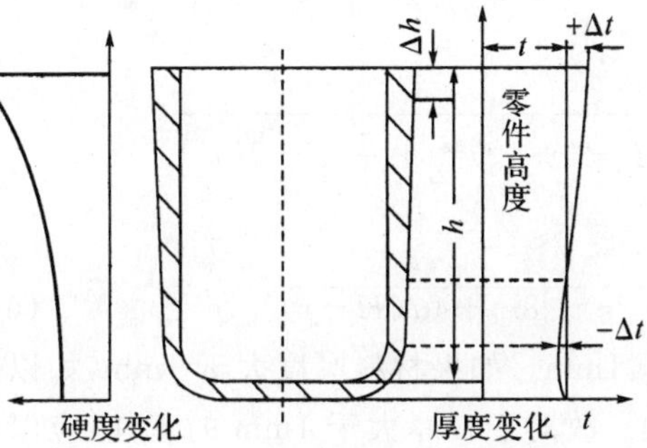

图 6-14　拉深沿高度方向厚度和硬度变化

图 6-15　拉深件破裂

第四节　圆筒形件的拉深工艺计算

一、旋转体拉深件毛坯尺寸的计算

拉深件毛坯尺寸的确定是否正确，不仅影响材料的合理使用，而且影响拉深变形过程及发生起皱和破裂的可能性。

(一) 确定毛坯形状的依据

毛坯的形状应符合金属在塑性变形时的流动规律。其形状一般与拉深件周边形状相似并且周边应该光滑而无急剧的转折。比如旋转体拉深件的毛坯形状无疑是一块圆板。虽然在拉深过程中毛坯厚度会发生变化，但具体在工艺计算时可不计毛坯厚度的变化。概略地按拉深前后等重量、等体积及等面积的原则进行毛坯计算。在生产上用得最多的是等面积法。

(二)简单形状的旋转体拉深件毛坯尺寸计算

旋转体圆筒形件的毛坯是圆的，其直径按面积相等的原则计算，在计算时，先将圆筒形分成若干个便于计算的组成部分，分别求出各部分面积并相加，得到拉深零件总面积 $\sum A$。总面积 $\sum A$ 应等于毛坯面积，即：

$$\sum A = \frac{\pi}{4} D_0^2 \tag{6-23}$$

所以有

$$D_0 = \sqrt{\frac{4}{\pi} \sum A} \tag{6-24}$$

如图 6-16 所示的圆筒形件，先将其划分便于计算的三部分，每部分面积分别为：

$$A_1 = \pi d(H - r)$$

$$A_2 = \frac{\pi}{4}[2\pi r(d - 2r) + 8r^2]$$

$$A_3 = \frac{\pi}{4}(d - 2r)^2$$

将这三部分面积相加求和得

$\sum A = A_1 + A_2 + A_3 = \pi d(H-r) + \frac{\pi}{4}[2\pi r(d-2r) + 8r^2] + \frac{\pi}{4}(d-2r)^2$，代入式(6-24)得到毛坯直径为：

$$D_0 = \sqrt{\frac{4}{\pi}\left\{\pi d(H-r) + \frac{\pi}{4}[2\pi r(d-2r)+8r^2] + \frac{\pi}{4}(d-2r)^2\right\}}$$

并经整理后得

$$D_0 = \sqrt{(d-2r)^2 + 2\pi r(d-2r) + 8r^2 + 4d(H-r)} \tag{6-25}$$

以上计算毛坯直径 D_0 是假设板料厚度小于 1mm。如果材料厚度大于 1mm，如以外径和外高或内部尺寸来计算，则毛坯尺寸的误差大。故对于料厚大于 1mm 的工件，应以零件厚度的中线为准来计算，即零件尺寸从料厚中间算起。由于拉深时材料厚度不均匀，机械性能有方向性，模具的间隙不均匀以及毛坯定位不准确等原因，拉深后工件的口部是不齐平的。为使工件整齐，应切去不平的部分。因而计算毛坯时应在工件高度方向上加一修边量 Δh。修边量 Δh 可根据零件的高度查表 6-4。当零件的相对高度 $\frac{H}{d}$ 很小时，可不用修边工序，因此计算毛坯尺寸可不加修边量 Δh。

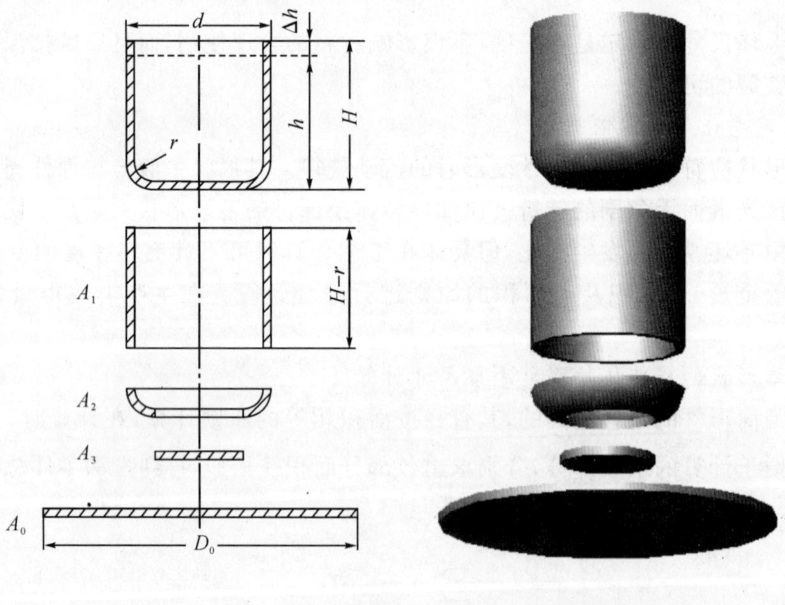

图 6-16　直壁圆筒形件的毛坯计算分解图

表 6-4　圆筒形工件修边余量 Δh(mm)

工件高度 h(mm)	工件相对高度 h/d			
	0.5～0.8	0.8～1.6	1.6～2.5	2.5～4
10	1.0	1.2	1.5	2
20	1.2	1.6	2	2.5
50	2	2.5	3.3	4
100	3	3.8	5	6
150	4	5	6.5	8
200	5	6.3	8	10
250	6	7.5	9	11
300	7	8.5	10	12

(二)复杂形状的旋转体拉深件毛坯尺寸计算

复杂形状的旋转体拉深件毛坯直径的计算可采用久里金法则。既任何形状的母线(L)绕轴线($Y-Y$))旋转一周所得到的旋转体面积(A),等于该母线的长度(L)与其形心绕该轴线旋转所得周长($2\pi R_x$,R_x 是该段母线的形心到轴线 $Y-Y$ 的距离)的乘积($A=2\pi R_x L$),如图所示 6-17 所示,设毛坯面积为 A_0,根据拉深前后面积相等,

$$A_0=\frac{\pi D_0^2}{4}=A=2\pi R_x L,$$

故毛坯直径

$$D_0=\sqrt{8R_x L} \tag{6-26}$$

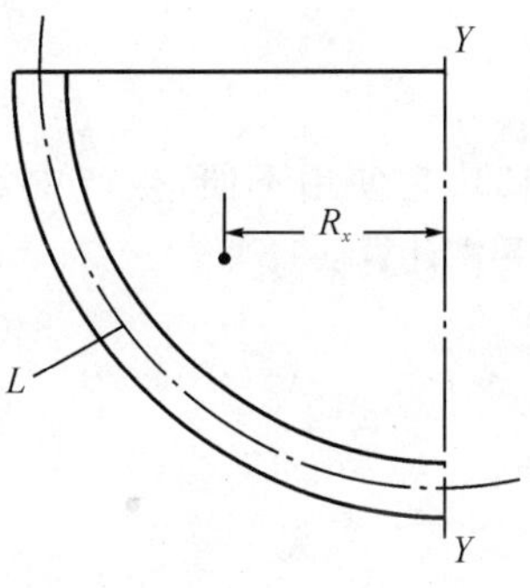

图 6-17　旋转体面积计算图示

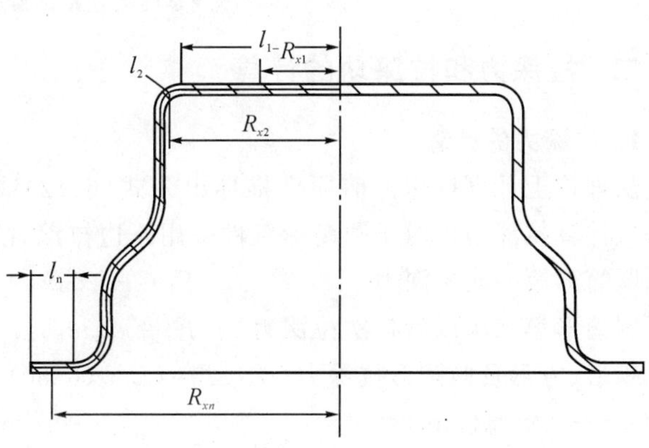

图 6-18　复杂形状的旋转体拉深件

图 6-18 所示的零件计过程如下:

(1) 将母线按直线与圆弧分段 1、2、3、……n;

(2) 计算各线段长度 l_1、l_2、l_3、……l_n;

(3) 计算各段的形心至轴线的距离 R_{x1}、R_{x2}、R_{x3}、……,R_{xn},直线段的形心在其中间的点上,各圆弧的长度到其形心的距离的计算可参考冲压手册。

(4)计算各线段与其旋转半径的乘积和为:

$$\sum_{i=1}^{n} l_i R_{xi} = l_1 R_{x1} + l_1 R_{x2} + \cdots + l_n R_{xn}$$

则旋转体表面积为

$$A = 2\pi \sum_{i=1}^{n} l_i R_{xi} = 2\pi(l_1 R_{x1} + l_1 R_{x2} + \cdots + l_n R_{xn})$$

那么，所求毛坯直径为

$$D_0 = \sqrt{8(l_1 R_{x1} + l_1 R_{x2} + \cdots + l_n R_{xn})} \tag{6-27}$$

对于母线是曲线连接的旋转体拉深件(图 6-19)，其毛坯直径的计算可将拉深件的母线分成 1、2、3、……n，把各线段近似地当作直线看待，从图上量出各线段 l_1、l_2、l_3、……l_n，然后按(6-27)计算毛坯直径 D_0。为了计算方便，把各线段 l_1、l_2、l_3、……l_n 设置成相等，则：$D_0 = \sqrt{8l(R_{x1} + R_{x2} + \cdots + R_{xn})}$。采用这种方法计算的毛坯直径 D_0 取决于作图正确与否，为了提高毛坯直径 D_0 的正确性，必要时，可将拉深件母线按比例放大。

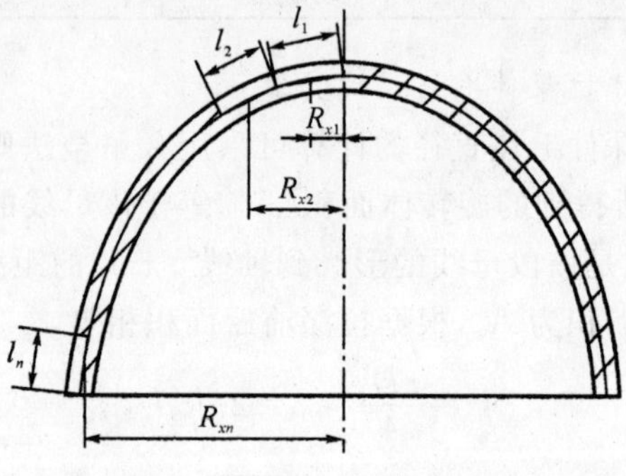

图 6-19　母线是曲线连接的旋转体拉深件

二、拉深力和拉深功的计算

1. 拉深力的计算

从理论上计算拉深力前面已推导出公式(6-12)或(6-13)，它使用不便，生产中常用经验公式计算拉深力。对于圆筒形工件采用压边拉深时可用下式计算：

圆筒形第一次拉深力　　$F_1 = \pi d_1 t \sigma_b k_1$　　(6-28)

圆筒形第二次以后各次拉深力　　$F_n = \pi d_n t \sigma_b k_2$　　(6-29)

矩形、方形及椭圆形拉深力　　$F = kLt\sigma_b$ (6-30)

式中　t——料厚(mm)；

L——可取凹模洞口周长(mm)；

d_1,d_n——第一次及 n 次拉深半成品的直径(mm)；

σ_b——材料抗拉强度(MPa)；

k_1,k_2——系数，查表 6-5；

k——系数，可取 0.5～0.8。

2. 拉深功

拉深过程中拉深力是不断变化的，而且拉深工序的工作行程一般比较长，由于式(6-28)、(6-29)及(6-30)计算出的是最大拉深力，因而拉深功可能很大，因而计算拉深功时不能用最大拉深力，而应按平均拉深力才比较符合实际情况。

第一次拉深　　$A_1 = \dfrac{\lambda_1 F_{1\max} h_1}{1000}$　　(6-31)

以后各次拉深
$$A_n=\frac{\lambda_2 F_{n\max} h_n}{1000} \tag{6-32}$$

式中 $F_{1\max}$、$F_{n\max}$——第一次和以后各次拉深的最大拉深力(N)；

λ_1、λ_2——修正系数，指平均变形力与最大变形力的比值，见表 6-5；

h_1，h_n——第一次和以后各次的拉深高度(mm)。

表 6-5 修正系数 k_1、λ_1、k_2 和 λ_2

拉深系数 m_1	0.55	0.57	0.60	0.62	0.65	0.67	0.70	0.72	0.75	0.77	0.80	—	—	—
系数 k_1	1.00	0.93	0.86	0.79	0.72	0.66	0.60	0.55	0.50	0.45	0.40	—	—	—
修正系数 λ_1	0.80	—	0.77	—	0.74	—	0.70	—	0.67	—	0.64	—	—	—
拉深系数 m_2	—	—	—	—	—	—	0.70	0.72	0.75	0.77	0.80	0.80	0.85	0.95
系数 k_2	—	—	—	—	—	—	1.00	0.95	0.90	0.85	0.80	0.80	0.60	0.50
修正系数 λ_2	—	—	—	—	—	—	0.80	—	0.80	—	0.75	—	0.70	—

拉深所需压力机的电机功率为：

$$N=\frac{A\xi n}{60\times 70\times \eta_1 \eta_2 \times 1.36\times 10}(\text{kW}) \tag{6-33}$$

式中 A——拉深功(N·mm)；

ξ——不均衡系数，取 $\xi=1.2\sim1.4$；

η_1——压力机效率，取 $\eta_1=0.6\sim0.8$；

η_2——电机效率，取 $\eta_2=0.9\sim0.95$；

n——压力机每分钟行程次数；

1.36——由马力转换成千瓦的转换系数。

若所选压力机的电机功率小于计算值，则应另选功率较大的压力机。

三、拉深模工作部分尺寸的确定

拉深模工作部分的尺寸指的是凹模圆角半径 r_d，凸模圆角半径 r_p，凸、凹模之间的间隙 Z、凸模直径 d_p，凹模直径 D_d 等，见图 6-20。它对拉深过程是否顺利，拉深件的质量是否合乎要求有重要影响。

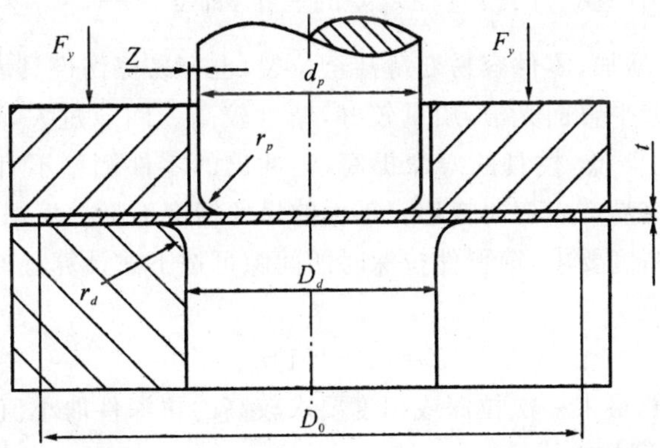

图 6-20 凸、凹模各尺寸表示

1. 凹模圆角半径 r_d

一般来说，r_d 要尽可能大些，大的 r_d 可以降低极限拉深系数。但 r_d 过大时，拉深初期会削弱压边圈的作用，靠近凹模洞口这部分材料不受压边力作用，而在拉深后期毛坯外边缘过早脱离压边作用而起皱，在侧壁下部和口部都形成皱折，使拉深件质量下降。

r_d 过小时，材料流经凹模洞口的弯曲变形阻力，摩擦力，r_d 处对材料的厚向压力增加，导致拉深力增加使材料变薄严重，出现危险断面处拉裂。

筒形件首次拉深的凹模圆角半径 r_d 可按下式确定。

$$r_d=0.8\sqrt{(D_0-d_1)t} \tag{6-34}$$

式中 D_0——毛坯直径或上道工序拉深件直径；

d_1——本道工序拉深后的直径；

t——材料厚度。

以后各次拉深时，r_d 可逐步减小，一般可取 $r_{dn}=(0.6\sim0.8)r_{dn-1}$ 确定，但要 $r_d\geqslant 2t$。

式中 r_{dn-1}——前次拉深的凹模圆角半径；

r_{dn}——本次拉深的凹模圆角半径。

2. 凸模圆角半径 r_p

r_p 对拉深工序的影响不像 r_d 那样显著。过小 r_p 会使材料在此处的弯曲变形增大并降低筒壁传力区拉深件的危险断面抗拉强度，同时凸模圆角对材料的厚向压力增大，使其厚度变薄严重。多工序拉深时，后继工序的压边圈圆角半径等于前道工序的凸模圆角半径，所以，当 r_p 过小时，在以后的拉深工序中毛坯沿压边圈滑动的阻力会增大，这对拉深过程是不利的。但过大的 r_p 会使在拉深初期不与模具表面接触，处于压边圈作用之外的毛坯宽度增加，因而这部分材料容易起皱(内皱)。

一般，首次拉深凸模圆角关系为：

$$r_p=(0.7\sim1.0)r_d \tag{6-35}$$

以后各次的 r_p 除最后一次和零件底部圆角半径相同外，中间各次可取和 r_p 相等或略小一些，并且各次拉深的 r_p 应逐次减小。

3. 凸模和凹模的间隙 Z

拉深模的间隙是指凹模与凸模直径之差的一半，即 $Z=\dfrac{D_d-d_p}{2}$。间隙过小，摩擦阻力增加，从而引起拉深力增加，零件容易变薄甚至拉裂，也容易擦伤模具表面，但小间隙的模具拉深后得到的零件侧壁平直而光滑，质量较好，精度较高。间隙过大，对毛坯的校直和挤压作用变小，虽然拉深力降低，模具的寿命提高，但冲出的零件侧壁不直，形成口大底小的锥形，工件上部厚度大，容易产生弯曲变形。零件的尺寸精度下降。根据拉深是否采用压边圈和零件的形状及尺寸精度要求，筒形件拉深时的间隙可按下式计算：

(1)不用压边圈

$$Z=(1-1.1)t_{\max} \tag{6-36}$$

式中 Z——单边间隙，最末一次拉深或精度要求较高的拉深件取小值，中间拉深取大值；

$t_{\max}$——材料厚度的上限值。

(2)用压边圈拉深时

间隙数值按表 6-6 决定。

(3)负间隙

对于精度要求较高的零件，为了减小拉深的回弹，提高表面光洁度，常采用负间隙，

说明：如果工件外形尺寸要求一定时，要以凹模为准，用减少凸模尺寸得到间隙。如果工件内形尺寸要求一定时，要以凸模为准，用减少凹模尺寸得到间隙。间隙值取 $Z=(0.9-0.95)t$。

表 6-6 凹模与凸模之间的间隙值

总拉深次数	拉深工序	单边间隙 Z
1	一次拉深	$(1\sim1.1)t$
2	第一次拉深	$1.1t$
	第二次拉深	$(1\sim1.05)t$
3	第一次拉深	$1.2t$
	第二次拉深	1.1
	第三次拉深	$(1\sim1.05)t$
4	第一、二次拉深	$1.2t$
	第三次拉深	$1.1t$
	第四次拉深	$(1\sim1.05)t$
5	第一、二、三次拉深	1.2
	第四次拉深	1.1
	第五次拉深	$(1\sim1.05)$

注：① t——材料厚度，取材料允许偏差的中间值。

② 当拉深精密工件时，对最末一次拉深间隙取 $Z=t$。

4. 凹模、凸模的尺寸及公差

对于最后一道拉深工序的拉深模，其凹模及凸模的尺寸和公差应按零件的要求来确定。

当工件要求外部尺寸时，如图 6-21(a)所示，以凹模尺寸为基准，即

$$D_d=(D-0.75\Delta)^{+\delta_d}_{0} \tag{6-37}$$

凸模尺寸为：

$$d_p=(D-0.75\Delta-2Z)_{-\delta_p}^{0} \tag{6-38}$$

当工件要求内部尺寸时，如图 6-21(b)所示，以凸模尺寸为基准，即

$$d_p=(d+0.4\Delta)_{-\delta_p}^{0} \tag{6-39}$$

凹模尺寸为：

$$D_d=(d+0.4\Delta+2Z)^{+\delta_d}_{0} \tag{6-40}$$

式中 Z——凸、凹模间的单边间隙；

D——工件名义外径；

d——工件名义内径；

Δ——工件公差；

δ_p——凸模制造公差；

δ_d——凹模制造公差。

对于多次拉深时的中间过渡工序，毛坯的尺寸没有必要给以严格限制，这时模具的尺寸只要取等于毛坯的过渡尺寸即可。若以凹模为基准时，则凹模尺寸为：

$$D_d=D^{+\delta_d}_{0} \tag{6-41}$$

凸模尺寸为：

$$d_p=(D-2Z)_{-\delta_p}^{0} \tag{6-42}$$

凸、凹模的制造公差 δ_p 和 δ_d 对于圆筒形件，可按 $IT7 \sim IT9$ 选取或按工件的公差 1/3～1/4 选取。

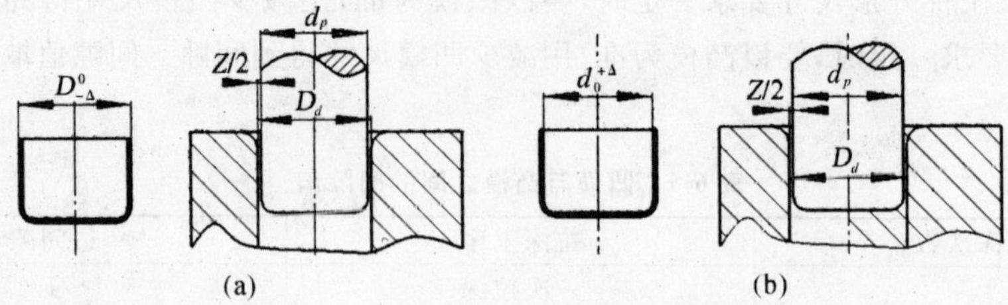

图 6-21　凹模、凸模的尺寸及公差标注

5. 凸、凹模结构

凸、凹模的结构形式的设计与拉深时的变形情况和变形程度的大小有关，设计得当，可以提高产品质量，并且可以降低极限拉深系数。

当毛坯的相对厚度大，采用图 6-22 的不用压边圈的一次拉深成形的凹模结构，这种锥形凹模和等切面曲线形状对抗失稳起皱有利。对于二次以上的拉深模的凸、凹模结构形状如图 6-23 所示

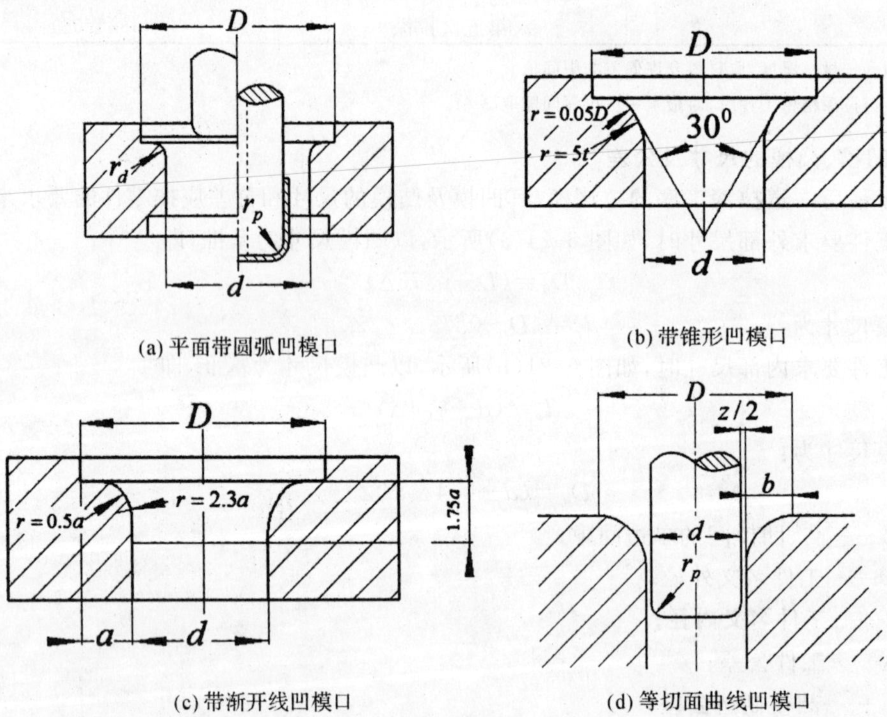

图 6-22　不用压边圈的拉深凹模工作部分结构形状

当毛坯的相对厚度小，必须采用压边圈时，应该采用图 6-24 所示的模具结构，图 6-24(a)为圆角结构形状用于零件尺寸较小时($d \leqslant 100$mm)。图 6-24(b)则用于零件尺寸较大时($d > 100$mm)。采用这种有斜角的凸模和凹模除具有改善金属的流动，减少变形抗力、材料

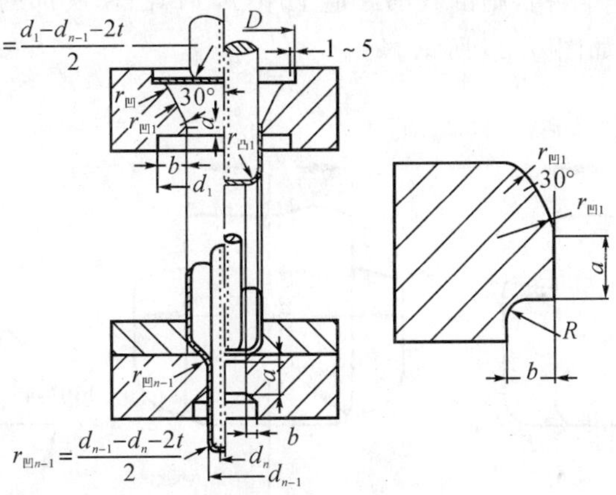

图 6-23　无压边圈的多次拉深模部分结构

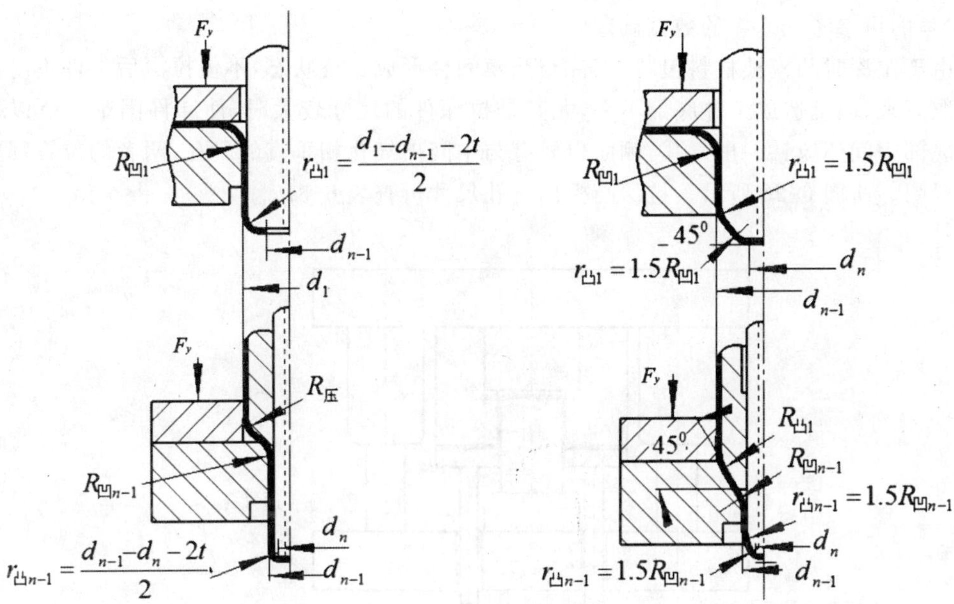

图 6-24　用压边圈的拉深模工作部分结构形状

不易变薄等一般锥形凹模的特点外，还可减轻毛坯反复弯曲变形，提高零件侧壁质量，使毛坯在下次工序中容易定位等优点。使用这种结构时要注意前后两道工序的冲模在形状和尺寸上相协调，使前道工序得到的半成品形状有利于后面工序的成形。比如压边圈的形状和尺寸应与前道工序凸模的相应部分相同。拉深凹模的锥面角度 α 也要与前道工序凸模的斜角一致。

对于最后一道拉深，为使拉深后零件的底部平整，如果是圆角结构的冲模，具最后一次拉深凸模的圆角半径的圆心应与倒数第二道拉深凸模圆角半径的圆心位于同一条中心线上。如果是斜角的冲模结构，则倒数第二道工序($n-1$)凸模底部的斜线应与最后一道的凸模圆角半径 $r_{凸n}$ 相切，如图 6-25 所示。

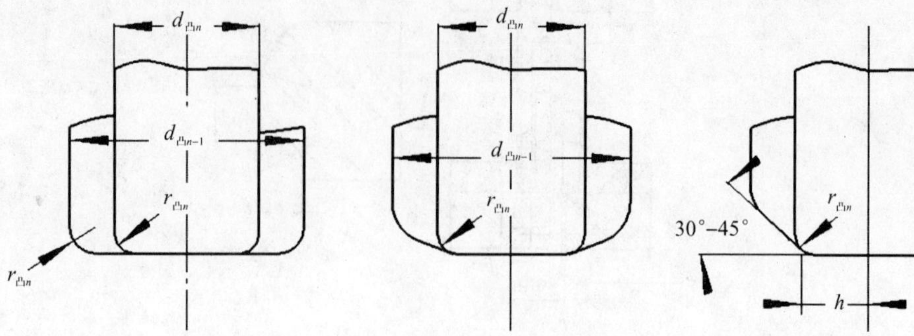

图 6-25　斜角尺寸的确定

凸模与凹模的锥角 α 大，有利于拉深变形，但 α 过大，对相对厚度小的材料可能产生起皱，α 角的可参考表 6-7 的数据确定。

由于拉深时凸模被材料包紧，工件与凸模间会形成真空状态，不但拉深后工件不易从凸模上取下来，而且造成工件底部不平，尤其是拉深件的尺寸较大时，使卸件困难。所以拉深凸模底部中间还应钻一出气孔，侧面也要有与中间出气孔相垂直的气孔，两者的位置都要超过压料圈。所图 6-26 所示。拉深凸模出气孔尺寸可查表 6-8。

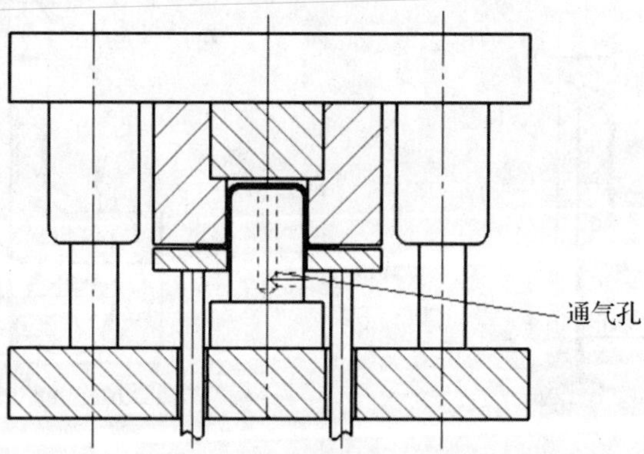

图 6-26　拉深凸模出气孔尺寸及位置

表 6-7　拉深凹模锥角

材料厚度(mm)	角度 α°
0.5～1 1～2	30～40 40～50

表 6-8　拉深凸模出气孔尺寸

凸模直径 $d_凸$(mm)	～50	＞50～100	＞100～200	＞200
出气孔直径(mm)	5	6.5	8	9.5

第五节　其他形状零件的拉深

一、有凸缘圆筒形零件的拉深

有凸缘圆筒形零件的拉深变形与一般筒形件是相同的，但由于拉深后带有凸缘，所以其拉深方法和计算还是有不同的特点

1．拉深特点

带有凸缘的圆筒形件拉深，毛坯凸缘部分并非全部拉进凹模内，而是只拉深至毛坯外径等于零件凸缘外径为止，如图 6-27 所示，图中 d_f 为凸缘外直径，d 为筒形部分直径，h 为零件的高度，r_p 是筒壁与底部的圆角半径，r_d 为凸缘与筒壁的圆角半径。带有凸缘的圆筒形件可分窄凸缘筒形件（$\frac{d_f}{d}=1.1-1.4$）和宽凸缘筒形件（$\frac{d_f}{d}>1.4$）。

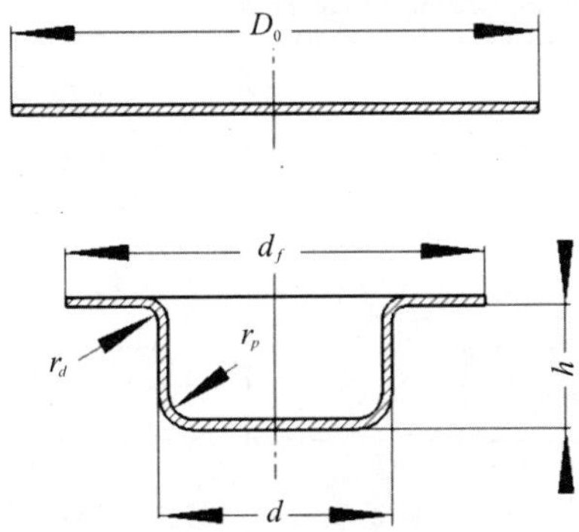

图 6-27　凸缘圆筒形零件

2．拉深系数

带有凸缘的圆筒形件拉深系数 m_f，可用下式表示

$$m_f=\frac{d}{D_0} \tag{6-43}$$

式中　d——零件筒形部分直径；

D_0——毛坯直径，当 $r_p=r_d=r$ 时，$D_0=\sqrt{d_f^2+4dh-3.44dr}$代入前式得：

$$m_f=\frac{d}{D_0}=\frac{1}{\sqrt{\left(\frac{d_f}{d}\right)^2+4\frac{h}{d}-3.44\frac{r}{d}}} \tag{6-44}$$

由上式可见，带有凸缘的圆筒形件拉深系数取决于三个尺寸因素：凸缘的相对直径$\frac{d_f}{d}$、零件的相对高度$\frac{h}{d}$和相对圆角半径$\frac{r}{d}$，其中$\frac{d_f}{d}$影响最大，而$\frac{r}{d}$影响最小。$\frac{d_f}{d}$和$\frac{h}{d}$越大，表示拉深毛坯变形区的宽度越大。$\frac{d_f}{d}$和$\frac{h}{d}$之大到一定程度时，便需要多次拉深。

有凸缘的圆筒形件的首次和以后各次的极限拉深系数见表 6-9 和 6-10，凸缘件第一次

拉深的最大相对高度见表 6-11。

表 6-9 凸缘件的第一次拉深系数

凸缘相对直径 $\frac{d_f}{d}$	毛坯相对厚度$\frac{t}{D_0}\times100$				
	>0.06～0.2	>0.2～0.5	>0.5～1	>1～1.5	>1.5
～1.1	0.59	0.57	0.55	0.53	0.50
>1.1～1.3	0.55	0.54	0.53	0.51	0.49
>1.3～1.5	0.52	0.51	0.50	0.49	0.47
>1.5～1.8	0.48	0.48	0.47	0.46	0.45
>1.8～2.0	0.45	0.45	0.44	0.43	0.42
>2.0～2.2	0.42	0.42	0.42	0.41	0.40
>2.2～2.5	0.38	0.38	0.38	0.38	0.37
>2.5～2.8	0.35	0.35	0.34	0.34	0.33
>2.8～3.0	0.33	0.33	0.32	0.32	0.31

表 6-10 凸缘件以后各次的拉深系数(m_f)

拉深系数 m_fm	毛坯相对厚度$\frac{t}{D_0}\times100$				
	2.0～1.5	1.5～1.0	1.0～0.6	0.6～0.3	0.3～0.15
m_{f2}	0.73	0.75	0.76	0.78	0.80
m_{f3}	0.75	0.78	0.79	0.80	0.82
m_{f4}	0.78	0.80	0.82	0.83	0.84
m_{f5}	0.80	0.82	0.84	0.85	0.86

表 6-11 凸缘件第一次拉深的最大相对高度($\frac{h_1}{d_1}$)

凸缘相对直径 $\frac{d_f}{d}$	毛坯相对厚度$\frac{t}{D_0}\times100$				
	>0.06～0.2	>0.2～0.5	>0.5～1	>1～1.5	>1.5
～1.1	0.45～0.52	0.50～0.62	0.57～0.70	0.60～0.80	0.75～0.90
>1.1～1.3	0.40～0.47	0.45～0.53	0.50～0.60	0.56～0.72	0.65～0.80
>1.3～1.5	0.35～0.42	0.40～0.48	0.45～0.53	0.50～0.63	0.58～0.70
>1.5～1.8	0.29～0.35	0.34～0.30	0.37～0.44	0.42～0.53	0.48～0.58
>1.8～2.0	0.25～0.30	0.29～0.34	0.32～0.38	0.36～0.46	0.42～0.51
>2.0～2.2	0.22～0.26	0.25～0.29	0.27～0.33	0.31～0.40	0.35～0.45
>2.2～2.5	0.17～0.21	0.20～0.23	0.22～0.27	0.25～0.32	0.28～0.35
>2.5～2.8	0.16～0.18	0.15～0.18	0.17～0.21	0.19～0.24	0.22～0.27
>2.8～3.0	0.10～0.13	0.12～0.15	0.14～0.17	0.16～0.20	0.18～0.22

注：较大值相应于零件圆角半径较大情况，即 r_d、r_p 为(10～20)t。

较小值相应于零件圆角半径较小情况，即 r_d、r_p 为(4～8)t。

3. 拉深方法

(1) 窄凸缘圆筒形件的拉深

窄凸缘圆筒形件可作为圆筒形件拉深(图 6-28)，只是在倒数第二次拉次或最后一次拉深才拉深成而水平凸缘或拉深出锥形凸缘，再通过整形将锥形凸缘压平整成尺寸 d_f。

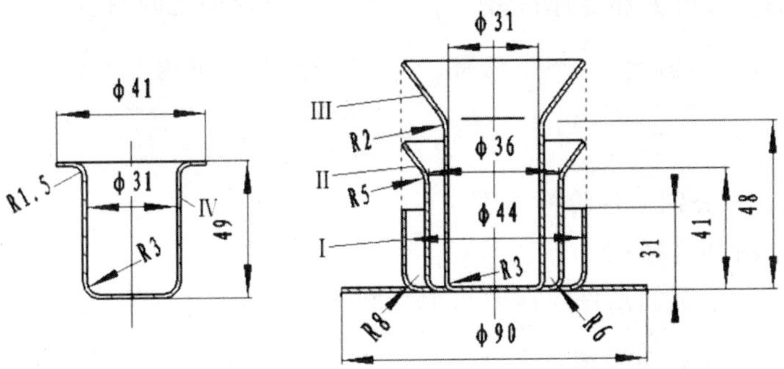

图 6-28　窄凸缘圆筒形件

(2)宽凸缘圆筒形件拉深

宽凸缘圆筒形件不能一次拉深成功时，与直壁圆筒形件拉深不同的是，多次拉深时，当①$d_f<200$mm 时，首次拉深时就拉出所需要凸缘外径，接下来在以后各次拉深时，要保持这个凸缘外径不变。既采用减小筒形件直径，增大高度来实现，而各次拉深 r_p 和 r_d 基本不变，如图 6-29(a)所示。用这种方法制成的零件，表面质量较差，容易在直壁部分和凸缘上残留中间工序形成的圆角部分弯曲和厚度局部变化的痕迹，所以最后应加一道需力较大的整形工序；②$d_f>200$mm 时，首次拉深时同样先拉出所需要凸缘外径，接下来在以后各次拉深时，要保持这个凸缘外径不变。既采用减小筒形件直径，依次相应减小 r_p 和 r_d，高度基本不变，如图 6-29(b)所示。用本法制成的零件表面光滑平整，厚度均匀，不存在中间工序中圆角部分的弯曲与局部变薄的痕迹。但在第一次拉深时，因圆角半径较大，容易发生起皱。当零件底部圆角半径较小，或者对凸缘有不平度要求时，也需要在最后加一道整形工序。

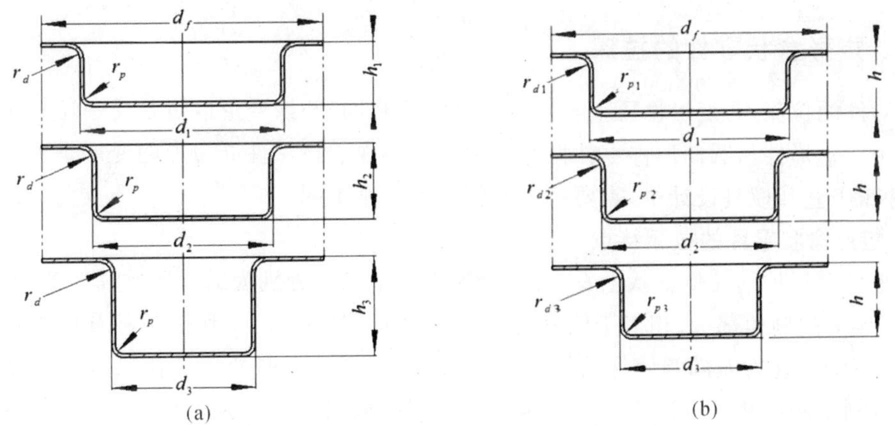

图 6-29　宽凸缘圆筒形件多次拉深

3. 阶梯形圆筒形零件的拉深

阶梯形圆筒形零件的拉深时，毛坯变形区的应力状态和变形特点都和圆筒形件相同，由于其形状比圆筒形件复杂，故其拉深工序与顺序及次数的确定都与圆筒形件有较大的差别。

(1)拉深次数的确定

当阶梯形圆筒形零件的相对厚度较大$\frac{t}{D_0}>0.01$,而阶梯之间直径大小之差较小,各阶梯高度相差不大,并且只有二、三个阶梯时,一次成形的条件可用下式表示:

$$\frac{h_1+h_2+\cdots+h_n}{d_n}\leqslant\frac{h}{d_n} \tag{6-45}$$

式中 h_1、$h_2\cdots h_n$——分别为各阶梯高度;

d_n——最小阶梯直径;

h——直径为 d_n 圆筒形件拉深时可能得到的最大高度;

$\frac{h}{d_n}$——首次拉深允许的相对高度。

如果上述条件得不到满足,就需要多次拉深(见图 6-30)。

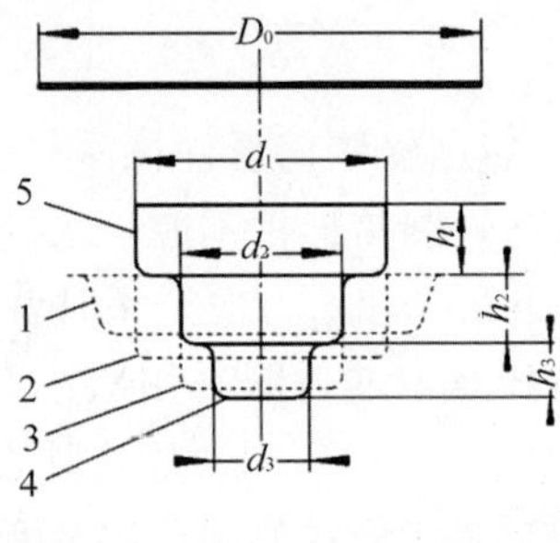

图 6-30 阶梯形圆筒形件拉深

(2)拉深方法

①当每相邻阶梯直径比$\frac{d_2}{d_1}$,$\frac{d_3}{d_2}\cdots\frac{d_n}{d_{n-1}}$均大于相应的圆筒形件的极限拉深系数时,则可在每道拉深工序里形成一个阶梯,此时,拉深工序数目等于零件的阶梯数目。

②当每相邻阶梯直径比$\frac{d_2}{d_1}$,$\frac{d_3}{d_2}\cdots\frac{d_n}{d_{n-1}}$均小于相应的圆筒形件的极限拉深系数时,在这个阶梯成形时要采用带凸缘零件拉深的方法。

③当最小阶梯直径 d_n 过小或比值$\frac{d_n}{d_{n-1}}$过小,如果阶梯高度不大,则最小阶梯可用胀形方法得到。阶梯形零件多次拉深工序,一般按直径由大到小,既从 d_1,$d_2\cdots d_n$ 依次成形。

三、矩形盒状零件的拉深

盒形件的拉深,在变形性质上与圆筒形件零件相同,凸缘变形区也是受一拉一压应力状态的作用。盒形件与圆筒形件零件拉深最大的差别在于拉深件周边上的变形是不同的。因此,在冲压工艺和模具设计中,需要解决的问题也完全不同。

1. 矩形盒状零件的拉深特点

从矩形盒形件的几何形状上看,可划分为由 4 个长度分别为 $A-2r$ 和 $B-2r$ 的直边和 4 个半径为 r 的圆角部分,相当于四分之一圆柱表面(图 6-31)。其拉深可看作圆角部分相当于直径为 $2r$、高为 h 的圆筒件的拉深,直边部分相当于弯曲变形。在拉深前的毛坯表面圆角部分划上距离相等的同心圆和夹角相等的径向放射线,直边部分划上相互垂直的等距离平行线组成的网格。拉深后的网格就化发生了明显的变化:

(1)直边部位的变化

变形后直边部位上的网格发生了横向压缩和纵向伸长的变化,变形前直边处的横向尺寸是等距的。即($\Delta l_1=\Delta l_2=\Delta l_3$),变形后横向间距缩小,($\Delta l'_1>\Delta l'_2>\Delta l'_3$),在直边的中点,横向压缩小($\Delta l_1$ 长),靠近圆角部压缩得多(Δl_3 小)。变形前纵向尺寸相($\Delta h_1=\Delta h_2=$

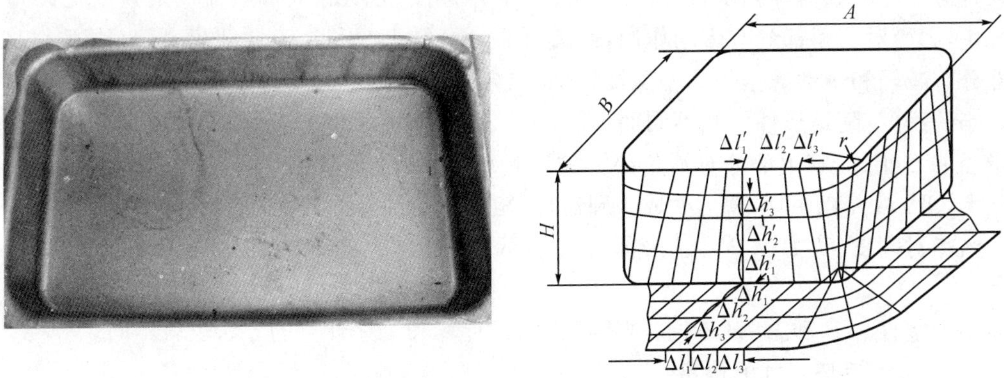

(a) (b)

图 6-31　盒形件拉深变形特点

Δh_3)，变形后纵向尺寸成为 $\Delta h'_3 > \Delta h'_2 > \Delta h'_1$，越靠近口部增大越多。

(2)圆角部位的变形

纵向伸长也是直边中点处比靠近圆角部的要小。圆角部分拉深后径向的放射线不是变成与底平面垂直的等距离平行线，而是上部距离宽，下部距离小的斜线。同心圆弧间的距离变大，越向口部越大，且同心圆弧不位于同一水平面内。

根据上述的网格的变化可以说明盒形件拉深有如下特点：

①矩形件拉深的变形性质与圆筒件一样，是径向伸长、横向(切向)缩短，但矩形件变形是不均匀的，圆角部分变形大，直边部分变形小。直边部分不是简单的弯曲，拉深时圆角部位的材料要向直边流动使直边产生横向压缩，直边也产生了拉深变形，只是没有圆角部分大，而且压缩变形和伸长变形是不均匀的，在直边的中点，横向压缩小(Δl_1 长)，靠近圆角部压缩得多(Δl_3 小)，纵向伸长也是直边中点处比靠近圆角部的要小。

圆角部分的变形与圆筒形的拉深变形相似，但不完全相同，因直边的存在，拉深时圆角位部的材料可以向直边流动(放射线变为斜线)，这就相应减轻了圆角部分的变形，使圆角部的变形程度与半径(r)相同，高度(h)相同的圆筒件比较起来要小。圆筒部分的变形也是不均匀的，圆角中心大，两边变形小。这可从变形后，同心圆弧线间距在中间大，两边小得知。

②圆角部位材料向直边流动，使得圆角部位压应力(σ_3)与拉应力(σ_1)分布不匀，如图6-32所示。在圆角部的中点 σ_1 和 σ_3 最大，直边的中点 σ_1 和 σ_3 最小。故矩形件拉深时破裂发生在圆角处，又因圆角部平均的 σ_1 和 σ_3 比相应的圆筒件要小，所以，矩形件与相应的圆筒形件比较，危险断面处受力小，拉深时可采用小的拉深系数，也不容易起皱。

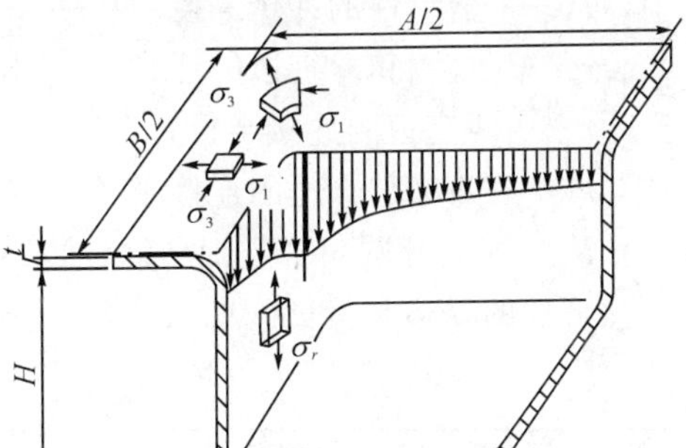

图 6-32　盒形件拉深应力分布

③矩形件拉深时，由于直边部分和圆角部分是联系在一起的整体，两部分间存在着相互影响。拉深中圆角部分有一部分材料被挤到直边去，使圆角部分的变形减轻，另外，由于变

形区直边部分的纵向伸长小，而底部直边部分和圆角部分材料向凹模流动的速度比圆角部分要快，因而对圆角部分有带动作用，使圆角部分材料更顺利地流向凹模，即直边部分对圆角部分有减轻和带动的作用。相反，圆角部分会影响直边部分拉深变形的大小。两部分相互影响的程度，随矩形件形状不同而不同，也就是说随 r/B 和 H/B 不同而不同。当相对圆角半径 r/B 小时，直边部分对圆角部分的影响就大，圆角部分的变形与相应的圆筒件的差别就大，当 $r/B=0.5$ 时，盒形件成为圆筒件，矩形件与圆筒件的变形差别就没有了。

当相对高度 H/B 大时，圆角部对直边部影响大，直边部的变形与简单弯曲的差别就大。

随着零件 r/B 和 H/B 不同，则矩形件毛坯计算和工序计算的方法也就不同。

2. 矩形件毛坯尺寸的确定

计算矩形件毛坯的原则是：保证毛坯的面积应等于加上修边量后的工件面积。另外，由于矩形件拉深时变形不均匀，圆角部分材料在变形中要转移的特点，应按面积相等的原则，把毛坯形状和尺寸进行修正，使毛坯外形成光滑的曲线，拉深后口部各点高度均匀。

毛坯形状和尺寸的确定应根据零件的 r/B 和 H/B 值来进行，因这两个因素决定了圆角部分材料向工件直部转移的程度和直部高度的增加量。下面主要介绍低盒形件和高盒形件两种零件毛坯的确定方法。

(1)一次拉成的低矩形件毛坯计算

低矩形件是指高宽的关系是 $H=0.3B$，这种零件拉深时有微量材料从角部转移到直边，但不会引起直壁部高度明显增加，可以认为圆角部发生拉深变形，而直边部只是弯曲变形，根据这样的变形特点，将零件直边按弯曲展开，圆角部按圆筒形拉深展开，再用光滑曲线连接直部和角部即得毛坯，如图 6-33。其计算和作图步骤如下：

①首先求出弯曲部分的长度 L 和圆角部分展开的毛坯半径 R

当 $r\neq r_p$ 时，$R=\sqrt{r^2+2rH-0.86r_p(r+0.16r_p)}$ (6-46)

当 $r=r_p$，$R=\sqrt{2rH}$ (6-47)

直边部分展开长度

无凸缘时，$L=H+0.57r_p$ (6-48)

有凸缘时，$L=H+R_f-0.43(r_f+r_p)$ (6-49)

式中 H——盒形件的冲压高度，$H=h+\Delta h$；

r_p——盒底和盒直边的连半径(凸模圆角半径)；

r——两直边的连接半径；

r_f——凸缘与直边的连接半径；

R_f——底部圆角中心到凸缘外边沿之间的距离。

盒形件的修边余量 Δh(见表 6-12)。

表 6-12 矩形件修边余量 Δh

所需拉深次数	1	2	3	4
修边余量 Δh	$(0.03\sim0.05)h$	$(0.04\sim0.06)h$	$(0.05\sim0.08)h$	$(0.06\sim0.1)h$

②按 1∶1 比例画出盒形件平面图，并过 r 圆心作一条水平线。以半径 R 作圆弧交于 a；

③画直边展开线交于 b，其距离 r_p 圆心迹线的长度为 L；

④通过 ab 中心 c 画一直线与圆弧 R 相切，使得阴影部分面积 $+f$ 等于 $-f$；并用 R 将切线与直边展开线连接起来，即得毛坯外形。

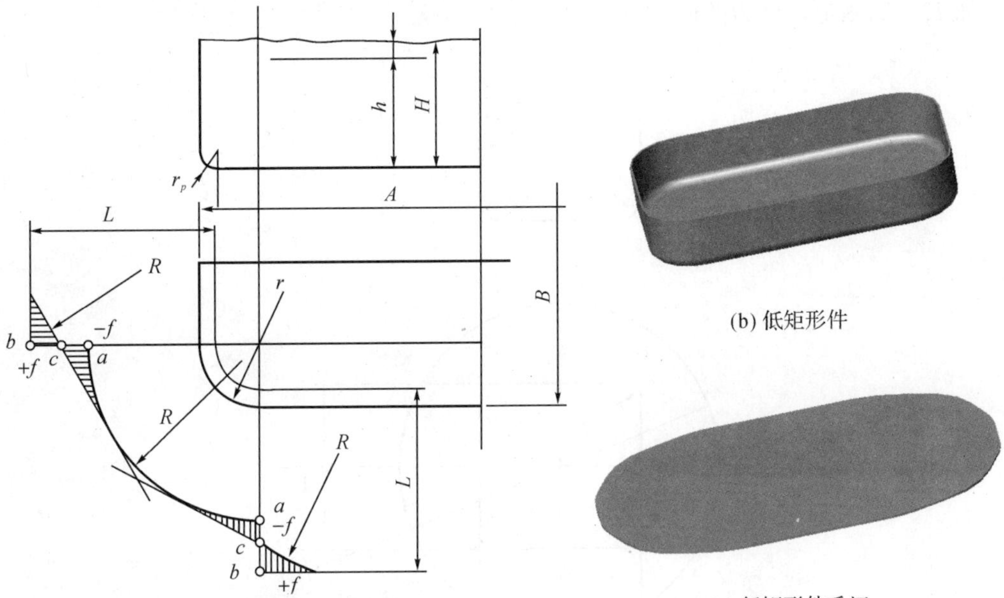

(a) 低矩形件毛坯作图法

(b) 低矩形件

(c) 低矩形件毛坯

图 6-33　低矩形件及毛坯作图法

(2)高矩形件毛坯计算

高矩形件是指高宽的关系是 $H \geqslant 0.5B$，拉深时圆角部有大量材料向直边流动，直边部拉深变形也大，这时毛坯形状可做成圆形或长圆形，甚至椭圆形。毛坯尺寸仍根据工作表面积与毛坯面积相等的原则计算。

①对方形件用圆形(图 6-34)的毛坯，其直径为：

当　$r \neq r_p$ 时，$D_0 = 1.13\sqrt{B^2 + 4B(H - 0.43r_p) - 1.72r(H + 0.33r)}$　(6-50)

当 $r = r_p$ 时，

$$D_0 = 1.13\sqrt{B^2 + 4B(H - 0.43r_p) - 1.72r(H + 0.5) - 4r_p(0.11r_p - 0.18r)} \quad (6\text{-}51)$$

式中 D_0——方形件用圆形毛坯，其余计算与式(6-48)和式(6-49)相同。

②对尺寸为 $A \times B$ 的矩形件，可以看作由两个宽度为 $B/2$ 的半正方形和中间为(A-B)的直边部分连接而成。这样，毛坯形状是由两个半圆弧和中间两平行边所组成的长圆形，如图 6-35 所示。长圆形毛坯的圆弧半径为：

$$R_b = \frac{1}{2}D_0$$

式中 D_0 是宽为 B 的方形件的毛坯直径，按式(6-50)或(6-51)计算。R_b 的圆心距短边的距离为 $B/2$。则长圆形毛坯的长度为：

$$L = 2R_b + (A - B) = D_0 + (A - B) \quad (6\text{-}52)$$

长圆形毛坯的宽度为：

$$K = \frac{D_0(B - 2r) + [B + 2(H - 0.43r_p)](A - B)}{A - 2r} \quad (6\text{-}53)$$

然后用 $R=\dfrac{K}{2}$ 过毛坯长度两端作弧，既与 R_b 弧相切，又与两长边的展开直线相切，则毛坯的外形即为一长圆形。

如 $K\approx L$，则毛坯做为圆形，半径为 $R=\dfrac{1}{2}K$。

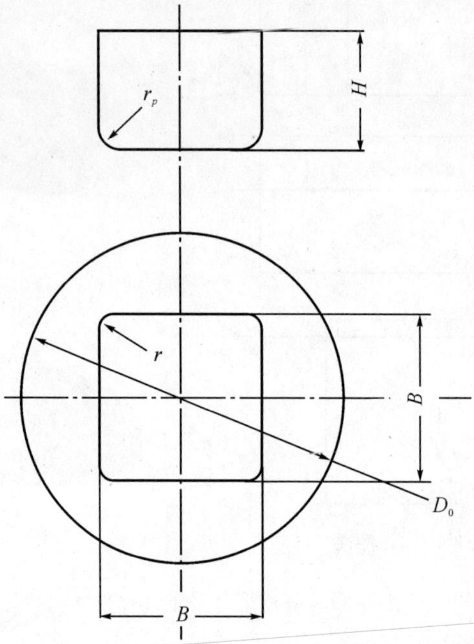

图 6-34　方盒形件毛坯形状与尺寸

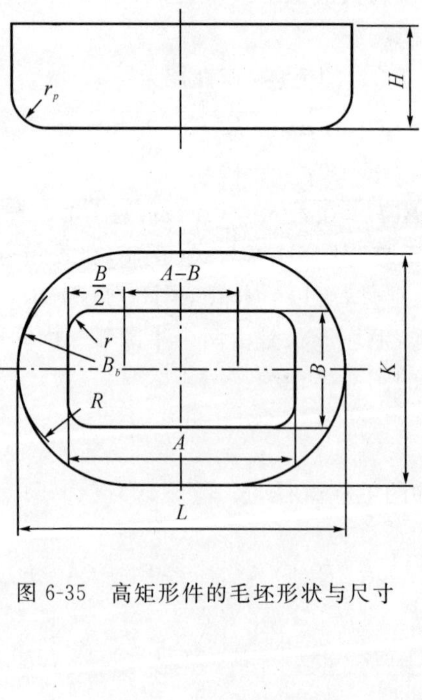

图 6-35　高矩形件的毛坯形状与尺寸

3. 矩形件拉深次数和工序尺寸计算

盒形件是否能一次拉深，其判断条件和圆筒形零件相同，根据拉深前后面积相等的原则，确定矩形件的毛坯形状和尺寸后，就计算其拉深数。将拉深系数与矩形件初次拉深允许的成形极限相比较就可以确定一次能否拉成。

由于盒形件的拉深时的圆角部分的受力和变形比直边大，起皱和拉破的都发生在圆角部位，因此，盒形件首次拉深时的极限变形量由圆角部传力的强度确定。

拉深时圆角部分程度仍用拉深系数表示：

$$m=\frac{d}{D_0}\ (6\text{-}54)$$

式中　d——与圆角部位相应的圆筒体直径；

D_0——与圆角部位相应的圆筒形件展开毛坯直径。

如果 $r=r_p$，与圆角部相应圆筒形件毛坯直径 $D_0=2\sqrt{2rH}$，则

$$m=\frac{d}{D_0}=\frac{2r}{2\sqrt{2rH}}=1/\sqrt{\frac{2H}{r}} \tag{6-55}$$

式中　r——工件底部和角部圆角半径；

H——工件的高度。

从式(6-55)中看出，盒形件的极限变形程度可用盒形件相对高度$\frac{H}{r}$表示，而相对高度取决于盒形件的相对圆角半径$\frac{r}{B}$，毛坯的相对厚度$\frac{t}{D_0}$和板料的性能。r/B 愈小，圆角部位向直边部位流动就愈多，允许的相对高度$\frac{H}{r}$就愈大，抗失稳能力就愈强，危险断面处拉应力愈低。其值可查表 6-13，表 6-13 中的数值适用于 10 号钢等软钢，当相对厚度小($t/B<0.01$)，而且 $A/B\approx1$ 时，取表中较小值；当 t/B 大($t/B>0.015$)，$A/B\geqslant2$ 时，取表中较大值。

表 6-13　盒形件初次拉深的最大相对高度$\frac{H}{r}$

相对角部圆角半径 r/B	0.4	0.3	0.2	0.1	0.05
相对高度 H/r	2～3	2.8～4	4～6	8～12	10～15

如果盒形件的相对高度 H/r 不大于表 6-13 中的值，则盒形件可一次拉成，否则，必须采用需工多次拉深。

对多次拉深的盒形件，要使各道次工序在变形区内的圆角部分与直边部分的拉深变形均匀一致，否则，因圆角部位受到的拉深变形过大产生附加压应力，引起此处材料的堆聚或起皱；而直边部位受过大的附加拉应力作用使厚度过分变薄或者破裂。正方形毛坯开始采用为直径 D_0 的圆形板料并拉深成过渡形状，矩形工件则采用椭圆形或长圆形拉深成过渡形状，最后一道工序才拉深成要求的方形或矩形工件。如图 6-36 所示。拉深次数计算由倒数第二道即 $n-1$ 道往前计算，直到由 D_0 毛坯能一次拉成相应的半成品为止。由此得到整个工件所需拉深次数。

对多于道拉成的矩形件，倒数第二道($n-1$)工序半成品直径的计算较为关键。考虑到

毛坯要进行多次的拉深变形，角部会有大量的材料往直边转移，所以计算($n-1$)道直径不能像低矩形件那样，仅考虑圆角部的拉深变形程度，而要把零件直边部分的变形都考虑在内。最后一道拉深的变形程度要采用零件整个外形的平均拉深系数来计算。即：

$$m_p=\frac{l_n}{l_{n-1}} \tag{6-56}$$

式中 m_p——平均拉深系数；

l_n——成品件周边长；

l_{n-1}——成品件前次工序周边长。

对于方形件：

$$m_p=\frac{B-0.43r}{0.5\pi R_{bn-1}} \tag{6-57}$$

式中 R_{bn-1}——$n-1$ 次的拉深半径。

根据式(6-56)和(6-57)并由图 6-36 的几何关系可知，$n-1$ 道次工序半成品的直径用下式计算：

$$D_{n-1}=1.41B-0.82r+2\delta \tag{6-58}$$

式中 D_{n-1}——$n-1$ 次拉深工序后半成品直径；

B——方形盒件的宽度(按内表面计算)；

r——方形盒件角部的内圆角半径；

δ——方形盒件角部的壁间距离，由 $n-1$ 道工序半成品内表面到盒形件在圆角处内表面的距离。

δ 值对拉深时毛坯变形程度的大小，以及变形分布的均匀程度有直接影响。工件的 r/B 大，则 δ 小；拉深次数多时，δ 也小。当采用图 6-36 所示的成形过程时，可以保证沿毛坯变形区周边产生适度而均匀变形的壁间距离 δ 之值为：

$$\delta=(0.2\sim0.25)r$$

$n-1$ 道直径确定后，其他各道 $n-1$、$n-2$、……的直径可按圆筒件的计算方法确定。相当于用直径 D_0 的毛坯拉成直径 D_{n-1}、高为 H_{n-1} 的圆筒形零件。

4. 盒形件拉深模工作部分形状和尺寸的确定

(1)凹模圆角半径 r_d

设计时先取小些，在调试模具时可根据需要修磨加大。另外盒形件拉深时圆角部位的金属流动比直边困难，圆角部位的 r_d 取了比直边部位稍大些。

(2)间隙 Z

盒形件尺寸精度要求高时取 $Z=(0.9-1.05)t$，盒形件尺寸精度要求高不高时取 $Z=(1.1-1.3)t$，最后一次成品件拉深时取 $Z=t$。

(3)$n-1$ 次拉深凸模形状

从改善最后一次盒形件成品拉深金属流动状况出发，$n-1$ 次拉深凸模形状

底部与成品件相似的形状，然后用 45°斜角向壁部过渡，形状和尺寸关系如图 6-36 所示。

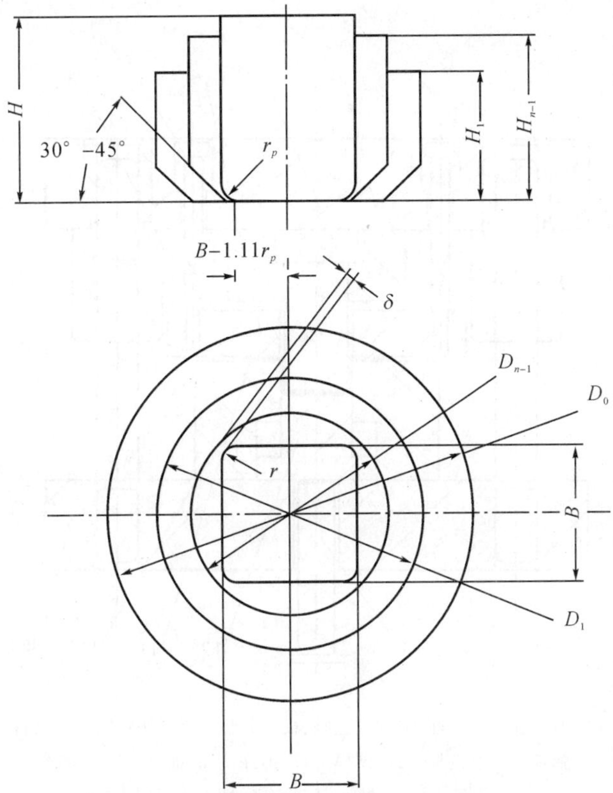

图 6-36　方盒形件的过渡毛坯形状和尺寸

第六节　典型拉深模结构

一、单动压力机上使用的拉深模

图 6-37　带法兰圆筒形件

拉深工艺分不变薄拉深和变薄拉深。不变薄拉深带法兰圆筒形件图 6-37 为例，模具如图 6-38 和图 6-39 所示，模具的结构形式与冲裁比较相似，模具由上模板 1，导套 2，导柱 3，凸模固定板 4，凸模 5，压料圈 6，退料螺钉 7，弹簧 8，下模板 9，凹模 10，12 推板，顶杆 13 组成。拉深件，圆板毛坯放在凹模端面上，压料圈压住圆板毛坯的同时，凸模下行，圆毛坯被拉进凸模和凹模间的间隙中形成筒壁，而在凹模端面上的毛坯外径逐渐缩小，当板料部分进入凸、凹模间的间隙里时拉深过程结束，圆板毛坯就变成具有一定形状的开口空心件 11(图 6-37)。拉深模与冲裁模的主要区别在于其凸模和凹模的工作部分不是锋利的刃口，而是具有一定的圆角，凸模开设通气孔，凸、凹模间的单边间隙稍大于料厚，得到的工件各部分厚度与毛坯接近。如果凸、凹模间的间隙小于料厚，则工件在拉深过程中，壁厚比毛坯厚度显著减小，这种拉深叫变薄拉深。拉深模结构还可采用如图 6-40 所示的反拉深结构。这种结构适用于多次拉深。

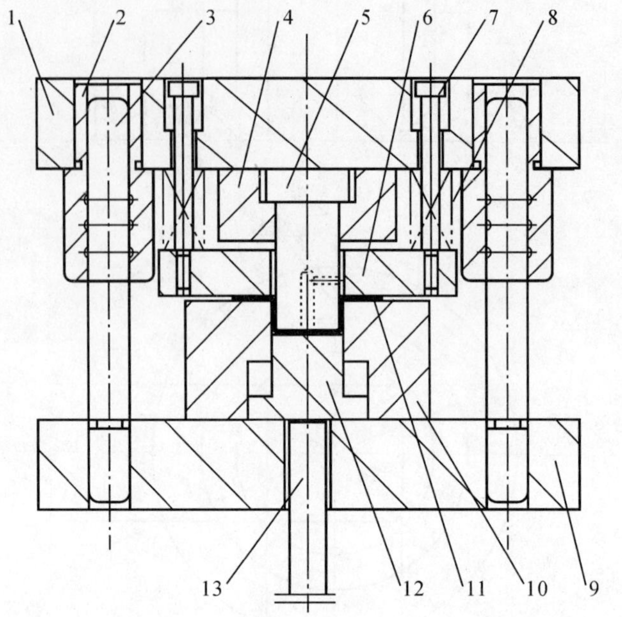

1.上模板　2.导套　3.导柱　4.凸模固定板　5.凸模　6.压料圈　7.退料螺钉
8.弹簧　9.下模板　10.凹模　11.工件　12.推板　13.顶杆

图 6-38　带法兰圆筒形拉深模

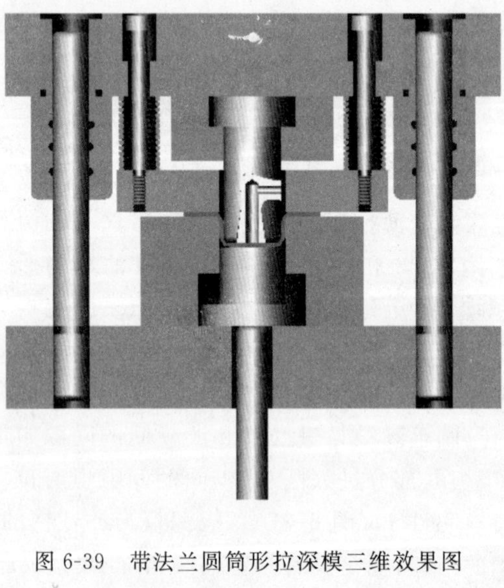

图 6-39　带法兰圆筒形拉深模三维效果图

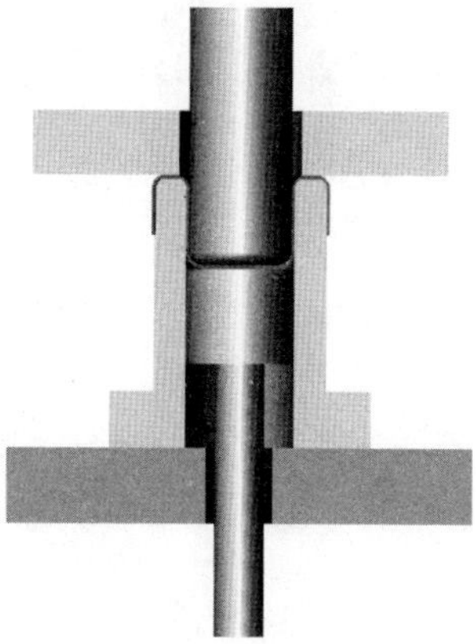

图 6-40　反拉深结构

二、双动压力机上使用的拉深模

双动压力机上的拉深一般采用刚性压边圈，其动作原理如图 6-41 所示。曲轴 1 旋转时，先通过凸轮 2 带动外滑块 3 使压边圈 6 将毛坯压在凹模 7 上，随后由内滑块 4 带动凸模 5 对毛坯进行拉深。在拉深过程中，外滑块不动。刚性压边圈的压边作用，并不是靠直接调整压边力来保证的。由于板料凸缘变形区在拉深过程中有增厚的现象，所以调整模具时 C 略大于板厚 t。用刚性压边，压边力不随行程变化，拉深效果比较好，而且模具结构简单。图 6-42 是带刚性压边装置拉深模。

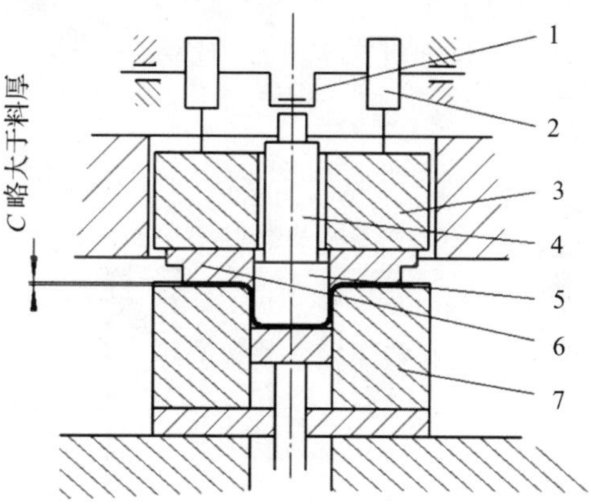

1.曲轴　2.凸轮　3.外滑块　4.内滑块　5.凸模　6.压边圈　7.凹模

图 6-41　双动压力机用拉深模刚性压边装置动作原理

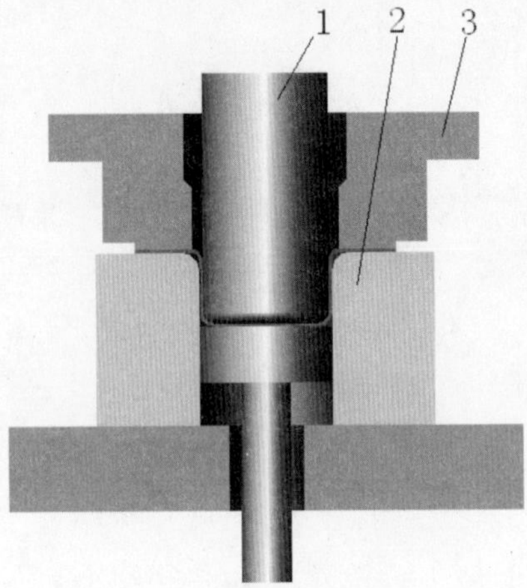

1.凸模　2.凹模　3.压边圈

图 6-42　带刚性压边装置拉深模

三、压边装置分析

理想的压边装置要按拉深过程中起皱趋势的变化规律，施加相应的合适的压边力，但实现使用中需要有专门的变压边力压力机，成本较高。目前生产中常用的压边装置有两大类。

1. 弹性压边装置

这种装置一般多用于普通单动压力机上。如橡皮压边装置图 6-43(a)，弹簧压边装置图 6-43(b)，气垫式压边装置图 6-43(c)，这三种压边力的变化曲线如图 6-44 所示。随着拉深深度的不断增加，凸缘变形区材料不断减少，压边力也需要相应减少。而橡皮与弹簧压边刚好相反，是随着拉深深度增加而增加的。橡皮产生的压边力远远大于弹簧产生的压边力。在此情况下，会使拉深力增加，从而导致零件容易拉裂。因此，橡皮与弹簧压边一般用于浅拉深零件。气垫式压边装置由于拉深过程中压边力能够保持恒定，所以压边效果比较好，但其结构和使用相对复杂一些。

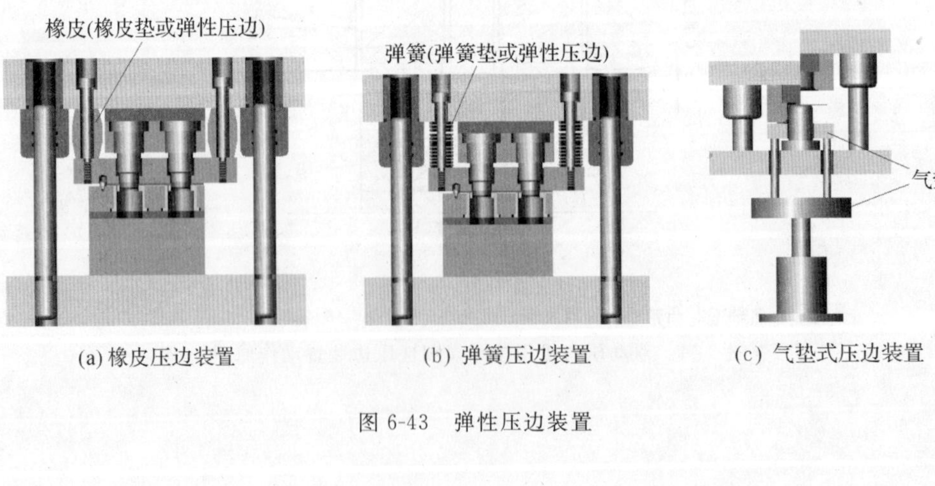

(a) 橡皮压边装置　　(b) 弹簧压边装置　　(c) 气垫式压边装置

图 6-43　弹性压边装置

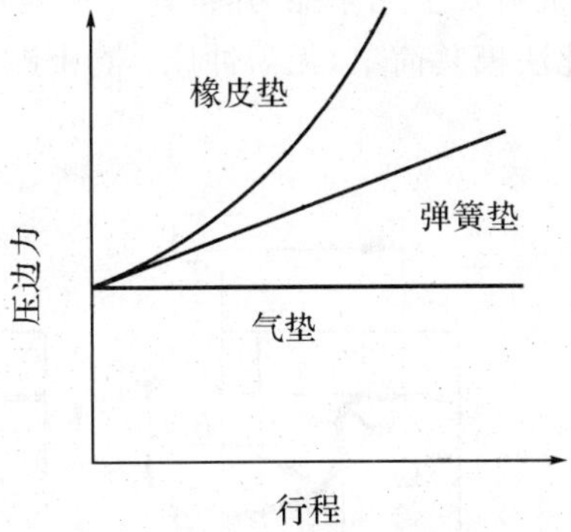

图 6-44 弹性压边装置的压边力的变化曲线

在普通单动压力机上，使用橡皮与弹簧压边装置使用还是比较方便的，所以还是被广泛采用。但是要正确选用橡皮与弹簧形状和规格及尺寸等，如橡皮的选用应使总厚度不小于拉深件行程的五倍。弹簧则应选用总压缩量大，并且压边力增加比较缓慢的类型。

2. 刚性压边装置

如前所述，刚性压边装置一般采用双动压边力来完成的，压边圈与压力机的压边外滑块连接，与气垫式压边装置相类似，拉深过程中压边力能够保持恒定，能够获得理想的压边效果。一般用在大型拉深零件的拉深，如汽车覆盖件拉深。

第七节 拉深新工艺

拉深板料在一定的拉深条件下，要使拉深过程顺利进行，筒壁传力区的最大拉应力必须小于危险断面的强度。为了降低筒壁传递的拉应力，减小极限拉深系数，可从降低突缘变形区材料的变形抵抗力，其次是设法降低材料在凹模圆角处的弯曲抵抗力和改善拉深条件减少摩擦损耗等方面考虑。

一、软模拉深

1. 软凸模拉深

用液体代替凸模进行拉深，如图 6-45 所示，在液体压力的作用下，平板毛坯中部产生胀形，压力增大，毛坯凸缘材料进入凹模，形成筒壁。毛坯凸缘拉深所需的液压力，可由下式平衡式计算得：

$$\frac{\pi d^2}{4} p_0 = \pi d t p \tag{6-59}$$

所以

$$p_0 = \frac{4t}{d} p \tag{6-60}$$

式中 p_0——拉深开始所需的液压力(MPa)；

p——板料拉深所需的拉应力(MPa)；

d——工件直径(mm)；

t——板料厚度(mm)。

采用软凸模拉深，液体与板料几乎无摩擦力，零件容易偏移，底部产生的胀形会变薄，所以方法受到一定的限制。但此法模具简单，无需冲床，常用于生产锥形和半球形及抛物面等比较大的尺寸的零件的生产。

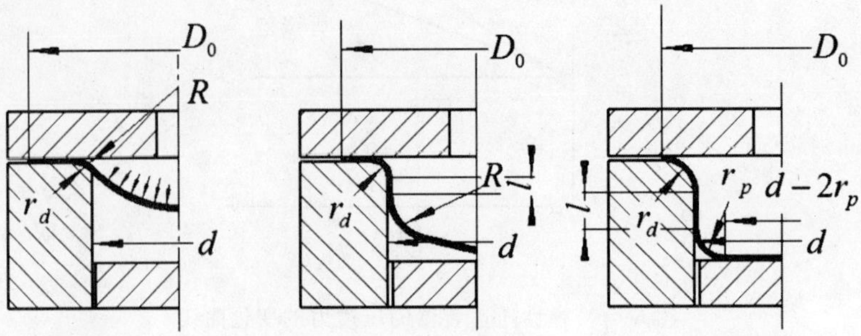

(a) 形成球面　(b) 凸缘产生拉深变形　(c) 形成零件

图 6-45　液体凸模拉深的变形图

2. 软凹模拉深

用橡皮（图 6-46）或高压液体（图 6-47）代替凹模进行拉深，图 6-46 所示。拉深时，软凹模将毛坯紧压在凸模上，增加凸模与板料之间的摩擦力，抑制板料的变薄和与凸模之间的相对滑移，提高筒壁传力区的承载能力，因此可降低材料的极限拉深系数，此时 $m=0.4-0.45$。相对于软凸模拉深，该工艺材料流动阻力小，零件底部不易变薄。由于在拉深过程中弹性凹模始终将板料压紧包覆于凸模，可使板料准确定位并有辅助成形的作用。因此，一些形状复杂的拉深件，例如非对称件、斜底、斜突缘件、底部和突缘上有局部凸起和凹陷的零件，均可用此法一次压出，而用刚性模拉深往往是难以实现的。

为了充分发挥弹性凹模拉深这种工艺方法的特点，必须采用专用的机床设备。

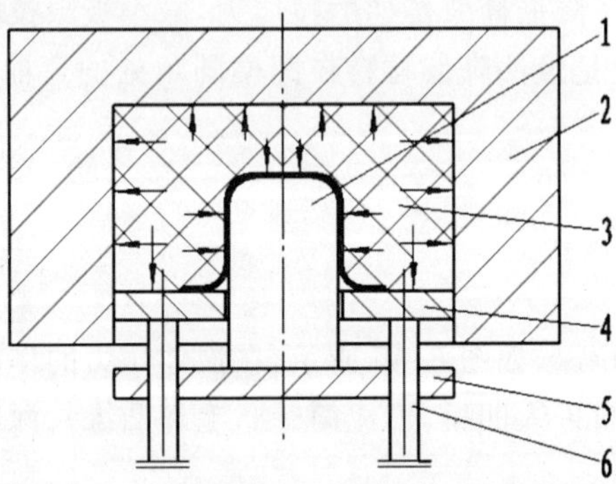

1. 凸模　2. 容框　3. 橡皮　4. 压边圈　5. 凸模座　6. 顶杆

图 6-46　橡皮凹模拉深

图 6-48 所示为在我国自己设计制造的 XY-1200 型橡皮囊深拉深液压形成机床上压出的典型零件。图 6-49 所示为该机床构造简图。

机床总吨位为 11760kN(1200t)。液囊容框的压力可达 98MPa，并可在成形过程中按预定要求变化，实现自动控制。

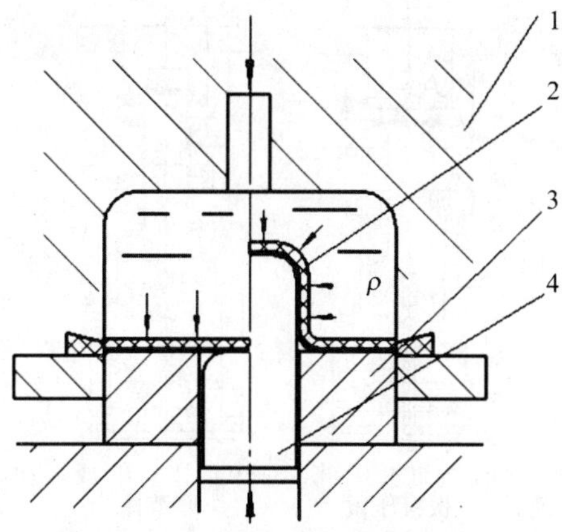

1. 容框　2. 橡皮　3. 压边圈　4. 凸模

图 6-47　液体凹模拉深

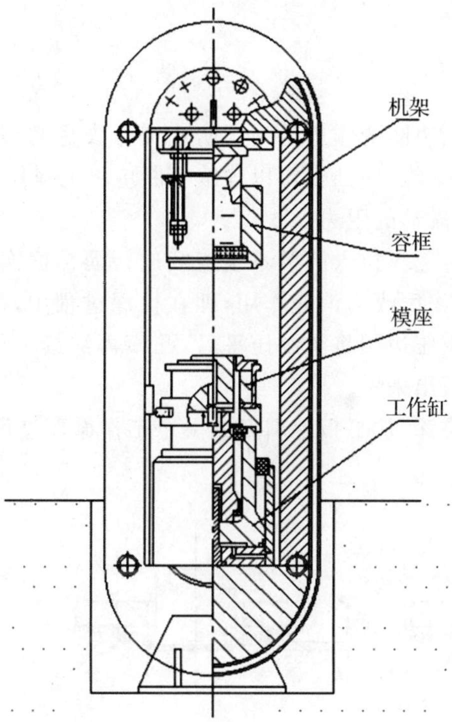

图 6-48　橡皮囊深拉深液压成形机构造简图

机床的主要结构包括机架、液囊容框、工作缸等部分。

机架采用缠绕式结构，由上、下两个半圆梁和两根立柱组成骨架，周围用 65Mn、截面为 1mm×4mm 的高强度扁钢丝在预应力下缠绕成一个整体。这种机架受力合理、结构紧凑、重量轻、制造方便。

工作缸为一双作用伸缩式套筒油缸，内缸装压边圈，活塞杆安装凸模，使两个缸合而为一，大大降低了机床的总高度。

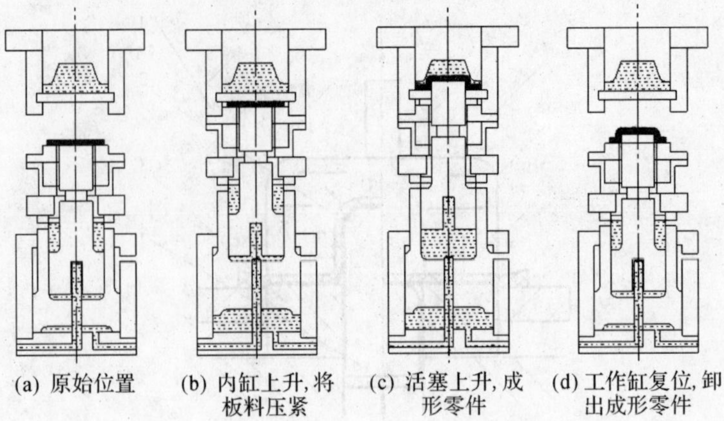

图 6-49 橡皮囊深拉深液压成形机工作原理图

弹性凹模采用伸缩式封闭液囊容框，成形时容框缸套可自由伸缩，自动检液囊容积的变化。

二、脉动拉深

在一般常规拉深中，压边圈的作用是为了防止突缘失稳起皱（防皱），因此拉深过程中，压边圈必须始终压紧毛料突缘，使凸模得以连续不断地将毛料拉入凹模。显然，压边力的存在增加了材料向凹模洞口流动的阻力。

在脉动拉深中，凸模将毛料拉入凹模不是连续进行而是逐次进行的，即所谓脉动的；其实质在于把压边圈的防皱作用改为消皱作用，即在拉深过程中，控制凸模每次的行程量，容许突缘产生不大的皱纹，用压边圈将皱纹压平后，凸模再继续下行将毛料拉入凹模，如此交替进行，直至把整个零件压出来。

图 6-50 所示为脉动拉深，从平板毛料开始一个工作循环过程的示意图。

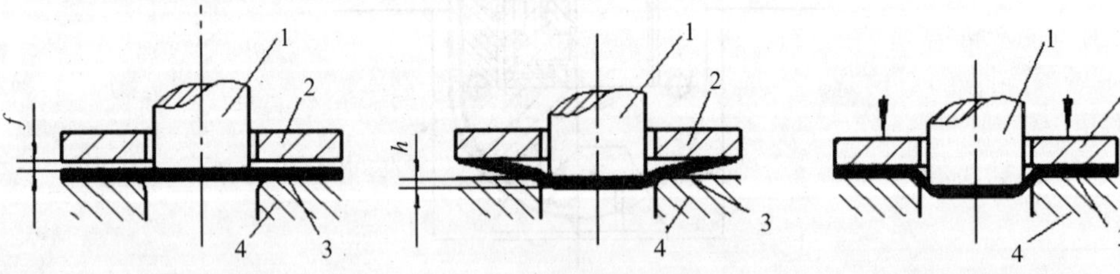

1. 凸模 2. 压边圈 3. 毛料 4. 凹模

图 6-50 脉动拉深过程

拉深开始时，凸模 1 与平板毛料 3 接触，压边圈 2 悬空，其与凹模 4 表面之间的间隙为 f，如图 6-50(a)所示：

$$f=0.05\left(\frac{1}{m}-1\right)d \tag{6-61}$$

式中　m——拉深系数；

d——拉深件直径。

然后，凸模下行，将毛料引入凹模，这时突缘失稳起皱。凸模下行的行程大小 h 为

$$h=(0.1\sim0.2)f \tag{6-62}$$

f、h 的大小，用以控制突缘的起皱情况，即皱纹的高度与皱纹的多少，如图 6-50(b)所示。然后，压边圈将皱纹压平，如图 6-50(c)所示，拉深过程的第一次循环结束。此后，压边圈再抬起一间隙量 f，凸模再继续下行一个行程量 h，压边圈再将皱纹压平，完成拉深过程的第二个循环。

脉动拉深，由于将压边的防皱改为消皱，不仅可以减少传力区因压边而增加的拉应力，同时，由于容许突缘起皱，突缘变形时的径向拉应力也有所减少；因此，脉动拉深由于改变了拉深条件，减少了传力区的负担，所以比常规拉深可以得到更小的极限拉深系数；对于筒形件，其 $m_{min}=0.33\sim0.40$；对于盒形件一次拉深，可以代替 3～4 次常规拉深。

因为脉动拉深时压边圈是起消皱作用的，所以压边力要比常规拉深大得多。

这种方法的生产率较低，但是成形中零件壁部危险断面所受的拉应力要比普通拉深小得多，因此可以用一套模子压出更深更复杂的零件来。但是为了充分发挥脉动拉深这种工艺方法的特点，还必须具有与这种方法以相适应的专用设备。

三、加热拉深

这种方法是在拉深凹模与压边圈中装以加热元件，而在凹模洞口与凸模内通以冷却水，如图 6-51 所示。还可以在凹模腔内附加喷头装置，对准零件底部喷射冷却水。这样，一方面降低了变形区材料的变形抵抗力，另一方面又不致减少传力区的抗拉强度，因而可以大大降低材料的极限拉深系数。

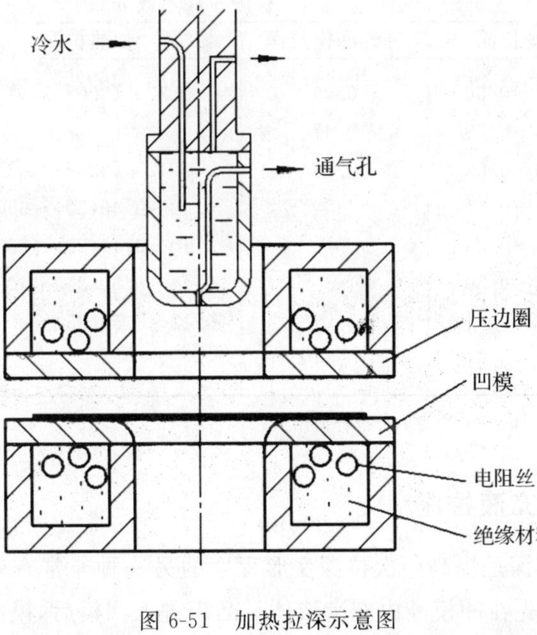

图 6-51　加热拉深示意图

这种方法最适宜于拉深低塑性材料，如镁合金、钛合金的零件以及形状复杂的深拉深件。

四、深冷拉深

用液态空气（−183℃）或液态氮（−195℃）冷却凸模，如图 6-52 所示，以提高危险断面的抗拉强度，达到降低极限拉深系数的效果。此法最适于碳钢及不锈钢等黑色金属板料的拉深。

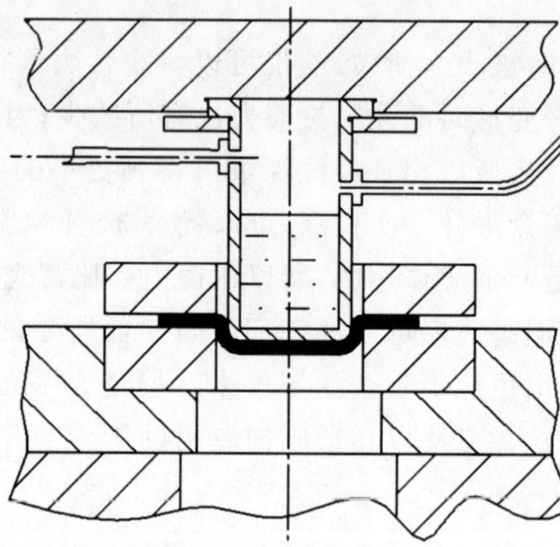

图 6-52　深冷拉深示意图

兹将以上几种拉深方法所能达到的极限拉深系数列于表 6-14，比较如下：

表 6-14　常规拉深、弹性凹模拉深、加热拉深、深冷拉深的方法的比较

材料牌号	极限拉深系数 m_{min}			
	常规拉深	弹性凹模拉深	加热拉深	深冷拉深
LY12M	0.54～0.56	0.46	0.37 *（320～340℃）	—
LC4M	0.56～0.59	0.47	—	—
LF21M	0.50～0.52	0.48	0.42 *（320～340℃）	—
MBI	0.57～0.91		0.42～0.46（300～350℃）	—
MB8	0.81～0.83		0.40～0.44（280～350℃）	—
TA2	0.27～0.59		0.42～0.50（350～400℃）	—
TA3	0.58～0.61		0.42～0.50（350～400℃）	—
1Crl8Ni9Ti	0.53～0.57	0.44	—	0.35～0.37 *

注：表列数据除带 * 者为试验值外，均为生产推荐使用值。

五、周边加压的充液拉深

周边加压的充液拉深是提高一次拉深变形程度的另一种非常有效的方法，工作原理如图 6-53 所示。拉深时，先在凹模腔内充满液体。凸模进入凹模后，模腔内液压升高，毛坯紧紧压贴在凸模表面上，造成对拉深成形有利的摩擦。由于模具在法兰外周是密封的，液体最

后从压边圈和凸模间的缝隙中流出。这样突缘材料在压边圈和凹模之间上下都受液层托持,摩擦力大为减少。此外,毛坯周边的液压,对突缘直接施加径向推力,促使材料向内流动,从而大大减少拉深过程中径向拉应力的数值。一次拉深的极限拉深系数可以降低到0.286。

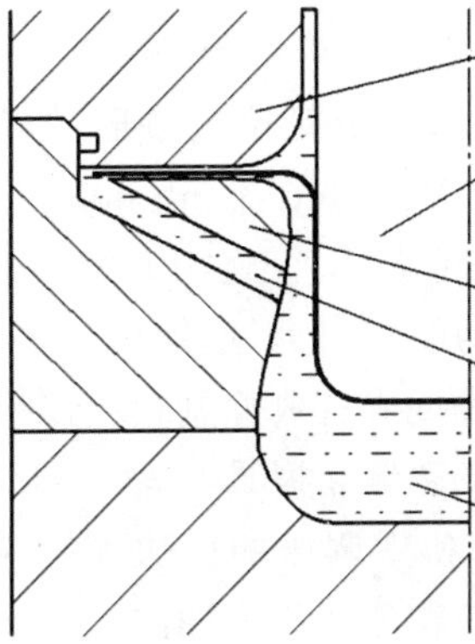

图 6-53　充液拉深示意图

六、摩擦拉深

摩擦拉深的原理如图 6-54 所示。在容框 1 的底面上放一环状橡皮垫 2,平板毛料 3 置于橡皮垫 2 与凹模 4 之间。冲床冲头频频打击传力筒 5,压缩橡皮垫,而橡皮垫外圈由于受到容框的限制,只能向凹模洞口流动。在橡皮垫与毛料间抹有松香粉,于是带动毛料一起向凹模洞口流动的毛料经冲床多次打击而逐渐成形。这种方法根本改变了突缘变形区的应力状态,不复存在危险断面拉断的问题,从而得以大大降低极限拉深系数。例如铝合金拉深系数的极限值可以降至 0.14 左右,这就意味着摩擦拉深一次可以取得常规方法八道工序的效果。这种方法特别适于成形薄料零件,存在的问题是橡皮极易损耗,零件定位困难,工件质量也不够稳定。

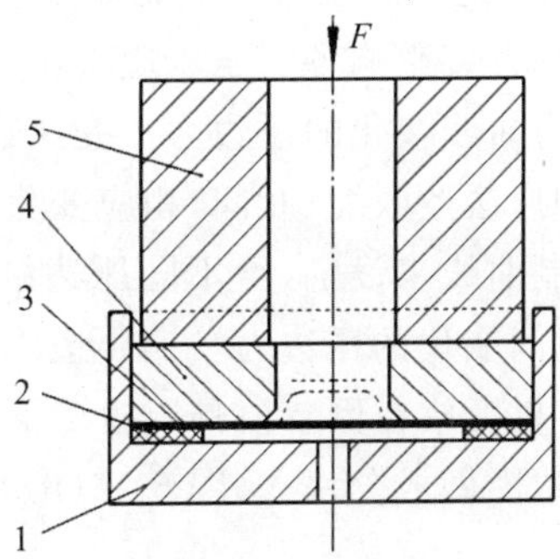

1. 容框　2. 环状橡皮垫　3. 毛料
4. 凹模　5. 传力筒

图 6-54　摩擦拉深

七、冷挤压

冷挤压的原理如图 6-55 所示。将厚坯料(圆坯)放入凹模 2 的型腔内,利用凸模 1 加压,这时坯料处于三向受压的应力状态以及厚向压缩,其余两个方向是延伸的应变状态,迫使毛料向凸、凹模间隙中流动。利用这种方法生产的有色金属薄壁圆筒件,一次挤出

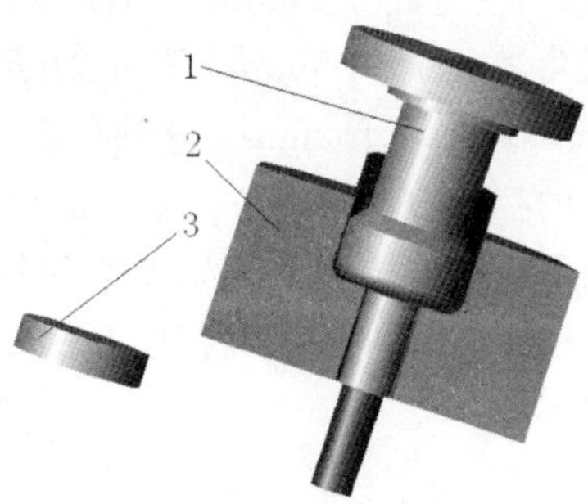

1. 凸模　2. 凹模　3. 毛坯

图 6-55　冷挤压拉深

的零件筒壁高度，可以达到直径的5～8倍（拉深系数约为0.22～0.17），相当于常规方法的五道以上的拉深工序，而且零件的质量好，强度高，壁厚均匀，尺寸准确。

八、变压边力拉深

复杂薄板件（如汽车覆盖件）拉延成型，由于板材各部分流入模腔的流速是不一致的，往往需要对不同部位施加不同的限制力，如果在板料周围都施加相同的压边力，就容易导致有些部位起皱，有些部位撕裂的缺陷。因而在板料拉延成形过程中，在各阶段各部位对压边力的需求是变化的。变压边力（英文名：Variable Blank-holder Force 简称 VBHF）控制是在板材拉延成形过程中，在冲压件法兰不同位置上，施加大小不同的压边力，通过调节各点正向压力大小而改变毛坯与模具接触面的摩擦阻力，增加板材中的拉应力，从而减小毛坯的切向压应力的影响，达到控制金属流动，避免或有效抑制板材成形中起皱和断裂的目的。

变压边力控制是用单动液压压力机和倒装模具（凸模在下，凹模在上），冲压件的模具压边圈为分段式，各分段压边圈上安装可独立调压的压边油缸群体（各压力点），安装在主缸（凸模）上的位移传感器（或时间传感器）和各个压边油缸上的压力（或时间）传感器将各自采集到的信号经A/D卡输入计算机，与计算机内部存贮的压边力——凸模行程曲线（压边力——凸模运动时间曲线）数值对比，控制程序计算压边力数值以及相应的液压缸流量，经D/A卡、比例放大器转换成电流信号驱动比例液流阀，以控制开启量大小，而比例液流阀开启大小直接影响各液压压边缸压力大小，由此得到在凹模洞口不同的形状部位处，随不同的压边力曲线变化的压边力。变压边力控制系统的特点是，可以得到凸模随行程（时间）连续变化时，法兰收缩（时间）相应变化的压边力，随行程（时间）变化的压边力可以通过给定压边力控制曲线来设定，给不同压边缸设置不同的压边力——行程（时间）曲线，就实现了随位置、时间变化的压边力。变压边力控制可将各压边控制油缸安放在机床工作台下（图6-56(a)），也可放在倒装模具压边圈下面（图6-56(b)、(c)），用于压制盒形件一类的工件，模具中的压边圈做成分块式（图6-56(d)）。图6-57是压边力曲线类型。

九、振动拉深

振动拉深是将拉深模置于伺服压力机上，毛坯经压边圈压住后，凸模依靠伺服压力机以一定的振幅、频率上下来回运动，达到拉深的目的。图6-58是安装在伺服压力机上的拉深模具，凸模直径$d=60$mm，凸模底部直径圆角半径$r_p=5$mm，凹模直径$d=61.6$mm，凹模口部圆角半径$r_d=5$mm。图6-59是凸模拉深运动曲线，其中：$0.01\text{mm}\leqslant UL\leqslant 1.0\text{mm}$，$0.1\text{mm}\leqslant DL\leqslant 1.0\text{mm}$。这种拉深的特点在于，由于振动拉深是连续轻微打击板料，凸模的产生的拉深力比常规拉深要小的多，使拉深过程中筒壁承受的拉应力减小，破裂趋势减弱。可获得较大的拉深比。如果这种拉深方法在模具结构中采用斜面压边圈和斜面凹模（图6-60），可获得更大的拉深比，$K\geqslant 2.3$，其中的$\alpha=12.5°\sim 15°$。

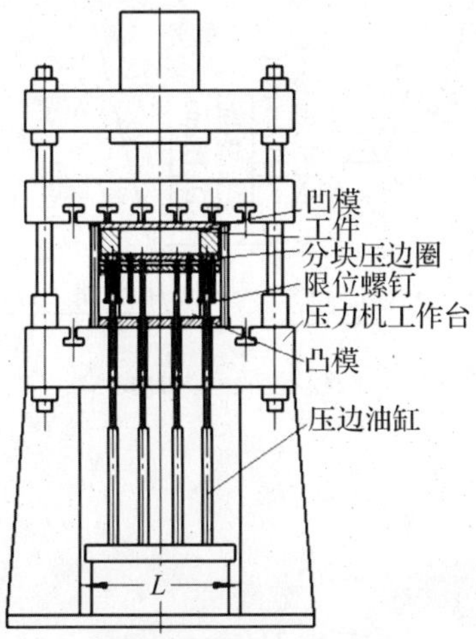

(a) 压边力控制油缸安放在机床工作台下空间位置

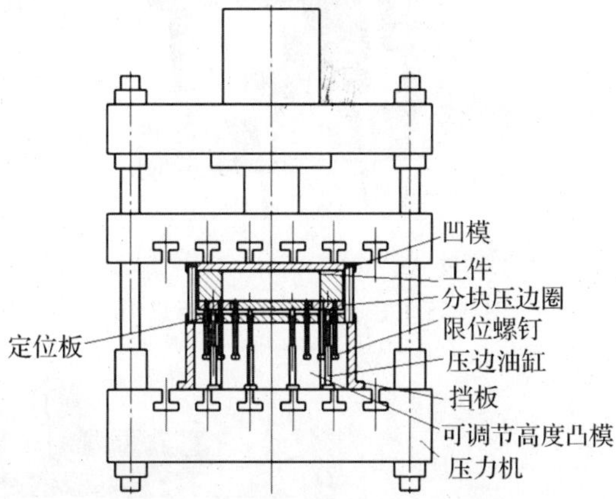

(b) 压边力控制油缸安放在机床工作台上

(c) 变压边力模具的压边圈

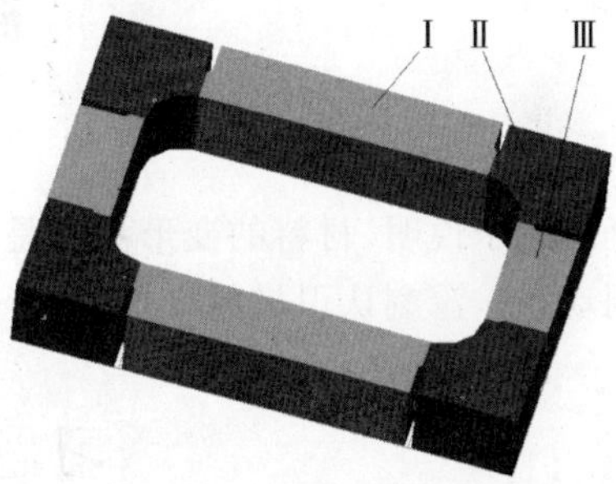

(d) Ⅰ长直边压边圈 Ⅱ圆角处压边圈 Ⅲ短直边压边圈

Ⅰ长直边压边圈 Ⅱ圆角处压边圈 Ⅲ短直边压边圈

图 6-56 变压边力拉深

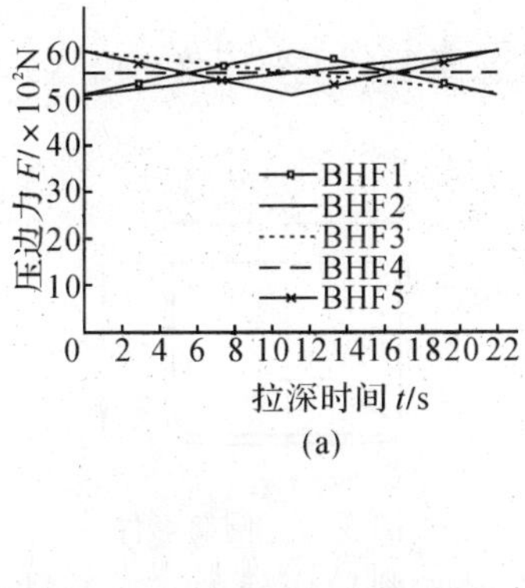

(a)

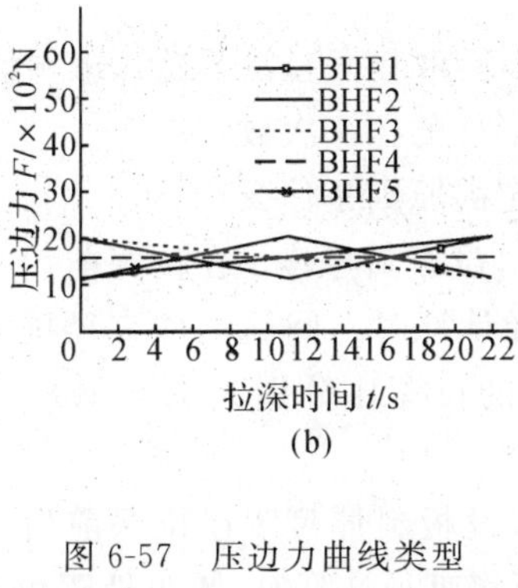

(b)

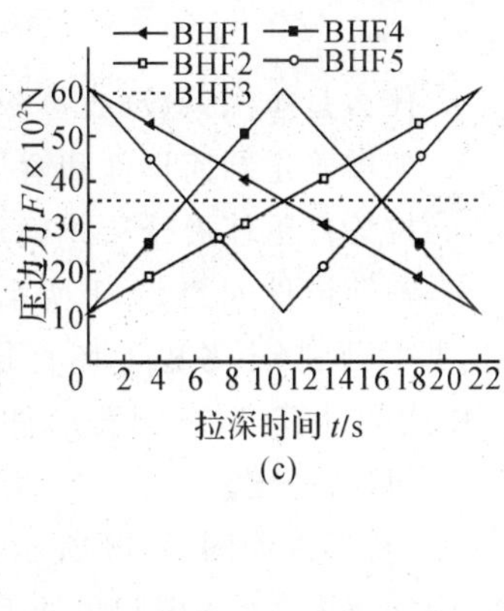

(c)

图 6-57 压边力曲线类型

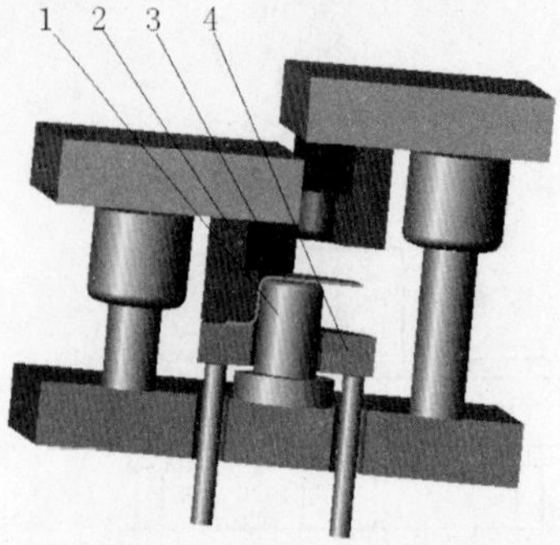

1. 凸模　2. 凹模　3. 工件　4. 压边圈

图 6-58　振动拉深的模具示意图

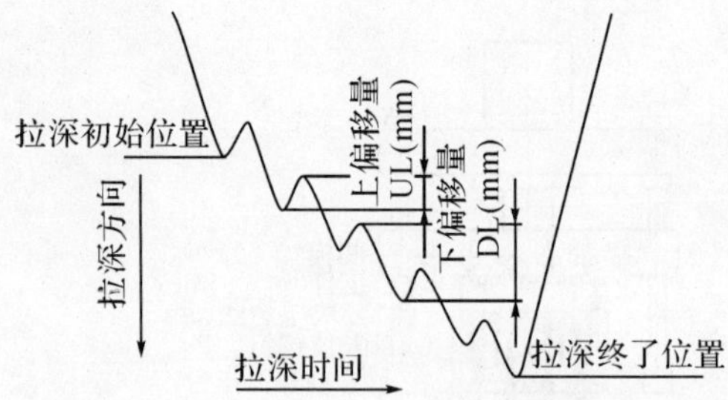

图 6-59　凸模拉深运动曲线

图 6-60　斜面压边圈和斜面凹模

以上的例子说明，材料的变形潜力是很大的，关键在于通过适当的变形方式和变形条件来充分调动它。深刻认识材料变形的规律，有助于更好地达到拉深生产目的。

习题与思考题

1. 什么是拉深？圆筒形件的拉深时各变形区的应力应变状态是怎么样的？

2. 拉深过程中主要的缺陷是什么？发生在什么时候和什么部位？

3. 影响拉深缺陷的主要因素有哪些，有哪些解决的工艺措施？

4. 拉深时通过危险断面传递的拉深应力 σ_p 由哪几部分组成？怎样才能使 σ_p 最小？

5. 压边圈的作用是什么？如何提供压边力？拉深过程中理想的压边力曲线应该如何变化？

6. 什么是拉深系数（或拉深比）和极限拉深系数？影响拉深系数的主要因素有哪些？

7. 怎样确定圆筒形件和盒形件的拉深次数？

8. 拉深件毛坯展开尺寸确定的原则是什么？

9. 圆筒形件如图 6-61 所示，设板料厚度 t 在拉深前后不变，并为薄料（不考虑毛坯直径计算时），圆筒形件直径按料厚中线的计算，试求圆筒形件的拉深比分别为 1.5、1.8、2.3、2.7 时高径比。

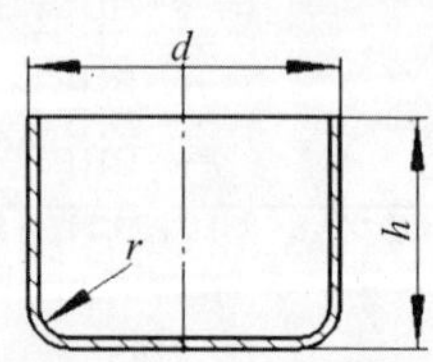

图 6-61　圆筒形件

10. 盒形件如图 6-62 所示，设板料厚度 t 在拉深前后不变，并为薄料（不考虑圆角处毛坯直径计算时，圆角处圆角半径按料厚中线的计算），试求盒形件的长、宽、高分别分别为 l、b、h，且盒形件底部圆角半径为 r 时，盒形件两直边过渡的不至于拉裂的最小圆角半径 R_{min}。拉深系数设为 m。

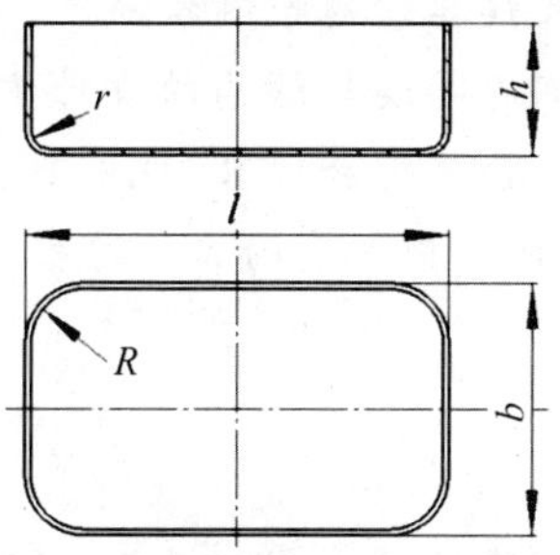

图 6-62 盒形件

11. 图 6-63 中所示零件的材料为 08 钢，试确定各工序的半成品尺寸。

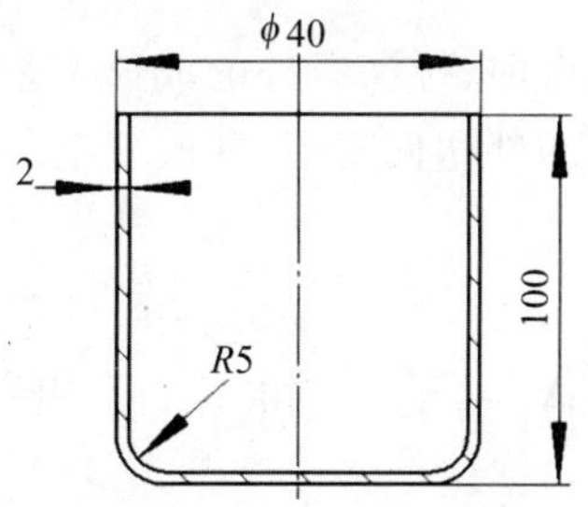

图 6-63　圆筒形件

12. 设周边加压的充液拉深的液体压力为 p，试根据圆筒形拉深中某时刻凸缘变形区应力和应变状态及应力分布，说明是怎样提高材料的极限变形能力的？

教学的目的和要求

其他工序指的是胀形、翻边、缩口等成形工序。本章通过胀形、翻边、缩口等成形工序变形时应力应变分析及模具结构等内容讲解。要求学生熟悉这些工序特点和成形要求，熟练掌握胀形、翻边等模具结构的设计方法，能够根据成形件的形状结构和尺寸精度等要求进行工艺分析和计算，也能够提出解决成形过程中产生起皱和破裂的工艺措施，并合理地安排成形的工艺过程。

第七章　其他板料成形工艺及模具设计

其他板料成形工艺是指除了弯曲、拉深以外的成形工艺，如胀形、翻边、扩口、缩口、校平和整形等。这些工艺使材料产生局部塑性变形，并改变毛坯的形状和尺寸，从而获得所需要的冲压零件。

第一节　胀　　形

胀形是指利用模具对板料施加压力，使变形区内的板料厚度减薄而表面积增大，以获得零件几何形状的成形工艺。胀形可用刚模胀形、橡胶模胀形和液压胀形等不同方法来实现。采用平板毛坯的局部胀形可在平板毛坯上压出各种形状，如图 7-1 上的压加强肋、压凹坑、压花、压标记的冲压件。再如汽车车身零件上压制加强肋，平板毛坯通过局部胀形，提高了零件的刚度和强度，同时又可起装饰和定位作用。

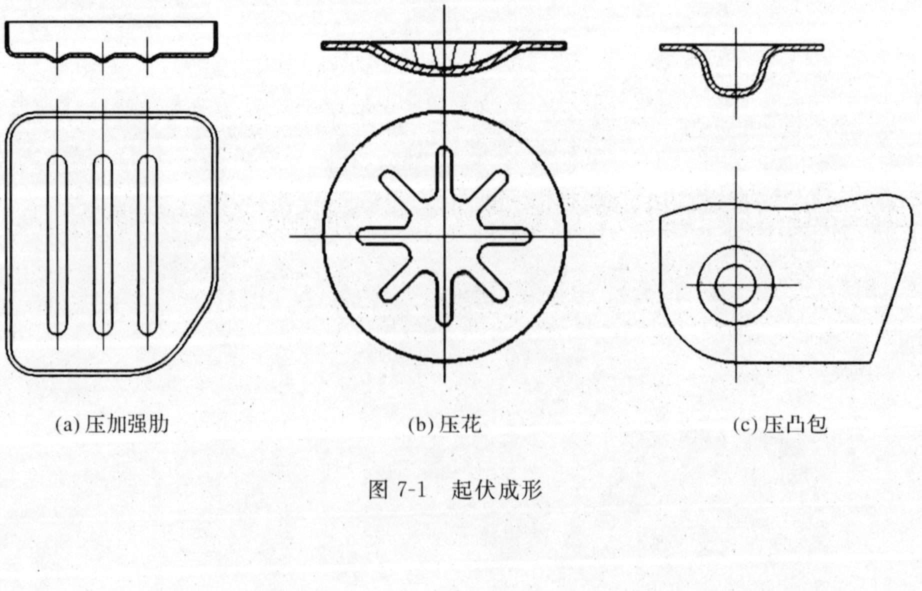

(a) 压加强肋　(b) 压花　(c) 压凸包

图 7-1　起伏成形

一、胀形变形特点

如图 7-2 所示，在凸模力 F 的作用于下，变形区内的板料金属处于径向 σ_1 和切向 σ_3 两向拉应力状态(不计板厚方向 σ_2 的应力)。其应变状态是径向 ε_1 和切向 ε_3 受拉，厚向 ε_2 受压的三向应变状态。其失效形式是拉裂。材料的塑性愈好，硬化指数愈大，则极限变形程度就愈大。

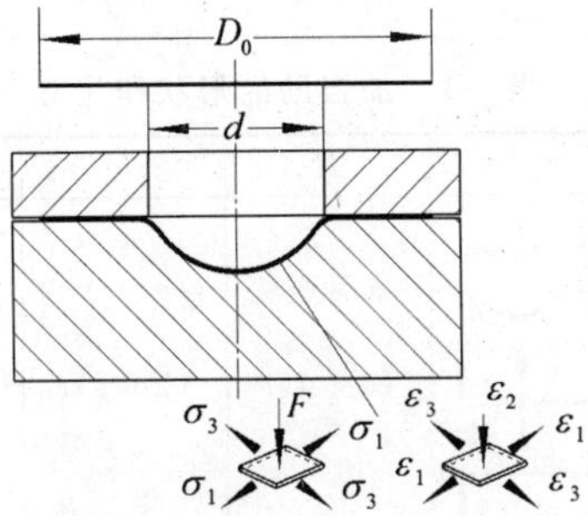

图 7-2　胀形变形

二、平板毛坯的胀形条件及极限变形程度

1. 压制加强肋时的极限变形程度(图 7-3)

加强肋能够一次成形的条件为：

$$\varepsilon_P=\frac{l-l_0}{l_0}\leqslant(0.7-0.75)\delta \tag{7-1}$$

式中　δ——材料单向拉伸的延伸率(%)；

l_0——胀形成形前的原始材料长度；

l——胀形成形后加强肋的曲线轮廓长度；

ε_P——许用断面变形程度。

如果计算结果不能满足上述条件，则应增加工序(图 7-4)。D 或 R 及 h 等前面的取值视肋的形状而定，半圆肋取大值，梯形肋取小值。加强肋的形状和尺寸如表 7-1 所示。

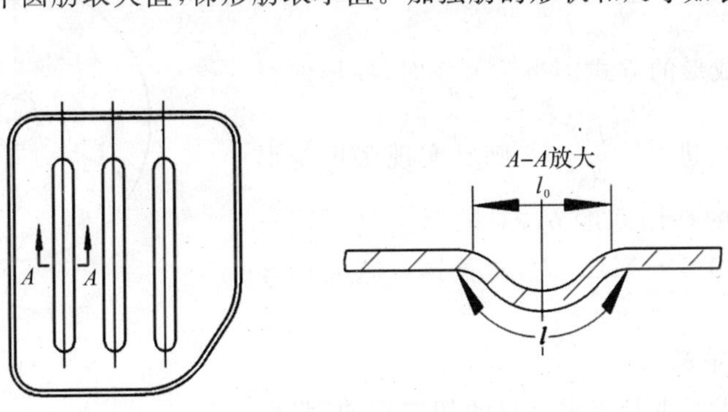

图 7-3　起伏成形前后材料长度

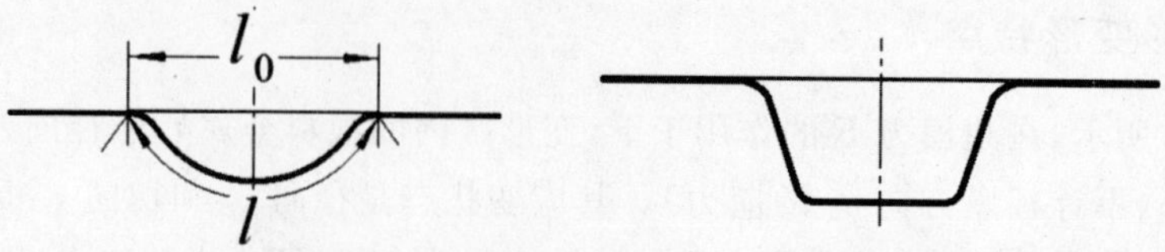

(a) 预成形　　(b) 最终成形

图 7-4　两道成形工序的加强肋

表 7-1　加强肋的形状和尺寸

名称	简图	R	h	D 或 B	r	α
压肋	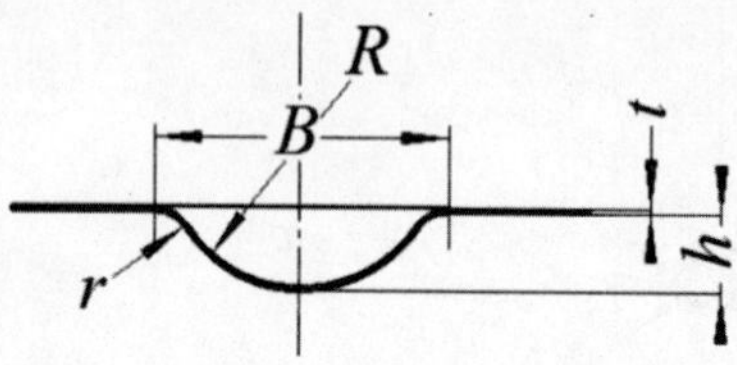	$(3\sim4)t$	$(2\sim3)t$	$(7\sim10)t$	$(1\sim2)t$	—
压凸	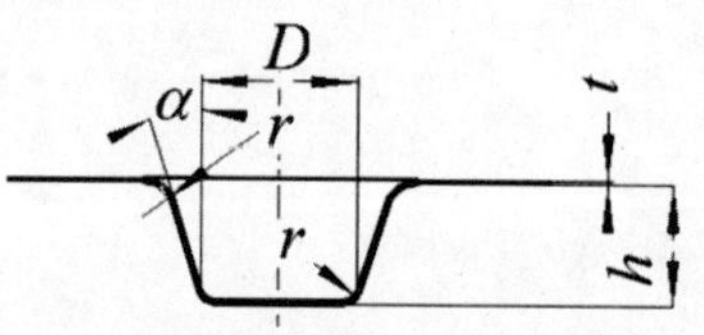	—	$(1.5\sim2)t$	$\leqslant 3h$	$(0.5\sim1.5)t$	$15°\sim30°$

2. 压凸包

从带凸缘圆筒件拉深可知，当毛坯直径为筒部直径的 3 倍时，由于凸缘材料切向压缩变形阻力增加太大而使凸缘上的材料基本上不能流入凹模内形成圆筒部分。这时，圆筒部分只能靠凸模下面的材料在两向拉应力作用下厚度变薄、表面积增大而形成。因此，图 7-5 中零件的外径 D_0 与凸模直径 d_p 之比$\dfrac{D_0}{d_p}$，可用于判别冲压成形的方式。当$\dfrac{D_0}{d_p}<3$ 时，冲压成形以拉深变形的方式进行。$\dfrac{D_0}{d_p}>3$ 则是实现胀形变形的条件。压凸包的许用高度 h_p，对软钢：$\leqslant(0.15-0.2)d_p$，对铝：$\leqslant(0.1-0.15)d_p$，对黄铜：$\leqslant(0.15-0.22)d_p$。

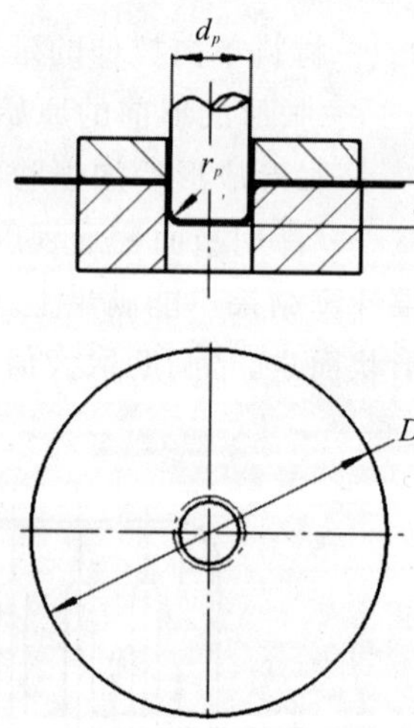

图 7-5　压凸包

3. 空心坯料胀形

空心坯料的胀形主要依靠材料的切向拉伸，胀形系数用 K 表示(图 7-6)

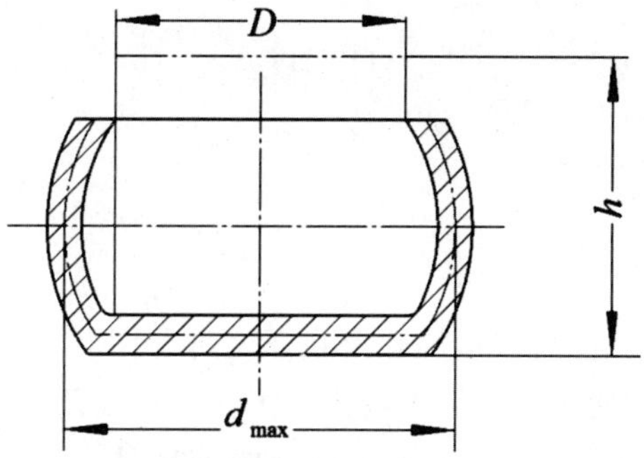

图 7-6　胀形前后尺寸变化

$$K=\frac{d_{max}}{D} \tag{7-2}$$

式中　D——原始坯料直径；

d_{max}——胀形后零件最大直径。

胀形系数 K 和材料延伸率 δ 的关系为

$$\delta=\frac{d_{max}-D}{D}=K-1 \tag{7-3}$$

或

$$K=\delta+1 \tag{7-4}$$

由上式可看出，坯料的变形程度受到了材料的延伸率限制，因此，只要知道材料的延伸率就可按上式求出相应的极限胀形系数。表 7-2 列出了一些材料极限胀形系数和材料的许用延伸率。

表 7-2　材料极限胀形系数和材料的许用延伸率

材料	厚度(mm)	极限胀形系数 K_p	材料的许用延伸率 δ_p
低碳钢 08F	0.5	1.20	0.20
10,20	1.0	1.24	0.24
不锈钢	0.5	1.26	0.26
1Cr18Ni9Ti	1.0	1.28	0.28

三、胀形成形的冲压力计算

压制加强肋时所需的冲压力 F 按下式估算：

$$F=KLt\sigma_b \tag{7-5}$$

式中　L——加强肋周长(mm)；

σ_b——材料的强度极限(N/mm^2)；

t——板厚(mm)；

K——系数，取 0.7～1，肋窄而深时取大值。

胀形所需冲压力 F 也可按下式经验估算：

$$F=KAt^2 \tag{7-6}$$

式中 A ——局部胀形面积(mm^2)；

K——系数，钢料：$K=200\sim300N/mm^4$；

铜、铝：$K=150\sim200N/mm^4$；

t——板厚(mm)。

四、胀形模具

胀形方法一般分为刚性模具胀形和软模胀形两种。图 7-7 为刚性模具胀形，利用锥形芯块 4 将分瓣凸模 2 顶开，使工序件胀出所需的形状。分瓣凸模的数目越多，工件的精度越好。这种胀形方法的缺点是很难得到精度较高的旋转体，变形的均匀程度差，模具结构复杂。

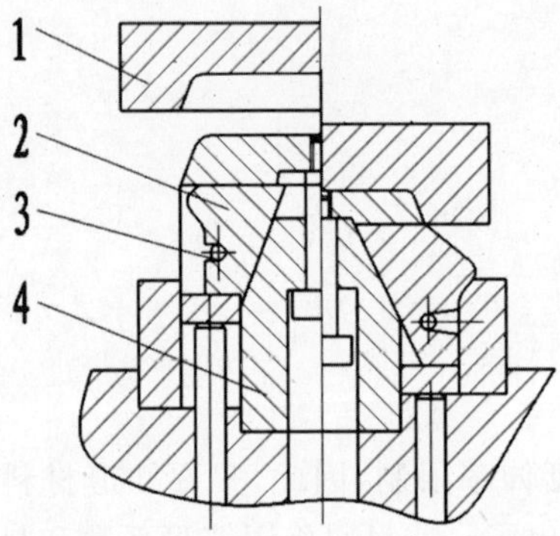

1. 凹模 2. 分瓣 凸模 3. 拉簧 4. 锥形芯块

图 7-7 刚性模具胀形

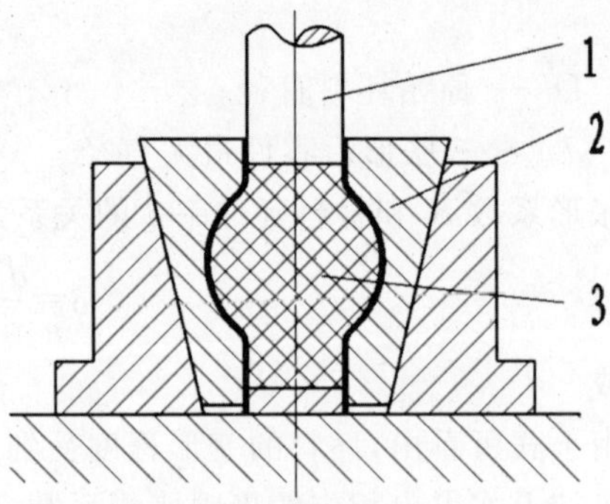

1. 凸模 2. 分块凹模 3. 橡胶

图 7-8 橡胶柔性模胀

图 7-8 是柔性模胀形，其原理是利用橡胶(或聚氨酯)、液体、气体或钢丸等代替刚性凸模。软模胀形时材料的变形比较均匀，容易保证零件的精度，便于成形复杂的空心零件，所以在生产中广泛采用。图 7-9是液压胀形的一种，胀形前要先在预先拉深成的工序件内灌注液体，然后在凸模的压力下将工序件胀形成所需的零件。由于工序件经过多次拉深工序，伴随有冷作硬化现象，故在胀形前应该进行退火，以恢复金属的塑性。

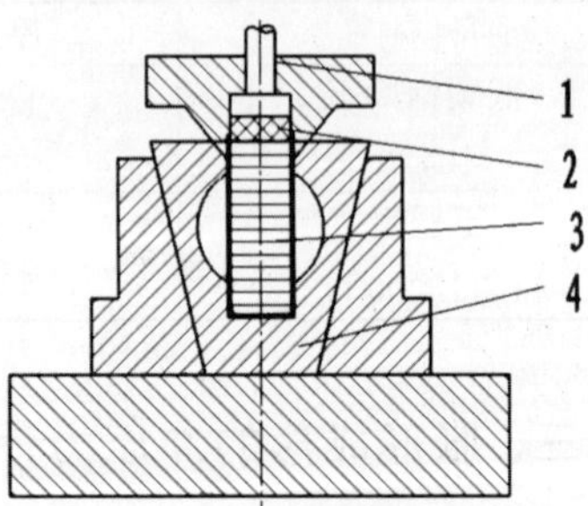

1. 柱塞 2. 橡胶 3. 液体 2. 凹模

图 7-9 液体柔性模胀

第二节 翻 边

翻边是在模具的作用下，将坯料的孔边缘或外边缘冲制成竖立边的成形方法。根据坯料的边缘状态的应力和应变状态及模具间隙的不同，翻边可以分为内孔翻边和外缘翻边，也可分为伸长类翻边和压缩类翻边或可分为不变薄翻边和变薄翻边。图 7-10 均为翻边后的零件。

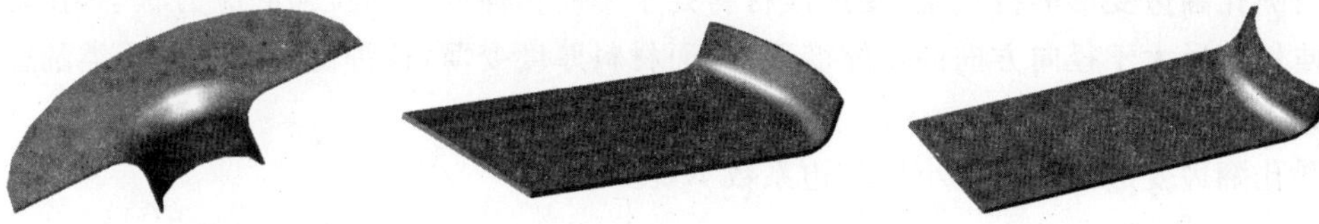

(a) 内孔翻边　　(b) 内缘翻边　　(c) 外缘翻边

图 7-10　为翻边后的零件

一、圆孔翻边

1. 圆孔翻边的变形特点

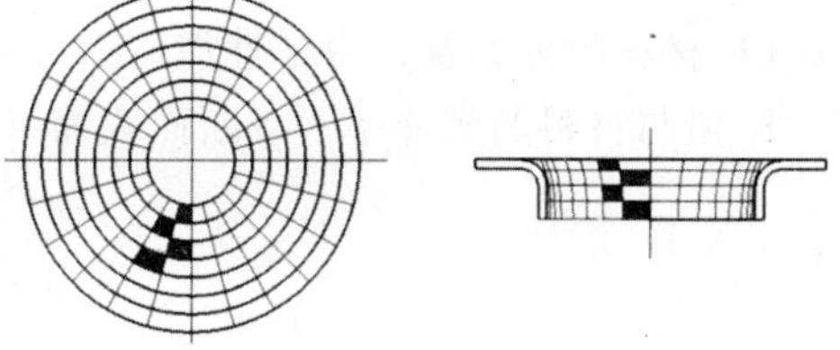

(a) 画网格的圆板毛坯　　(b) 孔翻边后网格变化

图 7-11　圆孔翻边变形

在平板毛坯或空心半成品上将预先冲好的圆孔弯出直的圆筒形周边的翻边称圆孔翻边。如图 7-11 所示。在要进行翻边的平板毛坯上先画出网格，即画出与圆心同心且圆周线等距的若干同心圆，并过圆心作夹角相等的若干条射线的扇形网格(图 7-11(a))。翻边后平面凸缘网格不变，说明平面凸缘处没有变形，而翻边处的网格由扇形网格变成了曲面上矩形网格，如图 7-11(b)所示。说明在坯料变形区受到切向拉应力 σ_3 和径向拉应力 σ_1 作用(图 7-12)，并产生切向拉应变 ε_3 和径向拉应变 ε_1，根据同心圆间的距离基本上不变的事实可知：翻边时材料在径向所受的拉应力 σ_1 和产生的变形 ε_1 不大。变形区的应力与应变分布如图 7-13 所示，从图可知，翻边时筒边口部处于切向单向受拉(σ_3)的应力状态，而筒形边中间部分则为径向、切向双向受拉(σ_1、σ_3)的应力状态(板厚方向应力 σ_2 可忽略)。圆孔翻边时切向拉应力 σ_3 是最大主应力，切向拉应变 ε_3 为最大主应变。翻边时，变形区内材料厚度要变薄，在筒形边口部变薄最严重，最容易产生裂纹。

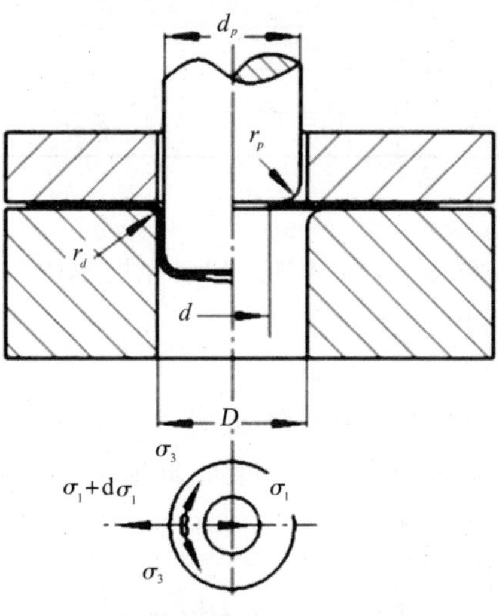

图 7-12　圆孔翻边变形区应力状态

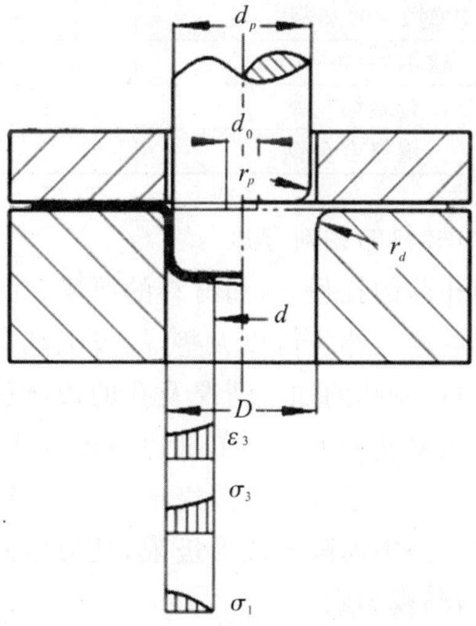

图 7-13　圆孔翻边变形区应力应变分布

内圆孔翻边变形的特点是：变形区材料处于单向拉伸或双向拉伸的应力状态，在切向方向的伸长变形大于径向方向的压缩变形，因而材料厚度变薄，这种翻边属于伸长类翻边。

2. 翻边系数

圆孔翻边变形程度的大小用翻边系数 K 表示

$$K=\frac{d_0}{D} \tag{7-7}$$

式中 d_0——翻边前预制孔径；

D——翻边后平均孔径(以板厚中线计量)。

翻边系数描述了翻边的变形程度，显然 K 值越大，变形程度越小；K 值越小，变形程度越大。为了使口部不产生裂纹，翻边系数不能过小。

影响极限翻边系数的主要因素有：

(1)材料的种类及其力学性能

K 值与材料的延伸率 δ 或断面收缩率 ψ 之间的近似关系为：

$$\delta=\frac{\pi D-\pi d_0}{\pi d_0}=\frac{1}{K}-1$$

或

$$K=\frac{1}{1+\delta}=1-\psi \tag{7-8}$$

式(7-8)表明，材料的塑性越好，极限翻边系数越小，所允许的变形程度越大。K 值可取小值。翻边时孔口不破裂所能达到的最小翻边系数称为极限翻边系数 K_{min}。

一些钢材的翻边系数见表7-3，其他材料的翻边系数可查有关设计手册。

当翻出的孔的边壁上有不大的裂纹时，可用 K_{min}；一般情况下采用 K_0。方孔或其他非圆孔翻边时，其值可减少10%～15%。

表 7-3 一些钢材的翻边系数

材料名称	翻边系数	
	K_0	K_{min}
软钢 t=0.25～2mm	0.72	0.68
软钢 t=2～4mm	0.78	0.75
合金结构钢	0.80～0.87	0.70～0.77
镍铬合金钢	0.65～0.69	0.57～0.61

(2)材料的相对厚度(d_0/t)

翻孔前的孔径 d_0 和材料的厚度 t 的比值(d_0/t)愈小，即材料的相对厚度越大，在撕裂前材料的绝对伸长可以大些，故极限翻边系数相应小些。

(3)预制孔的加工情况及孔的边缘状况

采用钻孔的方法加工翻边前预制孔的表面质量比冲孔的要高，此时可采用较小的极限翻边系数。为了改善孔边缘情况，常用钻孔方法或在冲孔后进行整修。同时为避免因毛刺产生应力集中而降低成形极限，翻边方向应与冲孔方向相反。

(4)凸模形状

凸模工作边缘的圆角半径越大，如成为球形或抛物线形，对翻边变形越有利。因为圆角半径大时，翻边孔是圆滑地逐渐胀开边缘，变形均匀，被撕裂的可能性减小。故极限翻边系数相应可取小些。

表 7-4 为低碳钢的极限翻边系数。从表 7-4 中可以看出：凸模型式、孔的加工方法及材料相对厚度对极限翻边系数均有影响。

表 7-4　低碳钢板的极限翻边系数

翻边凸模形状	孔的加工方法	材料相对厚度(d_0/t)										
		100	50	35	20	15	10	8	6.5	5	3	1
球形凸模	钻后去毛刺	0.7	0.6	0.52	0.45	0.4	0.36	0.33	0.31	0.3	0.25	0.2
	冲　孔	0.75	0.65	0.57	0.52	0.48	0.45	0.44	0.43	0.42	0.42	—
圆柱形凸模	钻后去毛刺	0.8	0.7	0.6	0.5	0.45	0.42	0.4	0.37	0.35	0.3	0.25
	冲　孔	0.85	0.75	0.65	0.6	0.55	0.52	0.5	0.5	0.48	0.47	—

(5)翻边孔的形状

非圆形孔的极限翻边系数小于圆形孔的极限翻边系数。

3. 圆孔翻边的工艺计算

(1)平板毛坯一次翻孔成形的预制孔径 d_0 和高度 H

当 $K=\frac{d_0}{D}>K_{min}$，或 $H<H_{max}$ 可在制孔后一次翻边成形。由于翻边时径向变形不大，翻边前的孔径 d_0 可以按弯曲件中性层长度不变的原则近似计算。实践证明，这种计算方法误差不大。在图 7-14 所示的平板毛坯上翻孔时，d_0 与 H 按下式计算：

$$d_0=D-2(H-0.43r-0.72t) \tag{7-9}$$

$$H=\frac{D-d_0}{2}+0.43r+0.72t=\frac{D}{2}(1-\frac{d_0}{D})+0.43r+0.72t$$

或

$$H=\frac{D}{2}(1-K)+0.43r+0.72t$$

当翻边系数为极限翻边系数 K_{min} 时，允许的最大翻边高度 H_{max} 为：

$$H_{max}=\frac{D}{2}(1-K_{min})+0.43r+0.72t \tag{7-10}$$

(2)拉深件底部冲孔后再翻边的工艺计算

如果翻边零件翻边高度较高，不能一次翻边成形时，可将平板毛坯采用先拉深，后冲底孔再最后翻边的工艺方法或多次翻边成形的工艺方法。进行工艺计算时先根据 K 值算出可翻边高度 h 和翻边圆孔的初始直径 d_0 及拉深高度 h_1(见图 7-15)。

即：

$$h=\frac{D-d_0}{2}+0.57r \tag{7-11}$$

或

$$h_{max}=\frac{D}{2}(1-K_{min})+0.57r \tag{7-12}$$

翻边前的孔径为：

$$d_0=D+1.14r-2h \tag{7-13}$$

或

$$d_0=K_{min}D$$

翻边前的拉深高度则为：

$$h_1=H-h_{max}+r+t/2 \tag{7-14}$$

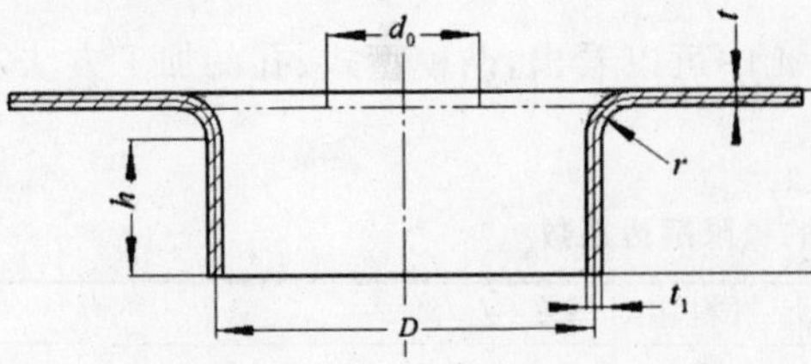

图 7-14　平板毛坯翻孔尺寸计算图

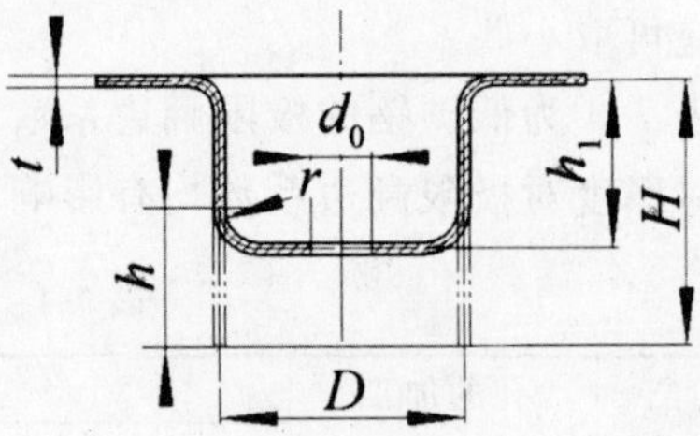

图 7-15　拉深件底部冲孔后翻孔

4. 非圆孔翻边

图 7-16 为非圆孔翻边。非圆孔可分圆角区Ⅰ和直边区Ⅱ及内凹区Ⅲ,分别参照圆孔翻边和弯曲及内凹外缘翻边计算。然后作图将各展开线交接处光滑连接起来,由于各部分之间的相互作用,比单纯的翻边或拉深要容易些,所以翻边系数或拉深系数可取小些。

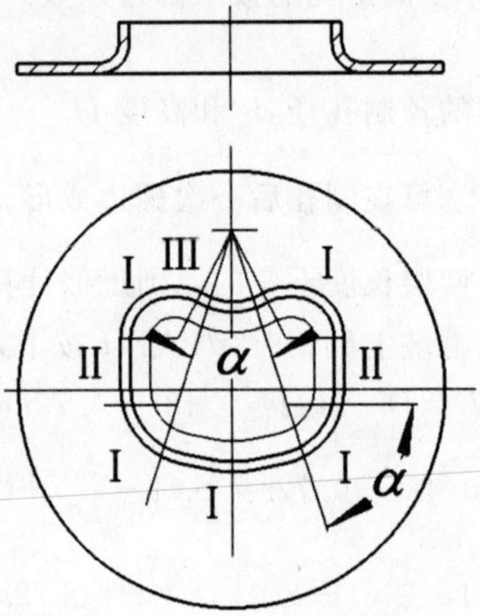

图 7-16　非圆孔翻边

二、外凸外缘翻边

1. 伸长类外缘翻边

伸长类外缘翻边是指沿着具有内凹形状的不封闭外缘翻边,如图 7-17(a)所示。这种翻边的变形情况近似于内孔翻边,变形区主要为切向拉伸。其变形程度可用下式表示。

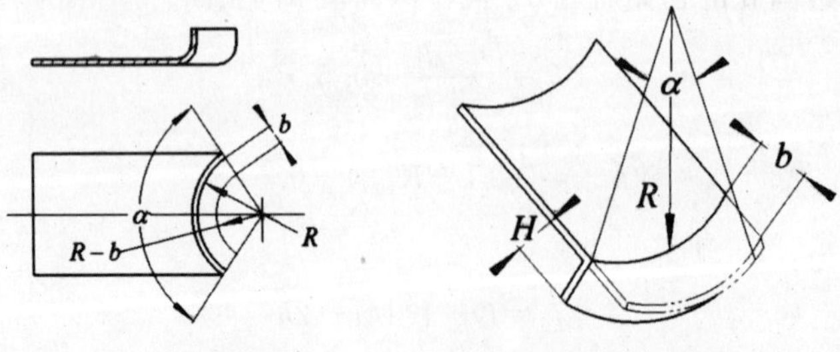

图 7-17　伸长类翻边

$$\varepsilon_{凹}=\frac{b}{R-b} \tag{7-15}$$

2. 收缩类外缘翻边

收缩类外缘翻边是指沿着具有外凸形状的不封闭外缘翻边，如图 7-18(a)所示。这种翻边的变形情况类似于不用压边圈的浅拉深，变形区主要受切向压应力和径向拉应力作用，因而属于压缩类平面翻边，材料最外边缘处压缩变形最大，容易失稳起皱。其变形程度可用下式表示。

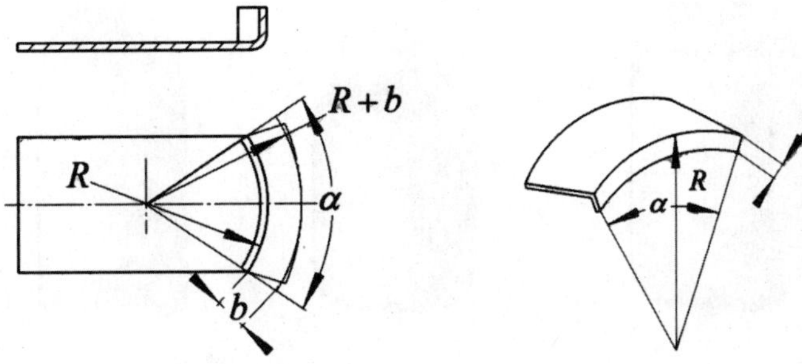

(a) 压缩类平面翻边　(b) 压缩类曲面翻边

图 7-18　压缩类翻边

$$\varepsilon_{凸}=\frac{b}{R+b} \tag{7-16}$$

以上两式中，R 是制件翻边后零件的圆弧半径；$(R-b)$和$(R+b)$是翻边前的毛坯的圆弧半径。

三、翻边模

翻边模的结构与拉深模类似，其凸、凹模尺寸计算可参考一般的拉深模的凸、凹模尺寸计算。图 7-19 是内孔翻边件，图 7-20 内孔翻边模。

图 7-19　内孔翻边件

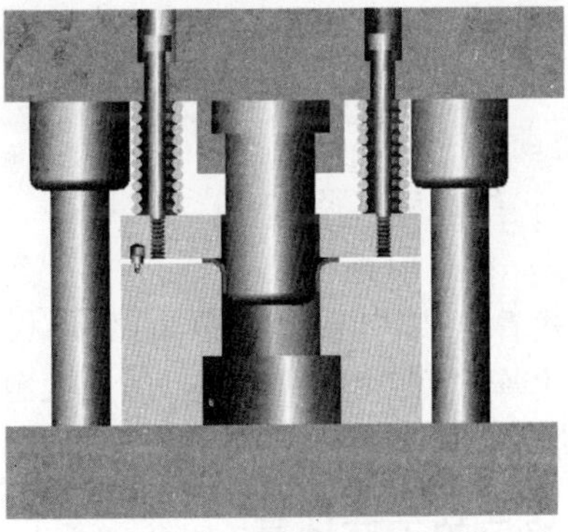

图 7-20　内孔翻边模

第三节　缩　口

缩口是将管坯或预先拉深好的圆筒形件通过缩口模将其口部直径缩小的一种成形方法。缩口工艺在国防工业和民用工业中有广泛应用，如枪炮的弹壳、钢气瓶等。图 7-21 是部分缩口件。

图 7-21　部分缩口件

一、缩口的变形特点

缩口的应力应变特点如图 7-22 所示。在缩口变形过程中，坯料变形区受两向压应力的作用，而切向压应力是最大主应力，使坯料直径减小，壁厚和高度增加，因而切向可能产生失稳起皱。同时在非变形区的筒壁，在缩口压力 F 的作用下，轴向可能产生失稳变形。故缩口的极限变形程度主要受失稳条件限制，防止失稳是缩口工艺要解决的主要问题。缩口的变形程度用缩口系数 m 表示：

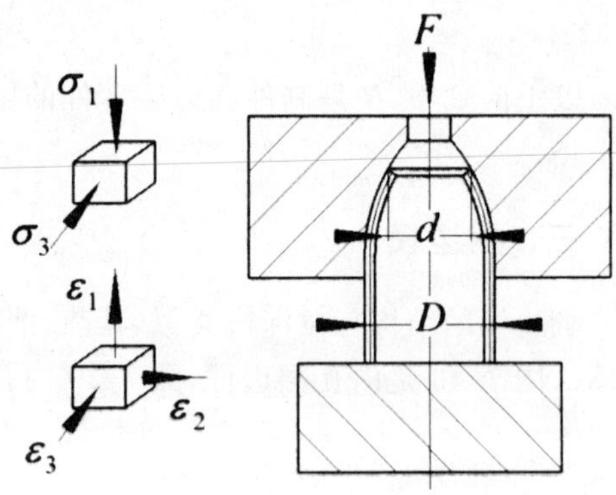

图 7-22　缩口的应力应变特点

$$m=\frac{d}{D} \tag{7-17}$$

式中　d——缩口后直径；

D——缩口前直径。

由上式看出，缩口系数 m 愈小，变形程度就愈大。缩口系数与材料的种类和厚度及模具结构形式等有关。材料塑性愈好，厚度愈大，缩口系数愈小。此外模具对筒壁有支撑作用时，极限缩口系数可更小。平均缩口系数 m_{av} 和许用缩口系数 m_{min} 可查有关手册。

二、缩口的工艺计算

1. 缩口次数

若工件的缩口系数 m 小于许用 m_{min} 时，则需进行多次缩口，缩口次数按下式计算：

$$n=\frac{\lg m}{\lg m_{av}}=\frac{\lg d-\lg D}{\lg m_{av}} \tag{7-18}$$

2. 颈口直径

多次缩口时，各次缩口系数可按下面公式确定：

首次缩口系数 $$m_1 = 0.9 m_{av} \tag{7-19}$$

以后各次缩口系数 $$m_n = (1.05-1.10) m_{av} \tag{7-20}$$

各次缩口后直径：

$$d_1 = m_{av} D$$

$$d_2 = m_{av} d_1 = m_{av}^2 D$$

$$d_3 = m_{av} d_2 = m_{av}^3 D$$

$$d_n = m_{av} d_{n-1} = m_{av}^n D$$

式中　d_n——第 n 次缩口后直径。

缩口后由于回弹，制件要比模具尺寸增大 0.5%～0.8%。

3. 毛坯高度

缩口时，毛坯高度的计算原则按等体积原则计算。由于在缩口部位料略有增厚，所以缩口后制件的高度可视作毛坯高度。表 7-5 列出了几种毛坯高度的计算公式。

表 7-5　几种毛坯高度的计算公式

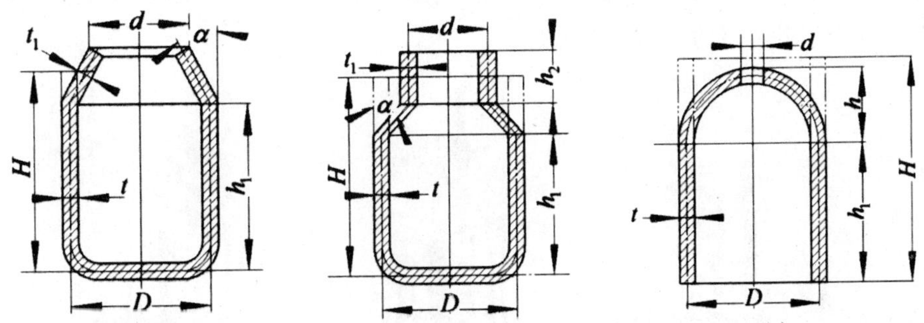

(a)　(b)　(c)

(a)	$H=1.05\left[h_1+\dfrac{D^2-d^2}{8D\sin\alpha}\left(1+\sqrt{\dfrac{D}{d}}\right)\right]$
(b)	$H=1.05\left[h_1+h_2\sqrt{\dfrac{d}{D}}+\dfrac{D^2-d^2}{8D\sin\alpha}\left(1+\sqrt{\dfrac{D}{d}}\right)\right]$
(c)	$H=h_1+\dfrac{1}{4}\left(1+\sqrt{\dfrac{D}{d}}\right)\sqrt{D^2-d^2}$

4. 颈部厚度

缩口后颈部厚度略有增厚，一般是不考虑的。但对于有精度要求的制件，颈部厚度可按下式计算：

$$t_1 = t_0\sqrt{\frac{D}{d_1}} \tag{7-21}$$

$$t_n = t_{n-1}\sqrt{\frac{d_{n-1}}{d_n}} \tag{7-22}$$

式中 t_1——第一次缩口后制件边缘的壁厚；

t_0——制件毛坯的壁厚；

d_1——第一次缩口后制件的颈部直径；

D——制件毛坯的直径；

t_{n-1}、t_n——分别为第$(n-1)$次和第 n 次缩口后制件的壁厚；

d_{n-1}、d_n——分别为第$(n-1)$次和第 n 次缩口后制件的颈部直径。

5. 缩口力

在无支承缩口模上进行缩口时（表 7-5 中的图 a），其缩口力 F 可用下式计算：

$$F = \beta\left[1.1\pi D t \sigma_b\left(1-\frac{d}{D}\right)(1+\mu\cot\alpha)\frac{1}{\cos\alpha}\right] \tag{7-23}$$

式中 μ——冲件与凹模接触面摩擦因数；

σ_b——材料的抗拉强度，MPa；

β——速度系数，在曲柄压力机上工作时取 $\beta=1.15$。其余符号见表 7-5。

三、缩口模

图 7-23 为不同支承方法的缩口模。

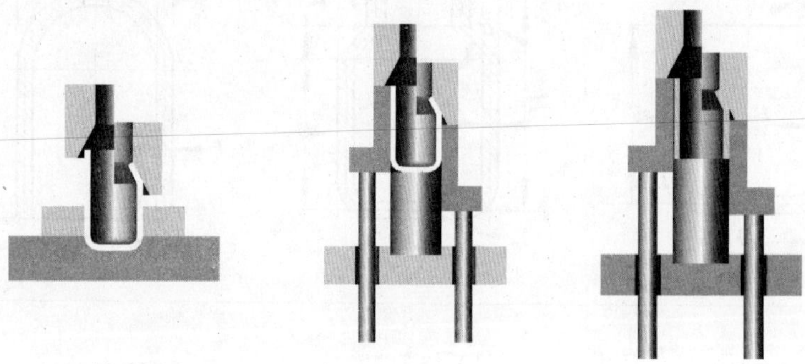

(a) 无支承　　(b) 外支承　　(c) 内外支承

图 7-23　书馆不同支承方法的缩口模

思考与练习题

1. 简述胀形变形特点以及胀形工艺方法。
2. 什么是伸长类翻边与压缩类翻边？其应力与应变状态有什么区别？
3. 试述圆孔翻边变形特点。影响极限翻边系数主要有哪些？
4. 缩口与拉深在变形特点上有什么相同与不同的地方？
5. 已知两个形状相似的翻孔件（图 7-24），其尺寸见表中数值，材料为 $H62$。试通过分析计算判断是否可以一次翻孔成形。若能，请计算翻边力、设计凸模，计算凸、凹模间隙。若

不能，则说明应采用什么方法成形？($\sigma_b=294$MPa)

尺寸 件号	D	h
零件 1	40	8
零件 2	35	12

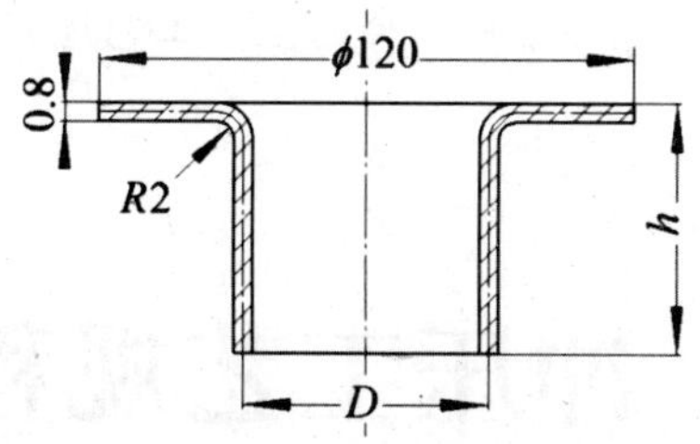

图 7-24　翻孔件

6. 要压制图 7-25 所示的加强肋（凹坑），判断是否能一次胀形成形，并计算用硬模成形的冲压力。材料为 08 钢，$t=1$mm，$\delta=32\%$，$\sigma_b=380$MPa。

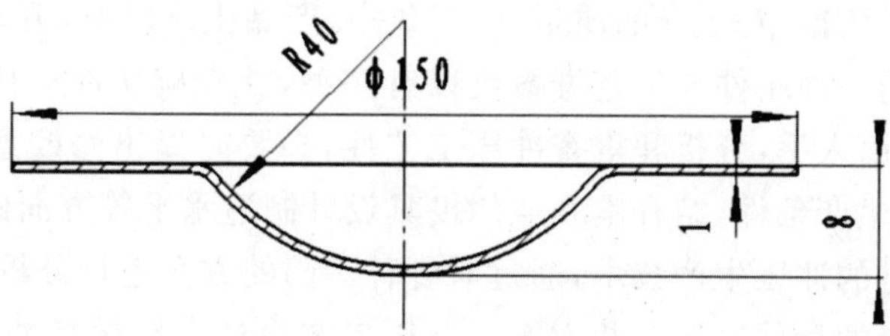

图 7-25　胀形件

教学的目的和要求

冲压工艺设计是冲压生产中非常重要的一项工作。本章通过冲压工艺设计的主要内容与步骤及原则等内容的讲解。要求学生熟悉掌握冲压工艺规程制定的方法，能够根据冲压件的形状结构和尺寸及精度等要求进行工艺可行性分析和计算，能根据冲压件的成形工序特点和成形要求，制定出多种冲压件生产工艺方案，并能根据产品质量，生产效率、产品生产成本，劳动强度、模具结构及安全生产等多方面的因素进行分析比较，合理地安排冲压件的生产工艺过程。

第八章　冲压工艺规程的制定

前面几章介绍了冲裁和弯曲及拉深等的工艺特点和模具的设计方法。事实上，冲压模具设计包括了冲压工艺设计和模具设计及模具制造调试三项基本工作。其中冲压工艺设计是冲模设计的基础和依据，对于产品质量，生产效率、产品生产成本，劳动强度及安全生产等都有重要的影响。同一冲压件的工艺方案可以有多种，首先应从冲压件的产量、形状结构、尺寸精度、材料等方面入手，分析和审查冲压工艺性，必要时提出修改意见反馈给冲压设计部门，然后根据实际生产条件，结合本企业的模具设计制造水平等方面的影响因素并考虑到尽量采用国内外先进的冲压生产技术，通过对各种不同的方案进行分析和比较，制定出能实现优质、高产、低消耗的最佳冲压工艺方案。冲压工艺设计主要包括冲压件的工艺分析、冲压工艺方案制定与工艺计算、选择模具类型与冲压设备及编写冲压工艺卡等内容。

第一节　制定工艺规程的步骤和内容

一、收集并分析资料

冲压工艺设计的原始资料主要有：冲压件的产品图、数据文件、冲压件实物及技术条件；产品的生产批量、材料的尺寸规格和性能及供应状况；企业目前生产状况及现有的冲压设备；模具制造设备和模具制造者及冲床操作者技术水平；有关其他的技术标准、设计资料与手册等。

二、冲压件的工艺分析

根据产品图纸或数据文件等，分析冲压件的形状特点、尺寸大小、精度要求、表面质量及所用的材料等是否符合冲压工艺要求，产生各种冲压质量问题的可能性。尤其要注意零件的极限尺寸(如最小冲孔尺寸或孔距公差，最小窄槽宽度，最小弯曲半径，最小拉深圆角半径等)、冲压件尺寸公差、设计基准及其他特殊要求，国内外同类产品的制造工艺。一般的零件，在分析了产品图及工艺性后就能确定主要冲压工序。但对形状复杂及几何参数不够明显的冲压件，需进行分析比较和计算才能确定主要加工方法。关键部位和关键工序指工艺规程设计和模具设计中必须特别注意妥善处理的问题，如超长尺寸（过深、过长）、易出现质量问题的部位（变薄、毛刺、回弹）、形状复杂或精度高时的定位基准与定位方法等。

三、分析比较和确定冲压工艺方案

列出各种不同的冲压工艺方案并加以分析比较，根据零件几何形状、精度要求及生产批量、利用变形趋向性的规律，确定冲压加工的工序性质；以极限变形参数为依据，确定冲压工序数量；对全部所需的工序进行恰当的顺序安排、并考虑安排必要的辅助工序和工序组合的必要性、可能性及组合方式。并确定毛坯形状、尺寸，并绘制排样图及设计半成品尺寸，绘制各工序图。

四、选定模具类型与结构型式

根据已确定的冲压工艺方案，综合考虑冲压件的质量要求、生产批量大小、冲压加工成本以及冲压设备情况、模具制造能力等生产条件后，选择模具类型，最终确定是采用单工序模，还是复合模或级进模，画出模具工作原理图，必要时给出模具设计任务书，并在模具任务书中规定如导向装置、进出料机构等具体要求。

五、选择冲压设备

根据冲压力（包括卸料力、压料力等）、变形功、零件尺寸及冲压工序性质从现有冲压设备中选择类型与吨位规格最合适的设备。如压力机的公称压力、滑块行程、装模高度、工作台面尺寸及滑块模柄孔尺寸等技术参数是否合适。尤其是厚板零件的冲裁，要进行冲裁变形功的验算。有关设备类型和规格的选择可参考设计手册。

六、编写冲压工艺文件

冲压工艺文件一般是指冲压零件完整的冲压生产工艺过程卡，主要内容包括：工序序号、工序名称、工序内容、工序图、工艺装备、设备型号及材料牌号与规格等。冲压生产工艺过程卡是指导冲压生产正常进行的重要技术文件，用于冲压生产组织管理、协调及各工序的工时定额核算等。

第二节　制定工艺方案的原则

工艺方案的制订包括确定工序性质和工序数目及工序顺序。

一、工序性质的确定

工序性质与制件的变形方式和结构形式有关。如平板毛坯采用冲裁工序，弯曲件采用弯曲工序，拉深件采用拉深工序。工序性质的确定常常受到生产条件的制约，在确定工序性质时，要与企业的生产实际生产状况。简单形状的冲压件可从产品图直接就可确定所需的工序性质。复杂零件有时往往需要一定计算才能精确地确定下来。

二、工序数目的确定

工序数目的确定原则是保证达到产品质量要求的前提下使工序数目尽量减少。工序数目的确定取决应依据零件材料的力学性能、几何形状复杂程度、尺寸精度要求的高低等来决定。工序性质不同，确定工序数量的依据也不同，如拉深成形时，拉深次数主要由拉深系数、相对高度等决定；弯曲次数主要由零件弯曲角的多少及其相互位置决定；而冲裁次数则主要取决于零件形状复杂程度、零件上孔的距离等。再如冲裁简单形状的冲压件，一般只用一道工序就能完成。复杂形状的冲压件，由于受到模具结构或强度的限制，其内外轮廓就要分成几个部分或几道工序完成。*V* 形或 *U* 形弯曲件，只需一道弯曲工序就能完成。但如有多个折边要求的 *U* 形弯曲件，就要根据冲压方向及模具的结构要求或分成多道工序才能完成。再如高圆筒形件拉深，要经过拉深系数计算后确定分几道工序或几副模具等。

在确定冲压加工过程所需总的工序数目时应考虑到以下的问题。

1. 生产批量

大批量生产时，应尽量合并工序，采用复合冲压或级进冲压，提高生产效率，降低生产成本。中小批量生产时，常采用单工序简单模或复合模，有时也可考虑采用各种相应的简易模具，以降低模具制造费用。

2. 零件精度

平板冲裁件在冲裁后增加一道整修工序，就是应其断面质量和尺寸精度要求较高的需要；当其表面平面度要求较高时，还必须在冲裁后增加一道校平工序。再如拉深后增加整形或精整工序，也是应其圆角半径要求较小或径向尺寸精度要求较高的需要。这虽然增加了工序数量，但确是保证工件精度要求必不可少的工序。

3. 生产条件

工厂现有的制模条件和冲压设备情况是确保确定的工序数量、采用的模具结构和精度要求的前提，生产工艺要与工厂现有条件相适应。例如，多个工序的复合会使相应的模具结构变得复杂，其加工及装配要求也高，工厂的制模条件要能满足这些要求。

4. 工艺的稳定性

影响工艺稳定性的因素较多，如原材料力学性能及厚度的波动、模具的制造误差、模具的调整、润滑的情况、设备的精度等，但在确定工序数量时，适当地降低冲压工序中的变形程度，避免在接近极限变形参数的情况下进行冲压加工，是提高冲压工艺稳定性的主要措施。另外，适当增加某些附加工序。例如：*U* 形件弯曲，在平板毛坯上先冲工艺孔，弯曲时，以此工艺孔定位进行弯曲，就能提高弯曲工艺的稳定性。

三、工序的先后顺序

工序的先后顺序安排主要与工序性质和产品的质量要求及经济性有关。主要应遵循(1)弱区必先变形，变形区应为弱区；(2)工序成形后得到的符合零件图要求的部分，在以后各道工序中不得再发生变形等原则。如在翼边上有侧孔的 *U* 形弯曲件，可在平板毛坯上先冲孔后弯曲，或先弯曲后冲侧向孔，如果翼边上侧孔对底部有尺寸精度要求时(图 8-1)，先在平板毛坯上冲孔后弯曲，则可能弯曲后回弹使尺寸超差，但这种方法相对模具成本低。采用先弯曲后冲侧向孔，则采用带斜楔侧向孔冲模虽然能保证精度要求，但模具结构较复杂

(见第四章图 4-46 斜楔模)。

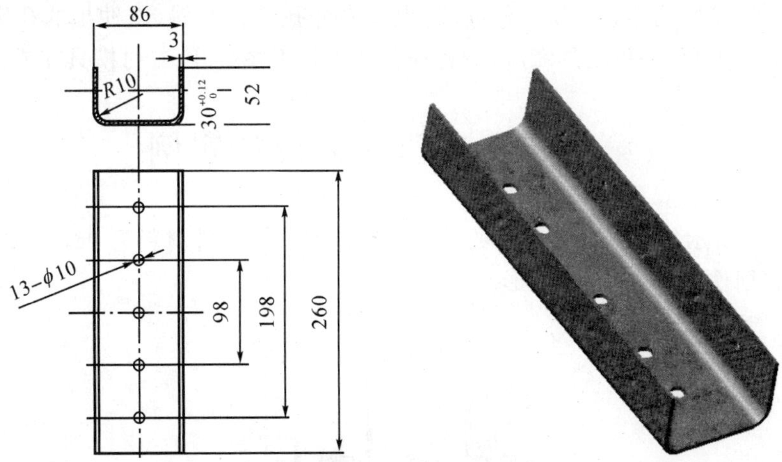

图 8-1　翼边上有侧孔的 U 形件

四、工序的组合

工序组合是指把零件的多个工序合并成为一道工序用连续模或复合模进行生产。制定冲压方案时,要充分考虑各类冲压工序有无合并的可能性。如圆筒形件生产,可采用落料和拉深两道工序完成,也可落料和拉深复合工序完成。相对来说,复合工序的冲模比两个或两个以上的单工序模造价要低。工序组合能否实现及组合的程度如何主要取决于零件的生产批量、形状尺寸、质量精度要求,其次要考虑模具结构、模具强度、模具制造维修以及现场设备能力等。也就是说:根据生产批量考虑工序组合的必要性和进行经济性分析;从零件形状、尺寸、精度及模具结构和强度出发考虑工序组合的可能性;从模具制造与维修能力及现场设备能力方面考虑工序组合的可行性。一般在大批量生产时应该尽可能把工序集中起来,以提高生产率、降低成本;在小批量生产的情况下宜采用结构简单、造价低的单工序模,以缩短模具制造周期、提高经济效益。但为了操作安全方便或减小工件占地面积和工序周转的运输费用和劳动量,对于不便取拿的小件和大型冲压件,批量小的时候也可以使工序适当组合。在确认工序有组合的必要后,在选择复合冲压还是级进冲压这两种组合方式时,要根据零件的尺寸、精度、冲压设备、制模条件及生产安全性等具体情况而定。而且工序的组合方式与所采用的模具类型(单工序模、复合模与级进模)是对应的。如图 8-2 所示的垫板,材料为 08,材料厚度 $t=5\text{mm}$,凸凹模最小壁厚(图 8-3),可参考有关模具设计手册,材料厚度 $t=5\text{mm}$,凸凹模最小壁厚 $a=10\text{mm}$,而在该冲压件四个圆角处,圆角半径 $R=25\text{mm}$,

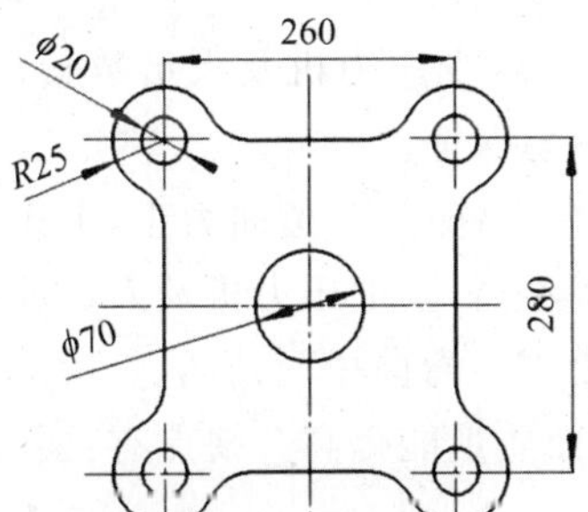

图 8-2　垫板

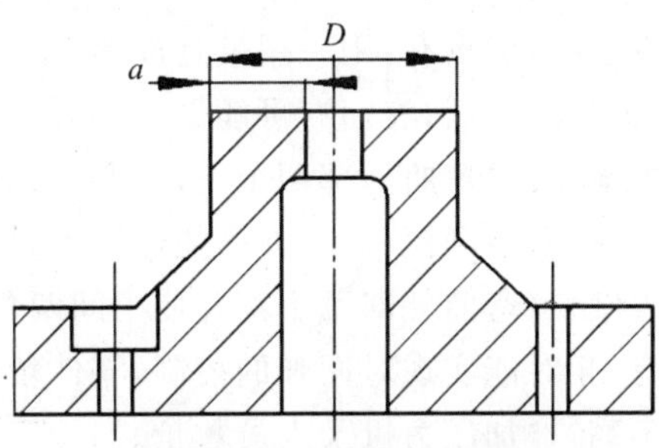

图 8-3　凸凹模最小壁厚

孔径ϕ20mm，如设计落料冲孔复合模，其凸凹模壁厚$\alpha=25-10=15$mm，大于所需的最小壁厚，因此，该零件可冲孔落料一次冲压完成，也可先冲孔后再落料(以冲出的孔定位)。前者冲孔与落料工序组合，一付模具完成，后者冲孔和落料工序分开，二付模具完成。

第三节 冲压工艺设计实例

确定图 8-4 所示的心轴托架零件的冲压工艺方案。该零件材料为 08，20000 件/年。要求表面不能有划伤，孔不允许有变形。

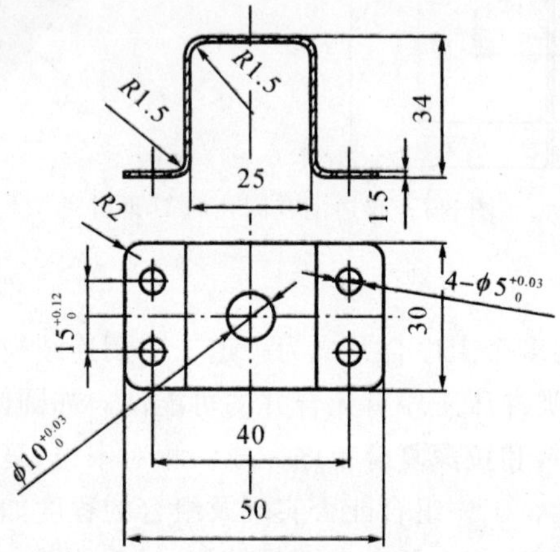

图 8-4 心轴托架零件

一、工艺分析

该零件为心轴托架，ϕ10 孔装有心轴，托架通过 4 个ϕ5 孔与机身连接，为保证有良好的装配条件，对 5 个孔提出了较高的精度要求，表面不能有划伤，孔不允许有变形。

零件选用 08，其弯曲半径均大于该材料的最小弯曲半径，且工件精度要求不高，所有孔可采用高精度冲模冲出。所以零件是可以冲压方法生产的。

二、确定工艺方案

冲压该零件所需的基本工序为冲孔、落料及弯曲。弯曲工艺方案如图 8-5 三种方法均可。

弯曲方案一：优点有：用一副模具成形，生产效率高，减少压力机及人员数量。缺点有：弯曲力大，模具寿命低，表面有可能划伤，制件的精度不易保证。

弯曲方案二：先弯曲外部两个角，再弯曲并中间两角。优点有：弯曲力小，工作条件有所改善。缺点有：要两副模具，回弹可能性增加，生产效率不高，增加压力机及人员数量。

弯曲方案三：弯曲外部两个角并使中间两角先弯曲 45°，弯曲中间两角。

优点有：相对能实现对回弹的控制，零件精度和表面质量能提高。缺点有：要三副模具，生产效率不高，增加压力机及人员数量。

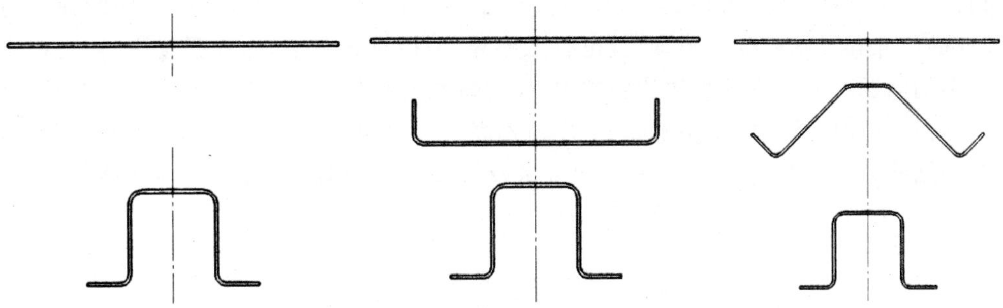

(a) 方案一　　(b) 方案二　　(c) 方案三

图 8-5　心轴托架零件的三种冲压工艺方法

根据上述零件的弯曲方法，其冲压工艺方案可有下面几种：

方案一：落料与冲孔ϕ10 复合(图 8-6(a))；弯曲外部两个角并使中间两角先弯曲 45°(图 8-6(b))；弯曲中间两角(图 8-6(c))；冲ϕ5 四孔(图 8-6(d))。

方案二：落料与冲孔ϕ10 复合(图 8-6(a))；弯曲外部两角(图 8-6(e))；弯曲中间两(图 8-6(f))；冲ϕ5 四孔(图 8-6(d))。

方案三：落料与冲孔ϕ10 复合(图 8-6(*a*))；弯曲四个角(图 8-6*g*)；冲ϕ5 四孔(图 8-6(d))。

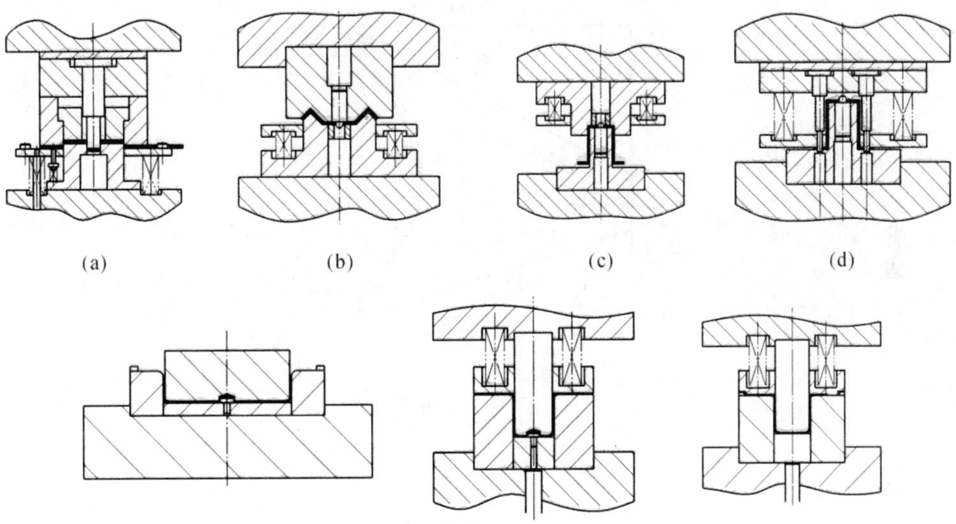

(a)　(b)　(c)　(d)　(e)　(f)　(g)

图 8-6　三种冲压工艺方案的模具结构

方案四：全部工序组合，采用带料连续冲压。

比较上述方案可以看出：

方案一的优点是：模具结构简单，制造周期短，投产快，回弹的控制容易，零件尺寸精度和表面质量能提高，可用ϕ10 定位，定位基准与设计基准一致，操作方便。缺点有：工序分散，模具数量多，劳动强度大，压力机及人员数量多。方案二与方案比较，工件回弹不易控制，零件的尺寸和形状精度不精确，且也有工序分散，模具数量多，劳动强度大，压力机及人员数量多的问题。方案三的工序比较集中，压力机及人员数量占用少，但工件回弹也不易控制，零件的尺寸和形状精度不精确，表面质量不高。方案四的特点是工序集中，生产效率高，但模具的结构复杂，制造周期长，安装和调试及维修比较困难。考虑到零件的精度要求不高，年产量不大，所以采用方案一比较合适。

习题与思考题

1. 简述冲压工艺设计的内容与步骤。
2. 编制冲压工艺规程应着重解决哪些问题？
3. 制定冲压工艺时应分析哪些原始资料？
4. 冲压工序顺序的确定一般应考虑哪些原则？
5. 怎样理解工序组合的必要性？工序组合与模具结构有什么关系？
6. 确定如图 8-7 所示支架零件的冲压工艺过程，零件材料为 08，生产批量为中批量。

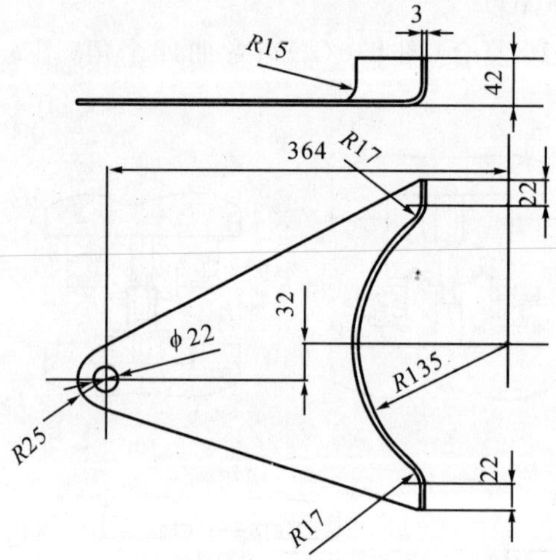

图 8-7　支架

教学的目的和要求

ANSYS/LS-DYNA 作为世界上最著名的通用显式非线性动力分析程序，能够模拟真实世界的各种复杂几何非线性、材料非线性和接触非线性问题，特别适合求解各种二维、三维非线性结构的金属成形、碰撞、常规武器设计等非线性动力冲击问题。本章通过圆筒形件的拉深成形过程分析等，要求学生熟悉 ANSYS/LS-DYNA 的基本命令，结合实例掌握冲压件成形分析方法。

第九章　板料成形 CAE 分析

计算机辅助工程(Computer Aide Engineering，CAE)是指工程设计中的分析计算与仿真。CAE 软件可分为通用和专用两类，通用 CAE 软件主要针对多种类型的工程和产品的物理力学性能进行分析、模拟、预测、评价和优化，以实现产品技术创新。利用 ANSYS/LS-DYNA 中的 ANSYS 的前处理模块中强大的实体建模、网格划分工具来构造有限元模型，结合 LS-DYNA 的计算及后处理功能，在工程应用如金属成形等领域被广泛认可为最佳的分析软件。如在金属板料成形中，它可以准确地预测板料成形过程中的破裂、起皱、减薄和回弹，评估板料的成形性能，为板料成形工艺分析及模具设计提供了及其重要的帮助，可以显著减少模具设计时间及试模周期，并提高了产品品质和市场占有率。

第一节　板料分析有限元基本思想

有限单元法(亦称有限元法，Finite Element Method，FEM)的基本思想是用较简单问题代替较复杂问题后再进行求解。它将求解域看成是由许多称之为有限元的小的互连子域组成，即将物体(或连续求解域)离散成有限个且按一定方式相互联结在一起单元的组合，来模拟或逼近原来的物体，从而将一个连续的无限自由度问题简化为离散的有限自由度问题求解的一种数值分析法。物体被离散后，通过对其中各个单元进行单元分析，最终得到对整个物体的分析。网格划分中每一个小块体称之为单元。确定单元形状、单元之间相互联结的点称之为节点，单元上节点处的结构内力为节点力，外力(如集中力，分布力)称之为节点载荷。

一、有限元法的主要特点

在工程技术领域中，有许多力学问题或场问题，虽然人们已经得到了它们的基本方程和边界条件，但是能用解析方法去求解的只是少数方程，且是性质比较简单、边界规则的问题，绝大多数工程技术问题很少有解析解。这类问题的解决通常有两种途径：一种是引入简化假设，使之达到能用解析法求解的地步，求得问题在简化状态下的近似解，这种方法并不总是可行的，通常将导致不正确甚至错误的解答；另一种方法是保留问题的复杂性，利用数值计算方法求得问题的近似数值解。随着电子计算机的飞速发展和广泛使用，已普遍采用这种方法来解决复杂的工程实际问题，而有限元法便是这方面的一个十分有效的数值方法。

有限元法具有许多优点，其中主要的有：

(1)概念浅显，容易掌握，可以在不同的水平上建立起对该法的理解：可以通过直观的物理解释来理解，也可以建立基于严格的数学分析的理论。

(2)该法有很强的适用性，应用范围极为广泛。它不仅能成功地处理如应力分析中的非均质材料、各向异性材料、非线性应力—应变关系等难题；而且随着理论基础和方法的逐步改进和完善，还成功地用来求解如热传导、流体力学以及电磁场等领域的问题。几乎适用于求解所有的连续介质和场问题。

(3)该法采用矩阵形式表达，便于编制计算机程序，可以充分利用高速电子计算机所提供的方便。因而，有限元法已被公认为工程分析的有效工具，受到普遍的重视。

采用有限元法求解应力分析问题，随着所取未知量的不同，有所谓位移法、力法、杂交法和混合法等。

二、有限元法的计算步骤

有限元是那些集合在一起能够表示实际连续域的离散单元，对于不同物理性质和数学模型的问题，有限元求解法的基本步骤是相同的，只是推导公式和运算求解不同。

有限元求解问题的一般步骤通常为：

(1)问题及求解域定义

根据实际问题近似确定求解域的物理性质和几何区域。

(2)求解域结构离散化和选择单元类型

求解域的结构离散化是有限元法的第一步。所谓离散化，简单地说，就是将要分析的结构分割成有限个小单元体，单元与单元、单元与边界之间通过节点连接，使相邻单元的有关参数具有一定的连续性，并构成一个单元的集合体，以它代替原来的结构。包含以下几个方面内容：

1)单元类型选择。离散化首先要选定单元类型，包括单元形状、单元节点数与节点自由度数三个方面的内容。

2)单元划分。划分单元时要注意下面几点：①单元愈小(网格愈细，划分愈规则)则离散域的近似程度越好，计算结果也越精确，但计算量将增大，而且网格细化到一定程度后计算精度提高并不明显；②单元形态应尽可能接近相应的正多边形或正多面体，如三角形单元三边应尽量接近，且不出现钝角；矩阵单元长宽不宜相差过大；③单元节点应与相邻单元节点相连接，不能置于相邻单元边界上；④同一单元由同一种材料组成。

(3)确定状态变量及控制方法

一个具体的物理问题通常可以用一组包含问题状态变量边界条件的微分方程式表示。为适合有限元求解，通常将微分方程化为等价的泛函形式。

(4)推导单元刚度矩阵和方程

对单元构造一个适合的近似解，即推导有限单元的列式，其中包括选择合理的单元坐标系，建立单元试函数，以某种方法给出单元各状态变量的离散关系，从而建立单元刚度矩阵：

$$\{p\}=[k]\{\delta\} \tag{9-1}$$

式中：$\{p\}$是单元节点力矢量，$[k]$是单元刚度矩阵，$\{\delta\}$是单元未知节点自由度或广义位移矢量。

(5)总装求解

将单元总装形成离散域的总矩阵方程(联合方程组)，反映对近似求解域的离散域的要求，即单元函数的连续性要满足一定的连续条件。总装是在相邻单元结点进行，状态变量及其导数(可能的话)连续性建立在结点处。最后组装的总体方程写成矩形形式：

$$\{P\}=[K]\{\delta\} \tag{9-2}$$

式中：$\{P\}$是整体节点载荷矢量，结构离散化后，单元之间通过节点传递力，有限元法在结构分析中只采用节点载荷，作用在单元上的所有集中力、体积力、与表面力都必须等效地移植到节点上去，形成等效节点载荷。将所有节点载荷按整体节点编码顺序组成节点载荷矢量。$[K]$是结构总体刚度矩阵，$\{\delta\}$是已知和未知结构节点自由度或广义位移。

(6)联立方程组求解和结果解释

有限元法最终导致联立方程组。即把求解连续体的场变量(应力、位移、压力和温度等)问题简化为求解有限的单元节点上的场变量值。此时求解的基本方程将是一个代数方程组，而不是原来描述真实连续体场变量的微分方程组，得到的求解结果是单元结点处状态变量的近似值，其近似程度取决于所采用的单元类型、数量以及对单元的插值函数。联立方程组的求解可用直接法、迭代法和随机法。对于计算结果的质量，将通过与设计准则提供的允许值比较来评价，并确定是否需要重复计算。

总之，有限元分析可分成3个阶段——前处理、求解和后处理。前处理是建立有限元模型，完成单元网格划分；后处理则是采集处理分析结果，使用户能简便提取信息，了解计算结果。

第二节　基于LS-DYNA3D的板料分析方法

一、LS-DYNA的特色和功能

LS-DYNA为美国Livermore Software Technology Corporation的产品，是世界上最著名的通用显式非线性有限元分析程序，能够模拟真实世界的各种复杂问题，它以Lagrange算法为主，兼有ALE和Euler算法；以显式求解为主，兼有隐式求解功能；以结构分析为主，兼有热分析、流体与固体耦合功能；以非线性动力分析为主，兼有静力分析功能，如动力分析前的预应力计算和薄板冲压成形后的回弹计算等；特别适合求解各种结构的高速碰撞、爆炸和金属成型等高度非线性瞬态动力学问题。在工程界得到广泛应用并被认为是最佳的显式分析软件包，与实验结果的无数次对比证实了其计算的可靠性和准确性。是军用和民用相结合的通用结构分析非线性有限元程序。一般结构有限元软件，较适合于长时间和变形量较小的分析。但实际上，产品皆具有发生大变形量可能性，甚至许多我们常用的材料如：塑料、橡胶等材料，皆具非线性的特质；因此有限元分析所得到的结果，其准确性便备受争议，甚至分析结果不具意义。而LS-DYNA具有强大的分析能力、多种材料模型库、具有薄/厚壳单元，在接触分析的领域上一直居于所有软件的领先地位，拥有超过50多种以上的接触分析方式，具有柔体对柔体接触、柔体对刚体接触、刚体对刚体接触、边-边接触、拉延筋等，可模拟真实碰撞及接触情形。而且可以分析接触表面的静动力摩擦等问题。

二、ANSYS 与 LS-DYNA 关系

ANSYS 软件是融结构、流体、电场、磁场、声场分析于一体的大型通用有限元分析软件。由世界上最大的有限元分析软件公司之一的美国 ANSYS 开发，它能与多数 CAD 软件接口，实现数据的共享和交换，如 Pro/Engineer，NASTRAN，Alogor，I-DEAS，AutoCAD 等，是现代产品设计中的高级 CAD 工具之一。软件主要包括三个部分：前处理模块，分析计算模块和后处理模块。前处理模块提供了一个强大的实体建模及网格划分工具，用户可以方便地构造有限元模型；分析计算模块包括结构分析（可进行线性分析、非线性分析和高度非线性分析）、流体动力学分析、电磁场分析、声场分析、压电分析以及多物理场的耦合分析，可模拟多种物理介质的相互作用，具有灵敏度分析及优化分析能力；后处理模块可将计算结果以彩色等值线显示、梯度显示、矢量显示、粒子流迹显示、立体切片显示、透明及半透明显示（可看到结构内部）等图形方式显示出来，也可将计算结果以图表、曲线形式显示或输出。软件提供了 100 种以上的单元类型，用来模拟工程中的各种结构和材料。

虽然 ANSYS 具有强大的计算功能，但其处理后处理功能相对较差，1997 年，美国 ANSYS 公司购买了 LS-DYNA 的使用权，形成了 ANSYS/LS-DYNA，弥补了上述不足。但是 LS-DYNA 的一些功能并不能从 ANSYS/LS-DYNA 中直接使用，如某些单元不能被选用、ALE 处算法以及将近 70 种材料模型（包括 ANSYS 用户自定义材料）都被屏闭、错误显示以及警告信息不完全。所以通常的做法是使用联合建模求解技术。图 9-1 显示了 UG-ANSYS-LS-DYNA 联合建模求解技术的流程。图 9-2 是 ANSYS/LS-DYNA 启动界面。图9-3 是 LS-PREPOST 计算结果后处理界面。

三、LS-DYNA 的显式与隐式时间积分

LS-DYNA 是一个以显式为主，兼顾隐式的非线性动力有限元分析程序。LS-DYNA 的隐式时间积分不考虑惯性效应（$[C]$和$[M]$），在 $t+\Delta t$ 时计算平均加速度，是在模拟速度在有限元显式算法中是将是时间变量进行离散的，并采用中心差分法来进行时间积分的，在已知 0，…，t 时间步解的情况下，假设在时间 t 有一时间增量 Δt，在 t 时刻的加速度定义如下

$$a(t_n)=M^{-1}\left[P(t_n)-F^{\text{int}}(t_n)\right] \tag{9-3}$$

式中：$P(t_n)$为第 n 个时间步结束时刻 t_n 结构上所施加的节点外力向量（包括分布载荷经转化的等效节点力）；F^{int} 为 t_n 时刻内力矢量，它由下面几项构成：

$$F^{\text{int}}=\int_{\Omega}B^{T}\sigma\,\mathrm{d}\Omega+F^{hg}+F^{contact}$$

上式右边的三项式依次为：t_n 时刻单元应力场等效节点力（相当于动力平衡方程的内办项）、沙漏阻力（为克服节点高斯积分引起的沙漏问题而引起的粘性力，以及接触力矢量，其中，B 是单元应变转换矩阵，σ 是单元应力矩阵，Ω 是单元域。

由加速度的中心差分法，可得 $t+\Delta t/2$ 的速度和位移

$$\dot{u}_{t+\Delta t}=\dot{u}_{t-\Delta t/2}+\ddot{u}_t\Delta t_t \tag{9-4}$$

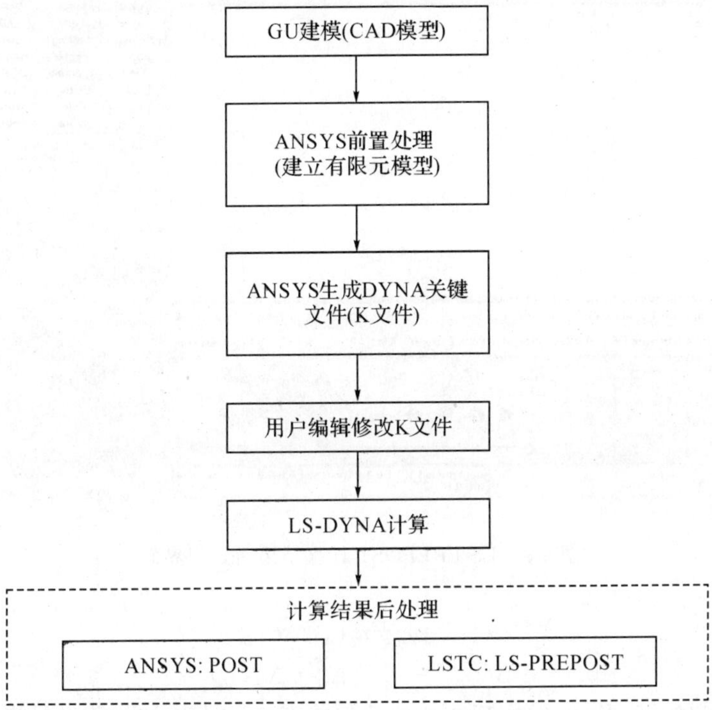

图 9-1 UG-ANSYS-LS-DYNA 联合建模求解技术的流程

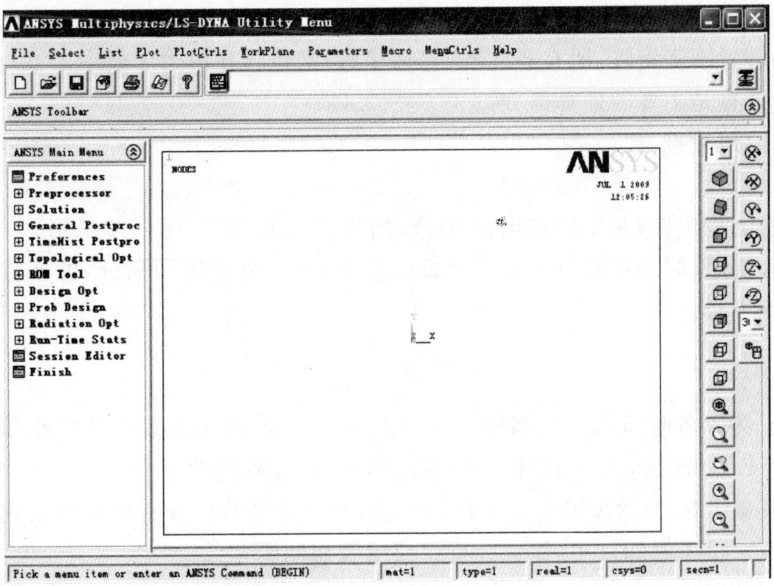

图 9-2 ANSYS/LS-DYNA 启动界面

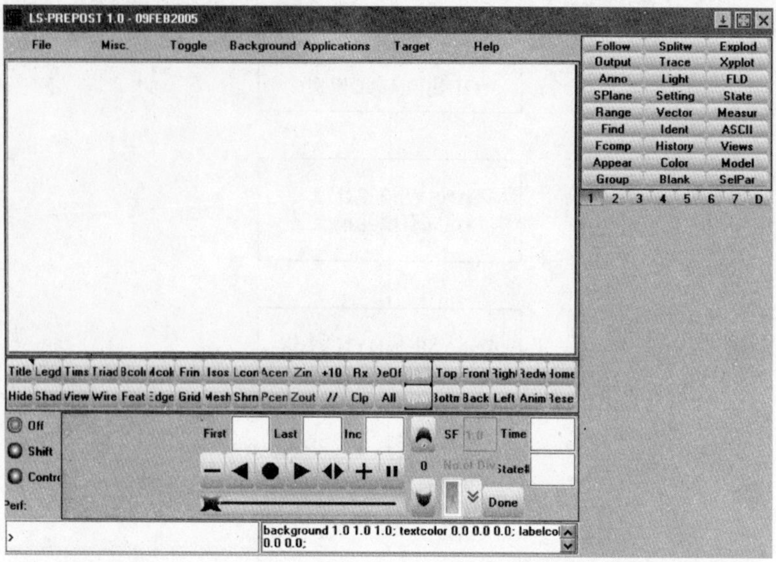

图 9-3　LS-PREPOST 计算结果后处理界面

$$u_{t+\Delta t}=u_t+\dot{u}_{t+\Delta t/2}\Delta t_{t+\Delta t/2} \tag{9-5}$$

$$\Delta t_{t+\Delta t/2}=0.5(\Delta t_t+\Delta t_{t+\Delta t}) \tag{9-6}$$

由式(9-4)和(9-5)及(9-6)实现在初始几何状态$\{x_0\}$上增加位移增量来改变几何形状

$$x_{t+\Delta t}=x_0+u_{t+\Delta t} \tag{9-7}$$

对于非线性分析，显式算法的基本特点为：

(1)块质量矩阵需简单转置。

(2)方程非耦合，可以直接求解(显式)。

(3)无需转置刚度矩阵，所有非线性(包括接触)都包含在内力矢量中。

(4)内力计算是主要的计算部分。

(5)无需收敛检查。

(6)保持稳定状态需要小的时间步。

关于算法的稳定性，对于隐式时间积分，当为线性问题时，时间步长可以任意取大(稳定)，而非线性问题，时间步长由于收敛困难而变小；对于显式时间积分，保证收敛的临界时必须满足以下方程：

$$\Delta t\leqslant\Delta t_{cr}=\frac{2}{\omega_{\max}} \tag{9-8}$$

式中，Δt_{cr}为收敛时间，$\omega_{\max}$为系统的最高固有振动频率，由系统中的最小单元的特征方程$|K^e-\omega^e M^e|=0$得到，式中K非线性刚度矩阵，ω为系统的固有振动频率，M为系统质量。为保证收敛，LS-DYNA 采用变步长积分法，每一时刻的积分步长由当前构形网格中的最小单元决定。由于时间步小，显式分析仅仅对瞬态问题有效。

四、LS-PREPOST 常用操作及主菜单功能主要按钮

1. LS-PREPOST 常用的鼠标操作

(1) 旋转模型:Ctrl+Shift+鼠标左键;

(2) 缩放模型:Ctrl+Shift+鼠标中键;

(3) 平移模型:Ctrl+Shift+鼠标右键。

2. 主菜单功能主要按钮介绍。

(1)Splitw 按钮:将图形窗口划分多个子窗口显示;

(2)Output 按钮: 将模型和结果数据输出到文件;

(3)SelPar 按钮:PART 选择及模型信息描述;

(4)Fcomp 按钮:绘制各种计算结果云图,如应力、应变、密度、能量、压力等数据的条纹的显示;

(5)Measure 按钮:距离、面积、体积等数据的测量;

(6)FLD:按钮:成形极限图观察;

(7)State 按钮:模型状态列表选择;

(8)History 按钮:时程曲线绘制。

3. 图形控制区功能介绍

(1)Bcolr 按钮:背景色黑白互换;

(2)Triad 按钮:坐标轴开关;

(3)Title 按钮:标题开关。

第三节　圆筒形件拉深有限元模拟分析

一、圆筒形件拉深模具及材料参数

厚度为 2mm,材料为 08Al,圆毛坯直径为 115 mm,运用 ANSYS/LS-DYNA 进行拉深成带凸缘的圆筒形件过程的有限元分析。分析实例的模具结构参数见图 9-4,板料参数表 9-1。

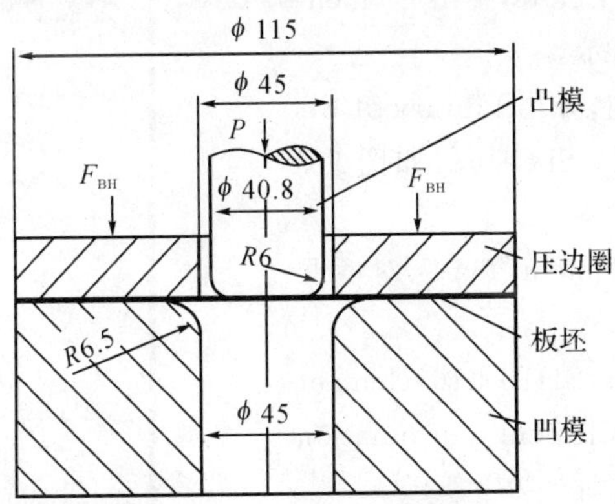

图 9-4　模具结构

表 9-1　材料参数

弹性模量	泊松比	屈服极限	应变强化因数	硬化指数	厚向异性因数
E/GPa	ν	σ_s/MPa	K/MPa	n	r
206.8	0.3	110.3	537	0.21	1.8

二、交互式操作分析

1. 启动 ANSYS

(1) 以交互模式(GUI 模式)进入 ANSYS,在 License 栏中选择 LS-DYNA。

(2) 选择 File Management 对话框,在总路径下面为新工程建立一个子路径 ANSYS/Deepdrawing/Cylinder,工作文件名取为 Cylinder。

(3) 其他选项保持 MEI 认值,单击 Run 按钮进入 ANSYS10.0 操作界面。

2. 设定标题

(1)选择菜单 Utility Menu|File| Change Jobmame…,弹出 Change Jobmame 对话框,,输入 CYLINDERANALYSIS,在 New log and errorfiles 中选择 Yes,如图 9-5 所示。单击 OK 按钮确认并关闭对话框。

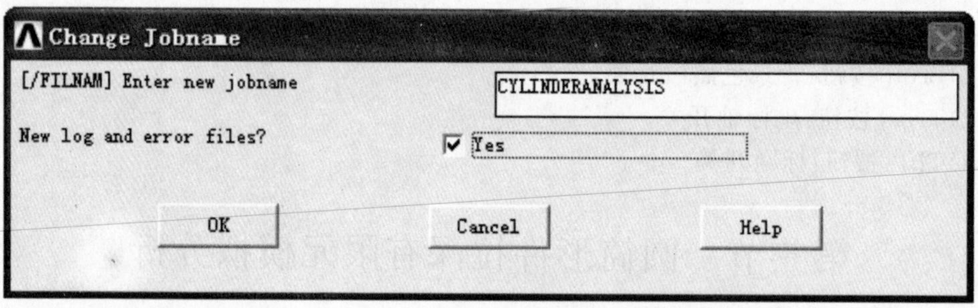

图 9-5　设置标题

3. 定义单元类型

(1) 选择菜单 Main Menu|Preprocessor|Element Type|Add/Edit/Delete,弹出 Element Types 对话框,如图 9-6 所示。

(2) 单击 Add... 按钮,弹出 Library of Element Types 对话框,选择 Shell163,如图 9-7 所示。

(3)单击 OK,回到 Element Types 对话框(图 9-8)。

(4)单击 Options,弹出 SHELL163element type options 对话框,在 Element Formulation 处选取 Bolytschko-Wong,如图 9-9 所示。

(5)单击 OK, 回到 Element Types 对话框,单击 Close,完成对单元的设置。

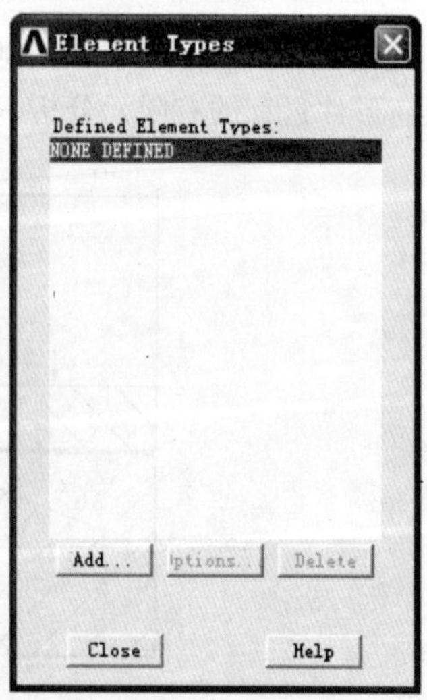

图 9-6　Element Types 对话框

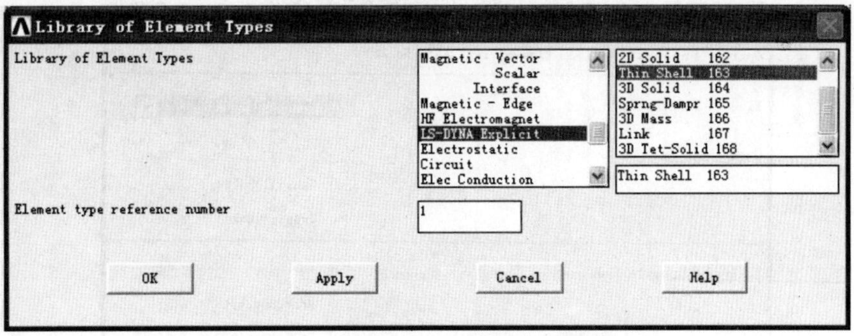

图 9-7　Library of Element Types 对话框

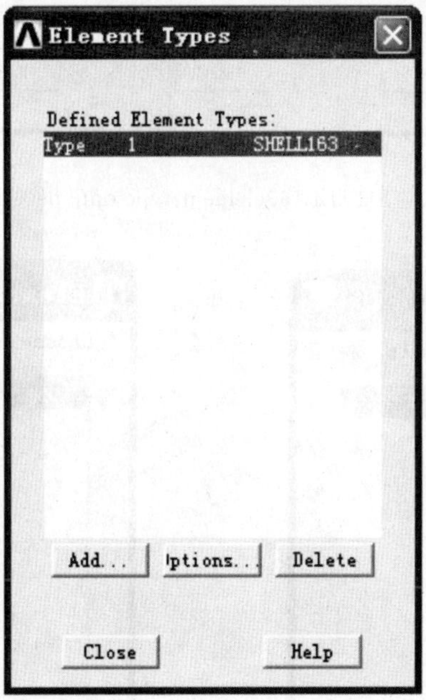

图 9-8　Element Types 对话框

4. 定义实常数

(1)选择菜单 Main Menu|Preprocessor|Real Constants,弹出 Real Constants 对话框,如图 9-10 所示。

(2)单击 Add...按钮,弹出 Real Constants for R...对话框,如图 9-11 所示。

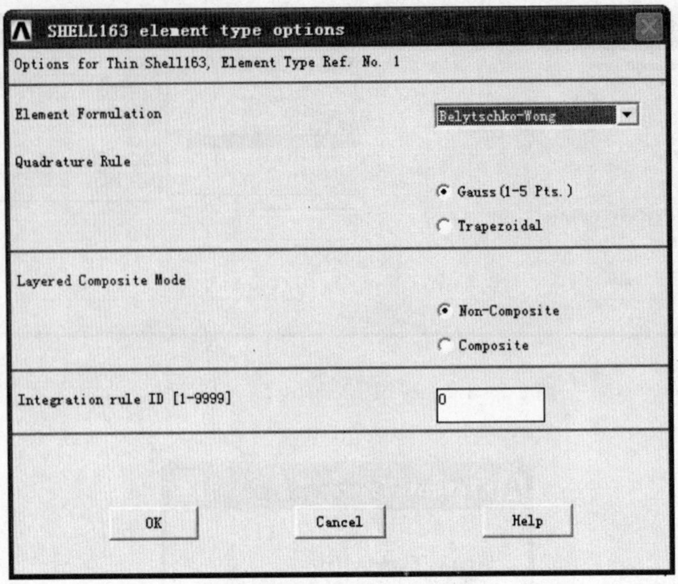

图 9-9　SHELL163element type options 对话框

图 9-10　Real Constants 对话框

图 9-11　Real Constantsfor R... 对话框

(3)选择 SHELL163，单击 OK，弹出 Real Constant Set Number 1，for THIN SHELL163 对话框，如图 9-12 所示。

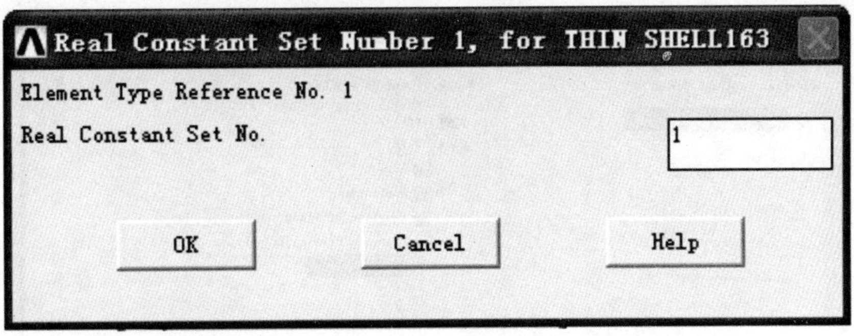

图 9-12 Real Constant Set Number 1, for THIN SHELL163 对话框

(4)单击 OK，弹出另一个 Real Constant Set Number 1, for THIN SHELL163 对话框，在 SHRF 栏中输入 5/6，在 NIP 栏中输入 5，在 T1 栏中输入 0.002，如图 9-13 所示。

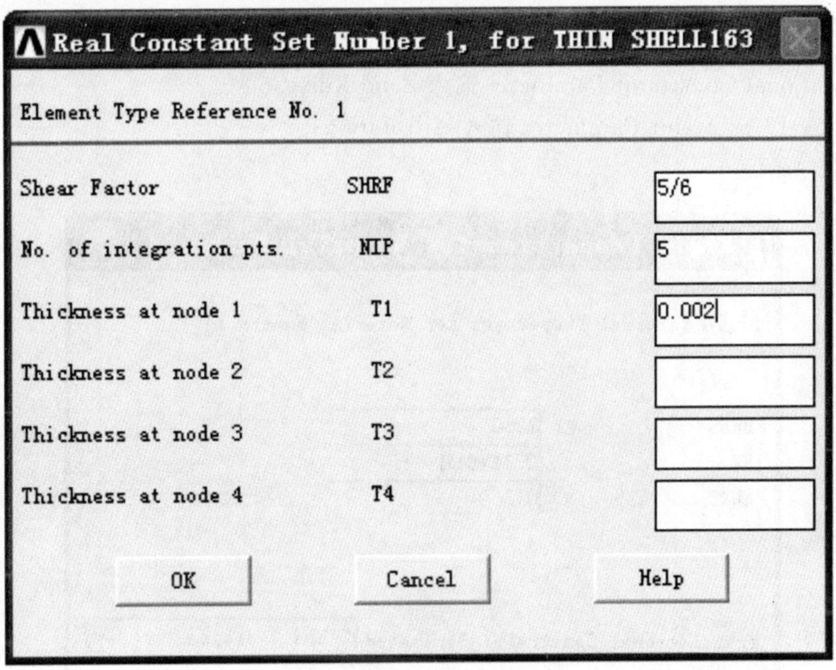

图 9-13 Real Constant Set Number 1, for THIN SHELL163 对话框

(5)单击 OK，回到 Real Constants 对话框，单击 Close，完成实常数的设置，并退出 Real Constants 对话框。

5. 定义材料模型

(1)选择 Main Menu|Preprocessor|Material Props|Material Models，弹出 Define Material Model Behavior 对话框，选择 LS-DYNA|Rigid Material，如图 9-14 所示。

(2) 双击 Rigid Material，弹出 Rigid Properties for Material Number 1 对话框，

在 DENS 输入 7850

EX 输入 2.1E+011

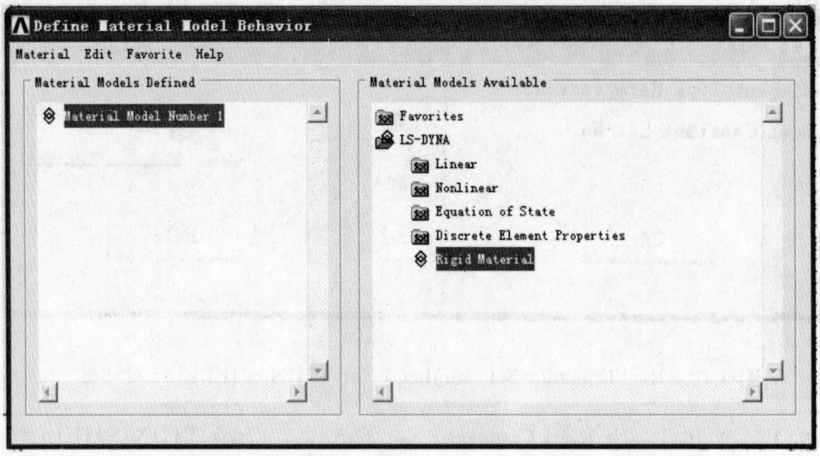

图 9-14 Define Material Model Behavior 对话框

NUXY 输入 0.3

Translational Constraint Parameter 输入 Zand Xdisps

Rotational Constraint Parameter 输入 Allrotations

图 9-15 所示。

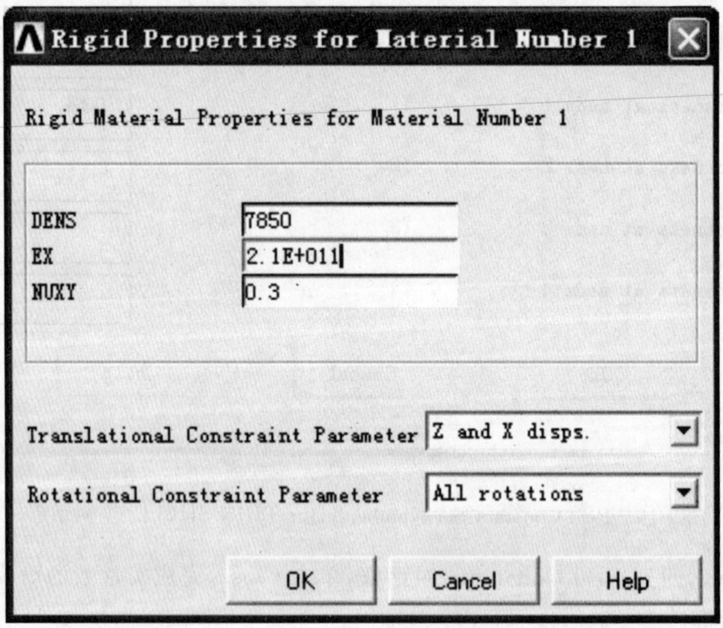

图 9-15 Rigid Properties for Material Number 1 对话框

(3)单击 OK，回到 Define Material Model Behavior 对话框，选择 Edit|Copy，弹出 Copy Material Model 对话框，在 to Material number 中输入 2，如图 9-16 所示。

(4)单击 OK，回到 Define Material Model Behavior 对话框，出现了的 Material Model Number1 和 Material Model Number2 具有相同的材料特性。且都是 Rigid Material. 图 9-17 所示。

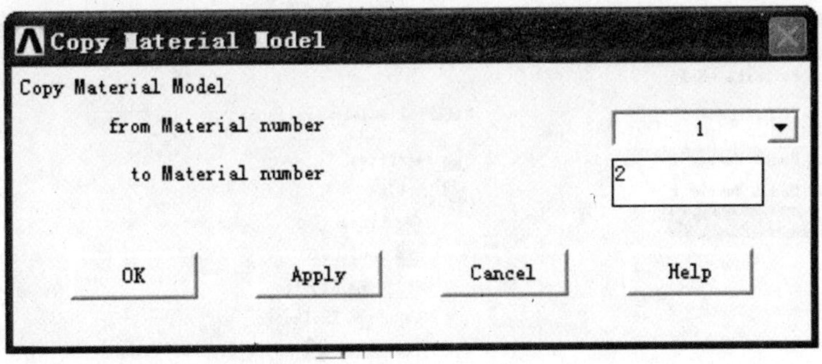

图 9-16　Copy Material Model 对话框

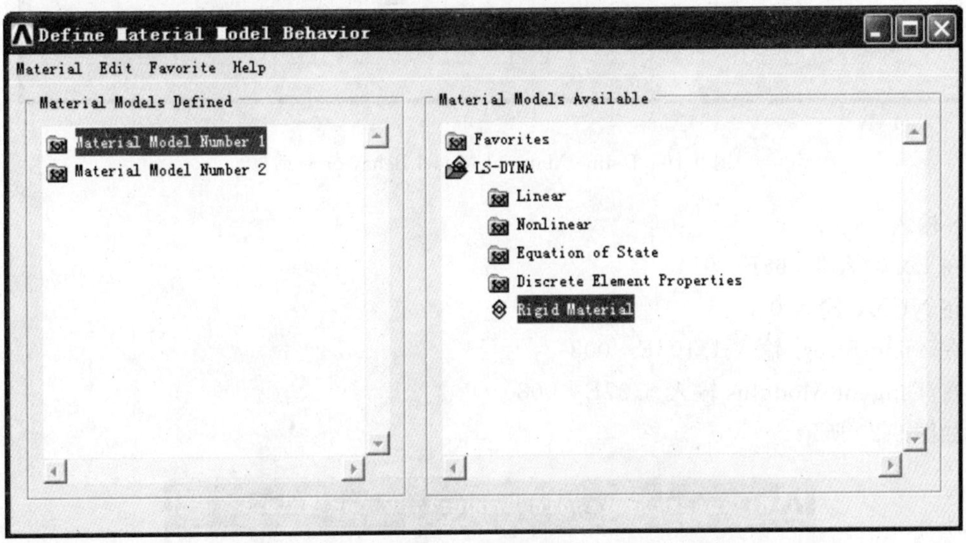

图 9-17　Define Material Model Behavior 对话框

(5)在 Define Material Model Behavior 对话框的界面中的，选择 Material|New Model，弹出 Define Material ID 对话框，在 Define Material ID 输入 3，如图 9-18 所示。

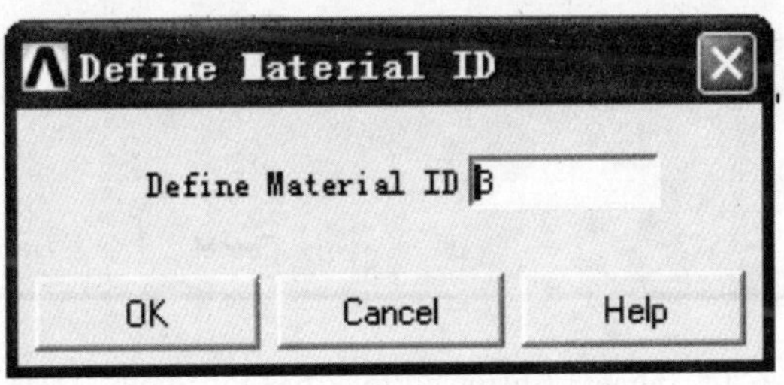

图 9-18　Define Material ID 对话框

(6)单击 OK，又回到 Define Material Model Behavior 对话框，在对话框右边选择 LS-DYNA|NonLinear|Inelastic|Isotropic Hardening|Bilinear Isotropic，图 9-19 所示。

(7)双击 Bilinear Isotropic，弹出 Bilinear Isotropic Properties for Mate... 对话框，在

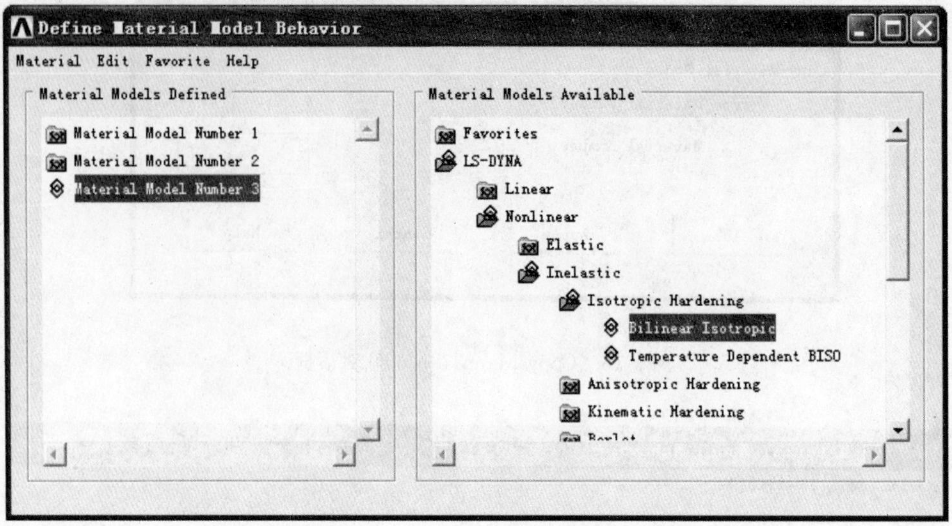

图 9-19　Define Material Model Behavior 对话框

DENS 输入 7850

在 EX 输入 2.068E+011

在 NUXY 输入 0.3

在 Yield Stress 输入 1.103E+008

在 Tangent Modulus 输入 5.37E+008

如图 9-20 所示。

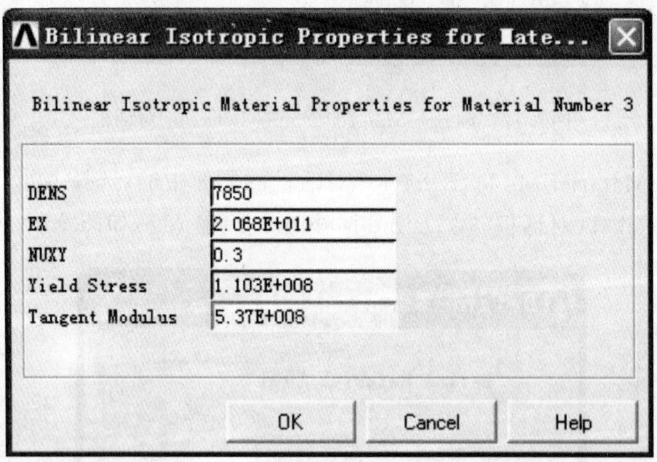

图 9-20　Bilinear Isotropic Properties for Mate... 对话框

(8)单击 OK，回到 Define Material Model Behavior 对话框，选择 Material|New Model，弹出 Define Material ID 对话框，在 Define Material ID 输入 4，如图 9-21 所示。

(9) 单击 OK，再回到 Define Material Model Behavior 对话框。

(10) 双击 Rigid Material，弹出 Rigid Properties for Material Number 4 对话框，

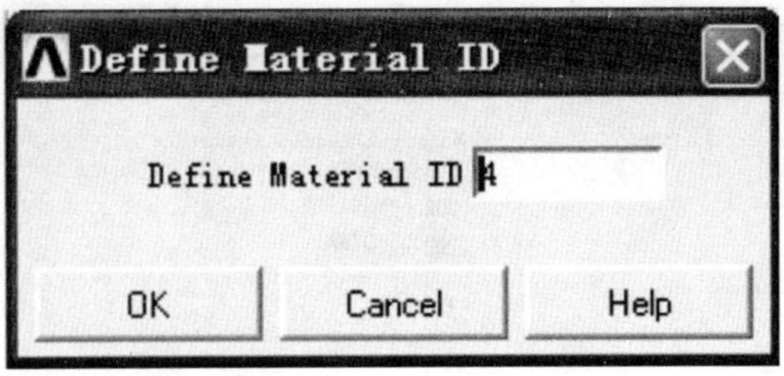

图 9-21 Define Material ID 对话框

在 DENS 输入 7850

EX 输入 2.1E+011

NUXY 输入 0.3

Translational Constraint Parameter 输入 Alldisps

Rotational Constraint Parameter 输入 Allrotations

如图 9-22 所示。

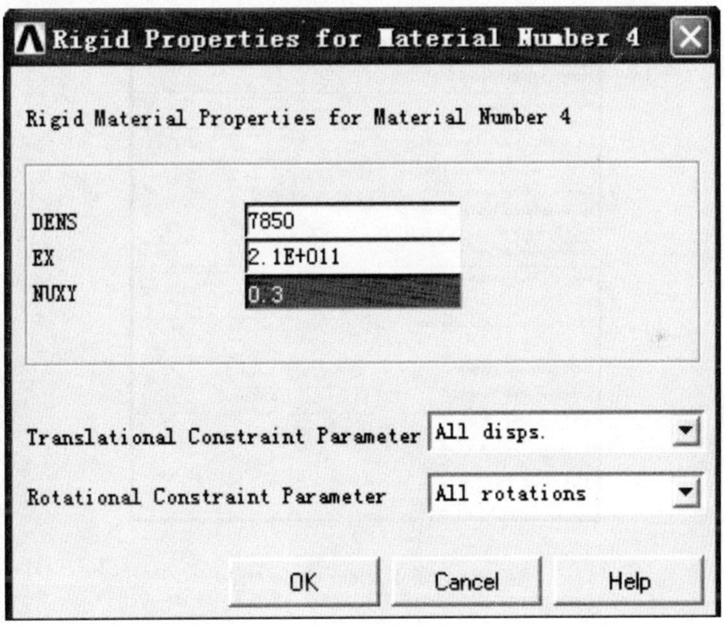

图 9-22 Rigid Properties for Material Number 4 对话框

(11)单击 OK,回到 Define Material Model Behavior 对话框,此时,MaterialModelNumber 1(凸模),MaterialModelNumber 2(压边圈),MaterialModelNumber 3(板坯),MaterialModelNumber 4(凹模)的材料特性全部列出。如图 9-23 所示。

(12)选择 Material|Exit,退出 Define Material Model Behavior 对话框。

6. 定义 Shell 单元属性

(1)选择 Main Menu|Preprocessor|Shell Elem Ctrls,弹出 Shell Elem Ctrls 对话框,如图 9-24 所示。

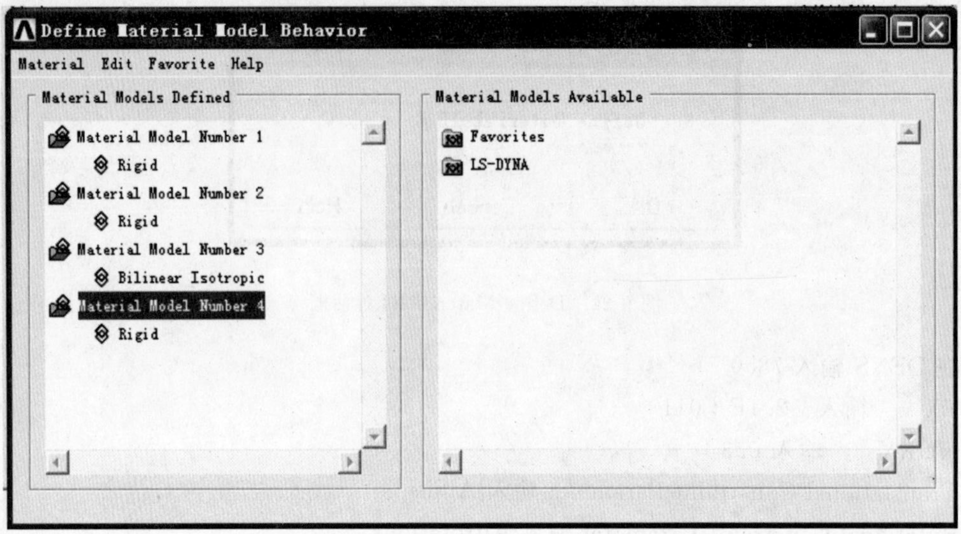

图 9-23 Define Material Model Behavior 对话框

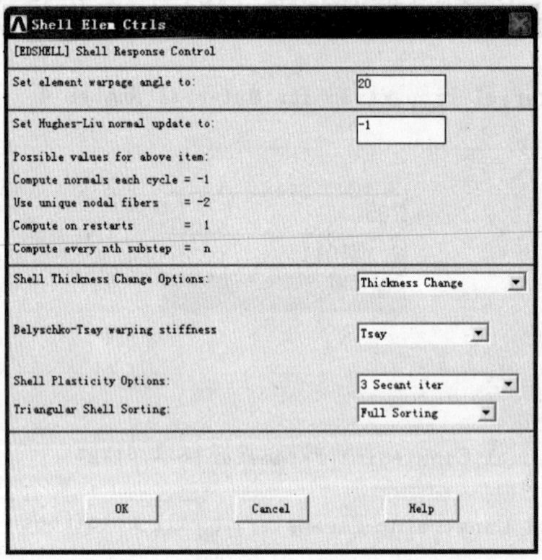

图 9-24 Shell Elem Ctrls 对话框

(2)单击 OK,退出 Shell Elem Ctrls 对话框

7. 建立几何模型

(1)选择 Main Menu|Preprocessor|Modeling|Create|Keypoints|In Active CS,弹出 Create Keypoints in Active Coordinate System 对话框,在 NPT Keypointnumber 处输入 1,在 X、Y、ZLocation in active CS 处依次输入 0,0.064,0。图 9-25 所示。

(2)单击 Apply,在 NPT Keypointnumber 处输入 2,在 X、Y、ZLocation in active CS 处依次输入−0.0204,0.064,0。

(3)单击 Apply,在 NPT Keypointnumber 处输入 3,在 X、Y、ZLocation in active CS 处依次输入−0.0204,0.12,0。

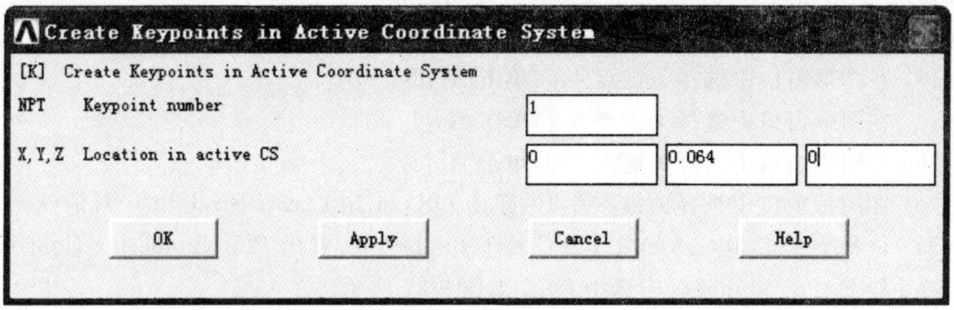

图 9-25 Create Keypoints in Active Coordinate System 对话框

(4)单击 Apply，在 NPT Keypointnumber 处输入 4，在 X、Y、ZLocation in active CS 处依次输入－0.0575，0.064，0。

(5)单击 Apply，在 NPT Keypointnumber 处输入 5，在 X、Y、ZLocation in active CS 处依次输入－0.0225，0.064，0。

(6)单击 Apply，在 NPT Keypointnumber 处输入 6，在 X、Y、ZLocation in active CS 处依次输入－0.0575，0.062，0。

(7)单击 Apply，在 NPT Keypointnumber 处输入 7，在 X、Y、ZLocation in active CS 处依次输入 0，0.062，0。

(8)单击 Apply，在 NPT Keypointnumber 处输入 8，在 X、Y、ZLocation in active CS 处依次输入－0.0575，0.06，0。

(9)单击 Apply，在 NPT Keypointnumber 处输入 9，在 X、Y、ZLocation in active CS 处依次输入－0.0245，0.06，0。

(10)单击 Apply，在 NPT Keypointnumber 处输入 10，在 X、Y、ZLocation in active CS 处依次输入－0.0245，0，0。

(11) 单击 Apply，在 NPT Keypointnumber 处输入 11，在 X、Y、ZLocation in active CS 处依次输入 0，0，0。

(12) 单击 Apply，在 NPT Keypointnumber 处输入 12，在 X、Y、ZLocation in active CS 处依次输入 0，0.14，0。

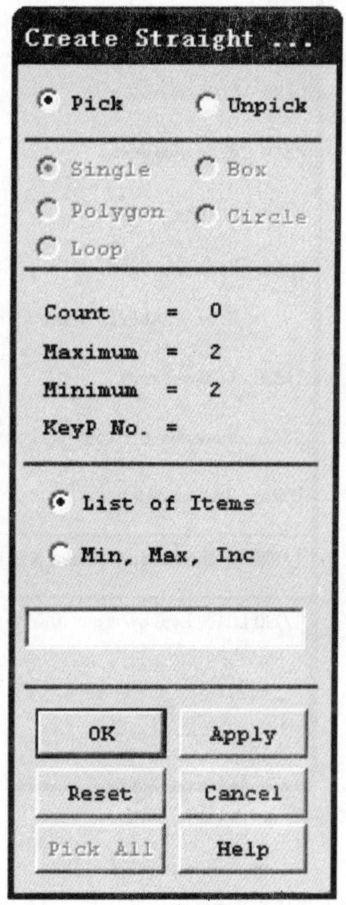

图 9-26 Create Straight …对话框

(13)单击 OK，退出 Create Keypoints in Active Coordinate System 对话框。

(14)选择 Main Menu|Preprocessor|Modeling|Create|Lines|Straight line，弹出 Create Straight …对话框，如图 9-26 所示。

(15)在图形窗口中选择关键点 1,2 单击 Apply。

(16)在图形窗口中选择关键点 2,3,单击 Apply。

(17) 在图形窗口中选择关键点 4,5,单击 Apply。

(18) 在图形窗口中选择关键点 6,7,单击 Apply。

(19) 在图形窗口中选择关键点 8,9,单击 Apply。

(20) 在图形窗口中选择关键点 9,10,单击 OK，退出 Create Straight …对话框。

(21) 选择菜单 Utility Menu|PlotCtrls|Numbering,弹出 PlotNumbering Controls 对话框,在 LINE Line numbers 中选中 On。如图 9-27 所示。

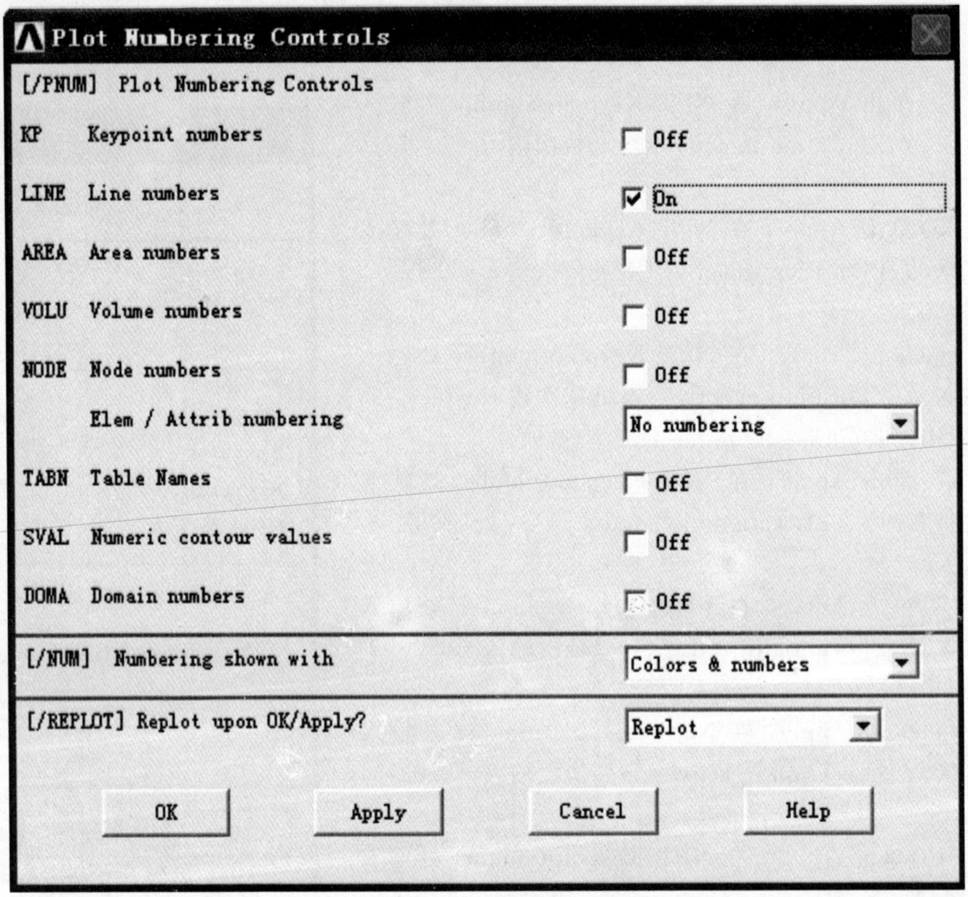

图 9-27 PlotNumbering Controls 对话框

(22) 选择菜单 Utility Menu|Plot|Lines。线条显示如图 9-28 所示。

(23)选择 Main Menu|Preprocessor|Modeling|Create|Lines|Line Fillet,弹出 Line Fillet 对话框,如图 9-29 所示。

(24)在图形窗口中选择 L1 和 L2。单击 Apply,弹出另一个 Line Fillet 对话框,在 RADFillet adius 中输入 0.006。如图 9-30 所示。

(25)单击 Apply，选择 L5 和 L6，单击 OK,回到 Line Fillet 对话框。在 RADFillet adius 中输入 0.0045。如图 9-31 所示。

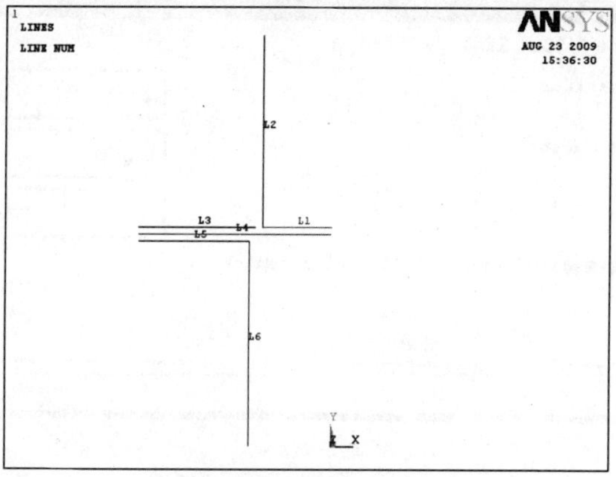

图 9-28　线条显示

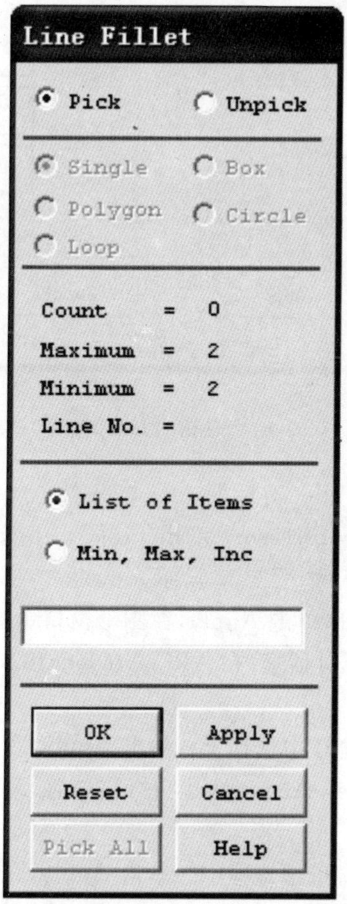

图 9-29　Line Fillet 对话框

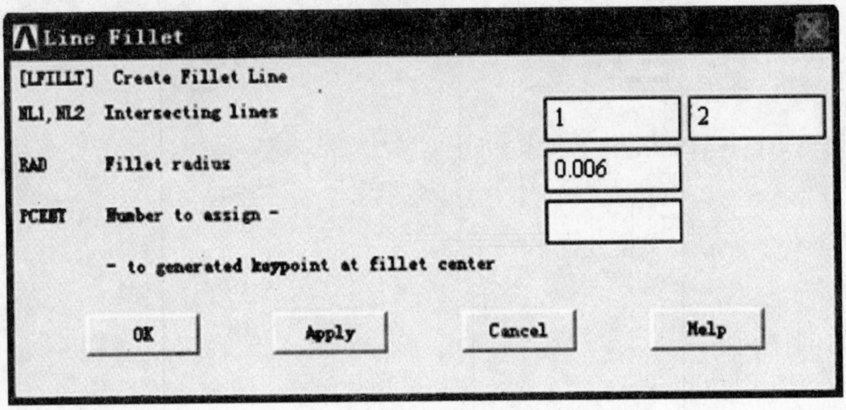

图 9-30 Line Fillet 对话框

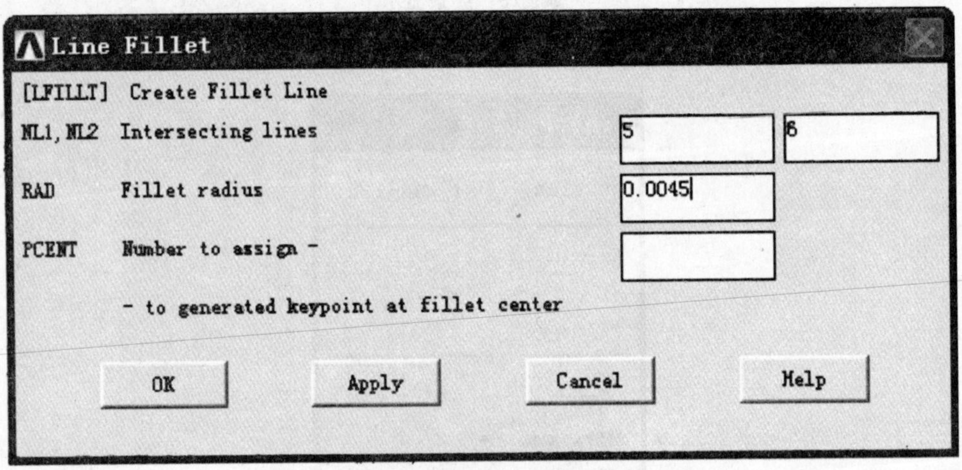

图 9-31 Line Fillet 对话框

(26)单击 OK,退出 Line Fillet 对话框。

(27)选择 Main Menu|Preprocessor|Modeling|Create|operate| Lines|About Axis,弹出 Sweep Lines abou …对话框,如图 9-32 所示。

(28)在图形窗口中选择 L1,单击 Apply,在图形窗口中选择关键点 11,12,单击 Apply。弹出 Sweep Lines About Axis 对话框,在 ARC Arc length in degrees 中输入 360,如图 9-33 所示。

(29)单击 Apply,在图形窗口中选择 L7,单击 Apply,在图形窗口中选择关键点 11,12,单击 Apply。弹出 Sweep Lines About Axis 对话框,在 ARC Arc length in degrees 中输入 360。

(30)单击 Apply,在图形窗口中选择 L2,单击 Apply,在图形窗口中选择关键点 11,12,单击 Apply。弹出 Sweep Lines About Axis 对话框,在 ARC Arc length in degrees 中输入 360。

(31)单击 Apply,在图形窗口中选择 L3,单击 Apply,在图形窗口中选择关键点 11,12,

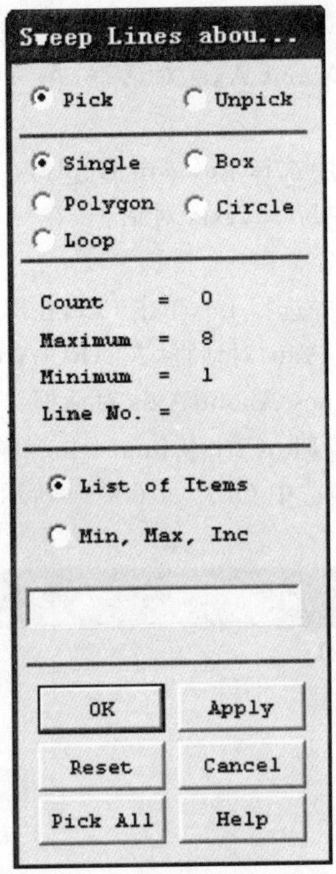

图 9-32 Sweep Lines abou …对话框

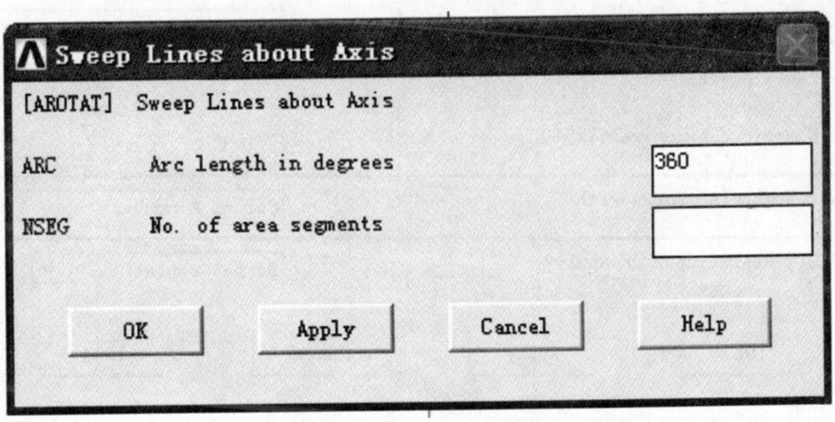

图 9-33 Sweep Lines About Axis 对话框

单击 Apply。弹出 Sweep Lines About Axis 对话框，在 ARC Arc length in degrees 中输入 360。

(32)单击 Apply，在图形窗口中选择 L4，单击 Apply，在图形窗口中选择关键点 11，12，单击 Apply。弹出 Sweep Lines About Axis 对话框，在 ARC Arc length in degrees 中输

入 360。

(33)单击 Apply,在图形窗口中选择 L5,单击 Apply,在图形窗口中选择关键点 11,12,单击 Apply。弹出 Sweep Lines About Axis 对话框,在 ARC Arc length in degrees 中输入 360。

(34)单击 Apply,在图形窗口中选择 L8,单击 Apply,在图形窗口中选择关键点 11,12,单击 Apply。弹出 Sweep Lines About Axis 对话框,在 ARC Arc length in degrees 中输入 360。

(35)单击 Apply,在图形窗口中选择 L6,单击 OK,在图形窗口中选择关键点 11,12,单击 OK。弹出 Sweep Lines About Axis 对话框,在 ARC Arc length in degrees 中输入 360。

(36)单击 OK,退出 Sweep Lines About Axis 对话框。

(37) 选择菜单 Utility Menu|PlotCtrls|Numbering,弹出 PlotNumbering Controls 对话框,在 AREA Areas numbers 中选中 On。如图 9-34 所示。

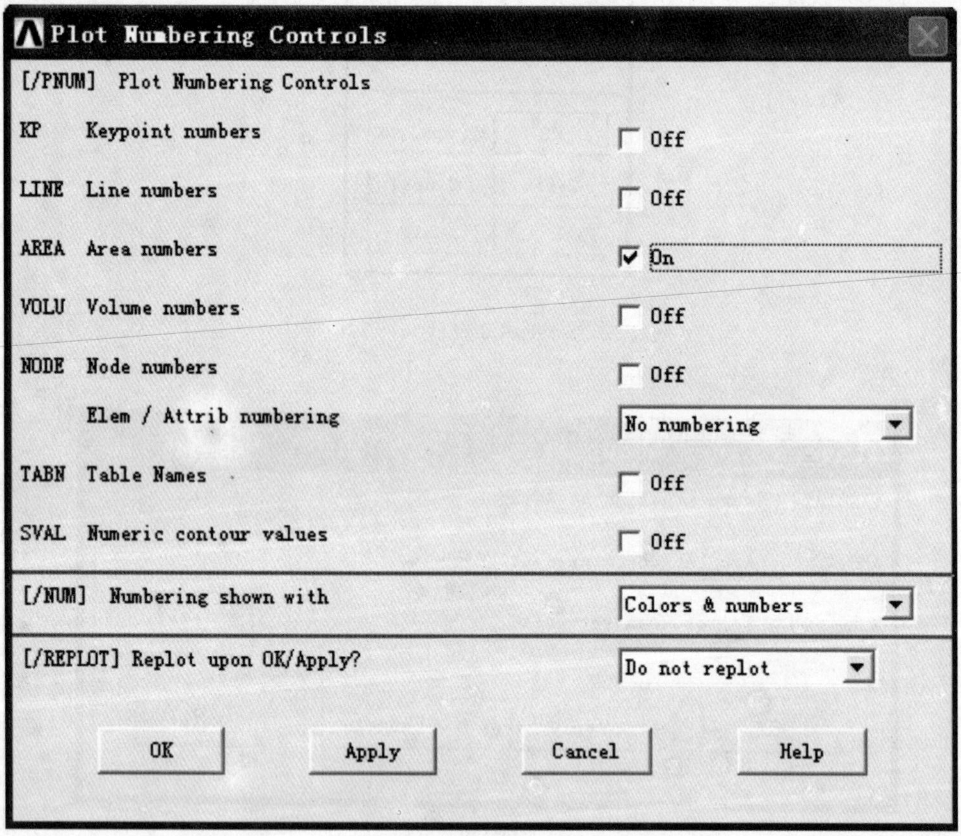

图 9-34 PlotNumbering Controls 对话框

(38) 选择菜单 Utility Menu|Plot|Areas。

此时整个圆筒形件拉深几何模型建立完毕,模型中上到下依次是凸模、压边圈、板坯和凹模,如图 9-35 所示。

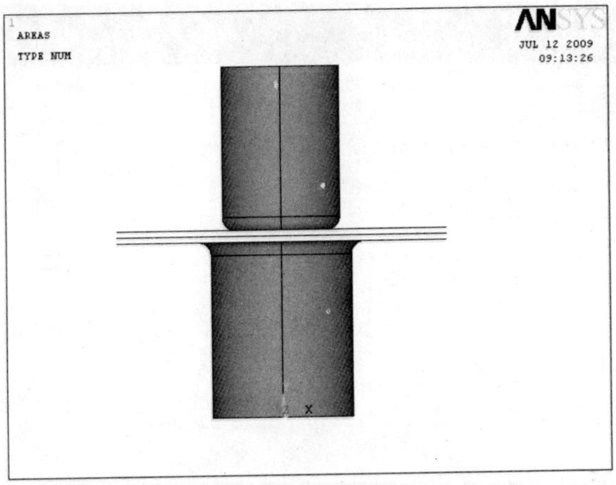

图 9-35　圆筒形件拉深几何模型

8. 网格划分

(1)选择 Main Menu | Preprocessor | Modeling | Move/Modify | Areas，弹出 MoveAreas 对话框，选中 Pick，Box，如图 9-36 所示。

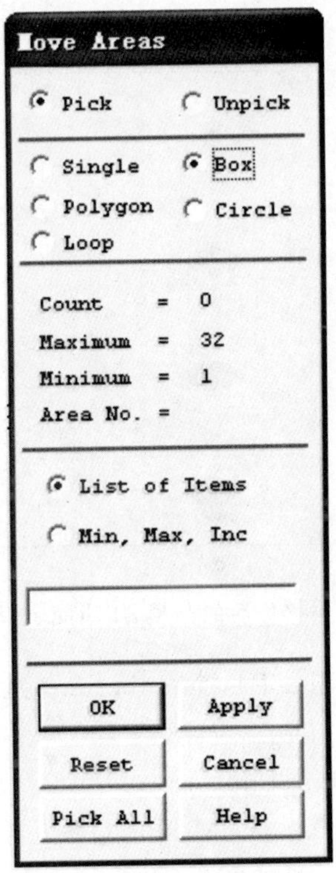

图 9-36　MoveAreas 对话框

(2)在图形窗口中选定凹模，单击 Apply，弹出另一个 MoveAreas 对话框，在 DY Y-offset in active CS 中输入－0.9，如图 9-37 所示。

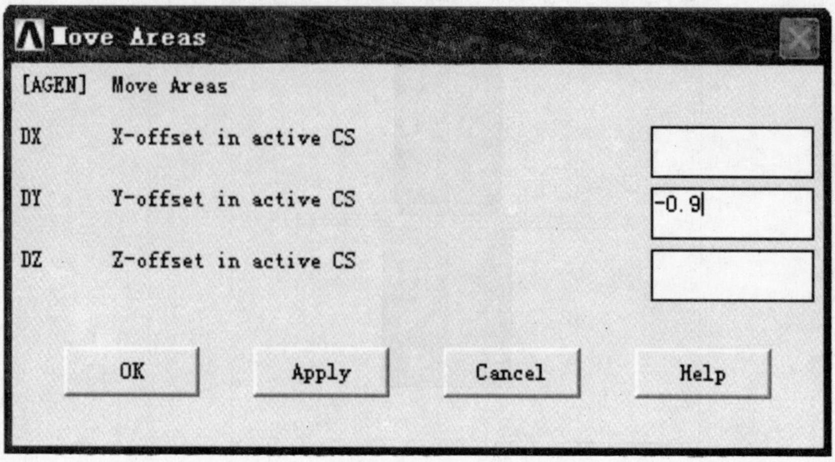

图 9-37　MoveAreas 对话框

(3)单击 Apply,在图形窗口中选定板坯,在 DY Y-offset in active CS 中输入－0.6。

(4)单击 Apply,在图形窗口中选定压边圈,在 DY Y-offset in active CS 中输入－0.3。

(5)单击 OK,退出 MoveAreas 对话框,此时模具中移位后的凸模、压边圈、板坯和凹模位置如图 9-38 所示。

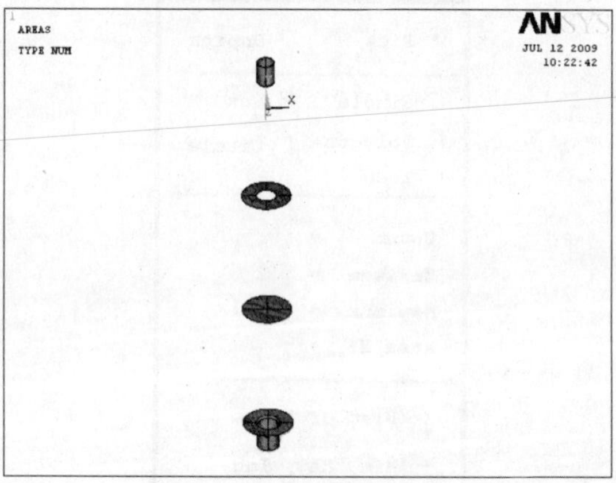

图 9-38　模具中移位后的凸模、压边圈、板坯和凹模位置

(6)选择菜单 Utility Menu|PlotCtrls|Numbering,弹出 PlotNumbering Controls 对话框,在 LINE Line numbers 中选中 On。

(7)选择菜单 Utility Menu|Plot|Lines。

(8)选择 Main Menu|Preprocessor|Meshing|Size Cntrl|ManualSize|Lines|Picked Lines,弹出 ElementSize on…对话框,如图 9-39 所示。

(9)在 ElementSize on…对话框中选中 Pick,BOX,在图形窗口中选定所有凸模中的线条。

(10)单击 Apply,弹出 ElementSizes onPicked Lines 对话框,在 NDIV No. of element divisions 中输入 20,如图 9-40 所示。

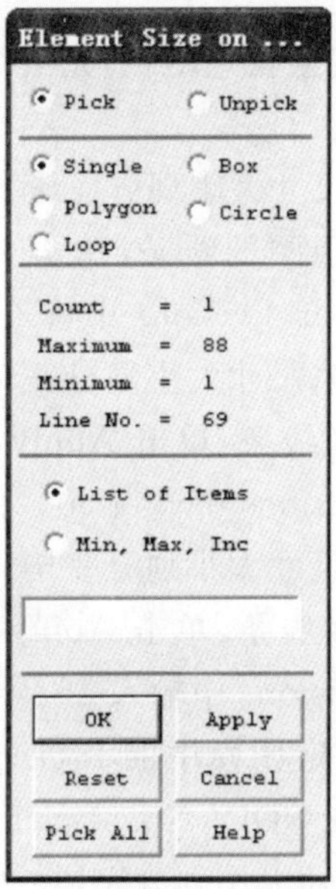

图 9-39 ElementSize on…对话框

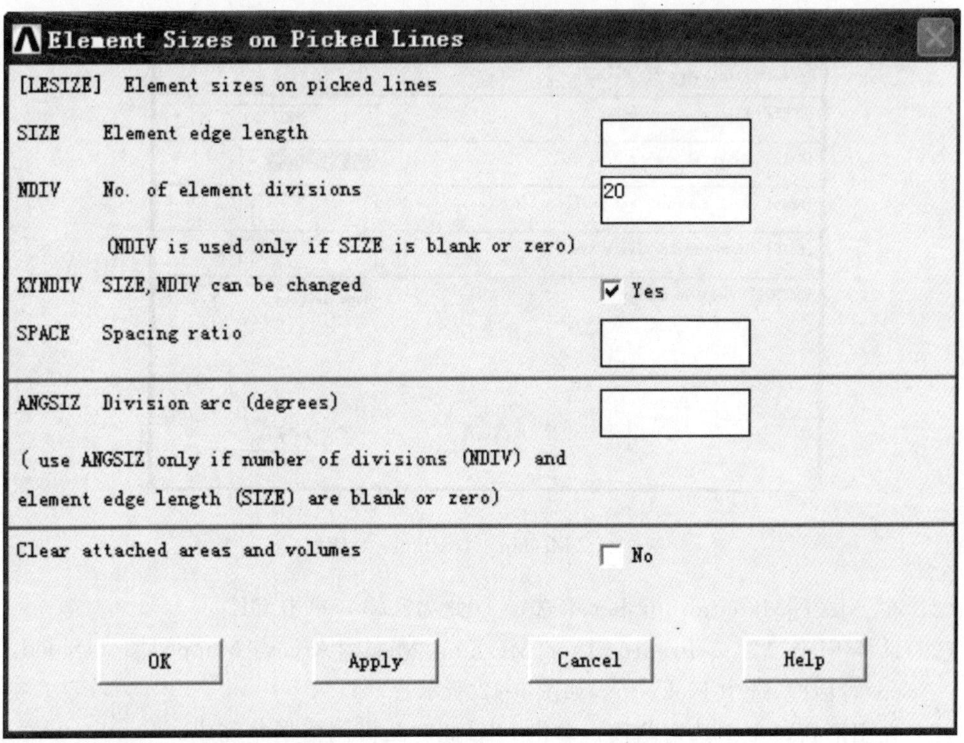

图 9-40 ElementSizes onPicked Lines 对话框

(11)单击 Apply，在图形窗口中选定凸模中的线条 L7，L16，L17，L18(这些线条均因为凸模底部圆角线条)，单击 Apply，在弹出 ElementSizes onPicked Lines 对话框中，NDIV

No. of element divisions 中输入 5。

注释:由于凸模中线条较多,各线条长短不一,先全部框选,后局部的地方重新修改选择较方便。

(12)单击 Apply,此时凸模网格尺寸大小划分完毕。

(13)在图形窗口中选定所有压边圈的线条,单击 Apply,弹出 ElementSizes onPicked Lines 对话框,在 NDIV No. of element divisions 中输入 40。

(14)单击 Apply,此时压边圈网格尺寸大小划分完毕。

(15)在图形窗口中选定所有板坯线条,单击 Apply,弹出 ElementSizes onPicked Lines 对话框,在 NDIV No. of element divisions 中输入 50。

(16)单击 Apply,此时板坯网格尺寸大小划分完毕。

(17)在图形窗口中选定所有凹模线条,单击 Apply,弹出 ElementSizes onPicked Lines 对话框,在 NDIV No. of element divisions 中输入 16。

(18)单击 OK,在图形窗口中选定凹模中的 l8,L76,L68,L69,单击 Apply,弹出 ElementSizes onPicked Lines 对话框,在 NDIV No. of element divisions 中输入 5。

(19)单击 OK,此时凹模网格尺寸大小划分完毕。

(20)选择 Main Menu|Preprocessor|Meshing|Mesh Attributes |Default Attribs,弹出 Meshing Attributes 对话框,如图 9-41 所示。

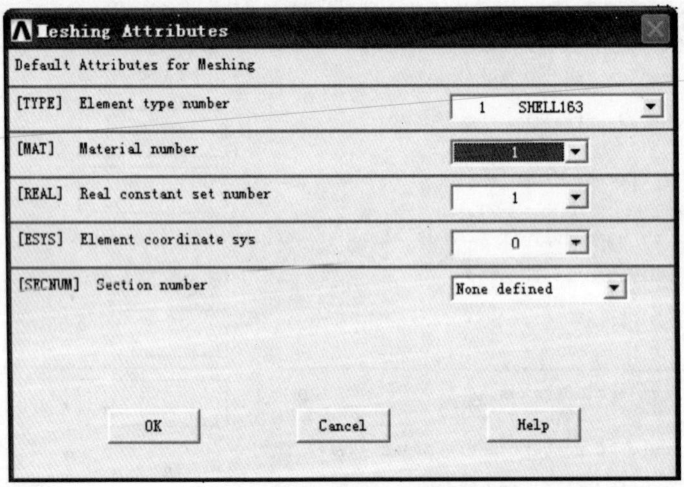

图 9-41 Meshing Attributes 对话框

(21)在[MAT]Material number 中选定 1(此为凸模),单击 OK。

(22)选择 Main Menu|Preprocessor|Meshing|Mesh |Areas |Mapped|3or4Sided,弹出 Mesh Areas 对话框,选中 Pick,Box,如图 9-42 所示。

(23)在图形窗口中框选定凸模。单击 OK. 此时凸模网格划分完成。

(24)选择 Main Menu|Preprocessor|Meshing|Mesh Attributes |Default Attribs,弹出 Meshing Attributes 对话框。

(25)在[MAT]Material number 中选定 2(此为压边圈),单击 OK。

(26)选择 Main Menu|Preprocessor|Meshing|Mesh |Areas |Mapped|3or4Sided,弹出

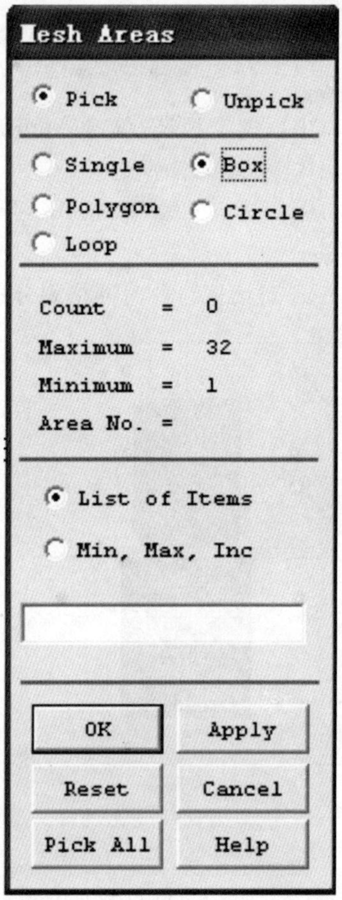

图 9-42　Mesh Areas 对话框

Mesh Areas 对话框，选中 Pick，Box。

(27)在图形窗口中框选定压边圈。单击 OK. 此时压边圈网格划分完成。

(28)选择 Main Menu|Preprocessor|Meshing|Mesh Attributes |Default Attribs，弹出 Meshing Attributes 对话框。

(29)在[MAT]Material number 中选定 3(此为板坯)，单击 OK。

(30)选择 Main Menu|Preprocessor|Meshing|Mesh |Areas |Mapped|3or4Sided，弹出 Mesh Areas 对话框，选中 Pick，Box。

(31)在图形窗口中框选定板坯。单击 OK. 此时板坯网格划分完成。

(32)选择 Main Menu|Preprocessor|Meshing|Mesh Attributes |Default Attribs，弹出 Meshing Attributes 对话框。

(33)在[MAT]Material number 中选定 4(此为凹模)，单击 OK。

(34)选择 Main Menu|Preprocessor|Meshing|Mesh |Areas |Mapped|3or4Sided，弹出 Mesh Areas 对话框，选中 Pick，Box。

(35)在图形窗口中框选定凹模。单击 OK. 此时凹模网格划分完成。

(36)选择 Main Menu|Preprocessor|Modeling|Move/Modify|Areas，弹出 MoveAreas

对话框，选中 Pick，Box。

(37)在图形窗口中框选定压边圈，单击 Apply，弹出另一个 MoveAreas 对话框，在 DY Y-offset in active CS 中输入 0.3。

(38)单击 Apply，在图形窗口中框选定板坯，单击 Apply，弹出另一个 MoveAreas 对话框，在 DY Y-offset in active CS 中输入 0.6。

(39)单击 Apply，在图形窗口中框选定凹模，单击 OK，弹出另一个 MoveAreas 对话框，在 DY Y-offset in active CS 中输入 0.9。

(40)单击 OK，退出 MoveAreas 对话框。此时网格划分后的模具如图 9-43 所示。

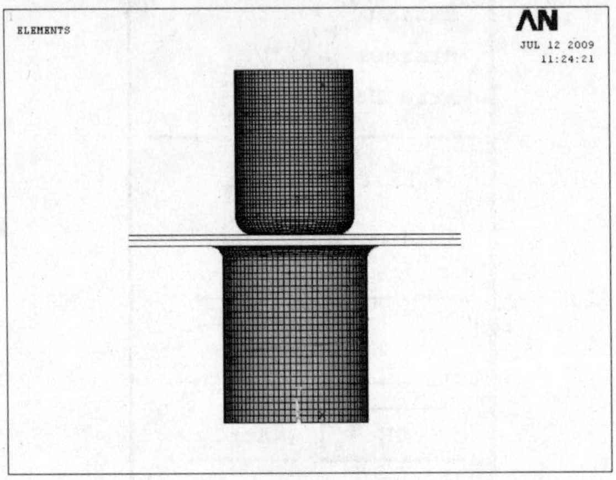

图 9-43　网格划分后的模具

9. 生成 PART

(1)选择 Main Menu | Preprocessor | LS-DYNAOptions | Parts Option，弹出 Parts Date Written for LS-DYNA 对话框，如图 9-44 所示。

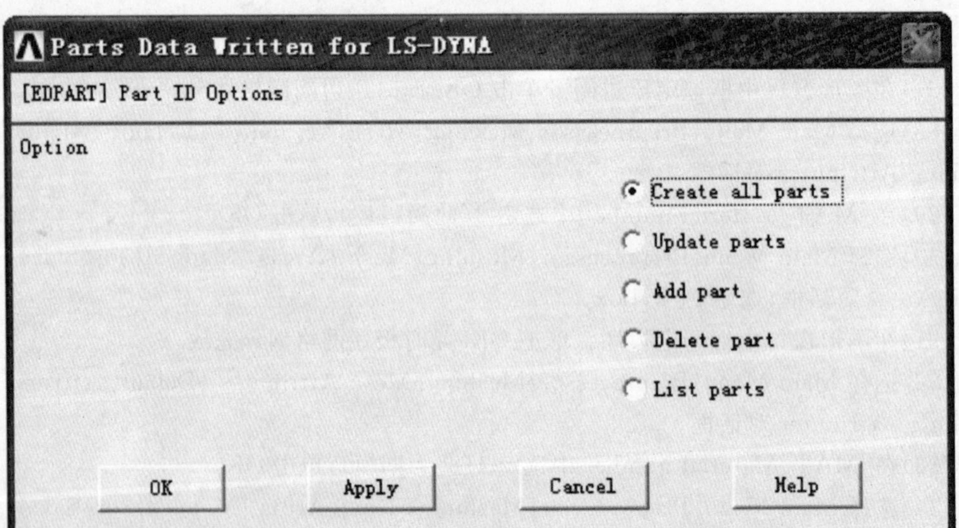

图 9-44　Parts Date Written for LS-DYNA 对话框

（2）选择 Create all Parts，单击 OK，弹出 EDPART Command 对话框（图 9-45），从对话中选择 File|Close，关闭 EDPART Command 对话框。

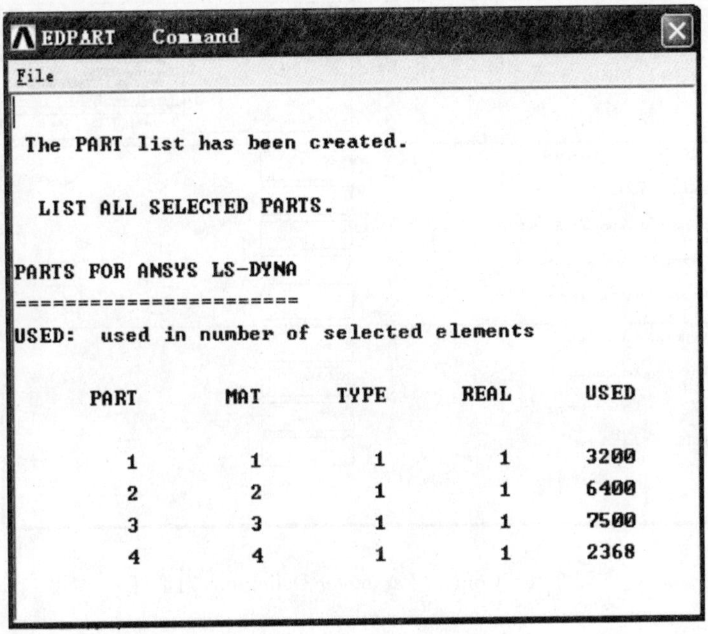

图 9-45　EDPART Command 对话框

注释：在 EDPART Command 对话框中，PART 下面的 1、2、3、4 分别代表凸模、压边圈、毛坯和凹模，它们是由 MAT 来区分的，同时可看出，凸模单元数为 3200 个，压边圈单元数为 6400 个、毛坯单元数为 7500 个，凹模单元数为 2368 个。

10. 定义接触

（1）选择 Main Menu|Preprocessor|LS-DYNAOptions|Contact|Define Contact，弹出 Contact Parameter Definitions 对话框。

（2）选取 Surface to Surf|Forming(FSTS)。

（3）在 Static Friction Coefficient（静态摩擦系数）栏中输入 0.2。

（4）在 Dynameic Friction Coefficient（动态摩擦系数））栏中输入 0.1。

（5）在 Viscous Damping Coefficient 栏中输入 10。如图 9-46 所示。

（6）单击 OK，弹出 Contact Options 对话框。

（7）在 Contact Component or Part no 中选取 3（此为板坯）。Target Component or Part no 中选取 1（此为凸模），如图 9-47 所示。

（8）单击 Apply，回到 Contact Parameter Definitions 对话框。

（9）单击 OK，弹出 Contact Options 对话框。

（10）在 Contact Component or Part no 中选取 3（此为板坯）。Target Component or Part no 中选取 2（此为压边圈）。

（11）单击 OK，回到 Contact Parameter Definitions 对话框。

（12）单击 OK，弹出 Contact Options 对话框。

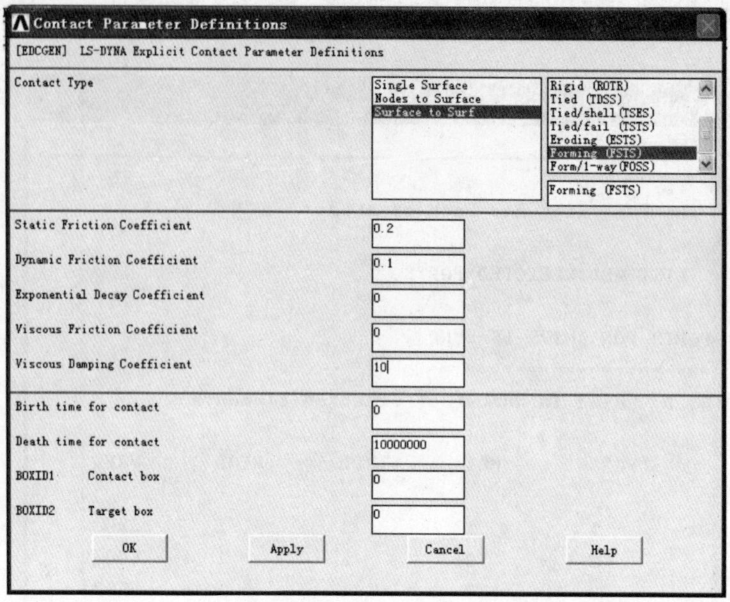

图 9-46 Contact Parameter Definitions 对话框

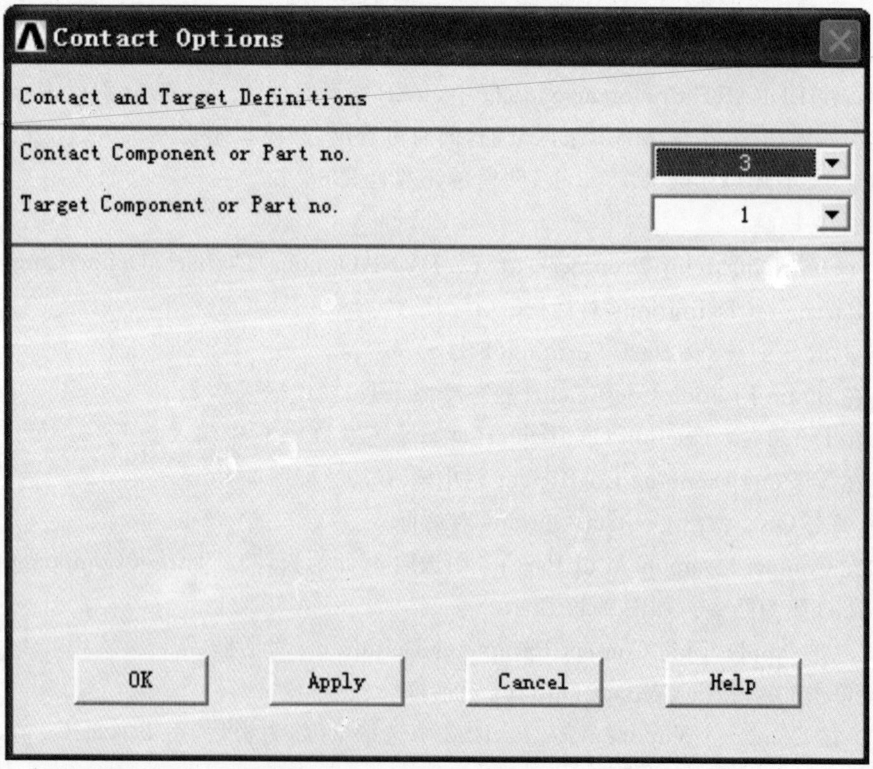

图 9-47 Contact Options 对话框

(13) 在 Contact Component or Part no 中选取 3(此为板坯)。Target Component or Part no 中选取 4(此为凹模)。

(14) 单击 OK,退出 Contact Options 对话框。完成所有的接触定义。

11. 施加载荷

(1) 选择 Utility Menu | Parameters | Array Parameters | Define/Edit,弹出 Array Parameters 对话框。如图 9-48 所示。

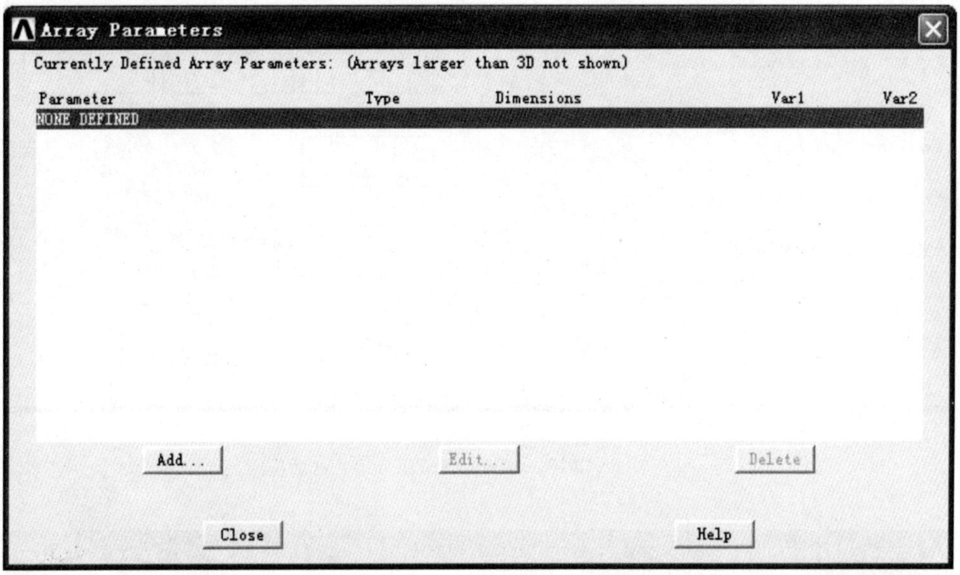

图 9-48 Array Parameters 对话框

(2) 单击 Add…,弹出 AddNewArray Paraameter 对话框,在 Par 处输入 time,I,J,K 处分别输入 27,1,1。如图 9-49 所示。

(3) 单击 Apply, 在 Par 处输入 deflection,I,J,K 处分别输入 27,1,1。

(4) 单击 OK, 在 Par 处输入 press,I,J,K 处分别输入 27,1,1。

(5)单击 OK,回到 Array Parameters 对话框,如图 9-50 所示。

(6) 选择 time, 单击 Edit…,弹出 Array ParameterTIME 对话框,如图 9-51 所示,

在第 1 栏中输入 0。

在第 2 栏中输入 0.001。

在第 3 栏中输入 0.002。

在第 4 栏中输入 0.003。

在第 5 栏中输入 0.004。

在第 6 栏中输入 0.005。

在第 7 栏中输入 0.006。

在第 8 栏中输入 0.007。

在第 9 栏中输入 0.008。

在第 10 栏中输入 0.009。

在第 11 栏中输入 0.01。

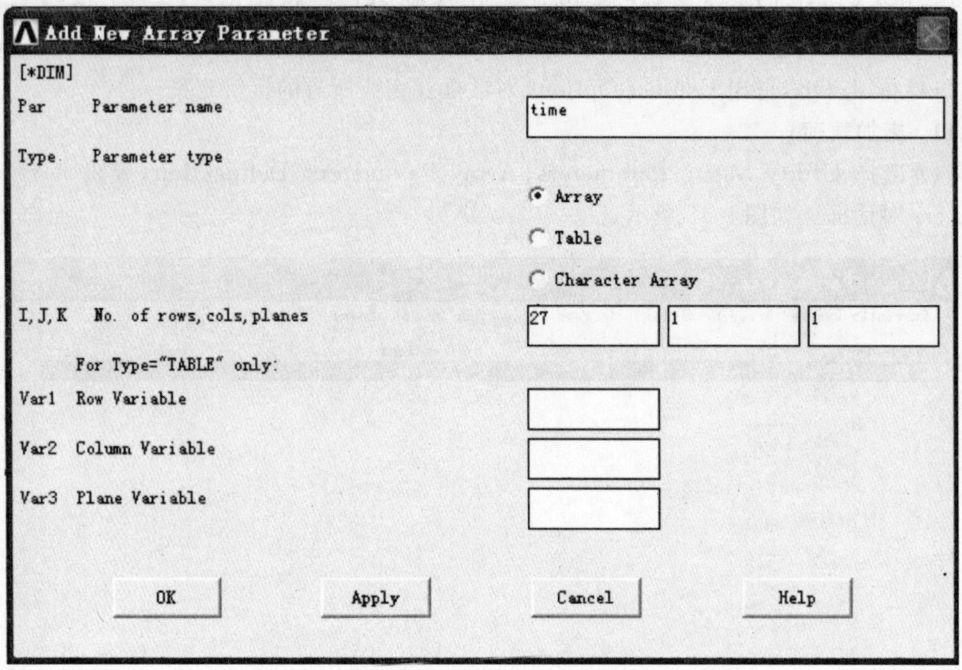

图 9-49 AddNewArray Paraameter 对话框

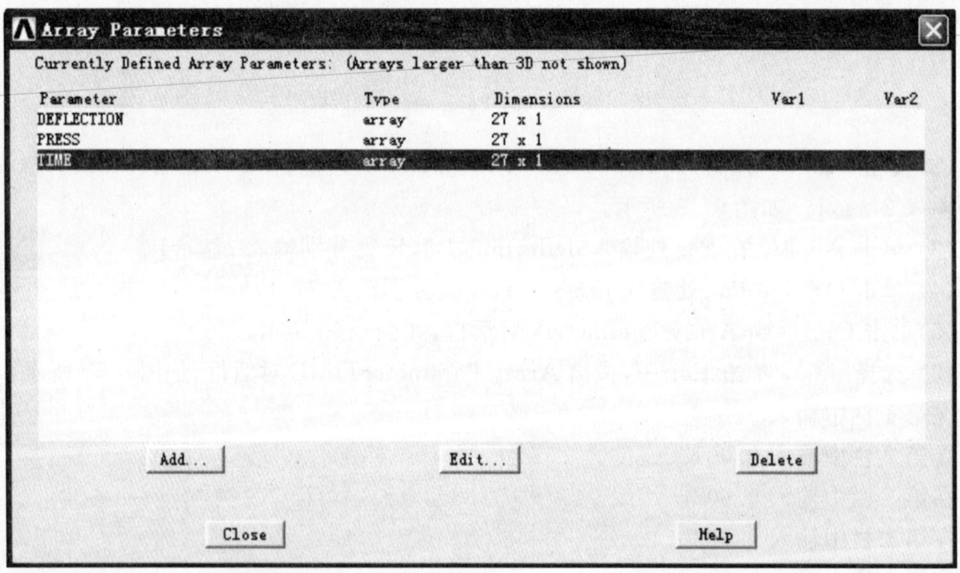

图 9-50 Array Parameters 对话框

在第 12 栏中输入 0.011。

在第 13 栏中输入 0.012。

在第 14 栏中输入 0.013。

在第 15 栏中输入 0.014。

在第 16 栏中输入 0.015。
在第 17 栏中输入 0.016。
在第 18 栏中输入 0.017。
在第 19 栏中输入 0.018。
在第 20 栏中输入 0.019。
在第 21 栏中输入 0.02。
在第 22 栏中输入 0.021。
在第 23 栏中输入 0.022。
在第 24 栏中输入 0.023。
在第 25 栏中输入 0.024。
在第 26 栏中输入 0.025。
在第 27 栏中输入 0.026。

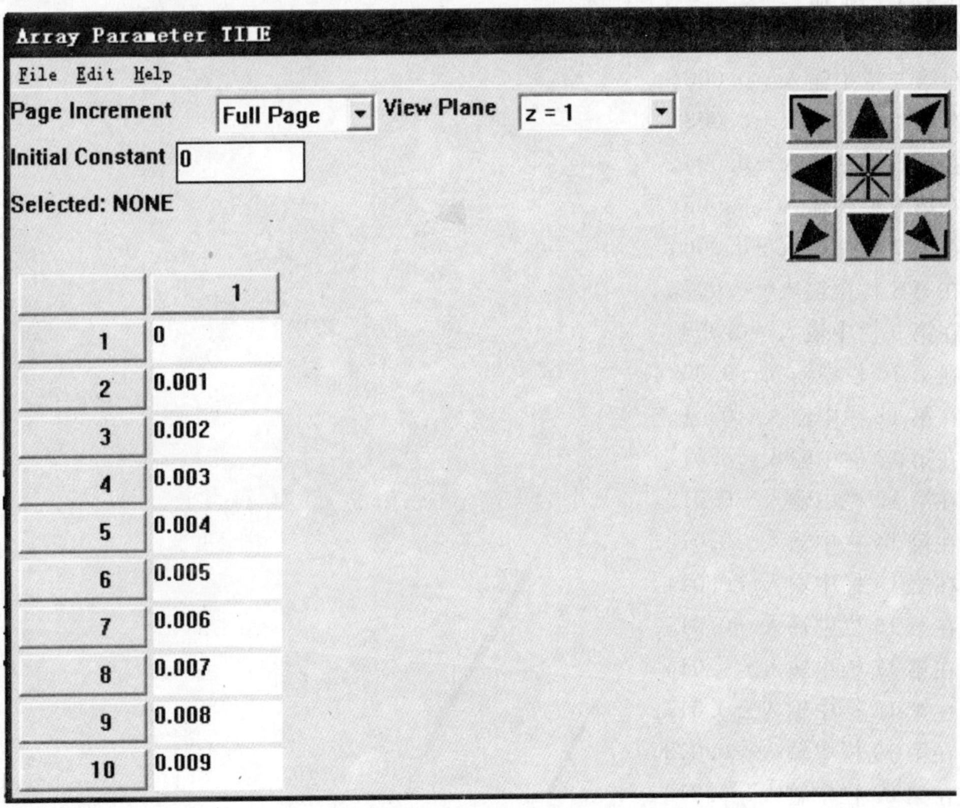

图 9-51 Array ParameterTIME 对话框

(7)选择 File|Apply/Quit,回到 Array Parameter 对话框。

(8)选择 Press，单击 Edit…,弹出 Array ParameterPRESS 对话框,如图 9-52 所示，从第 1 栏中一直到第 27 栏都输入－1500。

(9)选择 File|Apply/Quit,回到 Array Parameter 对话框。

(10)选择 deflection，单击 Edit…,弹出 Array ParameterDEFLECTION 对话框,如图

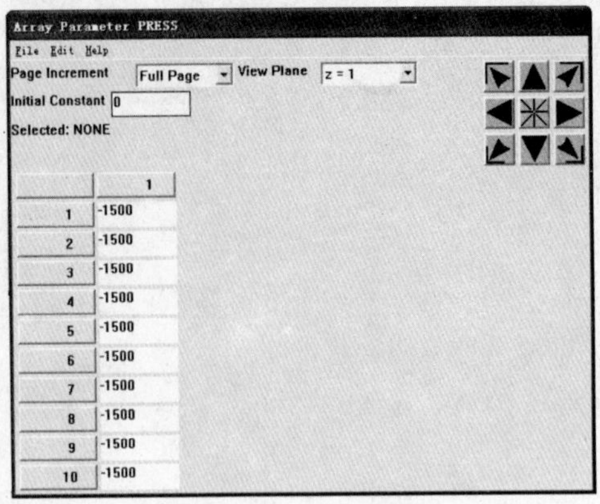

图 9-52　Array ParameterPRESS 对话框

9-53 所示，

在第 1 栏中输入 0。

在第 2 栏中输入－0.001。

在第 3 栏中输入－0.002。

在第 4 栏中输入－0.003。

在第 5 栏中输入－0.004。

在第 6 栏中输入－0.005。

在第 7 栏中输入－0.006。

在第 8 栏中输入－0.007。

在第 9 栏中输入－0.008。

在第 10 栏中输入－0.009。

在第 11 栏中输入－0.01。

在第 12 栏中输入－0.011。

在第 13 栏中输入－0.012。

在第 14 栏中输入－0.013。

在第 15 栏中输入－0.014。

在第 16 栏中输入－0.015。

在第 17 栏中输入－0.016。

在第 18 栏中输入－0.017。

在第 19 栏中输入－0.018。

在第 20 栏中输入－0.019。

在第 21 栏中输入－0.02。

在第 22 栏中输入－0.021。

在第 23 栏中输入－0.022。

在第 24 栏中输入－0.023。

在第 25 栏中输入－0.024。

在第 26 栏中输入－0.025。

在第 27 栏中输入－0.026。

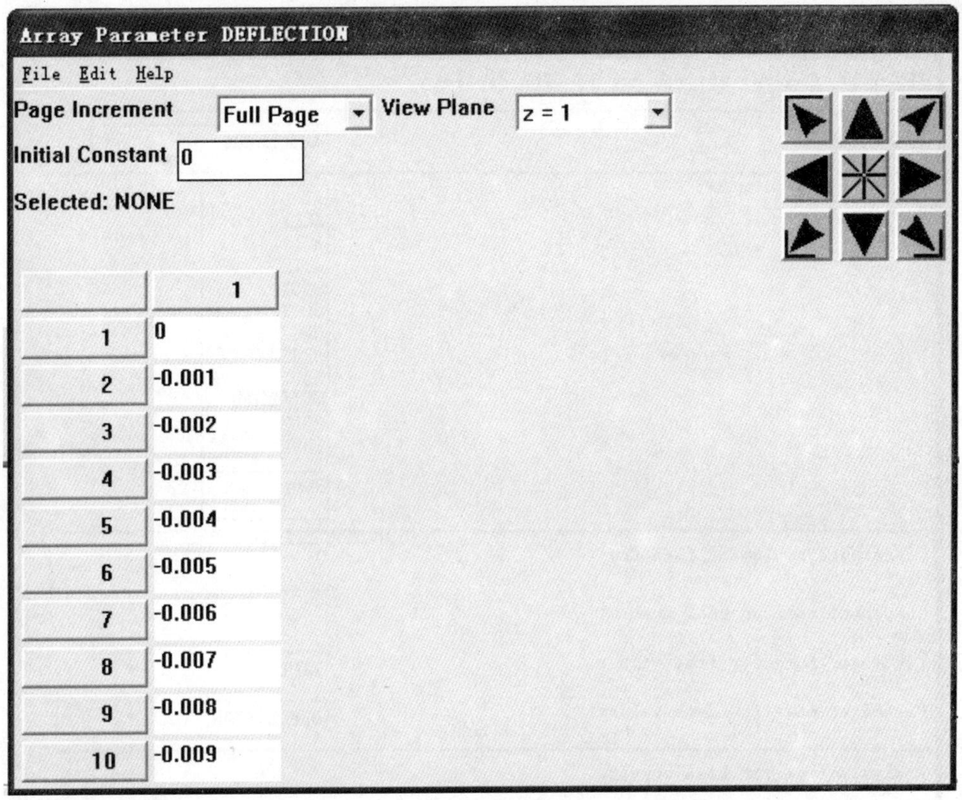

图 9-53 Array ParameterDEFLECTION 对话框

(11) 选择 File| Apply/Quit,回到 Array Parameter 对话框。单击 Close,退出。

(12) 选择 Main Menu | Preprocessor | LS-DYNAOptions | Loading Option | Specify Loads,弹出 Specify Loads For LS-DYNAExplicit 对话框,在 LoadLabels 栏中选择 RBUY,在 Component name or PART number 栏中选择 1(此为凸模)。

(13)在 Parameter name for time values 栏中选择 TIME,在 Parameter name for date values 栏中选择 DEFLECTION,如图 9-54 所示。

(14)单击 Apply,在 LoadLabels 栏中选择 RBFY,在 Component name or PART number 栏中选择 2(此为压边圈)。

(15)在 Parameter name for time values 栏中选择 TIME,在 Parameter name for date values 栏中选择 PRESS,图 9-55 所示。单击 OK,退出 Specify Loads For LS-DYNAExplicit 对话框。完成凸模和压边圈的加载。

12. 求解

(1) 选择 Main Menu| Solution| Analysis Options |Energy Options,弹出 Energy Options 对话框。如图 9-56 所示。

(2) 单击 OK,退出弹出 Energy Options 对话框。

(3) 选择 Main Menu| Solution| Time Controls | SolutionTime,弹出 SolutionTime for LS-DYNA Explicit 对话框,输入 0.026. 如图 9-57 所示。

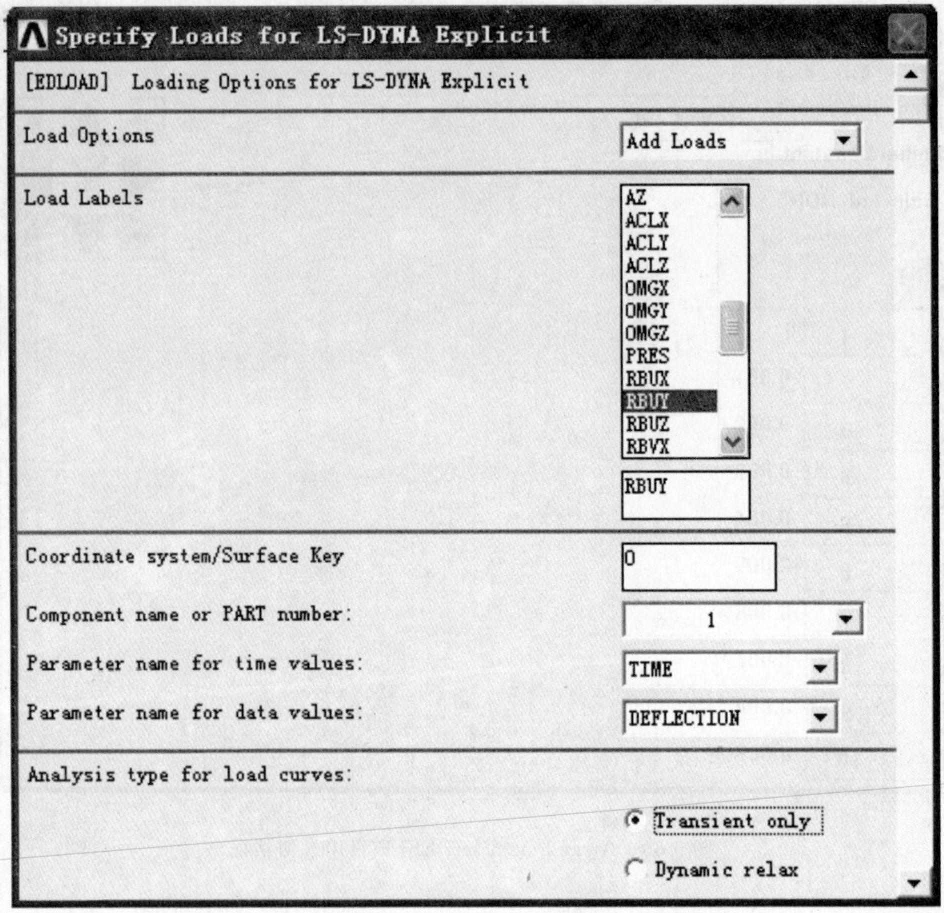

图 9-54 Specify Loads For LS-DYNAExplicit 对话框

(4) 单击 OK,退出 SolutionTime for LS-DYNA Explicit 对话框。

(5) 选择 Main Menu|Solution|Output Controls |Output File Type,弹出 Specify Output File Types for LS-DYNASolver 对话框,在 Produce outputfor …中选择 ANSYSand LS-DYNA。如图 9-58 所示。

(6) 单击 OK,退出 Specify Output File Types for LS-DYNASolver 对话框。

(7) 选择 Main Menu|Solution|Output Controls | File OutputFreq|Numberof Step,弹出 Specify File OutputFrequency 对话框,在 EDRST 栏中输入 20,EDHTIME 栏中输入 50,EDDUMP 栏中输入 1。如图 9-59 所示。

(8) 单击 OK,退出 Specify File OutputFrequency 对话框。

(9) 选择 Main Menu|Solution|Solve,弹出 SolveCurrent Load Step 对话框。如图 9-60 所示。

(10) 单击 OK,进行求解,出现求解界面如图 9-61 所示。

(11)当出现 Note 框,如图 9-62 所示,表示求解完成,单击 Close。

(12)关闭或最小化 ANSYS Multiphysics/LS-DYNA Utility Menu 界面。

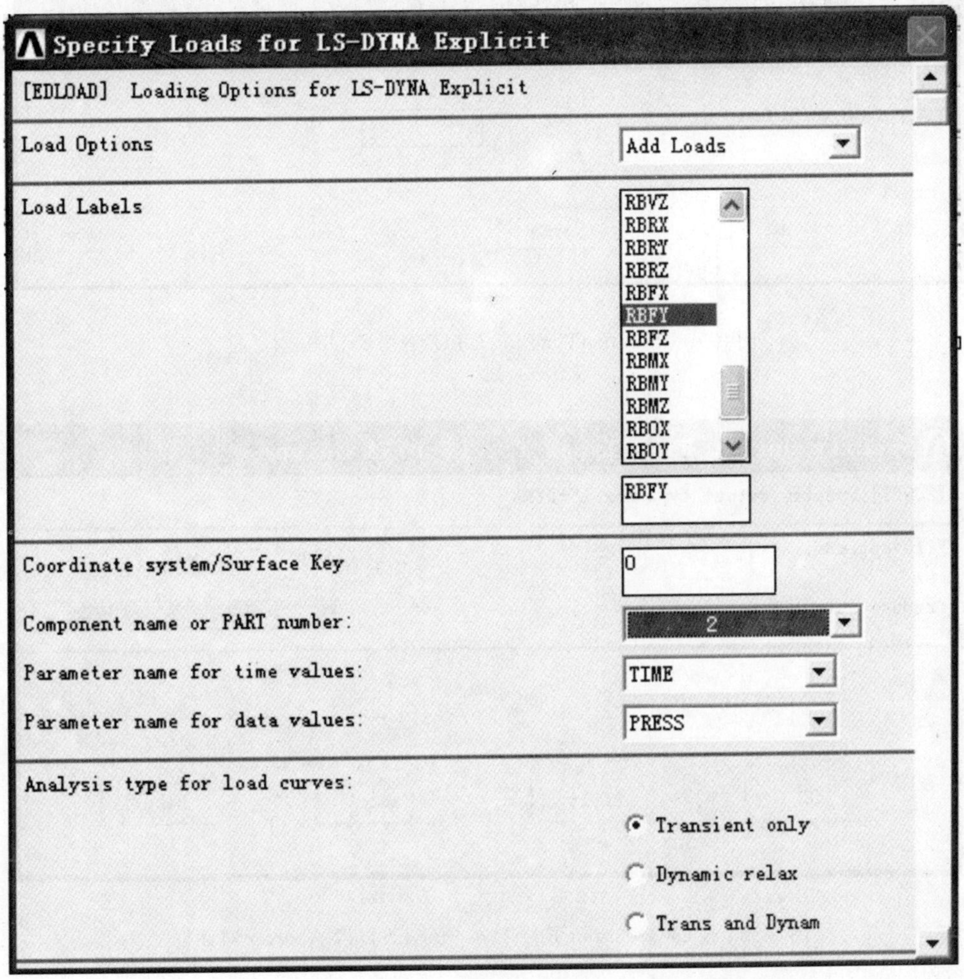

图 9-55　Specify Loads For LS-DYNAExplicit 对话框

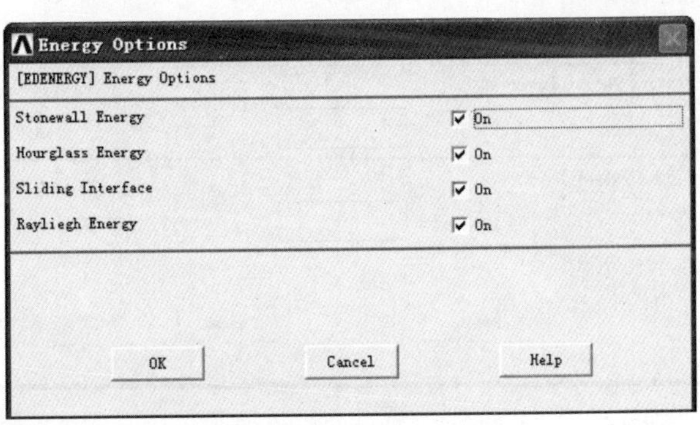

图 9-56　Energy Options 对话框

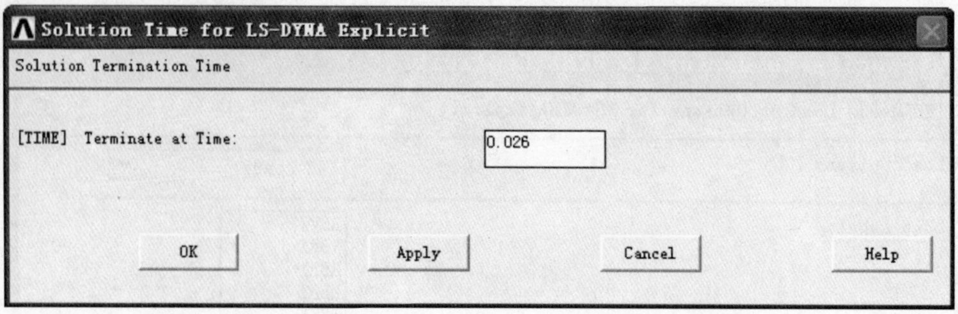

图 9-57 SolutionTime for LS-DYNA Explicit 对话框

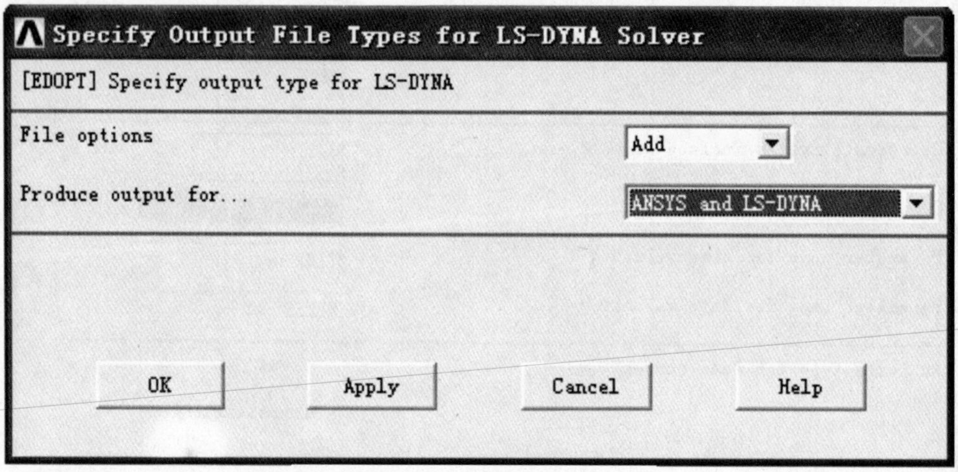

图 9-58 Specify Output File Types for LS-DYNASolver 对话框

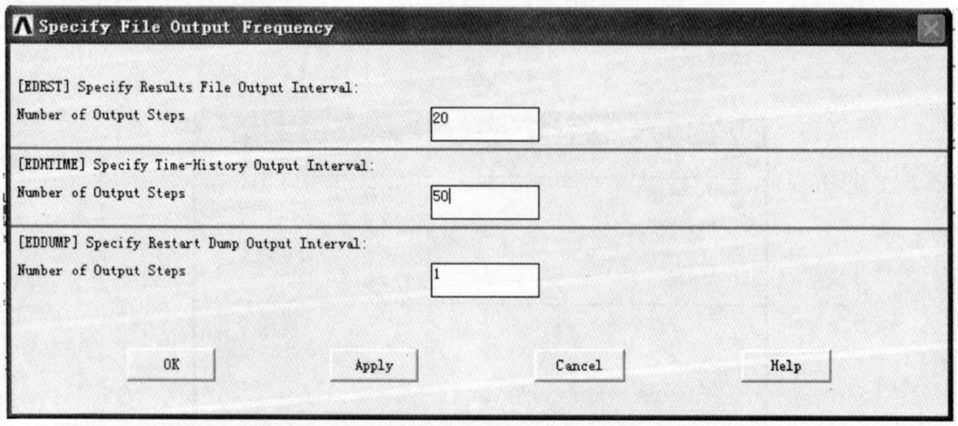

图 9-59 Specify File OutputFrequency 对话框

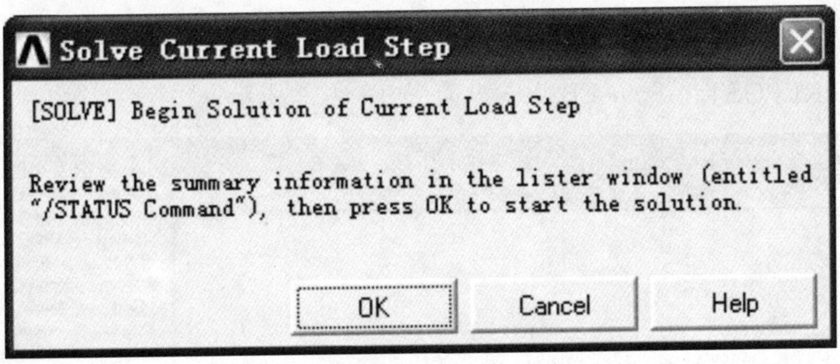

图 9-60　SolveCurrent Load Step 对话框

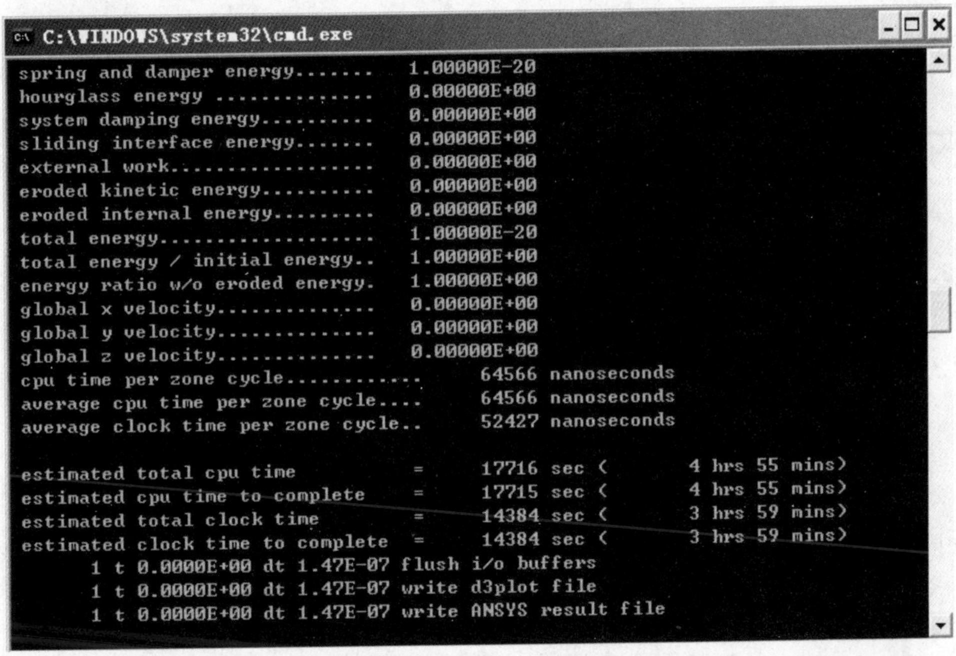

图 9-61　求解界面

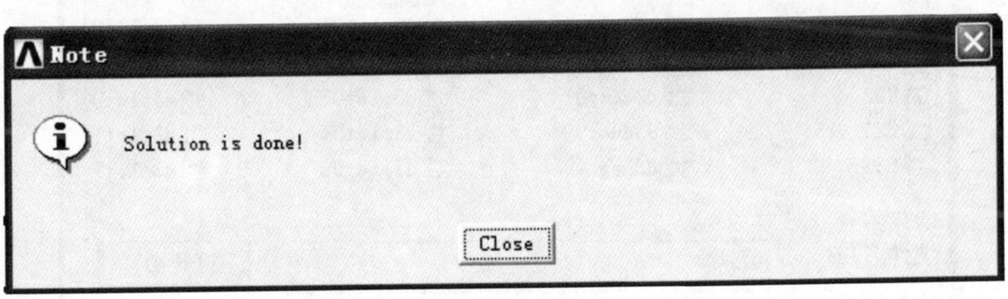

图 9-62　Note 框

13. 后处理

(1)按照 C:\ProgramFile\AnsysInc\v100\ANSYS\bin\intel,双击 lsprepostd. exe 程序。出现 LS-PREPOST1. 0-09FEB2005 界面. 如图 9-63 所示。

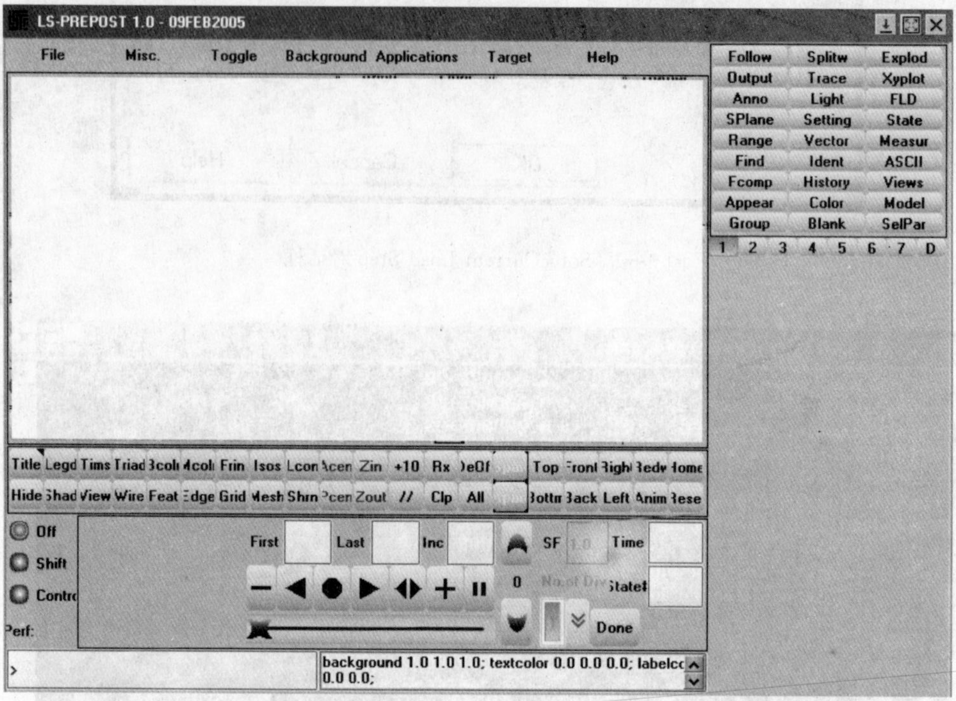

图 9-63 LS-PREPOST1. 0 -09FEB2005 界面

(2) 选择 Utility Menu|File|Open|Binary Polt,弹出 Input File 对话框,选择 d3polt 文件,如图 9-64 所示。

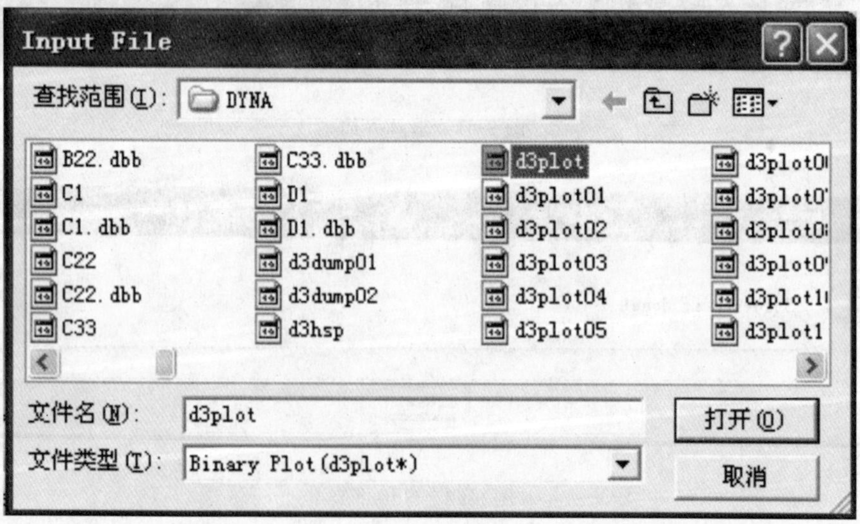

图 9-64 Input File 对话框

(3)打开 d3polt 文件,可见 LS-PREPOST1.0-09FEB2005 LS-DYNA user input 界面。如图 9-65 所示。

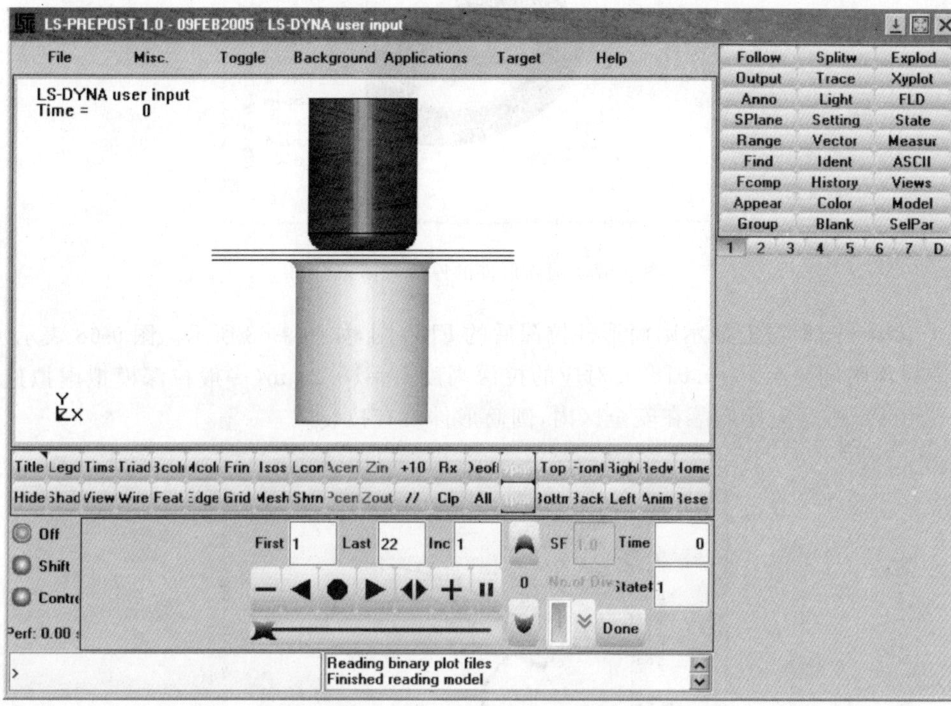

图 9-65 LS-PREPOST1.0-09FEB2005 LS-DYNA user input 界面

(4)选取 Selpar|S3。

(5)选取 State|#T15,T=0.0182。

(6)选取 Fcomp|Misc|shellthickness,此时 lspreposed 图形窗上圆筒形件的厚度分布如图 9-66 所示。

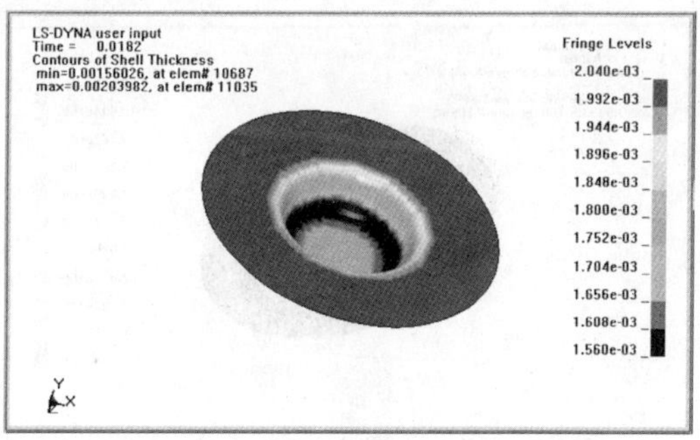

图 9-66 圆筒形件的厚度分布

(7)选取 Fcomp|Misc|%thicknessreduction,此时 lspreposed 图形窗上圆筒形件的厚度减薄率分布如图 9-67 所示。

(8)单击 FLD,点击圆筒形件底部靠近圆角处,选取尽可能多的点,然后,单击 Plot,此

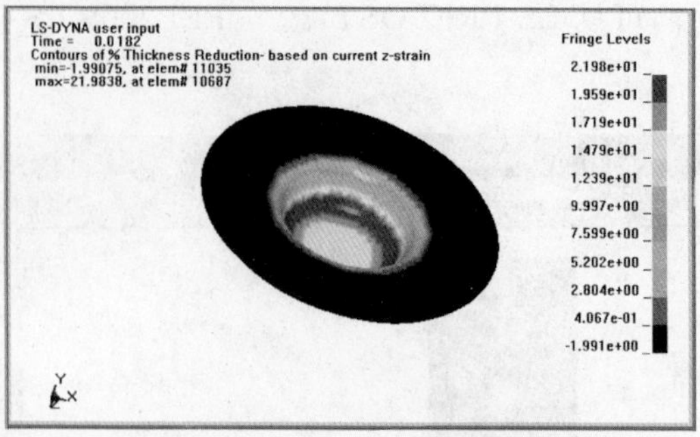

图 9-67　圆筒形件的厚度减薄率分布

时 lspreposed 图形窗上显示圆筒形件拉深后的 FLD 图，如图 9-68 所示。图 9-68 表示了，圆筒形件拉深时间 0 至 t=0.0182s. 对应的拉深高度 h=18.2mm(一般拉深模拟虚拟速度取 1m/s-2m/s)，所有应变点落在安全区内，圆筒形件没有拉裂。

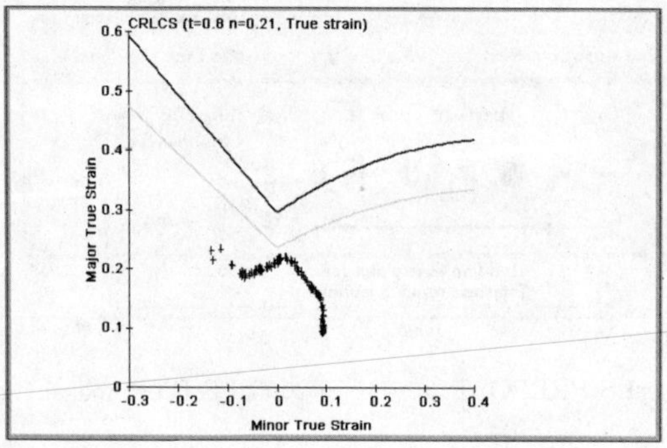

图 9-68　圆筒形件拉深后(拉深高度 h=18.2mm)的 FLD 图

(9)选取 Fcomp|Stress|vom mises stress，此时 lspreposed 图形窗上圆筒形件的应力分布如图 9-69 所示。

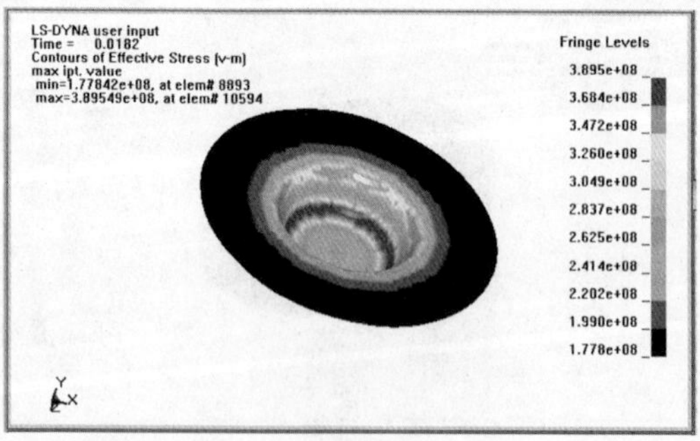

图 9-69　圆筒形件的应力分布

(10)选取 State|#T17，T=0.0208. 单击 FLD，点击圆筒形件底部靠近圆角处，选取尽可能多的点，然后，单击 Plot，此时 lspreposed 图形窗上显示圆筒形件拉深后的 FLD 图，如图 9-70 所示。图 9-70 表示了，圆筒形件拉深时间 0 至 t=0.0208s. 对应的拉深高度 h=

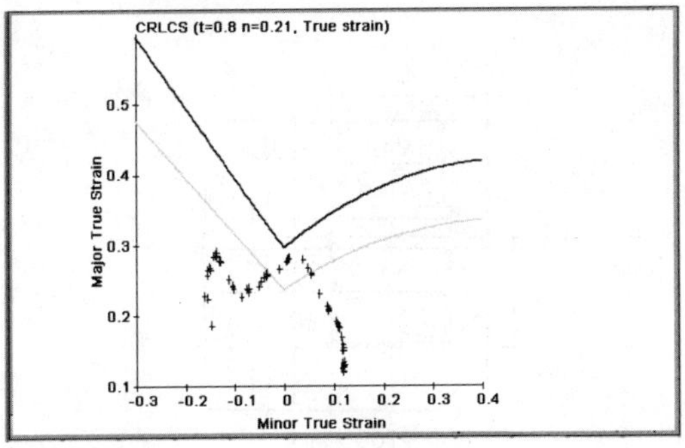

图 9-70　圆筒形件拉深后(拉深高度 h=20.8mm)的 FLD 图

20.8mm,有应变点落在临界区内,圆筒形件处于临界状态,有拉裂的可能,废品率会很高。

(11) 选取 State|#T21, T=0.026。单击 FLD,点击圆筒形件底部靠近圆角处,选取尽可能多的点,然后,单击 Plot, 此时 lsprepose d图形窗上显示圆筒形件拉深后的 FLD 图,如图 9-71 所示。图 9-71 表示了,圆筒形件拉深时间 0 至 t=0.026s. 对应的拉深高度 h=26mm,有应变点落在成形极限拉裂曲线的上方,圆筒形件不但拉裂而且起皱。

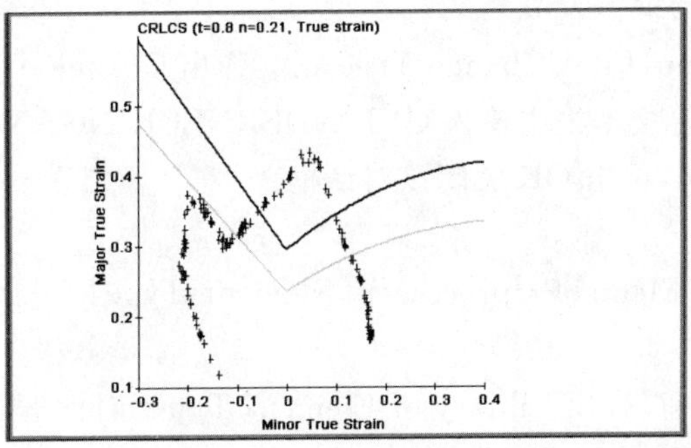

图 9-71　圆筒形件拉深后(拉深高度 h=26mm)的 FLD 图

14. 退出 ANSYS/LS-DYNA

(1)选择 UtilityMenu|File|Exit, 退出 lsprepose d。

(2) 选择 UtilityMenu|File|Exit…,弹出 Exit from ANSYS 对话框,单击 OK,退出 ANSYS。

第四节　圆筒形件缩口有限元模拟分析

一、圆筒形件缩口模具及材料参数

运用 ANSYS/LS-DYNA 进行厚度为 2mm,材料为 08AL 的圆筒形件缩口成形过程有限元分析。

求解圆筒形件缩口成形过程与应力及厚度分布等。分析实例的模具结构参数见图 9-

72，板料参数见表 9-1。

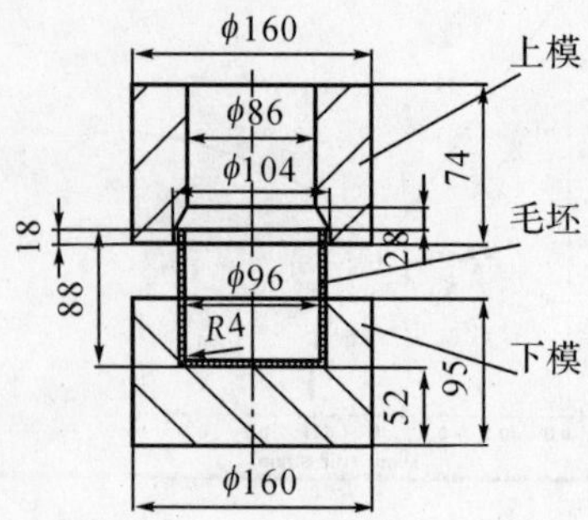

图 9-72 模具结构

二、交互式操作分析

1. 建立工作文件名和工作标题

(1)选择 Utility Menu|File| Change Jobmame...，弹出 Change Jobmame 对话框。

(2)在 Enter newjobname 文本框中输入 exercise4，并将 New log and errorfiles 设置为 Yes，单击 OK 关闭该对话框。

(3)选择 Utility Menu|File| Change Title...，弹出 Change Title 对话框。

(4)在 Enter newtitle 文本框中输入 CYLINDERNECKINGANALYSIS，并将 New log and errorfiles 设置为 Yes，单击 OK 关闭该对话框。

2. 定义单元类型

(1)选择菜单 Main Menu|Preprocessor|Element Type|Add/Edit/Delete，弹出 Element Types 对话框。

(2) 单击 Add...按钮，弹出 Library of Element Types 对话框，选择 Shell163。

(3)单击 OK，回到 Element Types 对话框。

(4)单击 Options，弹出 SHELL163element type options 对话框，Element Formulation 中选择 Bolytschko-Wong。

(5)单击 OK，回到 Element Types 对话框，单击 Close，完成对单元的设置。

3. 定义实常数

(1)选择菜单 Main Menu|Preprocessor|Real Constants，弹出 Real Constants 对话框。

(2)单击 Add...按钮，弹出 Element Type for R...对话框。

(3)选择 SHELL163，单击 OK，弹出 Real Constant Set Number 1，for THIN SHELL163 对话框。

(4)单击 OK，弹出另一个 Real Constant Set Number 1，for THIN SHELL163 对话框，在 SHEF 栏中输入 5/6，在 NIP 栏中输入 5，在 T1 栏中输入 0.002。

(5)单击 OK，回到 Real Constants 对话框，单击 Close，完成实常数的设置，并退出 Real Constants 对话框。

4. 定义材料模型

(1)选择 Main Menu|Preprocessor|Material Props|Material Models，弹出 Define Material Model Behavior 对话框，在窗口右边选择 LS-DYNA|Rigid Material，定义凸模材料，如图 9-73 所示。

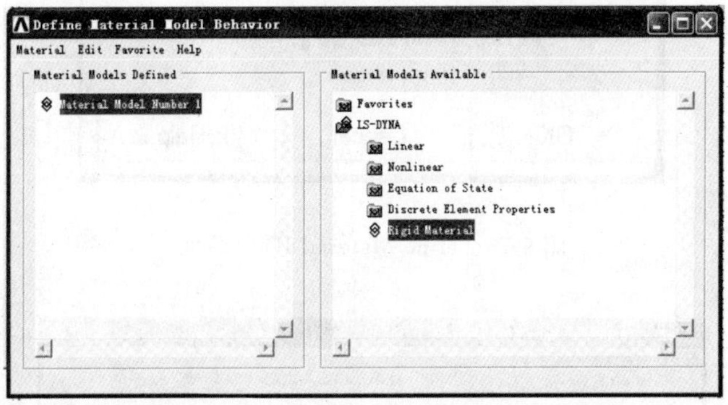

图 9-73 Define Material Model Behavior 对话框

(2)双击 Rigid Material，弹出 Rigid Properties for Material Number 1 对话框，
在 DENS 输入 7850
EX 输入 2.1E+011
NUXY 输入 0.3
Translational Constraint Parameter 处选择 Zand Xdisps
Rotational Constraint Parameterr 处选择 Allrotations
如图 9-74 所示。

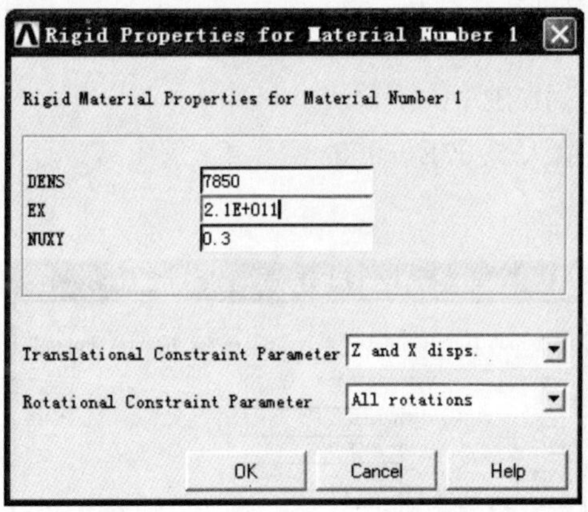

图 9-74 Rigid Properties for Material Number 1 对话框

(3)单击 OK，回到 Define Material Model Behavior 对话框，选择 Material|New Model，弹出 Define Material ID 对话框，在 Define Material ID 输入 2，定义圆筒形件毛坯材料，如图 9-75 所示。

(4)单击 OK，回到 Define Material Model Behavior 对话框，在对话框右边选择 LS-DYNA|NonLinear|Inelastic|Isotropic Hardening|Bilinear Isotropic，图 9-76 所示。

(5)双击 Bilinear Isotropic，弹出 Bilinear Isotropic Properties for Mate... 对话框，在

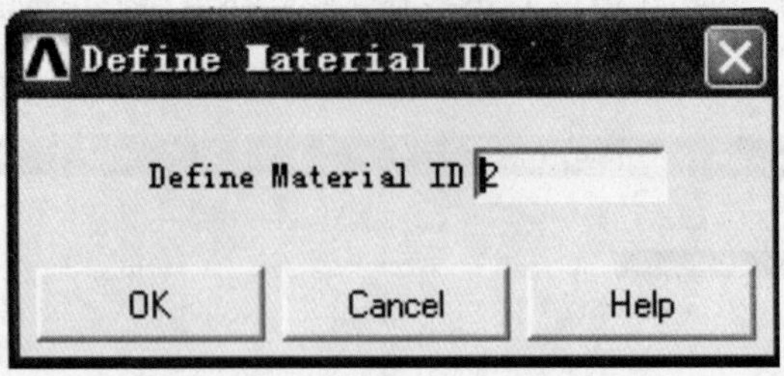

图 9-75　efine Material ID 对话框

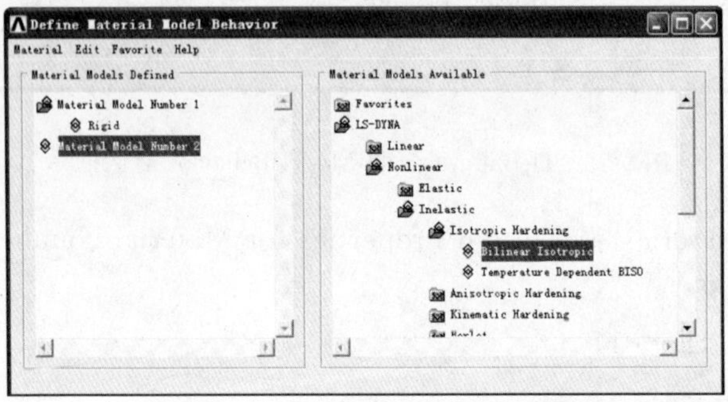

图 9-76　Define Material Model Behavior 对话框

DENS 输入 7850

在 EX 输入 2.068E+011

在 NUXY 输入 0.3

在 Yield Stress 输入 1.103E+008

在 Tangent Modulus 输入 5.37E+008

如图 9-77 所示。

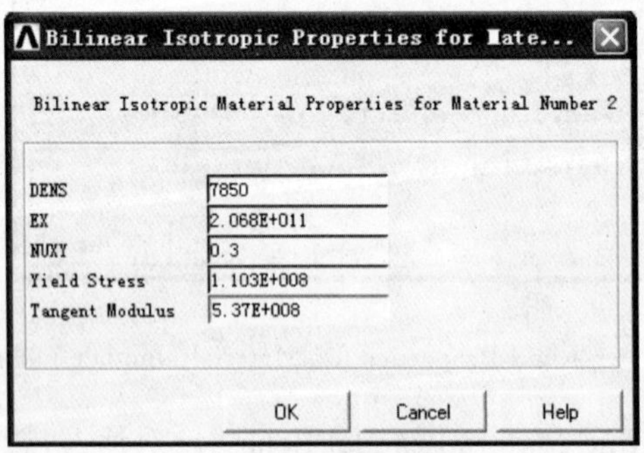

图 9-77　出 Bilinear Isotropic Properties for Mate... 对话框

(6) 单击 OK，回到 Define Material Model Behavior 对话框。选择 Material|New Model，弹出 Define Material ID 对话框，在 Define Material ID 输入 3，定义凹模材料。

(7) 单击 OK，回到 Define Material Model Behavior 对话框.

在对话框右边双击 Rigid Material，弹出 Rigid Properties for Material Number 3 对话框，

在 DENS 输入 7850

EX　　输入　2.1E+011

NUXY　　输入 0.3

Translational Constraint Parameter 输入 Alldisps

Rotational Constraint Parameter 输入 Allrotations

如图 9-78 所示。

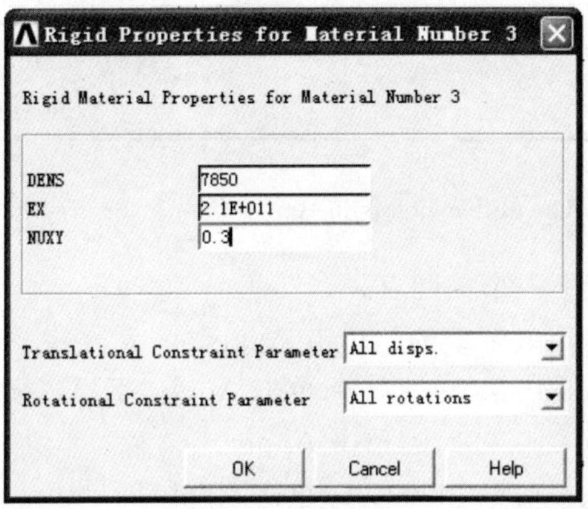

图 9-78　Rigid Properties for Material Number 3 对话框

(8)单击 OK，回到 Define Material Model Behavior 对话框，MaterialModel number1(凸模)，MaterialModel 1number2(圆筒形件毛坯)，MaterialModel 1number3(凹模)的材料特性全部列出，如图 9-79 所示。

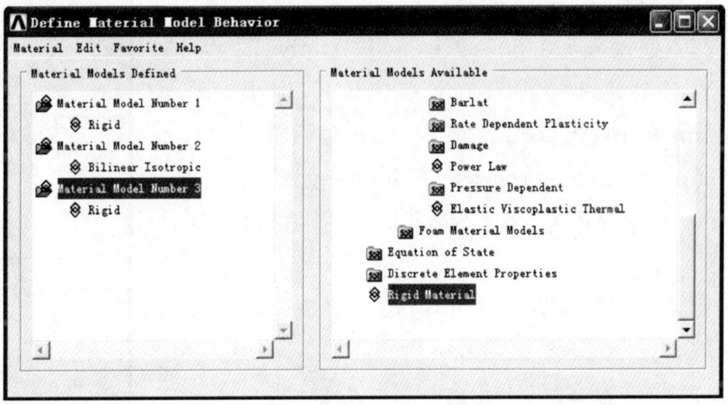

图 9-79　Define Material Model Behavior 对话框

(9)选择 Material|Exit，退出 Define Material Model Behavior 对话框。

6. 定义 Shell 单元属性

(1)选择 Main Menu|Preprocessor|Shell Elem Ctrls，弹出 Shell Elem Ctrls 对话框。

(2)单击 OK,退出 Shell Elem Ctrls 对话框。

6. 建立几何模型

(1)选择 Main Menu|Preprocessor|Modeling|Create|Keypoints|In Active CS,弹出 Create Keypoints in Active Coordinate System 对话框,在 X,Y,Z 处输入 0,0,0,如图 9-80 所示。

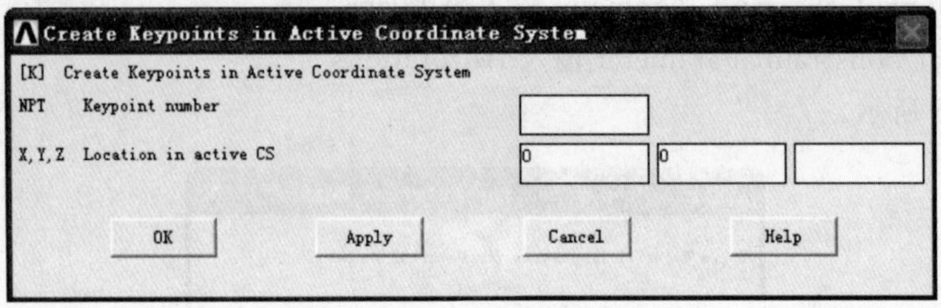

图 9-80 Create Keypoints in Active Coordinate System 对话框

(2)单击 Apply,设置下一个关键点。

(1) 在 X,Y,Z 处输入−0.052,0,0,单击 Apply。

(2) 在 X,Y,Z 处输入−0.052,0.05,0,单击 Apply,下模建模所有点输入完毕。

(3) 在 X,Y,Z 处输入 0,0.002,0,单击 Apply。

(4) 在 X,Y,Z 处输入−0.05,0.002,0,单击 Apply。

(5) 在 X,Y,Z 处输−0.05,0.1,0,单击 Apply,圆筒形件毛坯建模所有点输入完毕。

(6) 在 X,Y,Z 处输入−0.054,0.09,0,单击 Apply。

(7) 在 X,Y,Z 处输入−0.054,0.105,0,单击 Apply。

(8) 在 X,Y,Z 处输入−0.045,0.12,0,单击 Apply。

(9) 在 X,Y,Z 处输入−0.045,0.14,0,单击 Apply,上模建模所有点输入完毕。

(10) 在 X,Y,Z 处输入−0.002,0,0,单击 Apply。

(11) 在 X,Y,Z 处输入 0,0.14,0,单击 OK,退出 Create Keypoints in Active Coordinate System 对话框。

(14)选择 Main Menu|Preprocessor|Modeling|Create|Lines|Straight line,弹出 Create Straight …对话框,如图9-81所示。

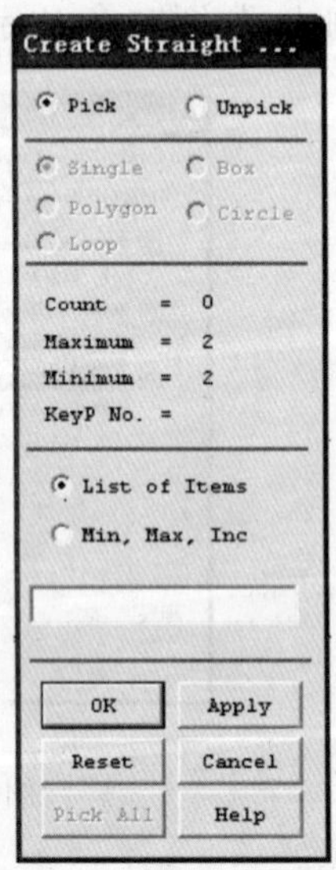

图 9-81 Create Straight …对话框

(15)单击关键点:1 和 2,单击 Apply,建立直线 L1,同时继续建立直线。

(16) 单击关键点:2 和 3,单击 Apply,建立直线 L2,同时继续建立直线。

(17) 单击关键点:4 和 5,单击 Apply,建立直线 L3,同时继续建立直线。

(18)单击关键点:5 和 6,单击 Apply,建立直线 L4,同时继续建立直线。

(19)单击关键点:7 和 8,单击 Apply,建立直线 L5,同时继续建立直线。

(20) 单击关键点:8 和 9,单击 Apply,建立直线 L6,同时继续建立直线。

(21)单击关键点:9 和 10,单击 OK,建立直线 L7,同时退出 Create Straight …对话框。

(22) 选择菜单 Utility Menu|PlotCtrls|Numbering,弹出 PlotNumbering Controls 对话框。

(23)从中将 LINE Line numbers 设置为 On,单击 OK,弹出 PlotNumbering Controls 对话框。

(24)选择菜单 Utility Menu|Plot|Lines,在图形窗口中显示线。

(25)选择 Main Menu|Preprocessor|Modeling|Create|Lines|Line Fillet,弹出 Line Fillet 对话框,如图 9-82 所示

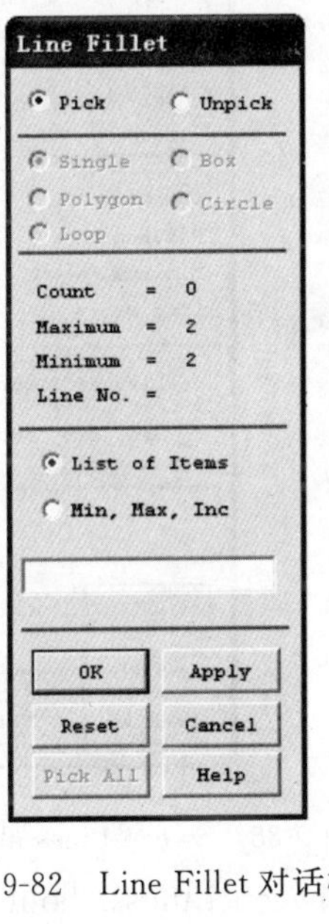

图 9-82 Line Fillet 对话框

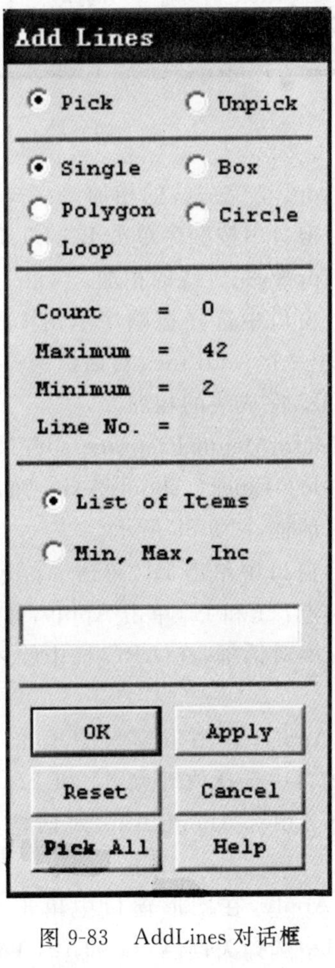

图 9-83 AddLines 对话框

(26)在图形窗口中单击 L1 和 L2,单击 Apply,弹出另一个 Line Fillet 对话框,在 RAD 栏中输入 0.008。

(27)单击 Apply,在图形窗口中单击 L3 和 L4,单击 OK,回到 Line Fillet 对话框,在 RAD 栏中输入 0.006。

(28)单击 OK,退出 Line Fillet 对话框。

(29)选择 Main Menu|Preprocessor|Modeling|Operate|Boolean| Add|Lines,弹出 AddLines 对话框,如图 9-83 所示。

(30)在图形窗口中按顺序单击 L1、L8、L2,单击 Apply,弹出另一个 AddLines 对话框,如图 9-84 所示。

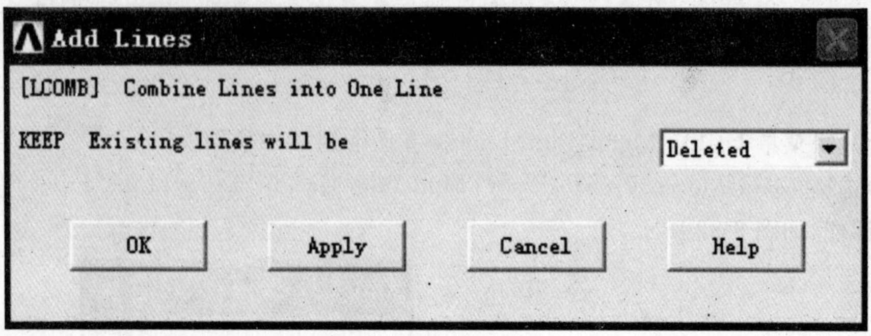

图 9-84　AddLines 对话框

(31)单击 Apply,完成线的相加。

(32)在图形窗口中按顺序单击 L3、L9、L4,单击 Apply,弹出另一个 AddLines 对话框。

(33)单击 Apply,完成线的相加。

(34)在图形窗口中选择按顺序单击 L5、L6、L7,单击 OK,弹出另一个 AddLines 对话框。

(35)单击 OK,完成线的相加。

(36)选择 Main Menu|Preprocessor|Modeling|Operate|Extrude| Lines|About Axis,弹出 Sweep Lines abou …对话框,图 9-85 所示。

(37)在图形窗口中单击 L1,单击 Apply,在图形窗口中选择关键点:11 和 12,单击 Apply,弹出 Sweep Lines About Axis 对话框,在 ARC 栏中输入 360,如图 9-86 所示。

(38)单击 Apply,在图形窗口中单击 L2,单击 Apply,在图形窗口中选择关键点:11 和 12,单击 Apply,弹出 Sweep Lines About Axis 对话框,在 ARC 栏中输入 360。

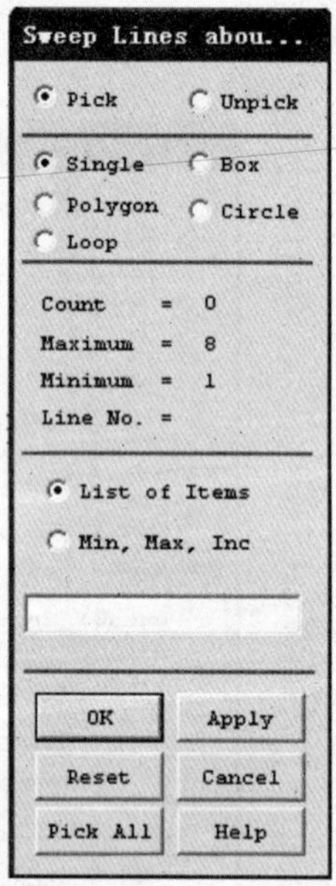

图 9-85　Sweep Lines abou …对话框

(39)单击 Apply,在图形窗口中单击 L3,单击 OK,在图形窗口中选择关键点:11 和 12,单击 OK,弹出 Sweep Lines About Axis 对话框,在 ARC 栏中输入 360。

(40)单击 OK,退出 Sweep Lines About Axis 对话框。

(41) 选择 Utility Menu|PlotCtrls|Numbering,弹出 PlotNumbering Controls 对话框。

(42)从中将 Areas numbers 设置为 On,单击 OK,退出 PlotNumbering Controls 对话框。

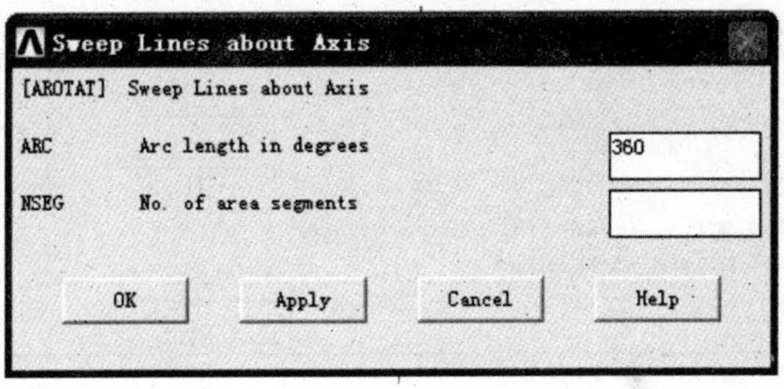

图 9-86 Sweep Lines About Axis 对话框

(43) 选择 Utility Menu|Plot|Areas，显示整个缩口几何模型，模型中上到下依次是上模、圆筒形件毛坯和下模，如图 9-87 所示。

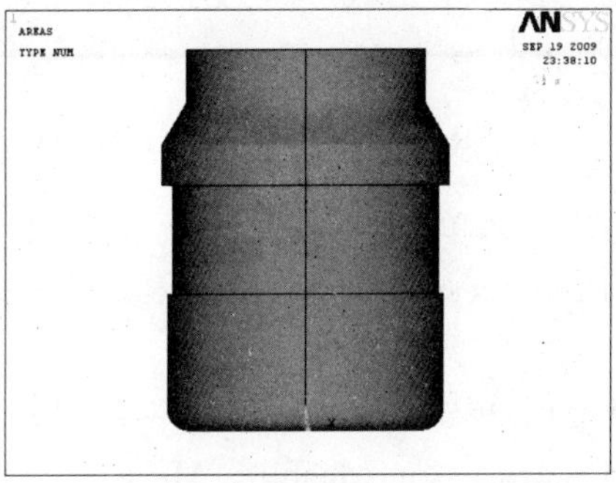

图 9-87 圆筒形件缩口几何模型

7. 划分网格

(1) 选择 Utility Menu | PlotCtrls | Numbering，弹出 PlotNumbering Controls 对话框。

(2)从中将在 Area numbers 设置为 off，单击 OK，退出 PlotNumbering Controls 对话框。

(3)选择 Utility Menu|Plot|Lines，图形窗口显示线。

(4)选择 Main Menu|Preprocessor|Meshing|Size Cntrl|Lines|Picked Lines，弹出 ElementSize on…对话框，在对话框中选择 Pick，Box，如图 9-88 所示。

(5)在图形窗口中框选取所有上模、圆筒形件毛坯和下模的线条。

(6)单击 OK，弹出 ElementSizes onPicked Lines 对话框，在 SIZE 中输入 0.003，如图 9-89 所示。

(7)单击 OK，完成上模、圆筒形件毛坯和下模的网格尺寸大小设置。

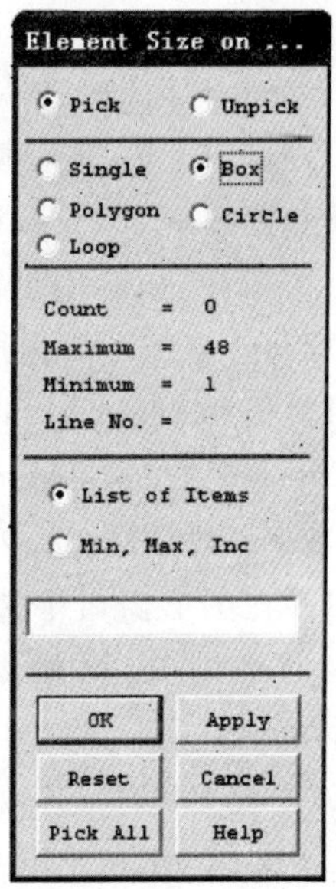

图 9-88 ElementSize on…对话框

(8)选择 Main Menu|Preprocessor|Meshing|Mesh Attributes |Default Attribs，弹出 Meshing Attributes 对话框。

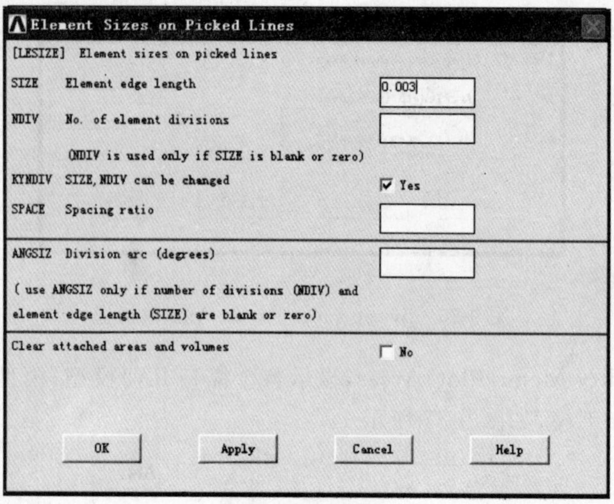

图 9-89 ElementSizes onPicked Lines 对话框

(9)在[MAT]中选择 1(上模),单击 OK。

(10)选择 Main Menu|Preprocessor|Meshing|Mesh |Areas |Mapped|3or4Sided,弹出 Mesh Areas 对话框。

(11)在图形窗口中选择上模,单击 OK,完成上模网格划分。

(12)选择 Main Menu|Preprocessor|Meshing|Mesh Attributes |Default Attribs,弹出 Meshing Attributes 对话框。

(13)在[MAT]中选择 2(圆筒形件毛坯),单击 OK。

(14)选择 Main Menu|Preprocessor|Meshing|Mesh |Areas |Mapped|3or4Sided,弹出 Mesh Areas 对话框,选择筒形件。

(15)单击 OK,完成圆筒形件网格划分。

(16)选择 Main Menu|Preprocessor|Meshing|Mesh Attributes |Default Attribs,弹出 Meshing Attributes 对话框。

(17)在[MAT]中选择 3(下模),单击 OK。

(18)选择 Main Menu|Preprocessor|Meshing|Mesh |Areas |Mapped|3or4Sided,弹出 Mesh Areas 对话框,选中 Pick,Box。

(19)在图形窗口中选择下模,单击 OK,完成下模网格划分,网格划分后模具显示如图 9-90所示。

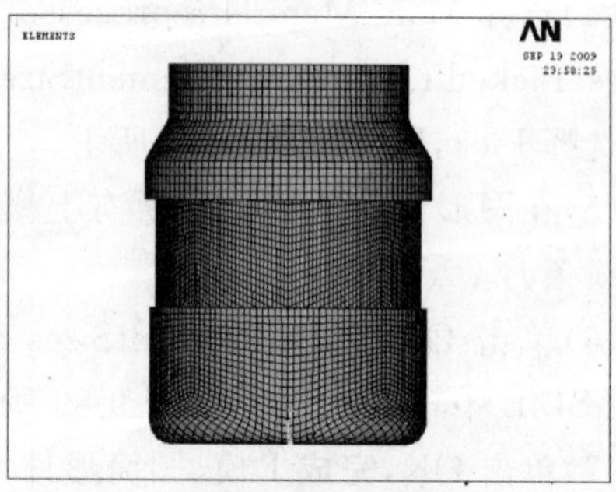

图 9-90 网格划分后的模具

8. 生成 PART

(1)选择 Main Menu|Preprocessor|LS-DYNAOptions|Parts Option,弹出 Parts Date Writer for LS-DYNA 对话框,如图 9-91 所示。

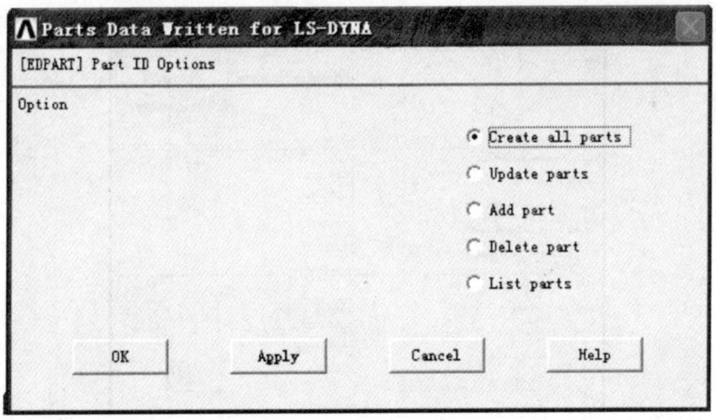

图 9-91　Parts Date Writer for LS-DYNA 对话框

（2）选择 Create all Parts，单击 OK，弹出 EDPART Command 对话框，从对话中选择 File|Close，关闭 EDPART Command 对话框，如图 9-92 所示。

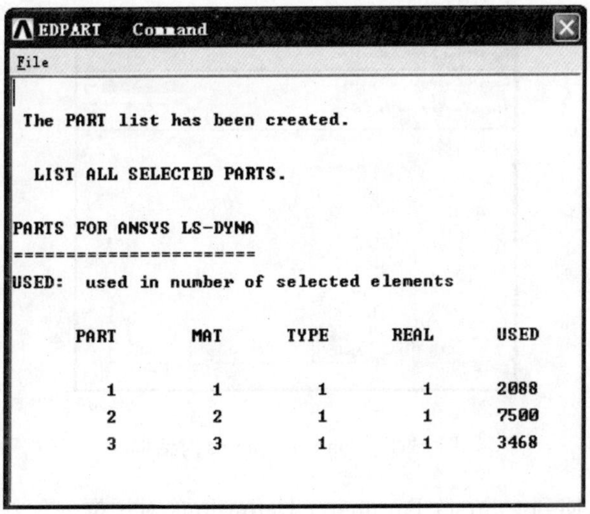

图 9-92　EDPART Command 对话框

注释：在 EDPART Command 对话框中，PART 下面的 1、2、3、4 分别代表凸模、圆筒形件毛坯和凹模，它们是由 MAT 来区分的，同时可看出，凸模单元数为 2088 个，板坯单元数为 7500 个，凹模单元数为 3468 个。

9. 定义接触

（1）选择 Main Menu|Preprocessor|LS-DYNAOptions|Contact|Define Contact，弹出 Contact Parameter Definitions 对话框。

（2）选取 Surface to Surf|Forming(FSTS)。

（3）在 Static Friction Coefficient(静态摩擦系数)栏中输入 0.2。

（4）在 Dynameic Friction Coefficient(动态摩擦系数))栏中输入 0.1。

（5）在 Viscous Damping Coefficient 栏中输入 10，如图 9-93 所示。

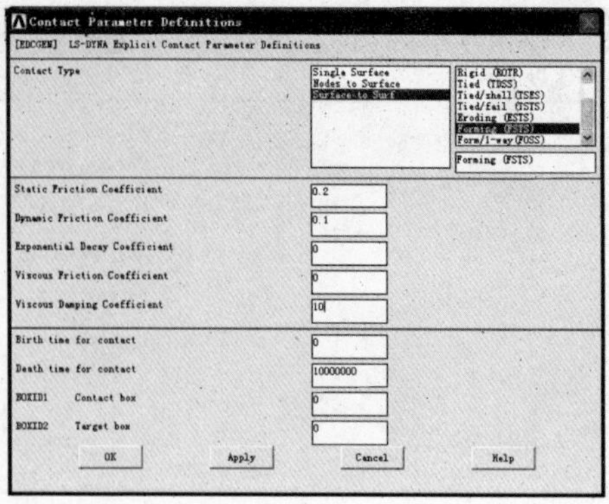

图 9-93　Contact Parameter Definitions 对话框

(6) 单击 OK，弹出 Contact Options 对话框。

(7)在 Contact Component or Part no 中选取 2(圆筒形件毛坯)，Target Component or Part no 中选取 1(上模)，如图 9-94 所示。

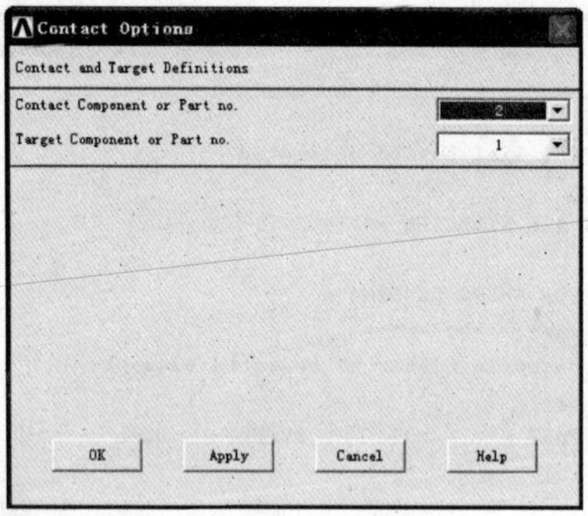

图 9-94　Contact Options 对话框

(8)单击 Apply，回到 Contact Parameter Definitions 对话框。

(9)单击 OK，弹出 Contact Options 对话框。

(10)在 Contact Component or Part no 中选取 2(圆筒形件毛坯)，Target Component or Part no 中选取 3(下凹模)。

(11)单击 OK，退出 Contact Options 对话框，完成所有的接触定义。

10. 施加载荷

(1)选择 Utility Menu|Parameters|Array Parameters|Define/Edit，弹出 Array Parameters 对话框。

(2)单击 Add…，弹出 AddNewArray Paraameter 对话框，在 Par 处输入 time，I，J，K 处分别输入 19，1，1。

(3)单击 Apply，在 Par 处输入 deflection，I，J，K 处分别输入 19，1，1。

(4)单击 OK，回到 Array Parameters 对话框，如图 9-95 所示。

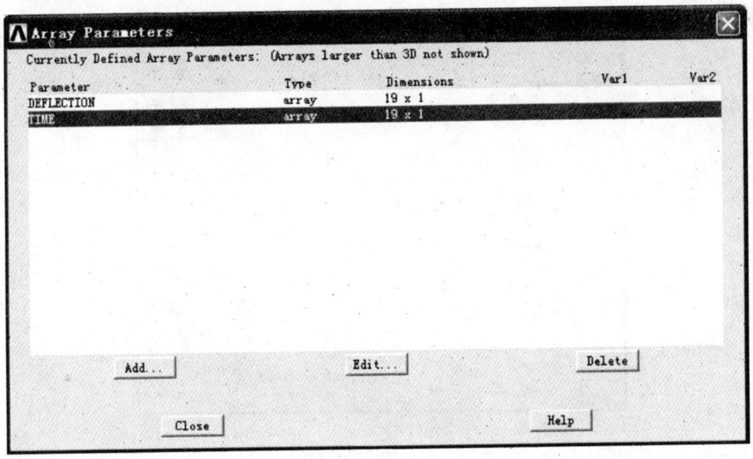

图 9-95 Array Parameters 对话框

(5)选择 time，单击 Edit…，弹出 Array ParameterTIME 对话框，
在第 1 栏中输入 0
在第 2 栏中输入 0.001
在第 3 栏中输入 0.002
在第 4 栏中输入 0.003
在第 5 栏中输入 0.004
在第 6 栏中输入 0.005
在第 7 栏中输入 0.006
在第 8 栏中输入 0.007
在第 9 栏中输入 0.008
在第 10 栏中输入 0.009
在第 11 栏中输入 0.01
在第 12 栏中输入 0.011
在第 13 栏中输入 0.012
在第 14 栏中输入 0.013
在第 15 栏中输入 0.014
在第 16 栏中输入 0.015
在第 17 栏中输入 0.016
在第 18 栏中输入 0.017
在第 19 栏中输入 0.018
如图 9-96 所示。
(6)选择 File|Apply/Quit，回到 Array Parameter 对话框。
(7)选择 deflection，单击 Edit…，弹出 Array ParameterDEFLECTION 对话框，
在第 1 栏中输入 0
在第 2 栏中输入－0.002
在第 3 栏中输入－0.004

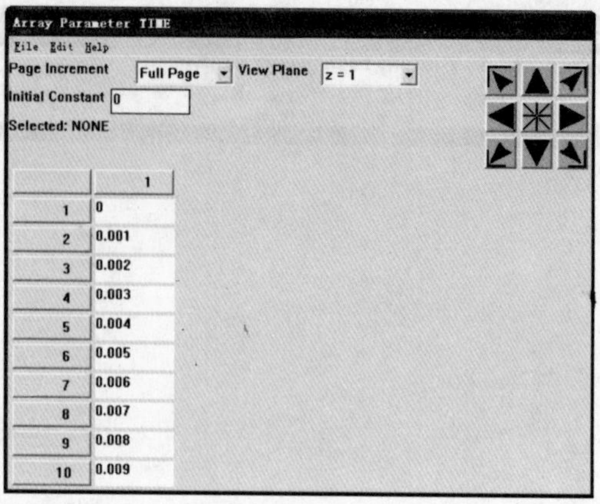

图 9-96　Array ParameterTIME 对话框

在第 4 栏中输入－0.006

在第 5 栏中输入－0.008

在第 6 栏中输入－0.01

在第 7 栏中输入－0.012

在第 8 栏中输入－0.014

在第 9 栏中输入－0.016

在第 10 栏中输入－0.018

在第 11 栏中输入－0.02

在第 12 栏中输入－0.022

在第 13 栏中输入－0.024

在第 14 栏中输入－0.026

在第 15 栏中输入－0.028

在第 16 栏中输入－0.03

在第 17 栏中输入－0.032

在第 18 栏中输入－0.034

在第 19 栏中输入－0.036

如图 9-97 所示。

(8)选择 File|Apply/Quit，回到 Array Parameter 对话框，单击 Close，退出。

(9)选择 Main Menu | Preprocessor | LS-DYNAOptions | Loading Option | Specify Loads，弹出 Specify Loads For LS-DYNAExplicit 对话框，在 LoadLabels 栏中选择 RBUY，在 Component name or PART number 栏中选择 1(上模)。

(10)在 Parameter name for time values 栏中选择 TIME，在 Parameter name for date values 栏中选择 DEFLECTION。

(11)单击 OK，退出 Specify Loads For LS-DYNAExplicit 对话框，完成上模加载。

11. 求解

(1)选择 Main Menu|Solution|Analysis Options |Energy Options，弹出 Energy Op-

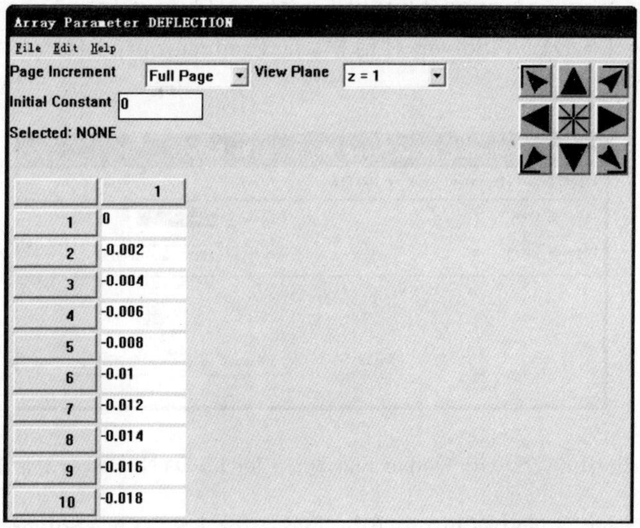

图 9-97 Array ParameterDEFLECTION 对话框

tions 对话框，如图 9-98 所示。

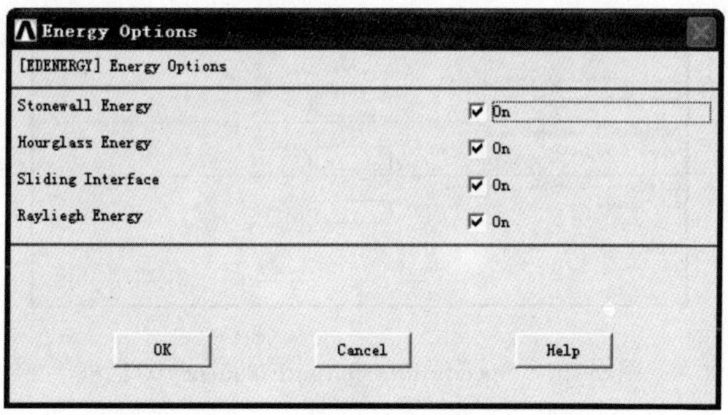

图 9-98 nergy Options 对话框

（2）单击 OK，退出弹出 Energy Options 对话框。

（3）选择 Main Menu | Solution | Time Controls | SolutionTime，弹出 SolutionTime for LS-DYNA Explicit 对话框，输入 0.018，如图 9-99 所示。

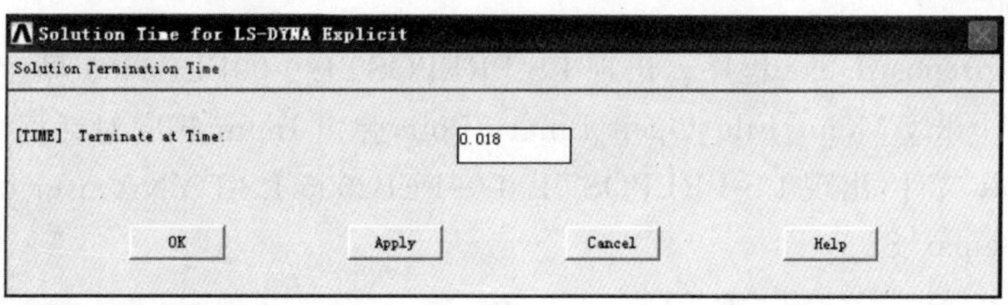

图 9-99 SolutionTime for LS-DYNA Explicit 对话框

（4）单击 OK，退出 SolutionTime for LS-DYNA Explicit 对话框。

(5)选择 Main Menu|Solution|Output Controls |Output File Type,弹出 Specify Output File Types for LS-DYNASolver 对话框,在 Produce outputfor …中选择 ANSYSand LS-DYNA,如图 9-100 所示。

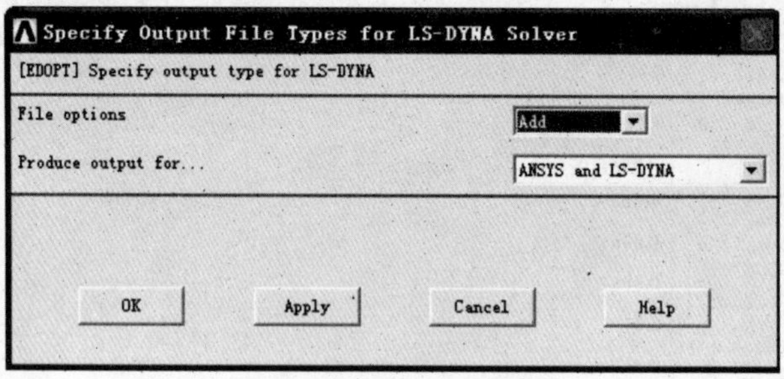

图 9-100 Specify Output File Types for LS-DYNASolver 对话框

(6)单击 OK,退出 Specify Output File Types for LS-DYNASolver 对话框。

(7)选择 Main Menu|Solution|Output Controls | File OutputFreq|Numberof Step,,弹出 Specify File OutputFrequency 对话框,在 EDRST 栏中输入 20,EDHTIME 栏中输入 50,EDDUMP 栏中输入 1,如图 9-101 所示。

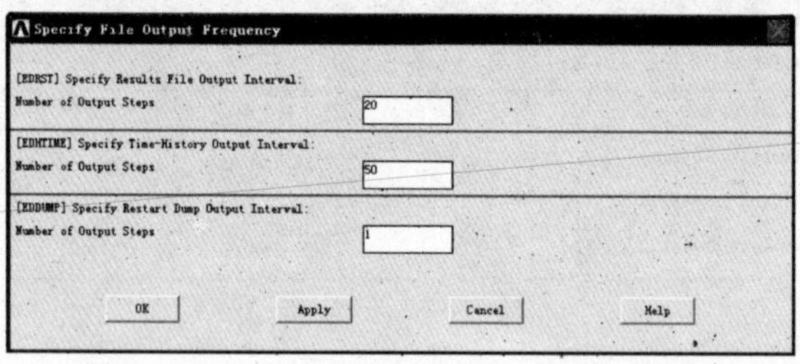

图 9-101 Specify File OutputFrequency 对话框

(8)单击 OK,退出 Specify File OutputFrequency 对话框。

(9)选择 Main Menu|Solution|Solve,弹出 SolveCurrent Load Step 对话框。

(10)单击 OK,进行求解。

(11)当出现 Note 提示框,表示求解完成,单击 Close。

(12)关闭或最小化 ANSYS Multiphysics/LS-DYNA Utility Menu 界面。

12. 后处理

(1)双击 lsprepostd. exe 程序。出现 LS-PREPOST1. 0-09FEB2005 界面。

(2) 选择 Utility Menu|File|Open|Binary Polt,弹出 Input File 对话框,选择 d3polt 文件并打开 d3polt 文件,出现 LS-PREPOST1. 0-09FEB2005 LS-DYNA user input 界面。

(3)选取 Selpar|S2。

(4)选取 State|#T21,T=0. 018。

(5)选取 Fcomp|Stress|vom mises stress,lspreposed 图形窗口上显示圆筒形件缩口后应力分布,如图 9-102 所示。

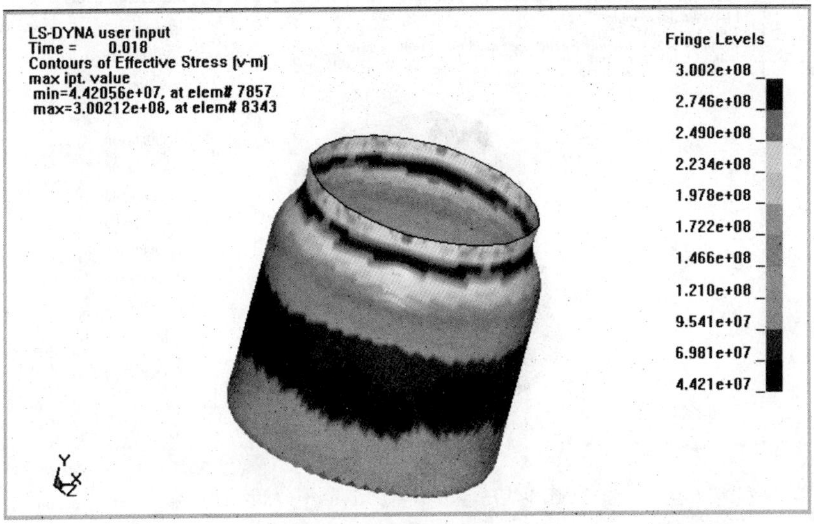

图 9-102 应力分布

(6)选取 Fcomp|Misc|shell thickness，lsprepose d图形窗口上显示圆筒形件缩口后厚度分布，如图 9-103 所示

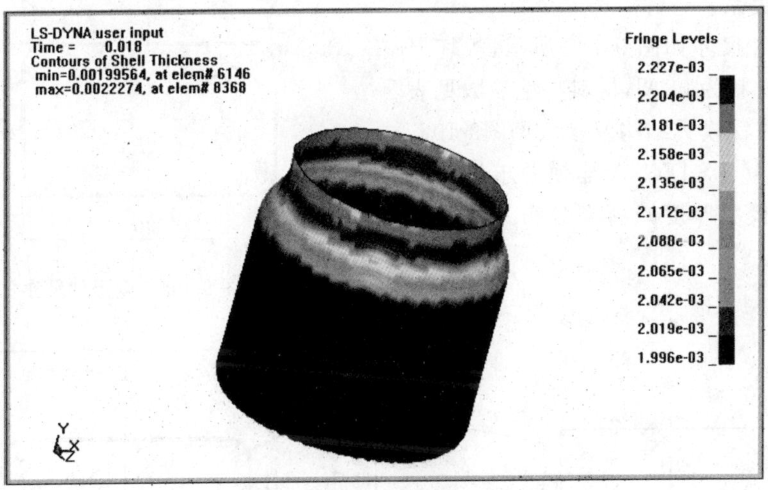

图 9-103 厚度分布

(7)选取 Fcomp|Misc|%thicknessreduction，lsprepose d图形窗口上显示圆筒形件缩口后厚度减薄率分布如图 9-104 所示

13. 退出 ANSYS/LS-DYNA

(1)选择 UtilityMenu|File|Exit，退出 lsprepose d。

(2)选择 UtilityMenu|File|Exit…，弹出 Exit from ANSYS 对话框，单击 OK，退出 ANSYS。

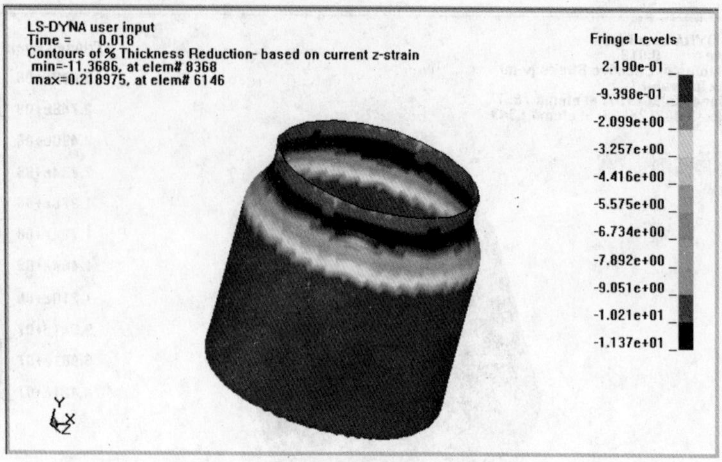

图 9-104　所示厚度减薄率分布

思考与练习题

1. 简述 ANSYS 和 LS-DYNA 各自的特点及相互关系。

2. 盒形件尺寸如图 9-105 所示，板坯厚度为 1mm，材料为 08Al，材料特性参数见表 9-1，盒形件拉深模具结构及参数见图9-106。试用 ANSYS/ LS-DYNA 建模并求解拉深后的盒形件板料厚度减薄率分布及拉深后应力分布等。

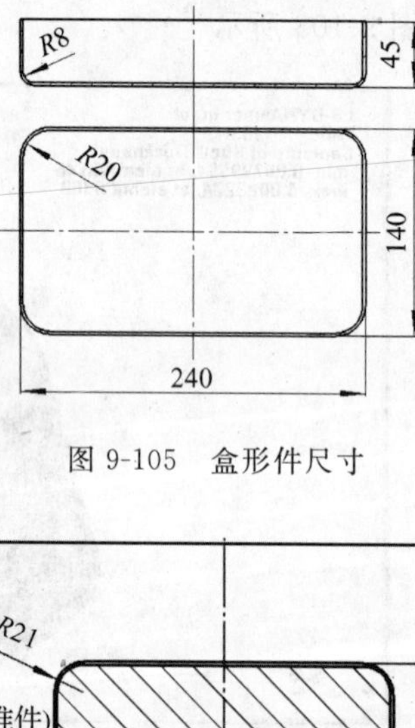

图 9-105　盒形件尺寸

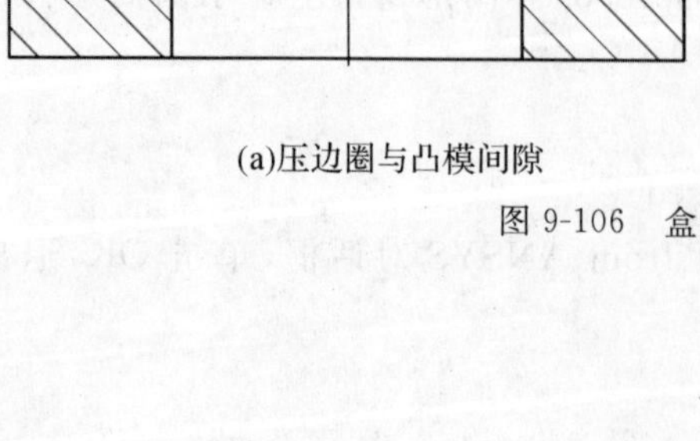

(a)压边圈与凸模间隙

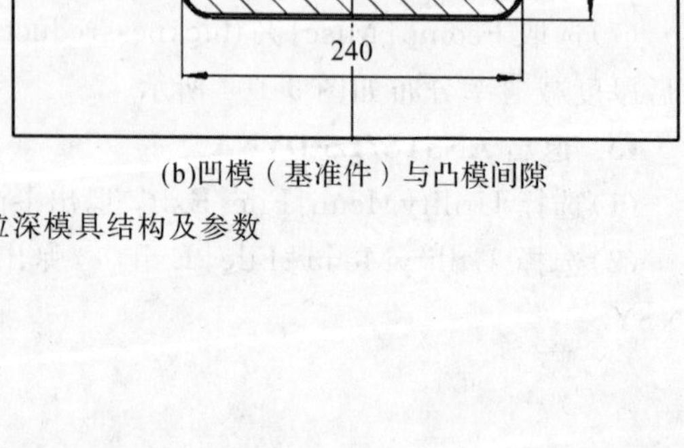

(b)凹模（基准件）与凸模间隙

图 9-106　盒形件拉深模具结构及参数

参考文献

[1] 翁其金，徐新成. 冲压工艺及模具设计[M]. 北京：机械工业出版社，2004

[2] 姜奎华，扬裕国. 冲压工艺与模具设计[M]. 北京：机械工业出版社，2003

[3] 魏春雷. 冲压工艺与模具设计[M]. 北京：北京理工大学出版社，2007

[4] 牟林，胡建华. 冲压工艺与模具设计[M]. 北京：北京大学出版社，2006

[5] 吴诗，徐新成. 冲压工艺及模具设计[M]. 北京：机械工业出版社，2004

[6] 鄂大辛. 成形工艺与模具设计[M]. 北京：北京理工大学出版社，2007

[7] 吴伯杰. 冲压工艺与模具设计[M]. 北京：电子工业出版社，2004

[8] 王桂英. 冲压工艺与模具设计[M]. 合肥：合肥工业大学出版社，2010

[9] 陈鹤峥，胡世光. 板料冷压的工程解析[M]. 北京：北京航空航天大学出版社，2004

[10] 盛和太. ANSYS 有限元数值分析原理与工程应用[M]. 北京：清华大学出版社，2005

[11] 李尧. 金属塑性成形原理[M]. 北京：机械工业出版社，2008

[12] 施于庆，李凌丰. 压边力曲线对极限拉深高度的影响[J]. 塑性工程学报，2009，(1)：12—17

[13] 施于庆，李凌丰. 带工艺孔的板坯拉深新工艺有限元模拟[J]. 兵工学报，2009，(7)：967—972

[14] 施于庆，楼易. 筒形件拉深孔成形工艺数值模拟分析[J]. 农业机械学报，2008.(12)：191—195

[15] 白金泽. LS-DYNA3D 理论基础与实例分析[M]. 北京：科学出版社，2005

参考文献